Kompetenzfeedbacks

W0178476

Kompetenz- feedbacks

Selbst- und Fremdbeurteilung beruflichen Verhaltens

von
Martin Scherm

HOGREFE

GÖTTINGEN · BERN · WIEN · PARIS · OXFORD · PRAG
TORONTO · BOSTON · AMSTERDAM · KOPENHAGEN
STOCKHOLM · FLORENZ · HELSINKI

PD Dr. Martin Scherm, geb. 1961. Studium der Psychologie, Pädagogik und Politischen Wissenschaft an der Universität Hamburg. 1996 Promotion in Psychologie. 2010 Habilitation. Leiter des Arbeitsbereiches Führungsbegleitung an der Helmut-Schmidt-Universität in Hamburg. Zahlreiche Veröffentlichungen zu den Themen Diagnose von Führungskompetenzen und Teamleistung. Arbeits- und Forschungsschwerpunkte: Kompetenzdiagnostik, Evaluation von Beratungs- und Entwicklungsmaßnahmen (v. a. Coaching), Vertrauen in Organisationen.

Bibliografische Information der Deutschen Nationalbibliothek

Die Deutsche Nationalbibliothek verzeichnet diese Publikation in der Deutschen Nationalbibliografie; detaillierte bibliografische Daten sind im Internet über http://dnb.dnb.de abrufbar.

© 2014 Hogrefe Verlag GmbH & Co. KG
Göttingen · Bern · Wien · Paris · Oxford · Prag · Toronto · Boston
Amsterdam · Kopenhagen · Stockholm · Florenz · Helsinki
Merkelstraße 3, 37085 Göttingen

http://www.hogrefe.de
Aktuelle Informationen · Weitere Titel zum Thema · Ergänzende Materialien

Das Werk einschließlich aller seiner Teile ist urheberrechtlich geschützt. Jede Verwertung außerhalb der engen Grenzen des Urheberrechtsgesetzes ist ohne Zustimmung des Verlags unzulässig und strafbar. Das gilt insbesondere für Vervielfältigungen, Übersetzungen, Mikroverfilmungen und die Einspeicherung und Verarbeitung in elektronischen Systemen.

Satz: ARThür Grafik-Design & Kunst, Weimar
Druck: Hubert & Co, Göttingen
Printed in Germany
Auf säurefreiem Papier gedruckt

ISBN 978-3-8017-2455-9

Vorwort und Danksagung

Die Beschäftigung mit Kompetenzen und ihrer Beurteilung eröffnet vielfältige Ansatzpunkte, die psychische und soziale Konstruktion von Wirklichkeiten in Organisationen zu untersuchen. Sie wird angetrieben u.a. durch das Staunen darüber, wie sehr doch bisweilen Urteile hinsichtlich dessen auseinandergehen, was Menschen im beruflichen Kontext leisten und können (oder nicht können) – und dies, obwohl doch die wahrnehmenden und verarbeitenden Instanzen „hardwareseitig" bei den Beteiligten weitgehend gleich sein dürften. Der vorliegende Band geht über verschiedene Ansätze der zentralen Frage nach, wie sehr perspektivische Einflüsse das Zustandekommen von Kompetenzurteilen bestimmen. Zugleich steht er in der Absicht, das Kompetenzthema insgesamt stärker als bisher für die personal- und organisationspsychologische Forschung zu erschließen. Neben interessierten Wissenschaftlerinnen und Wissenschaftlern richtet er sich gerade auch an Praktiker in Organisationen und Unternehmen, die mit Personalfragen betraut sind.

Bei der Arbeit am Band habe ich wertvolle Anregungen und Unterstützung erhalten. Mein herzlicher Dank gilt insbesondere Prof. Dr. Werner Sarges, der die Thematik seinerzeit gegen den „Mainstream" angestoßen sowie in intensiven Gesprächen sehr gefördert hat. Prof. Dr. André Beauducel sei für sein konstruktives Feedback und wertvolle Hinweise zur Methodendiskussion gedankt. Bei der Erstellung druckfähiger Grafiken und Tabellen hat mich Dipl.-Pol. Jan de Jonge sehr kompetent unterstützt, ebenso Dipl.-Psych. Matthias Kamph bei Hard- und Softwareproblemen. Dipl.-Psych. Tanja Ulbricht und Dipl.-Psych. Kerstin Kielhorn vom Hogrefe Verlag möchte ich Dank sagen für ihre umsichtige und akribische Lektorats- bzw. Herstellungsarbeit.

Schließlich danke ich meiner Frau und meinen Kindern – nicht nur für ihre Geduld und die bereichernden Perspektiven.

Hamburg, im Juni 2013   *Martin Scherm*

Inhaltsverzeichnis

1 Einleitung

Die meisten Unternehmen und Organisationen pflegen eine intensive Beurteilungskultur ihrer Führungskräfte und Mitarbeiter. Entsprechend groß ist das Interesse seitens der Organisationsforschung, sich mit dem Prozess und den Ergebnissen der Beurteilung zu beschäftigen. Der vorliegende Band befasst sich – überwiegend aus personal- bzw. organisationspsychologischer Perspektive – theoretisch und empirisch mit einer zunehmend relevanter werdenden Teilmenge von Beurteilungen, nämlich mit solchen, die das berufsbezogene Verhalten von Personen aus verschiedenen hierarchischen Perspektiven (Vorgesetzte, Kollegen und Mitarbeiter) einschätzen. Der Fokus liegt dabei auf dem hier einzuführenden Begriff des *Kompetenzfeedbacks*: Im Sinne einer vorläufigen Definition handelt es sich dabei um Eindrucksurteile, mit denen sich Personen (als Feedback*geber*) auf das anforderungs- und fähigkeitsbezogene Verhalten einer Fokusperson (als Feedback*nehmer*) in komplexen Tätigkeitsumgebungen beziehen. Kompetenzfeedbacks werden in Organisationen in der Regel im Zusammenhang mit Karriere-, Entwicklungs- und Förderprogrammen abgegeben, eher selten zum Zweck der Leistungsfeststellung.

Im theoretischen Teil werden zunächst die Funktion und Einsatzbereiche von Leistungs- und Verhaltensbeurteilungen dargestellt (Kapitel 2). Anschließend wird das zentrale Konstrukt des multiperspektivischen Kompetenzfeedbacks definitorisch und in seinen theoretischen Grundlagen eingehend behandelt (Kapitel 3). Hierbei wird neben anderen Ansätzen vor allem das sogenannte „360°-Feedback" als wohl umfassendste Variante der Verhaltenseinschätzung thematisiert. Zugleich wird ausführlich auf die Determinanten der sozialen Eindrucksbildung eingegangen, die auf den Prozess und das Ergebnis des Kompetenzfeedbacks Einfluss nehmen. Schließlich werden bestehende empirisch fundierte Ansätze zu einem integrativen Modell fortentwickelt.

Das wesentliche Anliegen der theoretischen Erörterungen besteht somit darin, zwei Stränge in der personalpsychologischen Organisationsforschung zusammenzuführen, die bis dato eher unverbunden nebeneinander stehen: Zum einen die Analyse von Befragungsdaten, die eben multiperspektivisch, d. h. aus mehreren Urteilsperspektiven gewonnen werden und für die gegenüber einem monoperspektivischen Vorgehen (z. B. Beurteilung durch den Vorgesetzten) insgesamt ein Validitätszuwachs erwartet wird. Zum anderen das Konstrukt der berufsbezogenen Kompetenz, in das verschiedene situative und personale Merkmale zur Bewältigung von Anforderungen eingehen. Aus einer Integration beider Stränge ergibt sich die Option, ein umfassenderes Bild berufsbezogenen Verhaltens zu gewinnen. Wenn z. B. Beurteiler[1] verschiedener Quellen eine Fokusperson in unterschiedlichen Situationen und unter verschiedenen Rollenkonstellationen erleben, so lässt sich annehmen, dass auch ihre Urteile unterschiedliche Anteile des Kompetenzkonstrukts erfassen.

Der empirische Teil wendet sich Fragen zu, die im Zusammenhang mit dem konkreten Einsatz von Kompetenzfeedbacks bedeutsam sind. Programmatisch für diesbezügliche Forschungsbemühungen ist die durchaus provokante Frage von Mount und Scullen (2001,

---

[1] Wird im nachfolgenden Text der besseren Lesbarkeit halber die männliche Form verwendet, so sind in der Regel beide Geschlechter gemeint.

S. 155) nach der Validität von Kompetenzfeedbacks: „What do they really measure?"
Bislang liegen sowohl zur Reliabilität als auch zur Validität überwiegend nur Studien aus
dem angloamerikanischen Bereich vor, die noch dazu zu recht unterschiedlichen Ergebnissen gelangen. Die hier berichteten Untersuchungen zielen auf die Klärung von Fragen für drei *Problembereiche*:

1) Das Problem der *Reliabilität* und *Übereinstimmung* von Kompetenzfeedbacks (Kapitel 4): In welchem Maße stimmen die Selbsturteile mit den Fremdurteilen überein, in
   welchem die Fremdurteile untereinander? Welche Variablen nehmen Einfluss auf den
   Grad der Übereinstimmung? Von der Beantwortung der (nur dem ersten Anschein
   nach rein methodenbezogenen) Frage hängt z. B. nicht nur die Aggregierung von Urteilen, sondern v. a. auch deren Nutzbarkeit überhaupt ab.

2) Das Problem der *Dimensionalität* von Kompetenzskalen und des *Zusammenhangs* mit
   anderen Variablen im Sinne der *Konstruktvalidität* (Kapitel 5): Nach welchen laten-
   ten Konstrukten ordnen Personen als Feedbacknehmer und als Feedbackgeber einen
   Kompetenzraum? Das heißt, welche Dimensionen quasi zweiter Ordnung lassen sich
   hinter den eingesetzten Kompetenzskalen identifizieren? In welchem Maße hängen
   die abgegebenen Kompetenzurteile mit Merkmalen der beurteilten *Person*, d. h. z. B.
   mit Persönlichkeits- oder Motivdispositionen zusammen? Welchen Einfluss nehmen
   dagegen Merkmale der Situation, z. B. das organisationale Klima? Die Beantwortung
   der Fragen dürfte Aufschluss darüber geben, welchen Konstruktraum Kompetenzfeedbacks umfassen. Zudem ist sie relevant für die Klärung des Problems, ob die Varianz
   des Feedbackurteils stärker von Merkmalen der Fokusperson selbst oder von Merkmalen der Feedbackgeber (d. h. „idiosynkratischen Tendenzen") dominiert wird.

3) Das Problem der *Höhe* bzw. des *Niveaus* der Kompetenzurteile (Kapitel 6): Lassen
   sich signifikante Unterschiede zwischen verschiedenen Urteilsperspektiven (Selbst-,
   Vorgesetzten-, Kollegen- und Mitarbeiterperspektive) in der Höhe ihrer Feedbackurteile ausmachen? Besteht etwa für die wichtige Gruppe von Führungskräften der Wirtschaft eine Tendenz zur Überschätzung der eigenen Kompetenzen? In diesem Zusammenhang wird differentiell-psychologisch auch der Frage nachgegangen, ob sich für
   die von Atwater und Yammarino (1992, 1997) eingeführte Kategorisierung der Selbst-
   Fremd-Unterschiede (z. B. in „Überschätzer" oder „Unterschätzer") korrelative Ent-
   sprechungen auf der Persönlichkeitsebene finden lassen (Kapitel 7). Etwaige positive
   Befunde könnten weitergehende Längsschnittstudien anregen, in denen Kombinationen von Persönlichkeitseigenschaften hinsichtlich ihres prädiktiven Werts für die Über-
   bzw. Unterschätzung der eigenen Fähigkeiten oder des Erreichens von Karrierezielen
   geprüft werden.

Zur Klärung des ersten Problembereichs werden zusammenhangsprüfende, zur Klärung
des zweiten Problembereichs faktorenanalytische und gleichfalls zusammenhangsprüfende Untersuchungspläne verfolgt. Der Prüfung der für den dritten Bereich formulierten Aspekte liegen überwiegend varianzanalytische Untersuchungspläne zugrunde. Die
Kompetenzdaten wurden ausschließlich an Stichproben aus dem *Feld* gewonnen, wobei
schwerpunktmäßig Führungskräfte und Führungsnachwuchskräfte aus Unternehmen der
Wirtschaft befragt wurden, daneben u. a. Stichproben mit Personen verschiedener Funktionsbereiche (z. B. Vertrieb, Service).

Hinsichtlich der theoretischen und empirischen Teile wurde auf eine strikte durchgehende Trennung verzichtet. So werden zwar die theoretischen Grundlagen vorrangig in den Kapiteln 1 bis 3 erarbeitet. Jedoch auch den Kapiteln, in denen die eigenen empirischen Untersuchungen berichtet werden, sind theoretische Erörterungen vorangestellt (v. a. den Kapiteln 4 bis 6). Der Verfasser ist der Auffassung, dass sich mit einem jeweils problembezogenen Wechsel (gegenüber zwei großen „monolithischen" Blöcken) von theoretischer und empirischer Darstellung die oftmals künstlich anmutende Trennung beider Bereiche vermeiden lässt. Dieses Vorgehen wird auch durch die Erkenntnis gestützt, nach der gerade in der Organisations- und Personalpsychologie die Theoriebildung und die empirische Forschung wechselseitig voneinander profitieren.

2 Multiperspektivische Leistungs- und Verhaltens- beurteilungen

Verfahrensansätze zur Einschätzung von Führungs- und gelegentlich auch Fachkräften durch verschiedene Beurteilergruppen werden unter dem Begriff der „multiperspektivischen Beurteilung" zusammengefasst. Multiperspektivische Beurteilungen können der turnusmäßigen Leistungsbeurteilung, der Vorbereitung administrativer Entscheidungen (Beförderung, Vergütung etc.) und der Kompetenzentwicklung der Beurteilten dienen. Sie erweitern die fast überall obligatorischen Ansätze der Beurteilung einer Person durch ihren Vorgesetzten („Top-down-Ansatz") und die Beurteilung durch ihre Mitarbeiter („Bottom-up-Ansatz"), indem sie zusätzliche relevante Urteilsquellen aus dem beruflichen Umfeld einbeziehen. Als alternative Begriffs- und Verfahrensvarianten sind in der wissenschaftlichen (wie auch in der praxisnahen) Literatur die Bezeichnungen „Multisource Feedback", „Multi-Rater Feedback", besonders aber das „360°-Feedback" eingeführt (siehe Scherm & Sarges, 2002).

Leistungs- und Verhaltensbeurteilungen (LVBn) dienen Unternehmen und Organisationen im Rahmen ihres Human Resource Managements und der Personalarbeit der Beschaffung von personenbezogenen Informationen. Zusammen mit anderen Verfahrensansätzen stellen sie Varianten der *Personalbeurteilung* dar und lassen sich insofern auffassen als
- geplante und formalisierte Bewertung bzw. Einschätzung von Organisationsmitgliedern (= Beurteilte),
- die kriteriengeleitet,
- mithilfe von durch die Organisation befragten Personen (= Beurteiler),
- auf der Basis von Wahrnehmungs- und Eindrucksbildungsprozessen vorgenommen werden (vgl. Domsch & Gerpott, 1992, S. 1632).

Als Varianten der LVB sind die Mitarbeiterbeurteilung (durch Vorgesetzte), die Aufwärtsbeurteilung (durch Mitarbeiter), die 360°-Beurteilung oder auch das Management Audit zu nennen. LVBn sind abzugrenzen von der Arbeitsbewertung, bei der die mit einer Position verknüpften Anforderungen unabhängig von der sie bekleidenden Person definiert werden. Eine weitere konzeptionelle Abgrenzung ist zu Verfahren der Potenzialbeurteilung vorzunehmen. Potenzialbeurteilungen beziehen sich weniger auf das aktuelle (Leistungs-)Verhalten von Personen, sondern darauf, was einer Person auch unter veränderten Anforderungen zukünftig leistungsmäßig möglich ist. Sie erfassen somit quasi das, „was noch in ihr steckt" (Schuler, 2000, S. 54) und richten sich somit auf die Entwickelbarkeit von Verhalten.

Bezüglich der Verbreitung von LVBn berichten Cleveland, Murphy und Williams (1989), dass von denjenigen US-amerikanischen Organisationen, in deren Personalmanagement ein Organisationspsychologe tätig ist, 96 % ein Leistungsbeurteilungssystem einsetzen. Auch im europäischen Bereich sind entsprechende Beurteilungssysteme weit verbreitet. DeVries, Morrison, Shullman und Gerlach (1986) ermittelten z. B. für Großbritannien einen Anteil von 82 % (bezogen auf alle Organisationen), der Leistungsbeurteilungen durchführte.

Für LVBn lassen sich vier verschiedene Funktionen ausmachen (Cleveland, Murphy & Williams, 1989; Murphy & Cleveland, 1995):

1) Grundlagen für administrative Entscheidungen „*zwischen* Personen" schaffen. Hierbei wird gleichsam zwischen Kandidaten unterschieden. Als Entscheidungsanlässe können die Festlegung des Gehalts zwischen Führungskräften, eine Beförderung oder aber auch eine mögliche Entlassung infrage kommen.

2) Grundlagen für administrative Entscheidungen „*innerhalb* von Personen" herstellen. Hierbei werden Informationen beschafft, die jeweils eine einzelne Person betreffen. Entscheidungsanlässe betreffen z. B. die Frage individueller Stärken und Schwächen, Trainings- und Weiterbildungsbedürfnisse oder auch die Möglichkeit eines Auslandseinsatzes.

3) Die Aufrechterhaltung und Pflege der *Unternehmens-* und *Organisationsziele* sicherstellen. In diesem Zusammenhang wird mit einer LVB beispielsweise die Personalplanung unterstützt und die Identifikation von Zielen der Organisationsentwicklung ermöglicht. Darüber hinaus werden unter Umständen aber auch die Machtstrukturen innerhalb der Organisation gefestigt, was Beurteilungsprozessen das Attribut einer politischen Tönung eingetragen hat (Longenecker, Sims & Gioia, 1987).

4) Personalbezogene Vorgänge *dokumentieren.* Als Beispiele für die Dokumentationsfunktion lässt sich die Einhaltung arbeitsrechtlicher Bestimmungen anführen, aber auch die Möglichkeit, Kriterienwerte für die Validierung (d. h. Erfolgskontrolle) von Selektions- oder Entwicklungsmaßnahmen bereitzustellen.

Die Ebenen 1), 2) und 4) lassen sich mit Boerger (1983, S. 149 f.) als *personalpolitische* Funktionsbereiche auffassen, die Ebene 3) als *führungspolitischer* Funktionsbereich. LVBn versorgen Personen mit Informationen darüber, wie sie ihr Verhalten noch besser an den gestellten Anforderungen ausrichten können (Verhaltenssteuerung). Ein solches *Feedback* zur Verhaltenssteuerung kann letztlich zur Minimierung von Leistungsdifferenzen zwischen den Beurteilten führen und damit ungewollt zur Erschwerung von Entscheidungen zwischen Personen. LVBn und die damit verbundenen Prozesse erfahren in den Organisationen durchaus geteilte Zustimmung. Die unmittelbar Beteiligten, d. h. Vorgesetzte und Mitarbeiter, betrachten die Leistungsbeurteilung nicht selten als eher unangenehme Routine. Dieser Umstand eines negativ getönten „Prozessaffekts" wird begleitet von Zweifeln an der Reliabilität und Validität von Beurteilungen. Vor allem die Reliabilität anlässlich von Zwischen-Personen-Entscheidungen ist beeinträchtigt, und zwar durch Gründe, die in der sozial-kognitiven Beschaffung der Daten liegen. In diesem Zusammenhang ist wiederholt und nachdrücklich auf Fehler bei der Personenwahrnehmung und der Eindrucksbildung auf Seiten der Beurteiler hingewiesen worden (Mount & Scullen, 2001; Murphy & Cleveland, 1995; Scherm, 2004a; zusammenfassend Schuler, 1989, S. 419 ff.). Da das Problem der Güte nicht nur von Leistungsbeurteilungen, sondern zunehmend auch von Kompetenzeinschätzungen den Kern von wichtigen Personalentscheidungen betrifft, wird ihm im vorliegenden Band besondere Aufmerksamkeit eingeräumt.

Wie oben ausgeführt, werden durch LVBn verschiedene Funktionen realisiert. In der Praxis des Personalmanagements haben sich verschiedene Verfahrensansätze der Beurteilung etabliert, mit denen einzelne, aber auch mehrere Funktionen gleichzeitig bedient werden sollen.

Im folgenden Kapitel werden das grundlegende Konzept des Kompetenzfeedbacks eingeführt, die wichtigsten Anwendungsbezüge hergestellt und die hierfür bedeutsamen Prozesse der Eindrucksbildung erörtert.

3 Das multiperspektivische Kompetenzfeedback als Variante der Verhaltensbeurteilung: Begriffsklärung, Konzept und Verfahrensansätze

Das folgende Kapitel befasst sich eingehend mit dem Konstrukt des Kompetenzfeedbacks und legt damit die Grundlagen für die anschließenden Erörterungen sowie die vorgestellten empirischen Studien. Zunächst werden seine zentralen Elemente behandelt und für den Kontext der Organisationsforschung nutzbar gemacht. Zudem werden wichtige Anwendungsfelder und Verfahrenskontexte von Kompetenzfeedbacks dargestellt. Schließlich wird ein Feedbackmodell mit den wichtigsten Einflussgrößen vorgestellt, das die v. a. im angloamerikanischen Raum existierenden kognitiv angelegten Entwürfe integriert und fortentwickelt.

3.1 Begriffsklärungen

Der Begriff und die Funktion des multiperspektivischen Kompetenzfeedbacks adressieren die zwei wesentlichen Bestimmungsstücke der *Kompetenz* und des *Feedbacks*. Diese werden im Folgenden im Sinne einer definitorischen Klärung behandelt. Zunächst wird der Kompetenzbegriff diskutiert, anschließend die thematischen Bezüge des Feedbackbegriffs erörtert.

3.1.1 Das Kompetenzkonstrukt und seine theoretischen Grundlagen

Das für das Kompetenzfeedback zentrale Element ist das Konstrukt der *Kompetenz*. Obgleich in wissenschaftlichen und anwendungsorientierten Diskursen häufig verwendet, wird der Kompetenzbegriff uneinheitlich gebraucht (vgl. Shippmann et al., 2000; Weinert, 2001). Bisweilen, und dies gilt vor allem für die akademisch geprägte Personalpsychologie im deutschen Sprachraum, findet er kaum Verwendung bzw. Akzeptanz, sei es, weil er einigen Autoren zu breit angelegt ist und diese den etablierten Begriff der „Anforderung" vorziehen, sei es, weil sie die Kompetenz-Bewegung selbst für einen kurzlebigen Trend halten (siehe hierzu Sarges, 2001b). Dies gilt auch für den angloamerikanischen Bereich, hier entzündete sich die Diskussion schon früh an der Frage der prognostischen Validität von Kompetenzeinschätzungen im Wettbewerb zu Fähigkeitsausprägungen wie z. B. der Intelligenz (vgl. hierzu die Diskussion im „American Psychologist" u. a. zwischen Barrett & Depinet, 1991; Boyatzis, 1994; sowie McClelland, 1973, 1994).

McClelland (1973) wertete auf der Basis einer Sichtung vorliegender empirischer Studien den Beitrag von Fähigkeitstests, den beruflichen Erfolg von Personen vorherzusagen, als unbefriedigend gering. Seine Kritik galt auch dem Umstand, dass dort, wo Korrelate zwischen kognitiven Fähigkeiten und beruflichem Erfolg ermittelt worden waren, der Einfluss von Moderatorvariablen unkontrolliert geblieben war. Tatsächlich seien es solche Variablen wie der sozioökonomische Status oder die kulturelle Herkunft von Personen, die sowohl deren Testleistung als auch beruflichen Erfolg vorhersagen würden (1973, S. 3). Kognitiven Fähigkeiten schrieb er demnach eine lediglich vermittelnde Rolle beim Zustandekommen beruflichen Erfolgs zu. Aus seiner Analyse zog McClelland die Schlussfolgerung (bzw. die Forderung), dass es lohnend sein müsste, gezielt auch nach anderen personalen Charakteristiken für Joberfolg zu suchen, etwa nach bestimmten Motivkonstellationen, der Fähigkeit zur Entschlüsselung emotionaler Hinweisreize usw. Diese anderen Charakteristiken fasste er übergreifend unter dem Begriff der „competency" zusammen.

Den schärfsten Widerspruch erntete McClelland von Barrett und Depinet, die sich jedoch weniger gegen seinen Vorschlag einer Erweiterung des Suchraums von Prädiktoren als solches richteten, sondern vor allem gegen die unverhältnismäßige Kritik am Erklärungsbeitrag von Intelligenz- und anderen Fähigkeitsmerkmalen (1991, S. 1014 ff.). Mit dem zeitlichen Vorteil eines Zuwachses an empirischen Studien konnten sie überzeugend darlegen, dass die Daten von Fähigkeits- und insbesondere von Intelligenztests sehr wohl in der Lage sind, einen substanziellen Teil der kriterienbezogenen Varianz aufzuklären. Der Effekt dieser und der daran anschließenden Diskussionen lag denn auch nicht so sehr in der Bewertung des Beitrags eines einzelnen Prädiktors. Vielmehr wurden damit Bemühungen verstärkt, die Kriterien für Erfolg stärker nach der beruflichen Domäne zu spezifizieren, d. h. den Kontext der Tätigkeit selbst zu berücksichtigen. Dies beförderte wiederum die Attraktivität des Kompetenzkonstrukts: Eine „competency" stellte auf der semantischen Ebene eine zwar wenig distinkte, dafür aber integrierende Plattform dar, zur Erklärung bzw. Vorhersage des Joberfolgs ggf. mehrere Prädiktoren aus verschiedenen psychologischen Subsystemen heranzuziehen. Prototypisch hierfür stand der Explikationsversuch von Spencer, McClelland und Spencer (1994), die so unterschiedliche Merkmale wie Motive, Traits, Selbstkonzepte, Einstellungen, Werte, kognitives Verhalten usw. unter dem Begriff der Kompetenz subsumierten.

Um die Fülle der inzwischen vorliegenden, konzeptionell durchaus heterogenen Entwürfe im Wissenschafts- und vor allem auch im Praxisbereich überschaubar zu machen, haben Erpenbeck und von Rosenstiel eine interdisziplinäre Sichtung vorgenommen (2003, S. XXVI ff.). Mit Bezug auf Weinert (2001) identifizieren sie die für eine Kompetenz einschlägigen Kriterien, auf deren Grundlage im Folgenden eine Explikation des Kompetenzkonstrukts vorgenommen werden kann:

1) *Komplexität:* Kompetenzen beziehen sich auf die Bewältigung *komplexer* Tätigkeitsanforderungen, wobei sich eine Person in hohem Maße *selbst organisieren* können muss. Kompetenzen sind Dispositionen selbstorganisierten Handelns, die im Laufe der Auseinandersetzung mit vorangegangenen Anforderungen entwickelt werden; sie sind dagegen nicht das Ergebnis von biologisch angelegten Reifungsprozessen, die die entsprechenden Merkmale quasi ohne willentliches Zutun einer Person ausprägen. Der Grad der Komplexität unterscheidet eine Kompetenz von einer *Qualifikation,* diese bezieht sich auf die Bewältigung einfacher und klar definierter Aufgaben.

2) *Divergenz der Situationen:* Kompetenzen beziehen sich auf *divergente* Handlungssituationen, d. h. auf Situationen, die keine vorgefertigten Lösungsmuster erwarten, sondern (kreative) mehrdimensionale Problembewältigungen. Davon zu unterschei-

den sind *konvergente* Handlungssituationen, die nach klar definierten Vorgaben tendenziell eindimensionale Bewältigungsmuster vorsehen.

Der Bezug auf die Komplexität sowie die Divergenz von Anforderungen ermöglicht eine Abgrenzung von verwandten, ebenfalls häufig verwendeten Konstrukten wie „Fähigkeit" oder „Fertigkeit". Danach bezeichnet eine *Fähigkeit* Handlungsgrundlagen, die der nicht automatisierten Bewältigung eher wenig komplexer Anforderungen dienen. Eine Fähigkeit bezieht sich im Unterschied zur Kompetenz sowohl auf konvergente als auch auf divergente Situationen. Da eine Fähigkeit einen Lösungsbeitrag für sehr verschiedene Situationen und Problemkonstellationen liefern kann (vgl. Nerdinger, Blickle & Schaper, 2008, S. 212), steht sie konzeptionell in der Nähe zur Kompetenz. Fähigkeiten können als notwendige Bedingung für die Ausprägung von Kompetenzen aufgefasst werden und sind in verhaltens- bzw. managementbezogenen Kompetenzentwürfen stark akzentuiert (siehe z. B. Boyatzis, 1982, S. 21 ff.; Spencer & Spencer, 1993, S. 9 ff.). So bedarf es z. B. für die unternehmerische Kompetenz des „strategischen Führens" auf der einen Seite kognitiver Fähigkeiten wie dem abstrakten oder auch kreativen Denken. Diese Fähigkeiten dürften etwa wichtig sein, Fehlentwicklungen im eigenen Unternehmen zu analysieren, auf Märkten neue Trends zu entdecken oder einen Konzern zielgerichtet umzubauen. Um Führungskräfte und die Mitarbeiter des Unternehmens von Veränderungsvorhaben zu überzeugen, sind zudem kommunikative Fähigkeiten bedeutsam.

Darüber hinaus sind Kompetenzen und Fähigkeiten gegen *Fertigkeiten* abzugrenzen. Im Gegensatz zu den anderen beiden Konstrukten ist eine Fertigkeit durch einfach-stereotype, automatisiert ausführbare Verhaltenssequenzen gekennzeichnet. Im Gegensatz zur Fähigkeit adressiert sie fest definierte Abläufe, d. h. sie bezieht sich auf *konvergente* Handlungssituationen (vgl. Hacker, 1986, S. 409).

3) *Disposition:* Eine Kompetenz lässt sich als *Disposition* einer Person auffassen, d. h. als das Vermögen, sich bei entsprechenden Anforderungen lösungskonform zu verhalten. Auf der Basis des Dispositionsmerkmals lassen sich Kompetenzen auch als *Repertoires* von Verhalten auffassen, nämlich als „range and variety of behaviours we can perform, and outcomes we can achieve (Bartram, 2004, S. 246; vgl. auch Bartram, Robertson & Callinan, 2002). Hiermit ist gemeint, dass eine Kompetenz nicht mit dem Verhalten oder der Leistung selbst gleichgesetzt werden kann, sondern als individuelle Bandbreite von Verhalten, Aktivitäten oder Handlungen verstanden werden muss. Beide Merkmale, das der Dispositivität und des Repertoires, stoßen in der auf Beobachtbarkeit und Messbarkeit orientierten empirischen Psychologie auf größere Skepsis, da sich eine Disposition als innere Bedingung einer Person nur indirekt erfassen lässt. Diese Schwierigkeit teilt der Kompetenzbegriff allerdings mit der Mehrzahl aller einschlägigen psychologischen Konstrukte. Neben dem *Verhalten* als der Beobachtung zugänglichen Einheit sind es vor allem die *Ergebnisse* von Handlungen, die einen Kompetenzansatz indizieren. Die Messung und Diagnose von Kompetenzen orientiert sich demnach nicht nur am Verhalten, sondern daran, was dieses Verhalten bewirkt. Um auf die Ausprägung einer Kompetenz rückschließen zu können, werden in der betrieblichen oder organisationalen Praxis entsprechende Ergebnis- und Leistungsparameter definiert.

4) *Zusammenhang mit Eigenschaften oder Motiven:* Fasst man eine Kompetenz tatsächlich als relativ breit angelegtes Konstrukt auf, dann liegt es nahe, zusätzlich zum

beobachtbaren Verhalten eine Entsprechung auf der darunter liegenden Ebene der *Eigenschaften* oder *Motive* anzugeben. Will man interindividuelle Kompetenzunterschiede erklären, so liefern z. B. Differenzen auf der Ebene von Traits mögliche Erklärungen. Die Hypothese einer Verbindung von Kompetenzen mit Eigenschaften und Motiven stützen Kurz und Bartram (2001) mit dem Verweis auf eigene Studien. Auf der Basis von Untersuchungen zum Zusammenhang von Traits und Motiven mit multiperspektivischen Kompetenzeinschätzungen konnte gezeigt werden, dass ein nennenswerter Anteil der Varianz von Kompetenzmessungen durch die „Big Five"-Persönlichkeitseigenschaften und das Leistungs- bzw. Machtmotiv aufgeklärt werden kann. Allerdings fehlen hier genaue Angaben zur Höhe der Korrelationen von Kompetenzen und Eigenschaften. Insgesamt muss gerade für die Frage, inwieweit Kompetenzausprägungen mit stabilen Persönlichkeitseigenschaften zusammenhängen (oder von diesen gar im Sinne einer kausalen Abhängigkeit bedingt sind), festgestellt werden, dass die Forschungs- und Befundlage hierzu wenig ergiebig ist.

5) *Leistungs- und Kriterienbezug:* Die als mit einer Kompetenz identifizierten Merkmale müssen einen Bezug zur Leistung von Personen aufweisen und Kriteriumsvalidität besitzen (McClelland, 1973; Parry, 1996; Spencer & Spencer, 1993). Personen mit hoher Ausprägung auf Kompetenzen sollten auf wichtigen Leistungsdimensionen bessere Ergebnisse erzielen als Personen mit niedriger Ausprägung. Entsprechende Analysen vor allem im Bereich komplexer Tätigkeiten (Führung, Management) leiden allerdings darunter, dass vor allem die Messung des Kriteriums selbst entweder durch von Personen schwer zu beeinflussende Randbedingungen kontaminiert bzw. mit Messfehlern versehen ist (Schuler, 2001; Hunter & Schmidt, 1990).

6) *Lern- und Zukunftsbezug:* Komplex strukturierte, divergente und sich in ihren Anforderungen ändernde Handlungssituationen erwarten von der agierenden Person vor allem, dass sie zu lernen in der Lage ist. Der Erwerb von Kompetenzen setzt längere Lernprozesse voraus. So ist die Lernkomponente denn auch genuiner Bestandteil beinahe aller moderneren Kompetenzdefinitionen und entsprechender Modelle, gleich ob als „allgemeines schlussfolgerndes Denken" (Kurz & Bartram, 2001), als „Lernpotenzial" (Sarges, 2013) oder als „Fähigkeit oder Willen, aus Erfahrung zu lernen" (Spreitzer, McCall & Mahoney, 1997). Gleichzeitig wird damit zum Ausdruck gebracht, dass Kompetenzen *entwicklungsfähig* sind.

Der Vorteil einer Kompetenzdefinition, die das Lernen explizit mit einbezieht, liegt darin, dass sie nicht nur für zeitlich wie situativ stabile Tätigkeitsmerkmale gültig ist, sondern sich auch auf wechselnde Eigenschaften und Verhaltensmerkmale beziehen kann, ohne dass damit gleich eine vollständig andere Tätigkeitsumgebung gemeint ist. Eine Änderung der Faktorenstruktur innerhalb von Tätigkeitsdomains stellt sie mithin nicht gänzlich infrage. Der in der Arbeits- und Organisationspsychologie traditionell verwendete Begriff der „Anforderung" bezieht sich auf die Merkmale der *Situation*. Er ist insofern statisch angelegt, als er einen fest definierten Satz benötigter Verhaltensmerkmale impliziert. Kompetenzen beziehen sich dagegen auf die Seite der *Person* und auf Merkmale, die sie mitbringen sollte, damit sie in ihrem Bereich auch *zukünftig* erfolgreich ist. Zwar ist es aufgrund der wirtschaftlichen und gesellschaftlichen Dynamik schwierig, valide Prognosen über die für eine erfolgreiche Tätigkeit benötigten Kompetenzen anzustellen. Gerade der Zukunftsbezug und die damit zwangsläufig verbundene Offenheit der benötigten Merkmalsarchitektur weist gerade komplexere Tätigkeitsanforderungen (wie sie z. B. für die Mehrzahl von Führungskräften und Managern typisch sind) als Kompetenzen und nicht als Anforderungen aus (vgl. Erpenbeck & Heyse, 1999; Sarges, 2001b).

Die obigen Punkte in einer Definition integrierend, wird eine berufsbezogene Kompetenz aufgefasst als
- eine Disposition einer Person,
- die ihr ein effektives, an Leistungskriterien ausgerichtetes Verhalten in ihrer Tätigkeitsumgebung ermöglicht,
- mit einem spezifischen Satz von Fähigkeiten, Persönlichkeitseigenschaften oder Motiven korrespondiert und
- auf der Basis von Lernerfahrungen, Trainings o. Ä. entwickelt werden kann.

3.1.2 Der Feedbackbegriff und seine theoretischen Grundlagen

In fast allen Lebensbereichen, z. B. in der Familie, in der Schule oder im Beruf erhalten Menschen Feedback. Der Feedbackbegriff ist für den vorliegenden Band von zentraler Bedeutung und soll an dieser Stelle einer ausführlichen Klärung zugeführt werden. Der Terminus stammt ursprünglich aus der Kybernetik und bezeichnet die *Rückkopplung* von Zuständen und steuerungskritischen Parametern zur Regulierung eines Systems (Miller, Galanter & Pribram, 1960; Powers, 1973; Wiener, 1948). Nach dieser Auffassung wirken offene oder geschlossene Systeme mit einem Effekt („Output") auf ihre Umgebung ein. Dabei wird ein vorgegebener Sollwert mit einem Istwert verglichen: Wenn eine kritische Differenz zwischen beiden registriert wird, so ändert sich der Effektbeitrag des Systems und es wird versucht, die aufgetretene Differenz in Richtung des definierten Sollwerts auszugleichen.

Die systemtheoretische Konzeption hat einen starken Niederschlag sowohl in persönlichkeits- als auch sozialpsychologischen Fragestellungen gefunden. In der beide Teildisziplinen integrierenden Forschung zur *Selbstregulation* erfahren die kybernetischen Elemente eine psychologische „Übersetzung", indem sie in einer Feedbackschleife platziert werden (Carver, 2004, S. 14f.). Die kurz- und mittelfristigen *Ziele* einer Person erhalten den Stellenwert von Soll- bzw. Referenzwerten, die Input-Funktion wird mit der *Wahrnehmung* von Verhalten und Affekt, die Output-Funktion schließlich wird mit dem *Verhalten* einer Person verglichen. Obgleich von Carver als Metapher eingeführt, besitzt die Feedbackschleife doch eine weitreichende erkenntnisleitende Funktion. Denn ein Individuum erfährt nach dieser Konzeption über die wahrnehmungsgestützte Rückkopplung des eigenen Verhaltens, inwieweit es von angestrebten Zielen entfernt ist. Feedback stimuliert somit die Selbstentwicklung (nicht nur) von Führungskräften, indem es auf blinde Flecken in der Selbstwahrnehmung weist und Reflexionsprozesse in Gang setzt (Scherm & Sarges, 2002). Es gibt dem Feedbacknehmer die Möglichkeit, das eigene Verhalten und ggf. auch die äußeren Bedingungen mit Blick auf die geforderten Standards zu verändern. Im Mittelpunkt der selbstregulativen Funktion von Feedback steht demzufolge ein kontinuierlicher *Lernprozess*, in dem die eigenen Kompetenzressourcen in der Auseinandersetzung mit sich verändernden Umgebungsbedingungen entwickelt werden.

Eine weitere wichtige Quelle des Feedbackbegriffes geht auf den symbolischen Inter-
aktionismus G. H. Meads (1968) zurück. Demnach streben Menschen in der Auseinandersetzung mit anderen danach, den Dingen um sie herum, aber vor allem auch der eigenen Person, Bedeutung zuzuweisen. Das Suchen und Einholen von Feedback stellt dabei
quasi ein biologisches Grundbedürfnis dar. Menschen suchen nach Feedback in Form
von Informationen im Verhalten und in den Äußerungen anderer, die auf der Basis eines
Filterprozesses eine reflexive Bewertung erfahren. Die Bewertung von selbstbezogenen
Feedbackinformationen beeinflusst dann die Ausbildung des Selbstkonzepts, wenn die
Informationen internalisiert werden (Jussim, Soffin, Brown, Levy & Kohlhepp, 1992).
Im vorliegenden Fall des Kompetenzfeedbacks werden also Rückmeldungen von anderen, die sich auf Fähigkeiten, Fertigkeiten und Leistungen einer Person beziehen, von
dieser zum Kompetenz-Selbstkonzept geformt (Felson, 1985; Jussim, 1991). Feedbackinformationen können dem aktuell ausgeprägten Selbstkonzept entsprechen oder diesem
entgegenstehen. Auf der Basis einer Rückkopplungsschleife wird das Selbstkonzept bestätigt oder, im Falle wiederholter Abweichungen, revidiert.

Abgeleitet aus den beiden oben genannten Quellen hat sich in der angewandten So-
zial- und Kommunikationspsychologie ein Feedbackbegriff etabliert, der die wechsel-
seitige Interaktion zwischen Gruppenmitgliedern unter dem Aspekt der Gruppendynamik thematisiert (Antons, 1996; Sbandi, 1970; Watzlawick, Beavin & Jackson, 2003).
In einer am humanistischen Menschenbild orientierten Vorstellung steht Feedback dabei
in der Funktion, die kommunikativen und kooperativen Kompetenzen durch Rückkopplungen der Gruppenmitglieder untereinander zu verbessern und die Persönlichkeit der
Teilnehmer weiterzuentwickeln. In der konkreten Gruppensituation wird Feedback als
Reaktion auf einen Interaktionspartner gegeben, damit dieser erfahren kann, wie sein
Verhalten und seine emotionale Befindlichkeit wahrgenommen wird und was dies bei
den Feedbackgebern selbst ausgelöst hat. Als Regel hat sich eine Form des Feedbacks
etabliert, die ein nicht wertendes, von negativen Sanktionen freies Beschreiben der
eigenen Reaktionen vorsieht (Antons, 1996, S. 109). Auch dieser Konzeption liegt das
oben dargestellte kybernetische Prinzip der lernorientierten Verhaltenssteuerung zugrunde. Denn die Feedback empfangende Person soll in den Stand versetzt werden,
aus den Rückkopplungen mit anderen ggf. Korrekturen des eigenen Verhaltens einzuleiten.

Die Bedeutung von Feedbackprozessen muss sowohl für die Entwicklung des Einzelnen
als auch für die Organisation insgesamt betont werden. Auf der individuellen Ebene sind
es vor allem Führungskräfte, die auf Feedback angewiesen sind (vgl. Scherm & Sarges,
2002). Dabei kann Feedback von anderen Personen gegeben oder indirekt vermittelt werden über Informationen darüber, inwieweit anvisierte Ziele oder Ergebnisse erreicht worden sind. Es wird angenommen, dass der Effekt von Lernprozessen umso größer ist, je
stärker erstens die Bereitschaft der Führungskraft zu lernen ist (Lernmotivation) und zweitens je ausgeprägter die Fähigkeit ist, die Wahrnehmung der eigenen Person mit der Sicht
ihrer Umgebung abzugleichen (Selbstreflexivität).

Lernmotivierte Führungskräfte zeichnen sich nach Lombardo und Eichinger (2001) dadurch aus, dass sie nicht nur offen für Feedback sind, sondern in ihrer Umgebung beständig nach Rückkopplungen suchen und die so erhaltenen Informationen offensiv verar-

beiten. Als „agile Lernpersönlichkeiten" würden sie darüber hinaus Tätigkeiten bevorzugen, die durch einen beständigen Wechsel von Situationen und Anforderungen gekennzeichnet sind. Überdies betrachten sie Probleme gerne aus unterschiedlichen Blickwinkeln und sind daher oft kreativer als andere. Für die Gruppe international tätiger Führungskräfte liegen denn auch empirische Untersuchungen vor, die den Wert eines offensiven Umgangs mit Rückmeldungen untermauern (Spreitzer, McCall & Mahoney, 1997, S. 16 f.). Führungskräfte mit einem offensiven Feedback-Umgang sind im Vergleich zu Personen, die diesbezüglich einen weniger aktiven Stil pflegen, erfolgreicher bei der Bewältigung ihrer Aufgaben und schneiden im Rahmen von Leistungsbeurteilungen besser ab. Spreitzer et al. charakterisieren sie gegenüber der weniger erfolgreichen Gruppe ähnlich wie Lombardo und Eichinger: Diese Führungskräfte

- suchen intensiver nach Lerngelegenheiten,
- bitten andere häufiger um Feedback bezüglich ihres eigenen Verhaltens,
- sind offener für Kritik und
- nutzen die gewonnenen Einsichten aktiver für die eigene Entwicklung.

Auch wenn es nicht verwundert, dass Führungskräfte mit einem solchen Profil in der Tendenz attraktivere Positionen erreichen und erfolgreichere Karriereverläufe aufweisen, so erfährt die Gruppe mit einem stärker defensiven Feedbackstil häufiger Enttäuschungen im Verlauf ihres Berufswegs. Vertreter diesen Stils begegnen den Ergebnissen von kritischen beruflichen Situationen und Ereignissen oft mit oberflächlichen Analyseversuchen. Rückmeldungen aus ihrem Umfeld, die sie bei der Reflexion unterstützen könnten, schenken sie vergleichsweise wenig Aufmerksamkeit. Erfahrungen aus Beratungskontexten weisen zudem darauf hin, dass sie nicht selten extern attribuieren, d. h. sie machen tendenziell zuerst andere für ihren Misserfolg verantwortlich (Scherm & Sarges, 2002). Diese Attribute finden sich im Übrigen häufig auch bei Personen mit einem niedrigen Leistungsmotiv (McCall, 1997).

Dem Umgang mit Feedback wird auch auf der Ebene von Organisationen und Unternehmen ein hoher Stellenwert beigemessen: „Continuous quality improvement, learning organizations, peer case reviews, and other managerial practices all stem from the same root: a desire to effectively give, receive, and utilize feedback" Rubin & Campbell, 1998, S. 3). Es gehört zum zentralen Merkmal der „lernenden Organisation" (Argyris & Schön, 1978; zusammenfassend Weinert, 2004, S. 581 ff.), sich an Veränderungen in der Umgebung anzupassen, indem sie aktiv Rückmeldungen sucht und auswertet. Anpassungsprozesse an externe Veränderungen erfordern eine interne offene Feedbackkultur, in der Wissen und Ideen offensiv über alle Hierarchieebenen hinweg kommuniziert werden.

In den vergangenen Jahren hat sich der Lernbedarf von Organisationen durch den Trend zu flachen, durchlässigen Hierarchien („Lean Management") noch verstärkt, bei dem jedem einzelnen Mitarbeiter ein höheres Maß an Mitspracherecht, aber auch mehr Entscheidungsverantwortung zukommt. Auch die zunehmende Verbreitung von Total Quality Management Programmen hat Entwicklungen gefördert, die zu einer stärkeren wechselseitigen Abhängigkeit und damit einem gestiegenen Bedürfnis nach Rückkopplung zwischen den Hierarchien geführt haben. Parallel dazu unterliegen die Märkte, in denen viele Unternehmen tätig sind bzw. waren, großen Veränderungen, verlässliche

Prognosen über Entwicklungen und Erfolge werden zunehmend schwieriger (Sarges, 2000a).

Der Unternehmenserfolg ist wesentlich von der Fähigkeit abhängig, aus Feedback möglichst schnell zu lernen. Die wichtigste Quelle des Feedbacks stellt dabei sicher der Kunde dar, der die Qualität eines Produkts beurteilt oder auch neue Bedarfe artikuliert. Nicht selten geben breiter angelegte Kundenrückmeldungen den Anstoß zur Entwicklung eines neuen Produkts oder gar zur Erschließung neuer Geschäftsfelder. Feedback dient demnach vor allem auch dazu, Wettbewerbsvorteile gegenüber Konkurrenten zu erzielen.

Beide Aspekte, das Lernen und die Kompetenzentwicklung des Einzelnen sowie das organisationale Lernen sind eng miteinander verzahnt. Ohne das Lernen und die Entwicklung der Mitarbeiter sind Veränderungen auf der Ebene der Organisation schwer vorstellbar. Umgekehrt dürfte der Wandel der Organisation wiederum individuelle Lerneffekte zeitigen.

3.2 Multiperspektivische Kompetenzfeedbacks in der Personalbeurteilung und -entwicklung

Multiperspektivische Kompetenzfeedbacks (MKF) sehen die Einschätzung von Führungs- und Führungsnachwuchskräften aus der Perspektive verschiedener Beurteilergruppen vor. Sie erweitern die vor allem im angloamerikanischen, in den letzten zwei Jahrzehnten jedoch auch im deutschen Sprachraum praktizierten, weitgehend monoperspektivisch angelegten Verfahren der Beurteilung einer Führungskraft durch deren Vorgesetzte („Top-down-Ansatz") oder Mitarbeiter („Bottom-up-Ansatz"). Indem systematisch möglichst das gesamte berufliche Umfeld, d.h. Vorgesetzte, Kollegen, Mitarbeiter und bisweilen auch Kunden oder Projektpartner um eine Einschätzung gebeten werden, soll ein valides Gesamtbild des Verhaltens einer *Fokusperson* erhoben werden (siehe Abb. 1; Brutus, Fleenor & London, 1998; Edwards & Ewen, 2000; Lepsinger & Lucia, 1997; Scherm, 2005; Scherm & Sarges, 2002). Der multiperspektivische Zugang entlang der gesamten Hierarchie, so die Verfahrenslogik, dient damit gleichzeitig der Vermeidung von Verzerrungstendenzen, die besonders dann auftreten können, wenn nur eine Gruppe (in der Regel der oder die Vorgesetzten) um eine Einschätzung gebeten wird.

MKF werden in Unternehmen mitunter in Beurteilungsprozesse integriert und unterstützen damit das Performance Management. Ungleich häufiger dienen sie jedoch der Entwicklung der Fokuspersonen (dies ist jedenfalls das erklärte Ziel der Verantwortlichen – ungeachtet der mancherorts ggf. zusätzlich verfolgten Absichten). Ist die Funktion die der Personalentwicklung, besteht das zentrale Ziel darin, die berufsbezogenen Kompetenzpotenziale der beteiligten Fokuspersonen entsprechend definierter Anforderungsprofile zur Entfaltung zu bringen. Bei diesem Vorgehen wird jede Fokusperson von den einbezogenen Feedbackgebern auf einer Reihe von tätigkeitsrelevanten Kompetenzdimensionen eingeschätzt. Die ermittelten Fremdbeurteilungen werden anschließend dem ebenfalls erhobenen Selbstbild der Fokusperson im Rahmen eines Personalentwicklungs-Prozesses (Karriere-Förderprogramm, Trainingsmaßnahme, Weiterbildung etc.) gegenübergestellt. In den konzeptionellen Überlegungen multiperspektivischer Feedbackver-

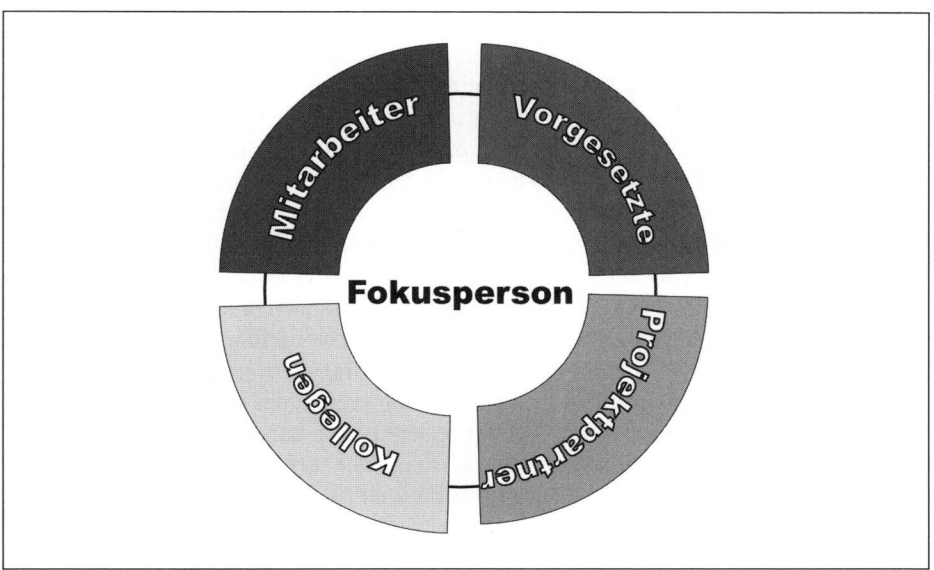

Abbildung 1: Beurteilergruppen im multiperspektivischen Kompetenzfeedback

fahren ist es gerade diese Rückkopplung der Fremdbilder mit dem Selbstbild, die den zentralen Anreiz für die Kompetenzentwicklung darstellt (Atwater & Yammarino, 1997; Lepsinger & Lucia, 1997; London & Smither, 1995; Scherm & Sarges, 2002). Die Rückkopplung erhöht die *Selbstbewusstheit* („self-awareness") einer Fokusperson, d. h. deren Fähigkeit, ihre Kompetenzen, aber auch ihre Stärken und Schwächen zutreffend einschätzen zu können (Fletcher & Bailey, 2003). Demnach wird eine Fokusperson in der Regel Abweichungen zwischen ihrem Selbsturteil und den Fremdurteilen als unangenehm dissonant erleben und in der Folge versuchen, diesen Zustand durch entsprechende Verhaltensänderungen in Richtung eines gewünschten Kompetenzprofils aufzuheben. Zahlreiche Studien gelangen zu dem Schluss, dass ein hoher Grad an Selbstbewusstheit den Erfolg von Führungstätigkeiten positiv beeinflusst (u. a. Alimo-Metcalfe, 1998; Bass & Yammarino, 1991; Fletcher, 1997; Furnham & Stringfield, 1994).

Darüber hinaus werden für den Einsatz von MKF vor allem drei Begründungszusammenhänge hergestellt. Der *erste* Zusammenhang betrifft das bereits oben genannte Problem der Gefahr einer mangelnden Validität einer Beurteilung durch nur eine Perspektivgruppe, d. h. in der Regel der Vorgesetzten. Lawler (1967) zeigte mit dem Multitrait-Multirater-Ansatz, dass im Rahmen von Beurteilungsprozessen die Einschätzung von Vorgesetzten nur einen Teil der „wahren Varianz" erklärt. Andere Urteilsgruppen aus dem beruflichen Umfeld wie Kollegen und Mitarbeiter hätten hinsichtlich relevanter Anforderungsdimensionen häufiger die Gelegenheit zur Verhaltensbeobachtung als die Vorgesetzten und würden folglich auch wichtige Informationen beisteuern. Lawler schlussfolgert: „A good argument can be made that each of these raters typically has an adequate view of the manager's performance, although admittedly a slightly different one" (1967, S. 370).

Zu ähnlichen Einschätzungen gelangen Borman (1991) sowie Hedge, Borman und Bir-keland (2001) bezüglich der Vorzüge, aber auch der Nachteile der einzelnen Urteilsquel-len. Vorgesetzte mit längerer Führungserfahrung haben ein breites Spektrum an Mitar-beitern mit verschiedensten Verhaltensstilen geführt. Sie verfügen über erprobte Referenzmaßstäbe bezüglich der Kompetenzen, die für ihren Tätigkeitsbereich erfolg-reich sind. Andererseits fehlt es ihnen häufig an der Gelegenheit, die Fokuspersonen im Joballtag hinreichend oft beobachten zu können. Kollegen erhalten demgegenüber im beruflichen Kontext, wenn sie über genügend aufgabenbezogene Berührungspunkte mit den Fokuspersonen verfügen, in der Regel verlässliche Hinweise über deren Leistung, sodass sie diese gut einschätzen können. Nachteilig wirkt sich demgegenüber aus, dass sie oft über wenig Erfahrungen bezüglich der Leistungsbeurteilung verfügen und mög-licherweise die ihnen verfügbaren Daten nicht akkurat abrufen können. Mitarbeiter schließlich sind die direkten Adressaten des Führungsverhaltens und können dieses ver-mutlich am validesten einschätzen. Auf der anderen Seite haben sie nur teilweise Ein-blick in das Leistungsverhalten ihres Vorgesetzten, daher erfassen auch ihre Urteile nur einen Teil der gesamten Varianz. Zusammenfassend ist also zu vermuten, dass Kom-petenzeinschätzungen aus hierarchisch unterschiedlichen Quellen valider sind als Ein-schätzungen aus nur einer Quelle. Gleichzeitig überlappen sich die jeweils erhobenen Varianzanteile nur teilweise.

Diesbezüglich kann ein *zweiter* Begründungszusammenhang identifiziert werden. Le-diglich eine Personengruppe allein mit der Einschätzung (d.h. Vorgesetzte oder Mitar-beiter) zu betrauen, wird dem Umstand nicht gerecht, dass Führungskräfte nicht nur eine, sondern unterschiedliche Rollen innehaben. Nach Mintzberg (1973) nehmen Führungs-kräfte interpersonelle Rollen ein, in denen sie vor allem führen und koordinieren. Dane-ben bekleiden sie aber auch Rollen, die sich auf den Umgang mit Informationen und Wis-sen beziehen, und Rollen, welche sich auf das Entscheiden beziehen. Entsprechend dieser Rollenvielfalt treten sie mit Personen ihrer Umgebung in unterschiedlichen Kon-takt, je nachdem, ob sie in einer konkreten Situation beispielsweise ein Management-team führen oder als Wissensmanager auftreten. Wie Führungskräfte mit der Vielfalt, d.h. mit den Möglichkeiten, aber auch mit den Schwierigkeiten der Rollenanforderun-gen umgehen, lässt sich wohl nur über die jeweils verschiedenen Adressaten des Verhal-tens in Erfahrung bringen. Nur so – und nicht nur aus einer Beurteilerquelle – dürfte sich das gesamte Verhaltensspektrum einschätzen lassen.

Der *dritte* Begründungszusammenhang schließlich ergibt sich aus der Beobachtung, dass Führungskräfte aus ihrer Umgebung offenbar relativ wenig Feedback bezüglich ihres Verhaltens bekommen und folglich unsicher sind, wie sie auf andere wirken (Longen-ecker & Gioia, 1992). Die Rückmeldungen, die sie erhalten, beziehen sich im Wesentli-chen auf die Feststellung von Sachverhalten, d.h. z.B. darauf, ob sie wichtige Probleme lösen oder die vereinbarten Ziele erreichen konnten. In welcher Weise ihr persönlicher Stil, mit anderen zu kooperieren (oder eher nicht), dafür förderlich ist, entzieht sich häu-fig ihrer reflektierten Erfahrung.

Den Mangel an Feedback erklären Marcus und Schuler (2001) damit, dass Vorgesetzte in flachen Hierarchien mit gestiegenen Kontrollspannen weniger als früher Gelegenheit und auch Zeit haben, die von ihnen geführten Mitarbeiter zu beobachten. Zugleich stehen

Führungskräfte mit großem Verantwortungsbereich in der Gefahr, im Tagesgeschäft Rückmeldungen zu erhalten, die geschönt oder mikropolitisch eingefärbt sind. Es verwundert daher nicht, dass sie verstärkt das Bedürfnis nach Feedback und einer individuellen Standortbestimmung artikulieren (Krug & Kuhl, 2005).

3.2.1 Das 360°-Feedback als Variante multiperspektivischen Kompetenzfeedbacks

Eine spezifische Variante von MKF stellt das sogenannte *360°-Feedback* dar. Es gehört zum Inventar der psychologisch fundierten Personalbeurteilungs- und -entwicklungsinstrumente (Scherm & Sarges, 2002). Als alternative Verfahrensbezeichnungen, weniger im deutschen als vielmehr im angloamerikanischen Sprachraum, finden sich die Varianten des *„Multisource Feedback"* (MSF; vgl. London & Smither, 1995), des *„Multi-Rater Feedback"* (MRF; vgl. Bracken, Dalton, Jako, McCauley & Pollman, 1997) oder auch des *„Multi-Rater Assessment"*. In der HR-Praxis deutscher Unternehmen wurde bisweilen auch die Bezeichnung „Rundum-Beurteilung" gewählt, allerdings hat sich in den letzten Jahren die Verwendung des Begriffs „360°-Feedback" durchgesetzt.

Das *360°-Feedback* kann im konkreten Anwendungsfall unterschiedlichen Funktionen dienen, die gemeinsame Klammer des Vorgehens besteht jeweils darin, tatsächlich berufliche Kompetenzen und nicht etwa die Persönlichkeit einzuschätzen. Da es sich beim Adressatenkreis überwiegend um Führungskräfte handelt, stehen besonders Kompetenzen aus dem Bereich der sozialen Interaktion (Führen, Einflussnehmen und Durchsetzen etc.), aber auch des administrativ-strategischen Handelns (Planen, strategisches Denken etc.) im Fokus der Einschätzung. Die Urteile kommen meistens aus vier Quellen, wobei im Sinne der Geometrie-Anleihe jeder Quelle ein Anteil von 90° entspricht (vgl. Scherm & Sarges, 2002, S. 2):
1) die Vorgesetzten des Feedbacknehmers (vertikales Feedback von oben),
2) seine Kollegen (horizontales Feedback von der Seite),
3) seine Mitarbeiter (vertikales Feedback von unten), schließlich
4) die oder der Beurteilte selbst.

Gelegentlich wird der oben genannte Kreis um Kunden oder Projektpartner erweitert, sodass auch Erfahrungen mit der Fokusperson außerhalb des Unternehmensalltags einbezogen werden. Feedbackverfahren, die sich auf weniger als vier Feedbackgeber-Gruppen stützen, müssten eigentlich nach der Anzahl ihrer Perspektiven bezeichnet werden (z.B. als „270°-Feedback", wenn insgesamt nur drei Fokuspersonen einbezogen werden). Eine solche begriffliche Anpassung unterbleibt jedoch in der Regel.

Gegenüber anderen Verfahrensansätzen ist das 360°-Feedback im deutschen Sprachraum vor allem hinsichtlich seiner Funktion als Instrument der Personal*entwicklung* ausgezeichnet (Harss & Maier, 1999; Scherm, 2005). Zwar ist in einigen Unternehmen unter dem Vorzeichen sogenannter „Performance Measurement- und Management-Systeme" auch eine Verbindung mit der Funktion der *Leistungs*beurteilung zu beobachten (z.B. Lüdi & Wenger, 2005). Die vorliegenden Befragungsdaten zusammenfassend, kann jedoch davon ausgegangen werden, dass etwa 70% der deutschen Unternehmen das

Feedbacksystem zur Führungskräfteentwicklung einsetzen, lediglich 30 % sowohl zur
Entwicklung als auch zur Beurteilung. Die meisten Schwierigkeiten bei der Einführung des Systems werden jedoch als Akzeptanzprobleme seitens der beteiligten Per-
sonengruppen berichtet – und diese treten fast ausschließlich bei der Deklaration als
Beurteilungsverfahren auf (siehe Rieder, 2004). Gleichwohl lassen sich für beide Ein-
satzfunktionen zahlreiche Argumente anführen, die zumeist die jeweils eigene Funkti-
onsbestimmung für exklusiv erklären (siehe London, 2001, S. 369 ff.; Scherm & Sarges, 2002, S. 45 f.).

Allerdings ist das Kernstück des Verfahrens nach wie vor eng mit dem Feedbackgedan-
ken verbunden. Nicht nur die ursprüngliche Intention, Verhaltensfeedback zu geben, zielt
viel stärker auf die Entwicklung einer Person als auf ihre Beurteilung. Nicht umsonst
setzte denn auch das „Center for Creative Leadership" (CCL), das als erstes das Konzept
personalpsychologisch begründete, 360°-Feedbacks zum Zweck des Leadership Development und nicht im Sinne des Appraisal-Gedankens ein (Campbell, 2001, S. XIX).
Grundlegend hierfür war und ist der der Human Relations Bewegung entstammende Ge-
danke, einer Führungskraft eine Rolle zuzuweisen, nach der sie zuallererst *selbst* für die
eigene persönliche Entwicklung verantwortlich ist. Vor diesem Hintergrund wird Feedback gegeben, um Anreize zur Potenzialentwicklung zu stiften und weniger, um Verhalten positiv oder negativ zu sanktionieren. Ein solcher Einsatz von Feedback erfährt in
der betrieblichen Praxis nachweislich eine höhere Akzeptanz und führt zu besseren Lern-
effekten als ein Feedback in der Funktion von Evaluation und Beurteilung (Druskat &
Wolff, 1999; Jansen & Vloeberghs, 1999).

3.2.2 Abgrenzung des 360°-Feedback zu verwandten Verfahren der Kompetenzbeurteilung

Um eine Abgrenzung von anderen Verfahren und Ansätzen vorzunehmen, in denen ebenfalls berufliche Kompetenzen eingeschätzt oder beurteilt werden, sind in Tabelle 1 die
zum 360°-Feedback verwandten Verfahrensansätze aufgeführt (vgl. Scherm & Sarges,
2002, S. 5). Die Übersicht orientiert sich zum einen an der Taxonomie der betrieblichen Beurteilungen von Cleveland, Murphy und Williams (1989), indem sie das jeweilige Verfahren als dienlich entweder für Entscheidungen *innerhalb* oder *zwischen* Personen klassifiziert. Die Konzentration auf dieses Kriterium ergibt sich daraus, dass die
Entscheidungsbezogenheit von Leistungs- und Verhaltensbeurteilungen in der Praxis
von Organisationen ein klares Übergewicht gegenüber anderen Nutzenerwägungen besitzt.

Einen ausgesprochenen Akzent auf die Funktion der „Zwischen-Personen-Entscheidung"
legen nahezu sämtliche Verfahrensvarianten der klassischen *Personal-* bzw. *Leistungs-*
beurteilung. Diese stehen übergreifend im Dienste von Systemen des Performance Reviews (vgl. Thornton, Hollenbeck & Johnson, 2010, S. 830 f.). Ihr Zweck ist es im Allgemeinen, Auswahl-, Beförderungs- oder Entlassungsentscheide vorzubereiten sowie die
Entgeltfindung zu unterstützen. Der Beurteilungsprozess selbst wird dabei zunehmend
häufiger in Systeme eingebettet, die die inhaltliche und zeitliche Verbindung mit anderen wichtigen Personalmanagement-Funktionen, wie z. B. Beschaffung und Personalentwicklung, gestatten sollen (exemplarisch Lüdi & Wenger, 2005).

Tabelle 1: Übersicht der personalwirtschaftlichen Verfahren, in denen Kompetenzeinschätzungen vorgenommen werden (verändert nach Scherm & Sarges, 2002, S. 5)

Verfahren	Beschreibung der Funktion	
Personal- bzw. Leistungsbeurteilung	Beurteilungen durch den Vorgesetzten bezüglich erbrachter Leistungen *unterstützt:* Entscheidungen *zwischen* Personen anlässlich Entgeltfindung, Selektion, Entlassungen etc.	Beurteilung
Management Audit	Beurteilung der Managementleistung von Einzelpersonen, Teams, Geschäftsbereichen etc. *unterstützt:* Entscheidungen der Geschäftsleitung und Investoren *zwischen* Personen und Gruppen zur Ausrichtung des Unternehmens	
Vorgesetzten- bzw. Aufwärtsbeurteilung („Vorgesetztenfeedback")	Einschätzung bzw. Beurteilung der Mitarbeiter bezüglich des Führungsverhaltens *unterstützt:* Entscheidungen *innerhalb* von Personen zur Potenzial-/Organisationsentwicklung oder Verbesserung der Führungskultur	
360°-Feedback	multiperspektivische Diagnose und Rückmeldung von Kompetenzeinschätzungen aus der Umgebung der Zielperson *unterstützt:* Entscheidungen *innerhalb* von Personen zur Potenzialentwicklung und Identifikation von Trainingsbedürfnissen; auch im Rahmen von Personalbeurteilungen	Entwicklung

Nah am Gedanken der Leistungsbeurteilung sind auch Ansätze angesiedelt, die unter dem Begriff des *Management Audit* zusammengefasst werden. Management Audits stehen in der Tradition der angelsächsischen „performance appraisals". Sie dienen der Führung eines Unternehmens und interessierten Personen der Umgebung (vor allem Investoren) dazu, sich ein Bild von der Leistungsfähigkeit des jeweiligen Managements machen zu können (Craig-Cooper & de Backer, 1993; Walsh, 1996). Zudem sollen auch bislang noch nicht abgerufene, im Zusammenhang mit der künftigen Wettbewerbssituation des Unternehmens möglicherweise aber relevante, Potenziale erfasst werden. Auf der Basis der Auditierung wird jede einbezogene Führungskraft in ein Personal-Portfolio leistungs- bzw. potenzialmäßig so eingeordnet, dass die jeweiligen Stärken und Schwächen deutlich werden. Eine derartige Analyse kann auch für einzelne Geschäftsbereiche eines Unternehmens erstellt werden, um so Entscheidungen bezüglich der geschäftlichen Ausrichtung eines Unternehmens (Intensivierung, Verkauf etc. eines Geschäftsbereichs) zu flankieren. Auch beim Audit werden Entscheidungen *zwischen* Personen oder, im Falle der Überprüfung von Bereichen, zwischen Gruppen von Personen vorbereitet.

Die beiden Ansätze der Personal- und Leistungsbeurteilung und des Management Audits sind Instrumente, mit denen abwärts beurteilt wird, d. h., dass Vorgesetzte ihre Mitarbei-

ter beurteilen bzw. beurteilen lassen. Sie orientieren sich zwar bei der Einschätzung der
Mitarbeiter auch an deren Eigenschaften sowie aufgabenbezogenen Verhaltensweisen,
sie akzentuieren jedoch besonders die *Ergebnisse* des Verhaltens, d. h. sie sind *outputbe-
zogen*. Im Zuge der Eindrucksbildung erfassen Beurteiler den unmittelbaren Beitrag des
oder der Beurteilten für die Ziele der Organisation. Besonders für Unternehmen ist dies
funktional, weil es letztlich die nach außen sichtbaren, zählbaren Ergebnisse sind, die
darüber entscheiden, ob sie sich am Markt behaupten können.

Gleichwohl hat diese Konzeption der Leistungsbeurteilung deutliche Einschränkungen
bzw. auch Kritik erfahren. Ein erster zentraler Einwand bezieht sich auf die Komplexität der zu erbringenden Leistung: Je größer die Zahl der zu berücksichtigenden Merkmale oder Prozesse ist und je mehr Personen mit ihren Einzelleistungen am Zustandekommen eines anvisierten Ergebnisses beteiligt sind, desto stärker ist das jeweilige
Leistungskriterium kontaminiert, d. h. von Einflüssen bestimmt, die nicht in der Kontrolle der zu beurteilenden Person liegen (Marcus & Schuler, 2001; Murphy & Cleveland, 1995).

Diese Situationsbedingtheit der Leistung gilt z. B. in besonderem Maße für Führungs-
und Managementtätigkeiten, bei denen die Aktivitäten von vielen Personen zu steuern
und zu koordinieren sind, darüber hinaus aber auch Ressourcen (z. B. Geld, Maschinen,
Informationen) zielführend einzusetzen sind (Campbell et al., 1970; Sarges, 2000b). Der
zweite Einwand betrifft die Anreizwirkung einer Leistungskonzeption, welche sich ausschließlich am „output" orientiert. Derart beurteilte Fokuspersonen „lernen", dass es im
Wesentlichen auf die zu erbringenden Geschäftszahlen ankommt und lenken ihre Motivation ganz auf das Erreichen vereinbarter Ziele. Zugunsten des unmittelbar Messbaren
vernachlässigen sie dabei leicht die langfristige Planung geschäftlicher Aktivitäten, die
Pflege der Mitarbeiterbeziehungen oder das Entwickeln neuer Geschäftsideen, kurz solche Handlungen, die ebenfalls im vitalen Interesse des Unternehmens liegen (vgl. Landy
& Farr, 1983).

Um diese Probleme zu vermeiden bzw. in ihrer Wirkung abzumildern, haben Murphy
und Cleveland (1995, S. 113) eindringlich für eine stärker am Verhalten orientierte Leistungsbeurteilung plädiert – ohne dabei die Ergebnisseite des Verhaltens zu vernachlässigen. Sie sehen den Bereich der Leistung am besten abgebildet durch eine umfassende
Beurteilung des Verhaltens einer Fokusperson. In eine ähnliche Richtung weisen der personalpsychologisch fundierte Vorschlag von Schuler (1989) sowie die stärker betriebswirtschaftlich fundierte Konzeption von Domsch und Gerpott (1992). Schuler sieht die
Lösung in einem triadischen Zugang, indem er erstens die Ebene des Potenzials, zweitens des Verhaltens und drittens auch der erbrachten Ergebnisse berücksichtigen möchte.
Domsch und Gerpott schlagen eine Kombination von verhaltens- und ergebnisorientier-
ten Leistungskriterien vor und blenden dabei die Seite des Potenzials einer Person weitgehend aus (1992, S. 1638).

Anders verhält es sich mit der *Vorgesetzten*- bzw. *Aufwärtsbeurteilung*, die in den letzten Jahren in verschiedenen begrifflich-konzeptionellen Varianten (u. a. „Vorgesetzten-
Feedback", „Vorgesetzteneinschätzung") thematisiert und in der Praxis zum Einsatz ge-
kommen ist (Domsch & Ladwig, 1995; Brinkmann, 1998). Diese Verfahren fokussieren
primär das Führungsverhalten (Domsch, 1999; Fecher, 1995) und weniger die Leistung

und das Arbeitsergebnis, sodass sie vorrangig Entscheidungen *innerhalb* von Personen unterstützen. Den perspektivenbezogenen Ansatz teilen sie indes mit dem *360°-Feedback*. Ihre Einführung und Verbreitung im angloamerikanischen wie im europäischen Sprachraum wurde durch verschiedene einflussreiche Trends begünstigt. Zum einen ist die Human Relations Bewegung der 50er Jahre und die aus ihr erwachsene Leitidee des partizipativen Managements zu nennen, die eine vorsichtige Demokratisierung des Verhältnisses von Führenden und Geführten einleitete. War es zuvor der möglichst effiziente und aufgabenorientierte Umgang mit den Human*ressourcen*, der erfolgreiche Führung auszeichnete, so wurde nun verstärkt die Beziehung zwischen dem Vorgesetzten und seinen Mitarbeitern als wertschöpfende Größe an sich erkannt. Kurz, man problematisierte die menschliche Seite von Unternehmungen und mit ihr den Führungsstil von Managern und Führungskräften (Likert, 1961; McGregor, 1960).

3.3 Multiperspektivische Kompetenzfeedbacks als Ergebnis sozialer Eindrucksbildung

Kompetenzfeedbacks stützen sich auf subjektive *Eindrucksurteile*, die sich der Feedbackgeber bezüglich einer Fokusperson bildet. Zusammen mit objektiven Leistungsindikatoren stellen Eindrucksurteile die Basis nicht nur für MKF dar, sondern für alle Vorgänge, die sich in Organisationen auf Urteile stützen, z. B. Eignungs- und Potenzialeinschätzungen, Vergütungsentscheide, Management Audits, Nachfolgeplanungen usw. An dieser Stelle sollen diejenigen Bedingungen und Einflussmomente behandelt werden, die als Prädiktoren oder Moderatoren das Zustandekommen von Kompetenzfeedbacks beeinflussen können.

Die Analyse des Einflusses von Prädiktoren auf die Eindrucksbildung ist für den Bereich der Kompetenzfeedbacks ungemein wichtig. Sie liefert Erklärungsansätze für unterschiedliche Konstellationen der Übereinstimmung *erstens* zwischen Selbsteinschätzungen von Fokuspersonen mit Fremdeinschätzern und zweitens der Fremdeinschätzer untereinander. Solche Erklärungsansätze wiederum sind vor allem beim Einsatz von MKF im Rahmen von Personalentwicklungsmaßnahmen notwendig und besonders dort, wo ein niedriger Grad der Übereinstimmung, d. h. Urteilsdifferenzen, auftreten. In der Regel erfordert z. B. eine Konstellation einer hohen Selbsteinschätzung mit niedriger Fremdeinschätzung durch die Mitarbeiter bei gleichzeitig relativ niedriger Übereinstimmung zwischen diesen eine Analyse der Gründe. Denn diese Konstellation erzeugt auf der Seite der Fokusperson nicht nur Dissonanz bzgl. ihres Selbstkonzepts beruflicher Kompetenzen, sondern stellt wegen der Urteilsdifferenzen bei den Mitarbeitern auch die Glaubwürdigkeit des Feedbacks infrage.

Im Zusammenhang von Kompetenzfeedbacks werden Eindrucksurteile durch Merkmale bestimmt, die auf drei Ebenen angesiedelt sind. Die Struktur für die nachfolgenden Ausführungen liefert das „Verhaltens-Eindrucks-Aussage-Modell" (VEA-Modell) von Brandstätter (1969, 1983; vgl. auch Schuler, 1996, 2004). Das Modell unterscheidet 1) die Ebene des *Verhaltens* der Fokusperson, 2) die Ebene ihrer *Feedbackgeber* und 3) die Ebene der *Aussage*.

3.3.1 Determinanten des Eindrucksurteils

3.3.1.1 Das Verhalten der Fokusperson

Feedbackurteile sollen valide in dem Sinne sein, dass sie im Wesentlichen von Merkmalen des Feedbacknehmers determiniert sind und die fragliche Kompetenzdomäne möglichst vollständig erfassen. Im Zentrum des Urteils sollte v. a. das berufsbezogene Verhalten der Fokusperson stehen, d. h. das, was sie in konkreten Anforderungssituationen tatsächlich tut (Rogelberg & Waclawski, 2001; Scherm, 2005). Es sollte angenommen werden dürfen, dass die Urteile umso valider ausfallen, je unterschiedlicher die Situationen sind, in denen Verhaltensbeobachtungen vorgenommen werden können. Für die Bereiche „Führung und Management" hat Sarges (2000b, S. 6) in Anlehnung an Mischel (1977) darauf hingewiesen, dass das Verhalten von Fokuspersonen umso besser eingeschätzt werden kann, wenn es zuvor sowohl in starken, das Spektrum des Handelns einschränkenden, als auch in schwachen, das Handeln erleichternden Situationen beobachtet werden konnte. Werden beide Bedingungen erfüllt, lässt sich eine größere Bandbreite des Verhaltens erfassen als nur unter einer Situationsbedingung.

Hat eine Fokusperson Kenntnis darüber, dass sie im Rahmen von „offiziellen" Feedbackprozessen im Zentrum von Eindrucksurteilen steht (was die Regel sein dürfte), zeigt sie Verhalten nicht nur deshalb, um die Anforderungen einer Situation (z. B. die Lösung eines Problems oder das Erreichen eines Ziels) zu bewältigen. Vielmehr steuert sie ihr Verhalten auch im Sinne eigener Motive und Interessen und ist bestrebt, bei relevanten Personen ihrer Tätigkeitsumgebung einen bestimmten Eindruck zu hinterlassen. Verhaltensweisen, die von intrapsychischen, selbstpräsentativen Prozessen motiviert werden, werden unter dem Begriff des „Impression Management" zusammengefasst. Tetlock (1992) hat das Bestreben von Menschen, sich selbst in einem bestimmten Licht zu zeigen, mit der Rolle von Politikern verglichen. Übertragen auf den vorliegenden Zusammenhang heißt dies, dass z. B. eine Führungskraft darum bemüht sein sollte, dass wichtige Konstituenten – beispielsweise Vorgesetzte oder Mitarbeiter – sie in hohem Maße wertschätzen und ihr möglichst dauerhaft das Vertrauen schenken.

3.3.1.2 Sozial-kognitive Prozesse auf Seiten der Feedbackgeber

Den entscheidenden zweiten Part bei der Entstehung von Eindrucksurteilen steuern die Feedbackgeber bei. Den hierfür grundlegenden Bereich der sozialen Wahrnehmung hat Zajonc (1980, S. 152 ff.) in Anlehnung an Abelson in „cold cognitions" (z. B. gedächtnis- und denkensbezogene Prozesse) und „hot cognitions" (motivationale und affektbezogene Prozesse) unterteilt. Zajonc nimmt an, dass beide Prozessformen unabhängigen Systemen zuzuordnen sind, die sich gleichwohl gegenseitig beeinflussen können. Für die soziale Interaktion, die wichtige Antezedenzien für Beurteilungsvorgänge liefert, räumt er dem Affekt gar den größeren Stellenwert ein: „Affect dominates social interaction, and it is the major currency in which social intercourse is transacted" (1980, S. 153). Die im Zusammenhang mit Leistungsbeurteilungen und Affekt angestellten Studien befassen sich überwiegend mit auf die Fokuspersonen gerichteten Emotionen (siehe Murphy & Cleveland, 1995, S. 211). Davon zu unterscheiden sind Kategorien, die ungerichtet sind und sich auf emotionale Zustände des Beurteilers beziehen (Stimmung, Temperament).

Sowohl auf der Seite der Wahrnehmung und des Gedächtnisses als auch der Seite des Affekts lassen sich eine Reihe von wichtigen Vorgängen differenzieren (vgl. für die nachfolgende Darstellung Barnes-Farrell, 2001, S. 139 ff.; Kanning, Hofer & Willbrenning, 2004, S. 119 ff.; Levy & Williams, 2004). Dass dabei das Schwergewicht stärker auf den kognitiven als auf den affektiven Prozessen liegt, hängt sicher mit der dort zu verzeichnenden deutlich höheren Forschungsintensität zusammen – diese wiederum u. a. beeinflusst durch Landy und Farrs frühen Appell: „We must learn much more about the way in which potential raters observe, encode, store, retrieve, and record performance information, if we hope to increase the validity of ratings" (1980, S. 100). Insofern hat sich Zajonc mit seinen programmatischen Überlegungen jedenfalls für das Feld der Leistungsforschung nicht durchsetzen können – dies wohl auch, weil affektbezogene Einflüsse experimentell schwieriger zu überprüfen sind.

Die entsprechenden Vorgänge lassen sich auf der Basis eines Prozessmodells drei Phasen zuordnen (Ilgen, Barnes-Farrell & McKellin, 1993; siehe dagegen Murphy & Cleveland, 1995, für ein Modell mit fünf Stufen). In der *ersten* Phase wird das Verhalten einer Fokusperson beobachtet und die als relevant wahrgenommenen Informationen aufgenommen. Im Zuge der Informationsaufnahme findet eine Trennung zwischen relevanten und irrelevanten Informationen im Sinne eines Filterprozesses statt. In der *zweiten* Phase werden diese Informationen im Gedächtnis organisiert und gespeichert. Die in der ersten und zweiten Phase stattfindenden Prozesse führen zu mentalen Repräsentationen bezüglich des Verhaltens und anderer eindrucksrelevanter Merkmale der Fokusperson. In der *dritten* Phase schließlich werden diese Informationen abgerufen, um sie in einer geeigneten Form (z. B. mündliche oder schriftliche Aussage) aufzuzeichnen. Die für MKF wichtigsten Vorgänge werden im Folgenden kurz beschrieben. Soweit vorhanden, werden zu den einzelnen Vorgängen auch neuere Befunde berichtet. Allerdings muss festgestellt werden, dass die meisten Untersuchungen erstens älteren Datums sind (d. h. zumeist vor 1990 erschienen sind) und sich zweitens auf Leistungsbeurteilungen beziehen.

Erste Phase

Selektive Aufmerksamkeit und Aufnahme. Feedbackgeber filtern im Zuge der Eindrucksbildung die auf sie einwirkenden Personeninformationen, um die eigenen Ressourcen auf relevante Ziele zu fokussieren und sich vor einer kognitiven Überforderung zu schützen. Entgegen einer wünschenswerten Ausrichtung der Aufmerksamkeit auf tätigkeitsrelevante Kriterien ist es möglich, dass der Feedbackgeber bevorzugt solche Informationen aufnimmt, die die eigenen Zielpräferenzen im täglichen Umgang mit den Fokuspersonen befriedigen (Swann, 1984). Fiske (1993, S. 156) bezeichnet den Umstand, dass die Aufmerksamkeit und Wahrnehmung an den individuellen Interessen und Zielen ausgerichtet werden, als „good-enough perception". Demzufolge wird der Prozess der Eindrucksbildung eines Feedbackgebers nur mit einem solchen Grad an Aufwand und Akkuratheit betrieben, wie es für die Gestaltung der Beziehung mit der Fokusperson aus Sicht des Feedbackgebers funktional ist.

Inwiefern schließlich die Aufmerksamkeit eines Beurteilers auf kompetenz- oder leistungsrelevante Informationen seitens der Fokusperson gerichtet ist, kann auch durch die affektive Tönung der Interaktion erklärt werden. In diesem Zusammenhang gilt als gesichert, dass eine positive emotionale Wertschätzung durch den Beurteiler positiv mit der Akkuratheit seiner Verhaltensbeobachtungen korreliert (Isen, Shalker, Clark & Karp, 1978). Zudem liegen empirisch begründete Argumente dafür vor, dass Beurteiler ihre Aufmerksamkeit auf genau solche Verhaltensweisen richten, die mit ihrer Affektrichtung konsistent sind. Erhalten Feedbackgeber in MKF zusätzliche Gelegenheiten, das Verhalten von Fokuspersonen zu beobachten, so wirkt sich dies wiederum festigend auf die Affektrichtung aus (Antonioni & Park, 2001).

Zweite Phase

Die in dieser Phase stattfindenden Vorgänge der schemabezogenen Verarbeitung, sozialen Stereotypisierung und Kategorisierung sowie der Assimilation bzw. des Kontrasts versetzen den Feedbackgeber in die Lage, seine kognitiven und verhaltensbezogenen Ressourcen effektiv einzusetzen und sich davor zu schützen, mit Informationen überflutet zu werden. Attributionsprozesse hingegen zielen nicht primär darauf, die eigenen Ressourcen zu schonen, sondern darauf, die Sicherheit der eigenen Feedbackeinschätzung zu erhöhen.

Schemabasierte Verarbeitung. Feedbackgeber erleichtern das Interpretieren und Organisieren der ihnen zur Verfügung stehenden Informationen, indem sie diesen eine Bedeutung zuweisen (Barnes-Farrell, 2001). Schemata unterstützen diesen Prozess, indem sie die Bedeutungsinhalte zu prototypischen Bedingungsgefügen klassifizieren. Dabei sind es weniger einschlägige Verhaltensbeobachtungen, auf deren Basis Prototypen gebildet werden, sondern umgekehrt werden solche Elemente beobachtet und enkodiert, die zum „erkannten" Typus passen (Feldman, 1981). Ein in Organisationen und Unternehmen gängiges Schema im Rahmen von MKF ist z. B. das des „Leistungsträgers" („High Performer"). Wird eine Fokusperson, z. B. eine Führungskraft, durch einen Feedbackgeber über einen längeren Zeitraum beobachtet, so wird dieser die gezeigten Verhaltensinformationen mit dem vorhandenen Schema „Leistungsträger" abgleichen. Stimmen die vorliegenden Verhaltensinformationen mit dem Schema überein, kann der Feedbackgeber selbst mit einem relativ fixen Verhaltensmuster reagieren (sich also auf die Fokusperson einstellen) und muss die Fokusperson nicht kontinuierlich beobachten. Bei Abweichungen zwischen dem Schema und dem registrierten Verhalten ist der Feedbackgeber hingegen gehalten, weiter aufmerksam nach eindrucksrelevanten Verhaltensinformationen zu suchen. Dies bedeutet kognitiven Aufwand und verhindert, dass er sich mit voller Konzentration anderen Aufgaben und Zielen zuwenden kann.

Der Wert von schemabasierten Verarbeitungsprozessen besteht demzufolge darin, dass sie dem Feedbackgeber gestatten, sich bezüglich einer Fokusperson schnell und ökonomisch einen Eindruck zu verschaffen. Personenbezogene Schemata gelten als relativ stabil, sind jedoch durch soziale Austauschprozesse veränderbar (Engle & Lord, 1997, S. 992). Um prognostisch valide Schemata aufzubauen, d. h. solche, die die das Verhalten einer Fokusperson vorherzusagen gestatten, bedarf es beim Beurteiler wiederholter Möglichkeiten zur Verhaltensbeobachtung auch kritischer Situationen. Zudem sollte er dies über einen längeren Zeitraum tun können, da dies die Reliabilität der Beurteilung als notwendige Voraussetzung für die Validität günstig beeinflusst (vgl. Rothstein, 1990). Die dabei beobachteten Episoden führen schließlich zu Einträgen im semantischen Gedächtnis.

Soziale Stereotypen. Diese sind definitorisch in der Nähe von Schemata angesiedelt. Stereotypen sind individuelle Meinungen über Eigenschaften von Mitgliedern von Gruppen (Kanning et al., 2004, S. 284). Sie sind durch Übergeneralisierungen gekennzeichnet, indem einer Person die Eigenschaften allein durch die Zugehörigkeit zur fraglichen Gruppe zugewiesen werden (Beispiel: Briefmarkensammler sind introvertiert). Stereotypen beinhalten ferner Erwartungen an nicht beobachtetes Verhalten und erleichtern damit die Eindrucksbildung auch unter Bedingungen schwacher Informationslage oder knapper Zeitressourcen. Imada (1982, S. 412 f.) konnte experimentell zeigen, dass Personen, denen lediglich schriftliche Beschreibungen zu Fokuspersonen vorlagen, d. h., bei denen eine stereotype Eindrucksbildung induziert wurde, weniger differenzierte Einschätzungen abgaben als etwa Personen, die mit den zu beurteilenden Fokuspersonen real interagieren konnten. Für eine möglichst akkurate Beurteilungspraxis, die wenig „Halo-Fehler" verzeichnet, ist die Möglichkeit zur Verhaltensbeobachtung und zur Interaktion mit der Fokusperson wichtig.

Soziale Kategorisierung. Wenn Feedbackgeber gravierende Unterschiede zwischen Fokuspersonen ausmachen, z. B. hinsichtlich des Fleißes, mit der diese ihren Aufgaben nachgehen, dann erlaubt es ihnen, die Fokuspersonen zu klassifizieren (z. B. in solche mit dem Attribut „faul" und solche mit dem Attribut „fleißig"). Kategorisierungen verringern gleichfalls den kognitiven und verhaltensbezogenen Aufwand, den der Feedbackgeber treiben muss, und stiften eine bedeutungsvolle Orientierung: „All categories engender meaning upon the world. Like paths in a forest, they give order to our life-space" (Allport, 1954, S. 171). Fiske (1993, S. 163 f.) hat in einer Zusammenschau von verschiedenen Konzepten der Social-cognition-Forschung herausgearbeitet, dass eine Person von anderen vor allem über Traits beschrieben wird. Demnach sind Traits inhaltsreiche Kategorien, mit deren Hilfe das Verhalten der betreffenden Person vorhergesagt werden kann.

Kategorisierungen werden umso wahrscheinlicher vorgenommen, je weniger ein Feedbackgeber Gelegenheit und Zeit hat, das Verhalten einer Fokusperson zu beobachten. Im Verhältnis zwischen Vorgesetzten und Mitarbeitern ist dies dann der Fall, wenn beide aufgrund einer großen Führungsspanne oder geografisch-räumlicher Trennung relativ wenig Kontakt miteinander haben (vgl. Judge & Ferris, 1993). Umgekehrt besteht die Annahme, dass soziale Kategorisierungen bei kontinuierlicher Möglichkeit zur Beobachtung unwahrscheinlicher werden.

Assimilation und Kontrast. Beurteiler neigen nicht nur dazu, schon früh im Prozess der Eindrucksbildung Schemata anzuwenden und Fokuspersonen zu klassifizieren. Im weiteren Verlauf der Eindrucksbildung validieren sie unwillkürlich ihren ersten Eindruck, indem sie entweder den Grad der *Übereinstimmung* einer Person mit den Mitgliedern einer bestimmten Kategorie oder Gruppe (Assimilation) oder andersherum den Grad der *Abweichung* von Mitgliedern einer anderen Gruppe erhöhen (Kontrast). Beide Mechanismen führen tendenziell zu weniger validen Eindrucksurteilen, da relevante Verhaltensinformationen ausgeblendet werden. Es ist zu vermuten, dass der durch einen Feedbackgeber wahrgenommene Grad der Ähnlichkeit zwischen ihm und seiner Fokusperson die Höhe des Eindrucksurteils beeinflusst. Im Sinne dieser Vermutung korreliert die Variable „Ähnlichkeit" positiv mit dem Kompetenzfeedback.

Attributionsprozesse. Attributionen werden vorgenommen, wenn ein Feedbackgeber nach den Ursachen für Verhaltensweisen einer Fokusperson fragt. Dabei kann er nach in der Person liegenden *Gründen*, z. B. nach Traits und/oder Motiven suchen oder das Verhalten auf situative Ursachen (im engeren Sinne) zurückführen. Nach den Gründen eines zu beurteilenden Verhaltens fragen Rater bevorzugt dann, wenn unangenehme administrative Entscheidungen wie Versetzungen oder Entlassungen anstehen (Struthers, Weiner & Allred, 1998).

Dritte Phase

Die dritte Phase bezieht sich auf den Abruf von im Gedächtnis gespeicherten personenbezogenen Informationen. Ein Effekt der oben dargestellten kognitiven Variablen auf das Organisieren und den Abruf von leistungs- oder feedbackrelevanten Informationen auf das Ergebnis von Leistungsbeurteilungen konnte vornehmlich in Labor- und weniger in Feldstudien nachgewiesen werden.

Abrufserleichternde kognitive Werkzeuge. Als gedächtnisunterstützende Hilfe zur Organisation und zum Abruf von Informationen werden verschiedene Werkzeuge diskutiert. Als eine nützliche Variante gelten dabei vor allem verhaltensbezogene Tagebücher (Balzer, 1986; Bernardin & Walter, 1977; Wherry & Bartlett, 1982). In einer neueren Untersuchung konnten DeNisi und Peters (1996) zeigen, dass das Führen eines Tagebuchs einen positiven Effekt auf die Qualität der Eindrucksurteile zeitigt. Demzufolge erinnern Beurteiler, die ein Tagebuch führen, in dem mit einer zu beurteilenden Fokusperson erlebte wichtige Ereignisse aufgezeichnet werden, in der Beurteilungsphase weniger positive und dafür stärker sachlich-beschreibende Informationen als Beurteiler, die keine gesonderte Aufzeichnung vornehmen.

Volition. Auf die Güte von Feedbackratings nehmen volitionale Variablen einen bedeutenden Einfluss. Als besonders für die Praxis von MKF in Unternehmen wichtige Variable ist die wahrgenommene Verantwortlichkeit für die Ratings („accountability") anzusehen. Rater, die davon ausgehen müssen, ihre Eindrucksurteile den Fokuspersonen „face-to-face" gegenüber rechtfertigen zu müssen, tendieren dazu, diese unangemessen positiv zu verzerren (Klimoski & Inks, 1990). Der gleiche Milde-Effekt tritt auf, wenn sich die Eindrucksurteile auf leistungsschwache Fokuspersonen beziehen und die Rater konfliktreiche Gespräche mit diesen antizipieren. Allerdings übernehmen Vorgesetzte nicht einfach die antizipierte Selbsteinschätzung der zu beurteilenden Personen, sondern urteilen gefälliger, wenn es sich bei diesen um Niedrigleister handelt und diese sich selbst hoch einschätzen (Shore & Tashchian, 2002). Ein höherer Rechtfertigungsdruck führt schließlich auch dazu, dass sich Rater sorgfältiger auf das Abfassen ihrer Urteile vorbereiten, indem sie in höherem Maße Notizen bezüglich kritischer Ereignisse anlegen und verwenden (Mero, Motowidlo & Anna, 2003). Die damit bewirkten Effekte sind im Übrigen nicht nur in der Phase des Abrufs der Eindrücke wirksam, sondern nehmen auch Einfluss auf das mündliche oder schriftliche Fixieren der Urteile (im VEA-Modell betrifft dies die Ebene der Aussage, s. u.).

Affekt- und Persönlichkeit. Variablen wie eine allgemeine positive Grundstimmung des Raters, eine positiv oder negativ getönte Einstellung bezüglich des Urteilsprozesses oder

Befürchtungen bezüglich der möglichen Folgen seines Urteils können Einfluss auf das Abrufen der Informationen nehmen. So konnte gezeigt werden, dass Rater in guter Grundstimmung stärker positive Informationen abrufen als Rater in gedrückter Stimmung und zu einer besseren Einschätzung der Fokusperson gelangen (Sinclair, 1988). Villanova, Bernardin, Dahmus und Sims (1993) berichteten, dass Beurteiler, die sich mit Leistungsbeurteilungen unwohl fühlen, anfällig sind für mildeverzerrte Einschätzungen, da sie Konflikte mit Fokuspersonen fürchten, die sich womöglich zu schlecht beurteilt fühlen. Auch seitens der Persönlichkeit des Raters wurde ein Einfluss auf die Leistungsbeurteilung nachgewiesen. Demzufolge vergeben hoch verträgliche, jedoch wenig gewissenhafte Beurteiler tendenziell milde Ratings (Bernardin, Cooke & Villanova, 2000).

Ferner liegen für Kompetenzfeedbacks Befunde vor, die einen Einfluss von interaktionsbedingten Affekten, d. h. gefühlsmäßiger Wertschätzung oder Abneigung zwischen Feedbackgebern und Fokuspersonen belegen. Lefkowitz (2000) kommt in einer Überblicksstudie für die 90er Jahre zu dem Schluss, dass in der Mehrzahl der Studien die Affektvariable mit dem Ergebnis der Leistungsbeurteilung korreliert. Ein Einfluss der Affektvariable kann für alle Beurteilungsrichtungen in MKF dergestalt nachgewiesen werden, dass eine positive Wertschätzung mit milderen Ratings korreliert (Antonioni & Park, 2001). Der Affekteinfluss ist größer bei der Vorgesetzten- und Kollegen- als bei der traditionellen, top-down angelegten Mitarbeitereinschätzung. Antonioni und Park interpretieren dieses Ergebnis dahingehend, dass Rater überwiegend solche ereignisbezogenen Informationen abrufen, die mit dem Affekt-Vorzeichen (positiv oder negativ) konsistent sind.

3.3.1.3 Die Übertragung des Eindrucksurteils in eine Aussage

Auch die Fixierung des Eindrucksurteils in eine mündliche oder schriftliche Aussage unterliegt verschiedenen individuellen oder kontextuellen Einflüssen. Selbst wenn Feedbackgeber die gleichen Verhaltensausschnitte beobachten, die darin enthaltenen Informationen in gleicher Weise enkodieren bzw. mental abbilden und theoretisch auch die Möglichkeit besitzen, diese in gleicher Weise abzurufen, so ist nicht gesichert, dass ihre Aussagen bezüglich der Fokusperson übereinstimmen. Eine interindividuelle Varianz im Eindrucksurteil trotz Übereinstimmung auf der Prädiktorseite kognitiv-affektiver Prozessvariablen kann verschiedene Gründe haben. Von diesen Gründen werden im Folgenden die zwei bedeutsamsten herausgegriffen: Erstens Ziele und Strategien, zweitens die gewählte Form der Aussage (vgl. für die Darstellung Scherm, 2005; Scherm & Sarges, 2002; Schuler, 2004).

Organisationale und individuelle Volition: Ziele und Strategien. Feedbacksysteme und die damit verbundenen Prozesse stehen in der Praxis in mindestens zwei unterschiedlichen Zielfunktionen: Zum einen können sie im Rahmen von Personalentwicklungsumgebungen der Kompetenzförderung dienen, zum anderen sind sie häufig in Leistungsbeurteilungen und den damit verbundenen administrativen Entscheidungsprozessen eingebettet. Unterschiedliche Zielfunktionen seitens der Organisation korrespondieren auf der Seite der Feedbackgeber mit interindividuellen Unterschieden bezüglich der Volition, d. h. welche Absichten und Strategien dabei durch die Feedbackgeber verfolgt werden. Derartige Vermutungen werden besonders dort unterstützt, wo Eindrucksurteile unmittelbare Konsequenzen nach sich ziehen. Beabsichtigt ein Vorgesetzter beispielsweise, einen Mitarbeiter mit seinem Feedback für einen Aufstieg in der Hierarchie zu empfehlen, so wird er bestimmte Eindrücke stärker fokussieren (etwa dessen besondere Führungsstärke), andere wiederum eher übergehen oder nur am Rande erwähnen (z. B. dessen Schwächen, das Potenzial der zugeordneten Mitarbeiter voll zu entwickeln).

Longenecker und Ludwig (1990, S. 963) ermittelten für mehr als 70 % der von ihnen befragten Feedbackgeber, dass diese mit ihrem Urteil eine bestimmte Absicht verfolgen. Demnach wollten sie die betreffende Fokusperson anlässlich von Beförderungs- oder Vergütungsentscheidungen entweder mit einem „Bonus" versehen, d. h. diese entgegen des eigenen Leistungseindrucks besser beurteilen. Oder sie beabsichtigten andersherum, eine Fokusperson aus mikropolitischen Gründen mit einem „Malus" zu versehen, d. h. diese unangemessen niedrig einzustufen. Zu vergleichbar kritischen Einschätzungen, die sich auf die Einbußen an Reliabilität und Validität von Eindrucksurteilen aufgrund von strategischen Überlegungen seitens der Rater beziehen, gelangen auch andere Studien (Antonioni, 1994; London & Wohlers, 1991).

Die Form der Aussage. Welche Informationen das Eindrucksurteil enthält und welche Wirkung es entfaltet, hängt schließlich davon ab, in welcher Form das Feedback festgehalten wird. Bei einer *mündlich vorgenommenen* Einschätzung ist der übermittelte Informationsgehalt in hohem Maße von der sprachlichen Kompetenz des Feedbackgebers abhängig (Wortschatz, Ausdrucksweise etc.). Das gleiche gilt für die nicht standardisierte *schriftliche* Eindrucksschilderung. Unter beiden Bedingungen sind „Transportschäden" im Übergang vom Abrufen des Urteils zur Aussage wahrscheinlich. Diese verringern die Korrespondenz von mentaler Repräsentation und Eindrucksurteil.

Im Unterschied hierzu regeln die meisten multiperspektivischen Feedbacktools den Prozess der Aussagenfindung, indem sie standardisierte, weitgehend geschlossene Reiz- und Antwortformate vorgeben (Neuberger, 2000; van Velsor, 1998). Die Eindrucksvorgaben bestehen wie im klassischen Fragebogenverfahren in einer Anzahl von kurzen, verhaltensbezogenen Items, die verschiedene Kompetenzen erfassen. Erst jüngst haben Toegel und Conger (2003) für MKF, die der Kompetenz*entwicklung* dienen, gefordert, dass sowohl die Reiz- als auch die Antwortformate qualitativer, d. h. weniger standardisiert, gehalten sein sollen. Ein prominenter Anteil der Fragen sollte daher offen gestellt werden. Sie begründen ihre Forderung mit dem höheren Grad an Instruktivität freisprachlicher Antworten, d. h. die Fokusperson würde besser darin unterstützt, zu erkennen, worin sie sich von anderen unterscheidet und welche besonderen Stärken sie in ihrer Führungsrolle für Mitarbeiter attraktiv machen (S. 306). Allerdings dürften derart konstruierte, auf freisprachliche Eindrucksurteile rekurrierende Verfahren schwerlich in der Lage sein, Kompetenzentwicklungen zu erfassen. Um Veränderungen zu messen, bedarf es quantifizierbarer Reiz-Reaktionsformate.

3.3.2 Zusammenfassung: Varianzquellen eindrucksgestützter Kompetenzurteile

Interindividuelle Unterschiede von Kompetenzurteilen können durch Unterschiede im Verhalten der Fokuspersonen, in der Aufnahme, Verarbeitung und dem Abruf von eindrucksrelevanten Informationen seitens der Beurteiler, durch abweichende Affekteindrücke und durch Unterschiede in der Codierung der Eindrücke auf Aussagenebene begründet sein. Es fällt auf, dass die Forschung zur Beurteilung des Leistungsverhaltens bis weit in die 90er Jahre des letzten Jahrhunderts hinein überwiegend kognitiv ausgerichtet war: Neben der Tatsache, dass Fokuspersonen sich unterschiedlich verhalten und somit abweichende Reize bereitstellen, wurde die Eindrucksbildung primär als Wahrnehmungs- und Verarbeitungsleistung aufgefasst. Parallel zur kognitiven Sichtweise wurden vermehrt jedoch Konzepte und Modelle entwickelt, die kompetenzbezogene Eindrücke als im sozialen Kontext und durch die Interaktion zwischen Fokuspersonen und Beurteilern geprägte abhängige Variablen definieren. Die Eindrucksbildung hängt demnach stark auch von der emotionalen Wirkung ab, die die Interaktionspartner wechselseitig entfalten und die für die Bildung affektbezogener Schemata sorgen.

Die für die Ebene der Feedbackgeber dargestellten kognitiven und affektiven Einflussvariablen haben in die Forschung zur Leistungsbeurteilung und zum Kompetenzfeedback in der Form Eingang gefunden, dass sie drei Varianzquellen determinieren (Mount & Scullen, 2001; Scherm, 2004b; Scullen, Mount & Goff, 2000; Wherry & Bartlett, 1982). Erstens erfassen sie den per definitionem wichtigsten Anteil *wahrer* Verhaltens- und Leistungsvarianz. Zweitens bestimmen sie den Varianzanteil, der auf Beurteilungs-*verzerrungen* zurückgeht. Dieser Anteil ist nach Scullen et al. (2000) in zwei Bereiche zu unterscheiden: in Idiosynkrasien und perspektivische Verzerrungen. *Idiosynkrasien* bezeichnen interindividuelle Abweichungen im Eindrucksurteil aufgrund von Unterschieden in der Wahrnehmung und der Aufnahme von urteilsrelevanten Informationen. *Perspektivische Verzerrungen* beschreiben Effekte, die aufgrund der hierarchischen Stellung des Feedbackgebers zur Fokusperson zustande kommen. Als zusätzlicher Varianzanteil wird schließlich die Wirkung von zufallsbedingten Messfehlern erfasst. Dieser Anteil erfasst nicht-intentionale Fehler beim Abrufen von Gedächtnisinformationen, Fehler auf der Ebene der Aussagencodierung usw.

3.4 Exkurs 1: Die Beurteilung der Leistung als Kriterienproblem

Die Personal- bzw. Leistungsbeurteilung und die dazu eingesetzten Systeme können unter zwei verschiedenen Blickwinkeln betrachtet werden. Der erste Blickwinkel betrifft die Organisation, der zweite Blickwinkel das zu beurteilende Individuum. Nach Ilgen (1993, S. 239 f.) dienen Leistungsbeurteilungssysteme der *Organisation* zunächst dazu, ihre Angehörigen im Sinne eines zielorientierten, verbindlichen Verhaltens zu steuern *(Kontrollfunktion)*. In diesem Zusammenhang werden mit Beurteilungen Rahmen vorgegeben, die erwarteten Leistungsstandards kommuniziert sowie die Vergütungsfindung unterstützt. Zudem liefern sie kriterienbezogene Informationen für Entscheidungen im Zuge von Auswahlprozeduren oder der Evaluation von Trainingsmaßnahmen (etwa: wie effektiv, d. h. leistungsförderlich, war ein bestimmtes Training?). Um die organisationale Funktion sicherzustellen, bedarf es keiner unmittelbaren Rückkopplung der Beurteilungsergebnisse mit der Fokusperson; diese muss die ihr zugewiesenen Urteile nicht kennen. Um den verhaltenssteuernden Wert für die beurteilte *Person* selbst zu realisieren, ist es dagegen entscheidend, dass sie Kenntnis von den ihr zugewiesenen Urteilen erhält. Ist dies gegeben, kann sie lernen und ggf. neues Verhalten anbahnen. Ferner wird ihr auf der Basis der Leistungsdaten ein angemessenes Gehalt zugewiesen und bei entsprechender Bewährung vermeidet sie negative Sanktionen (a. a. O., S. 239).

Die Leistung eines Individuums kann als hypothetisches und in der Regel mehrdimensionales Konstrukt aufgefasst werden. Um sie zu erfassen, d. h. zu messen, bedarf es der Ableitung von Leistungskriterien. Diese Kriterien stellen immer nur eine mehr oder weniger unvollständige Annäherung an das Leistungskonstrukt dar und können sich auf unterschiedliche Beschreibungsebenen beziehen. In der deutschsprachigen Personalpsychologie hat sich die Unterscheidung von drei Beschreibungsebenen durchgesetzt (Schuler, 1989). Die erste Ebene bildet das *Potenzial* einer Person. Unter dem Potenzial verstehen wir eine Kombination von Eigenschaften, Fähigkeiten und Fertigkeiten einer Person, die sie in den Stand versetzt, den an sie gestellten Tätigkeitsanforderungen gerecht zu werden. Darüber hinaus richtet der Begriff den Blick auch auf künftige Anforderungen und bezeichnet das Spektrum der Möglichkeiten der Person, quasi das, „was leistungsmäßig noch in ihr steckt" (Schuler, 2000). Die Potenzialebene wird in Feedback-Inventaren eher vernachlässigt, da diese sich schwerpunktmäßig auf das beobachtbare Verhalten beziehen.

Die zweite Ebene bildet das *Verhalten* einer Person als ihre von Außenstehenden beobachtbare und per Eindrucksbildung codierbare Aktivität (vgl. Schuler, 1989). Im Gegensatz zum Begriff der Handlung klammert der Verhaltensbegriff sowohl die für die beobachtbare Aktivität grundlegenden Bedingungen, wie z. B. die individuelle Motivation, als auch die korrespondierenden Prozesse der Kognition ausdrücklich aus. Der vergleichsweise guten Beobachtungszugänglichkeit wegen stehen verhaltensnahe Konstrukte im Mittelpunkt von MKF.

Die dritte Ebene schließlich bilden die *Ergebnisse*, die eine Person im Zusammenhang mit ihrer beruflichen Tätigkeit bewirkt. Als Ergebniskriterien lassen sich beispielsweise im Bereich der Industrieproduktion die durch einen Arbeiter hergestellten Stücke und deren Qualität bestimmen, im Bereich des Managements eines Verlages (wo die Festlegung von Kriterien ungleich schwieriger ist) etwa die Profitabilität einer Buchreihe. Die Ergebnisseite als integraler Bestandteil von Kompetenzen wird in MKF gleichfalls berücksichtigt, indem bei den Feedbackgebern nach dem Zusammenhang zwischen dem Verhalten der Fokusperson und den geleisteten Ergebnissen gefragt wird. Auf der Zeitachse der Leistungsbeurteilung adressieren potenzialbezogene Kriterien folglich ein merkmalsbezogenes Amalgam aus Futur und Konjunktiv, während verhaltens- und ergebnisbezogene Kriterien sich überwiegend auf das Perfekt oder Präsens beziehen („wie sie oder er sich verhalten hat bzw. zur Zeit verhält" oder „was sie oder er an Ergebnissen produziert hat bzw. produziert").

Schuler (2001, S. 399 ff.) weist mit Blick auf die Probleme der Leistungsbeurteilung darauf hin, dass ein im Thorndikeschen Sinne endgültiges Kriterium anzunehmen wohl unrealistisch ist. Vielmehr dürfte es nach dem jetzigen Forschungsstand so sein, dass alle abzuleitenden Kriterien das Leistungskonstrukt in Teilen zu erfassen gestatten, d. h. dass diese zu einem mehr oder weniger großen Teil relevant sind. Der Zusammenhang zwischen einem bestimmten Kriterium und dem abzubildenden Konstrukt der Berufsleistung lässt sich auf der Ebene der inhaltlichen Relevanz wie folgt beschreiben (a. a. O.,

S. 399 f.): Ein Kriterium besitzt mit einem jeweils zu bestimmenden Anteil Relevanz bezüglich des Leistungskonstrukts, d. h. es erfasst dieses partiell. Es ist jedoch die Regel, dass das Kriterium nicht alle Aspekte der beruflichen Leistung erfasst. Der die Leistung nicht abbildende, irrelevante Anteil des Kriteriums wird als Kriteriumsdefizienz bezeichnet. Insoweit das Kriterium darüber hinaus noch Anteile misst, die andere Aspekte als das anvisierte Leistungskonstrukt erfassen, wird von Kriteriumskontamination gesprochen.

Bereits an dieser Stelle soll eine weitere Unterscheidung vorgenommen werden. Diese betrifft die Differenzierung der Urteilsquellen. Die Beurteilung der Leistung kann sich objektiver wie subjektiver Quellen bedienen (vgl. für die folgende Darstellung auch Marcus & Schuler, 2001, S. 406 ff.). Sollen Tätigkeiten beurteilt werden, die relativ wenig komplex und/oder hinsichtlich ihres Anforderungsprofils klar umrissen sind, so bieten sich objektive Maße an. *Objektive* Kriterienmaße verzichten auf den Einfluss personenbezogener subjektiver Eindrucksurteile und meiden deren Fehler- bzw. Verzerrungsanfälligkeit. Für die Leistung von Akkordarbeitern in der Produktion beispielsweise lassen sich Kriterien definieren wie produzierte Stückzahlen oder deren Qualität über Indikatoren wie den Prozentsatz nicht beanstandeter Stücke. Für die Leistung von Reinigungskräften in Krankenhäusern kann dies die an einem Tag gereinigte Fläche sein usw. Ohne Zweifel besitzen solche objektiven Maße für die genannten Tätigkeiten hohe Relevanz.

Für komplexere Tätigkeiten, wie sie vor allem im Bereich des Managements von Unternehmen anzutreffen sind, dürften objektive Kriterien zwar auch einige Relevanz besitzen, jedoch ungleich schwieriger aufzustellen sein. Ist z. B. für die Tätigkeit eines Unternehmensvorstandes die Steigerung des Unternehmenswertes als Zwischenkriterium (gemessen etwa über die Differenz des Aktienkurses am Ende der Amtsperiode vs. zu Beginn) zweifellos ein relevantes Kriterium, so defizient und kontaminiert ist es auch. Unabhängig von der Feststellung, dass das Kriterium des Unternehmenswertes über den Indikator des Aktienkurses kein rein objektives Kriterium darstellt, sondern auch von subjektiven Einschätzungen (beispielsweise der Analysten in den Investmentbanken) beeinflusst wird, so wenig aussagekräftig ist es für die Leistung des Vorstandes letztlich. Vor allem aber wird es von zahlreichen Randbedingungen belastet, die nicht im Einfluss der zu beurteilenden Person liegen. So dürfte die Entwicklung des Unternehmenswertes unter vom Vorstand schwer zu kontrollierenden Einflüssen stehen, wie z. B. der konjunkturellen Lage oder politischen Ereignissen. Ähnlich dürfte es sich mit unmittelbaren und endgültigen Kriterien verhalten.

Objektive relevante Kriterien lassen sich gerade für komplexe Tätigkeiten nicht nur schwierig ableiten. Wenn sie in Organisationen als Grundlage von Leistungsbeurteilungen vorgeschlagen werden, bedürfen sie zudem eines weitgehenden Konsenses unter den Mitgliedern. Ihre Einführung ist folglich in hohem Maße von innerorganisationalen Macht- und Entscheidungsprozessen abhängig. Vor diesem Hintergrund ist es nicht verwunderlich, dass Leistungsbeurteilungen im Feld nicht nur über objektive, sondern vor allem über *subjektive* Quellen vorgenommen werden. Hierzu werden gerade multiperspektivische Kompetenzfeedbacks herangezogen, da sie die Möglichkeit der Erweiterung des leistungsbezogenen Kriterienraumes vorsehen.

3.5 Exkurs 2: Einbettung des MKF-Konstrukts in die Diskussion von Aufgaben- und Kontextleistung

Organisationspsychologische Auffassungen von beruflicher Leistung (job performance) lassen sich nach drei unterschiedlichen thematischen Bezügen kategorisieren (Motowidlo & van Scotter, 1994, S. 476). Die erste Kategorie bezieht sich auf die Differenzierung von mit der Leistung verbundenen Rollen, die eine Person in ihrem Tätigkeitsfeld einnehmen kann. Hier wird unterschieden zwischen einer Rolle, die mit eindeutigen Verhaltenserwartungen definiert ist, und einer Rolle, die diesbezüglich keine eindeutigen Anforderungen stellt und somit mehr oder weniger beliebig ausdeutbar ist. Die zweite Kategorie betrifft die Frage, inwieweit eine Person über die ihr zugewiesenen Aufgaben hinaus bereit und in der Lage ist, mit anderen zu kooperieren, sie (auch in schwierigen Situationen) zu unterstützen und auf die Belange anderer Rücksicht zu nehmen. Die dritte Kategorie schließlich betrifft das Leistungsverhalten, wobei zwischen Verhalten mit und ohne unmittelbaren Bezug zu Fertigkeiten unterschieden wird.

In dem Bemühen, diese drei Kategorien in einem Konzeptualisierungsansatz zu integrieren, haben Borman und Motowidlo (1993) die Unterscheidung von *Aufgabenleistung* (task performance) und *Kontextleistung* (contextual performance) eingeführt und in verschiedenen Studien vertreten bzw. einer empirischen Prüfung unterzogen (Borman & Motowidlo, 1993; Borman, Penner, Allen & Motowidlo, 2001; Motowidlo & Van Scotter, 1994; Van Scotter & Motowidlo, 1996). Die Ergänzung oder Ausweitung der „aufgabenlastigen" Kriterienseite um die Kategorie der Kontextleistung wurde dabei auch von der Vermutung angestiftet, der zufolge aufgabenbezogene Leistungen allein den Erfolg von Organisationen vorherzusagen nicht in der Lage sind. Vielmehr wären extraaufgabenbezogene Beiträge für die Produktivität und Effektivität einer Organisation gleichfalls förderlich, in bisherigen Leistungskonzepten aber kaum akzentuiert. Die *Aufgabenleistung* definieren Borman und Motowidlo als „proficiency with which job incumbents perform activities that are formally recognized as part of their jobs" (1993, S. 73). Sie wird auf der Basis von Verhalten erbracht, das sich auf den technischen Kern (technical core) von Organisationen bezieht, d.h. auf den Prozess, der Ausgangsmaterialien oder Rohstoffe zu Produkten umwandelt. Auf den technischen Kern bezogenes prototypisches Verhalten kann beispielsweise bei der Tätigkeit von Fließbandarbeitern beobachtet werden, die einzelne Teile zu einem Endprodukt zusammensetzen. Aber auch diejenigen Bereiche einer Organisation, die planend, administrativ oder im Service tätig sind, zählen zum technischen Kern, da sie diesen indirekt unterstützen. Hierzu zählt auch die Gruppe der Führungskräfte eines Unternehmens, die mit der effektiven Steuerung der bereichsspezifischen Tätigkeiten beauftragt ist.

Die Aufgabenleistung umfasst somit sämtliche verhaltensbezogenen Aktivitäten, die im direkten oder indirekten Zusammenhang mit der Erfüllung von unmittelbaren Tätigkeitsanforderungen und dem Erreichen definierter Organisationsziele stehen. Ihre unmittelbare Zielbezogenheit sorgt auf der Seite der prozessbeteiligten Personen für einen *verbindlichen* Charakter. Sie adressiert die kognitiven Ressourcen einer Person insofern, als dass sie eng verknüpft ist mit ihren technischen Fähigkeiten, ihren Fertigkeiten sowie mit ihrem bereichsspezifischen Wissen. Diese setzen sie gemeinsam in den Stand, erfolgreich ihre Aufgaben zu erfüllen.

Kontextleistung auf der anderen Seite wird gleichfalls als wichtiger Beitrag zur Effektivität von Organisationen aufgefasst. Im Unterschied zur Aufgabenleistung bezieht sie sich nicht auf den technischen Kern einer Organisation, sondern auf dessen organisationale, soziale und psychologische Umgebung (Motowidlo & Van Scotter, 1994). Mitglieder von Organisationen steuern neben aufgabenbezogenen auch solche Aktivitäten bei, die das im weitesten Sinne produktionsbezogene Umfeld indirekt beeinflussen:

> They can either help or hinder efforts to accomplish organizational goals by doing many things that are not directly related to their main task functions but are important because they shape the organizational, social, and psychological context that serves as the critical catalyst for task activities and processes. (Borman & Motowidlo, 1993, S. 71)

Die Autoren sehen die Vernachlässigung kontextbezogener Leistungen besonders im Zusammenhang der Entwicklung von Selektionskriterien als problematisch an, da bereits an dieser frühen Stelle der organisationalen Prozesskette (nämlich im Vorfeld der Einstellung von neuen oder der Beförderung von schon tätigen Mitarbeitern) der Beitrag prosozialen Verhaltens für die Produktivität der Organisation unterschätzt wird. Aktivitäten im Sinne der Kontextleistung sind (Borman & Motowidlo, 1993, S. 73):
- freiwillig Aufgabenaktivitäten auszuführen, die nicht Teil der eigenen Tätigkeit sind;
- hartnäckig und, falls notwendig, mit besonderer Anstrengung die eigenen Aufgaben erfolgreich zu Ende zu bringen;
- anderen zu helfen und mit ihnen zu kooperieren;
- Organisationsregeln und Vorgehensweisen zu befolgen, auch wenn sie unbequem sind;
- Organisationsziele anzuerkennen, zu unterstützen und zu verteidigen.

Die oben aufgeführten Elemente finden sich direkt oder indirekt regelmäßig in MKF wieder bzw. in den diesen zugrunde liegenden Kompetenzmodellen (Leslie & Fleenor, 1998). Gerade für den Bereich der „Führungsfähigkeiten" werden motivierende und unterstützende Verhaltensweisen berücksichtigt, sodass hier eine Nähe zu Kontextleistungen zu erkennen ist.

Die Differenzierung zwischen der Kontext- und der Aufgabenleistung wird zusätzlich dadurch begründet, dass die erste von den spezifischen Anforderungen einer Tätigkeit unabhängig ist, während die zweite an diese gebunden ist. Sich beispielsweise freiwillig für zusätzliche Aufgaben anzubieten oder andere in ihrer Tätigkeit zu unterstützen, ist unabhängig vom wahrzunehmenden eigenen Aufgabenprofil. Aufgabenleistungen sind demgegenüber an die definierten Ergebnisanforderungen und Ziele gebunden und variieren insofern von Tätigkeit zu Tätigkeit. Darüber hinaus wird vermutet, dass die Varianz einer Kontextleistung stark über volitionale und persönlichkeitsbezogene Variablen, die Varianz einer Aufgabenleistung dagegen stark über kognitiv geprägte Variablen wie etwa Wissen und mentale Fähigkeiten definiert wird (Borman & Motowidlo, 1993, S. 74). Gerade volitionale und persönlichkeitsbezogene Variablen werden in MKF ebenfalls aufgegriffen, sodass sich ein weiterer Hinweis auf Kontextleistungen ergibt. Schließlich wird ein zusätzlicher Unterschied derart ausgemacht, dass Kontextleistungen deutlich weniger an fest definierte Rollen gebunden sind als Aufgabenleistungen. Entsprechend der stärkeren volitionalen Abhängigkeit von prosozialem Verhalten steht es weitgehend im Ermessen einer Person selbst, inwieweit sie Erwartungen ihrer Umgebung nach Hilfe und Unterstützung nachkommt oder nicht.

Die Unterscheidung von Aufgaben- und Kontextleistung wurde im deutschsprachigen Raum von Staufenbiel (2000) empirisch überprüft und u. a. von Conrad und Sneikus (2000) theoretisch diskutiert bzw. kritisiert. Sie ist für multiperspektivische Kompetenzfeedbacks insofern relevant, als die dort erhobenen Kompetenzskalen sowohl aufgabenbezogene als auch noch stärker kontextbezogene Elemente erfassen sollen (London & Smither, 1995, S. 821). Während Skalen zur Führungsfähigkeit oder zum sozial kompetenten Umgang mit anderen zentrale Komponenten von Feedback-Inventaren darstellen, finden Skalen, die spezifische Verhaltensanforderungen zur Erfüllung konkreter Aufgaben erfassen, gemeinhin wenig Berücksichtigung. Beispiele für kontextbezogene Verhaltensweisen, die für das Funktionieren von Bereichen einer Organisation oder Unternehmung dienlich sind und in Kompetenzfeedback-Inventaren abgebildet werden, sind der freiwillige Austausch von Wissen über die eigene Gruppe hinaus oder das Engagement in Trainingsprogrammen zur Entwicklung von Nachwuchskräften. Kompetenzfeedbacks erfassen Kontextleistungen zudem über das Kriterium der Multiperspektivität, indem sie Daten zur unterstützenden *Wirkung* einer Person in die Organisation hinein aus mehreren Perspektiven erheben.

Mit der stärkeren Berücksichtigung von Kontextleistungen entfernt sich das MKF von den traditionellen Systemen der Leistungsbeurteilung bzw. ergänzt diese vor allem um wichtige Verhaltensanteile, die außerhalb der vereinbarten Rollenbeschreibungen liegen. Empirische Untersuchungen zur Frage der Nähe von 360°-Feedbacks und Leistungsurteilen haben denn auch korrelative Zusammenhänge gefunden, diese bewegen sich allerdings mit einem mittleren $r < .30$ im Bereich schwacher Effekte (Beehr, Ivanitskaya, Hansen, Erofeev & Gudanowski, 2001, S. 781 f.). Indirekt ist daher anzunehmen, dass die in 360°-Feedbacks thematisierten Konstrukte empirisch näher an Kontextleistungen angesiedelt sind.

3.6 Ein integratives Modell des Feedbackprozesses

Die zuvor dargestellten theoretischen und empirischen Befunde werden in diesem Abschnitt zu einem integrativen Prozessmodell verdichtet, das sich auf die wichtigsten individuellen und prozessbezogenen Variablen konzentriert. Das Modell erweitert die Konzeption von London und Smither (1995, S. 808; siehe für eine erste Adaptationsvariante auch Scherm & Sarges, 2002, S. 31) um Determinanten des Kompetenz-Selbstkonzepts auf der individuellen Ebene der Fokusperson. Darüber hinaus integriert es zentrale Elemente von zwei weiteren Ansätzen, zum einen den kontrolltheoretischen Konzepten von Powers (1973) sowie Carver und Scheier (1981, 1982), zum anderen der Feedback-Interventions-Theorie (FIT) von Kluger und DeNisi (1996). Die Übertragbarkeit des FIT-Ansatzes und seiner hypothetischen Ableitungen ist allerdings begrenzt, da dieser überwiegend auf der Basis von Aufgabendomänen mit allenfalls mittlerer Komplexität gewonnen wurde. Multiperspektivische Kompetenzfeedbacks beziehen sich jedoch überwiegend auf den Aufgaben- und Problemkontext von Führungskräften und dieser ist in der Regel hochkomplex. Zur besseren Übersicht beschränkt sich die Darstellung auf die direkten Wirkungsrichtungen.

Ausgangspunkt des in Abbildung 2 vorgestellten Modells ist die Annahme, dass eine Fokusperson *Kontrolle* über die auf sie wirkenden Umwelteinflüsse ausüben möchte. Sie ist bestrebt, dass die bedeutsamen Stimuli der Umgebung ihren externen und internen Standards entsprechen bzw. mit diesen kompatibel sind (vgl. Carver & Scheier, 1982; Nelson, 1993; Powers, 1973). Nimmt eine Fokusperson Abweichungen oder Differenzen zwischen den wahrgenommenen Stimuli und ihren Standards (externe Kompetenz- und Leistungsanforderungen, Erwartungen an die eigene Leistung) wahr, so wird sie versuchen, durch eine Änderung ihres eigenen Verhaltens Einfluss auf die Stimuli zu nehmen, sodass diese schließlich wieder deckungsgleich mit den Standards sind. Zusätzlich und über die kontrolltheoretische Annahme hinaus wird im Modell die Existenz eines *Kompetenz-Selbstkonzepts* (KS) angenommen, das eine kohärente Gesamtheit aller Kompetenzeindrücke über die eigene Person darstellt (vgl. für die Annahme eines Selbstkonzepts u. a. Combs, Richards & Richards, 1976, S. 160 ff.). Ferner wird angenommen, dass das KS auf der Basis von Selbstbeobachtungen gebildet wird und die verhaltens- und fähigkeitsbezogenen Eindrücke anhand von unterschiedlich differenzierten Schemata abbildet. Es offenbart einer Person die Möglichkeit, sich selbst und anderen gegenüber verbalisieren zu können, welche berufliche Funktion sie auszufüllen und welche Probleme und Aufgaben sie zu lösen imstande ist (und welche ggf. nicht). Das KS *etabliert* den über die kontrolltheoretische Annahme geltend gemachten inneren *Standard*, der mit den Umgebungsreizen verglichen wird.

Angenommen wird ferner, dass das Kompetenz-Selbstkonzept und die individuell erbrachten Leistungen maßgeblich durch Variablen auf der *Personenseite* zustande kommen bzw. beeinflusst werden (siehe Kasten links oben). Hier dürften vor allem Persönlichkeitseigenschaften wie die Gewissenhaftigkeit und die emotionale Stabilität relevant sein oder Motive, wie z. B. das Leistungsmotiv einer Person. Den Eigenschaften und Motiven wird gleichsam der Status von Antezedensbedingungen für die Ausprägung des an Funktionen und Tätigkeiten entwickelten KS zugeschrieben. Gleichzeitig ist theoretisch auch ein direkter Einfluss von Persönlichkeitseigenschaften und Motiven auf die Abgabe von Selbsturteilen plausibel. So darf z. B. angenommen werden, dass eine hohe Risikobereitschaft einer Person gepaart mit einem ausgeprägten Machtmotiv zu tendenziell höheren Selbsturteilen führt. Erstaunlicherweise haben sich bislang weder die Organisationspsychologie als übergreifende Disziplin noch die Personalpsychologie im Speziellen eingehend mit der Frage des Zusammenhangs persönlichkeitsbezogener Variablen mit dem KS oder analog gefasster Kompetenzkonzepte befasst. Dieser Frage wird daher im empirischen Teil des vorliegenden Bandes nachgegangen (siehe Kap. 5.4).

Im Modell wird nun vermutet, dass das Selbstkonzept, beeinflusst durch Persönlichkeitseigenschaften und Motive, anlässlich eines Feedbackprozesses mit einem entsprechenden Inventar in die *Selbsturteile* („SOLL") umgesetzt wird. Die für den kontroll- und selbstregulativen Abgleich mit dem Selbstkonzept erforderlichen Stimuli werden als Fremdurteile durch die Feedbackgeber („IST") beigesteuert. Wie in Kapitel 3.3.1 ausgeführt, unterliegen die Personen der gängigen Feedbackgeber-Gruppen (in der Regel: Vorgesetzte, Kollegen, Mitarbeiter) im Zuge ihrer Eindrucksbildung unterschiedlichen Einflüssen. Die wichtigsten Determinanten sind nach dem Prozessmodell von Ilgen et al. (1993) in den ersten beiden Phasen (Beobachtung und Informationsaufnahme bzw. Informationen im Gedächtnis organisieren und speichern) zu lokalisieren, wie etwa die selektive Aufmerksamkeit für bestimmte Attribute der Fokusperson, das Zusammenfügen

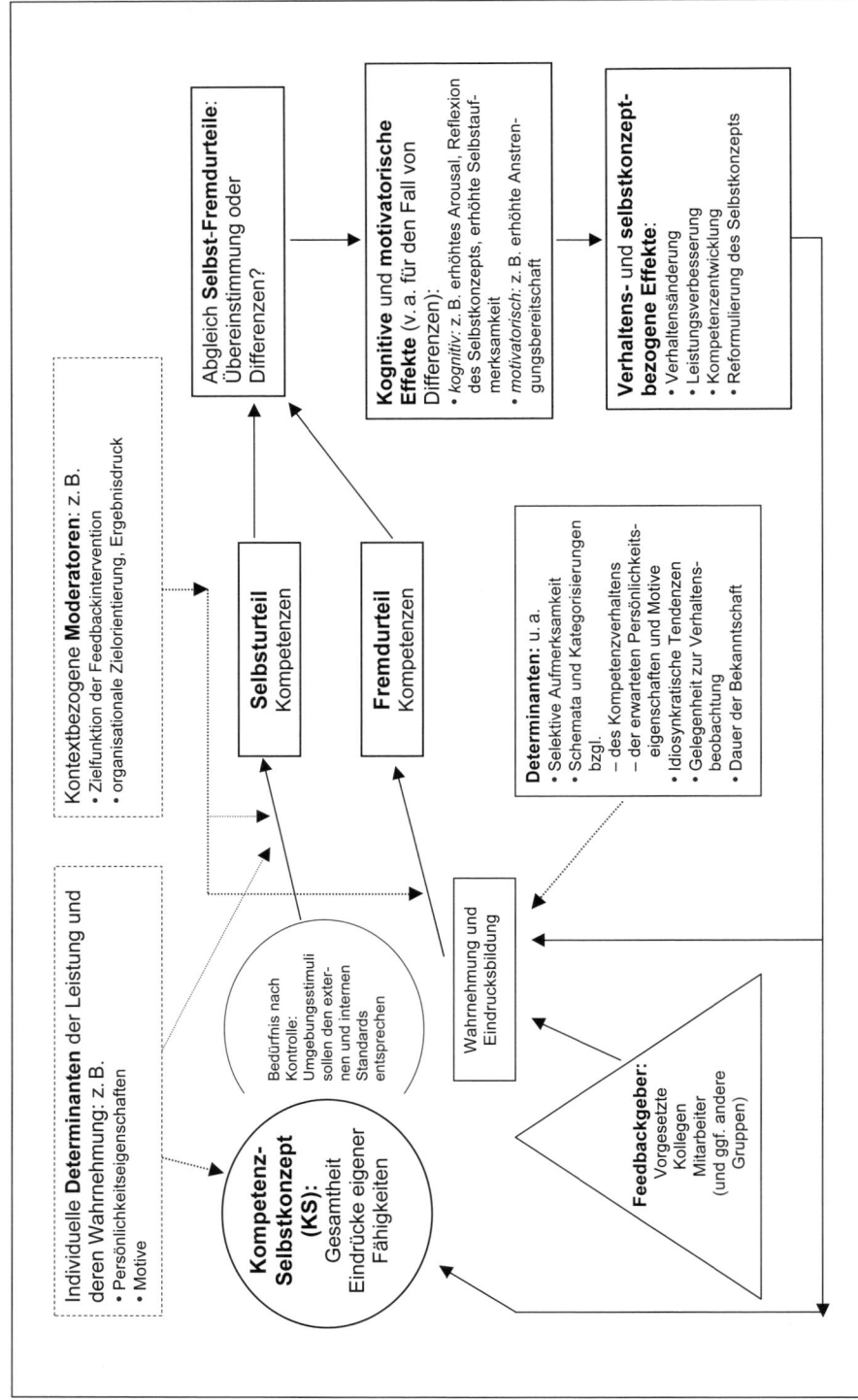

Abbildung 2: Modell des Kompetenz-Feedbacks mit den wichtigsten psychologischen Einflussfaktoren

der Attribute zu Schemata und Kategorien usw. Großen Einfluss auf die Urteilsbildung nehmen nach Scullen et al. (2000, S. 965) auch idiosynkratische Tendenzen (Halo-Effekt, Milde, Strenge etc.), deren ungefährer Varianzanteil am Gesamturteil zwischen 40 und 60 Prozent ausmacht. Die idiosynkratischen Tendenzen besitzen damit ein weit größeres Gewicht als perspektivische Tendenzen, d. h. Urteilstendenzen, die auf den hierarchischen Blickwinkel des Fremdurteilers zurückzuführen sind und lediglich 10 bis 20 Prozent Varianzanteil ausmachen.

Zusätzlich zu individuellen Determinanten üben auch *kontextbezogene* Variablen einen Einfluss auf die Abgabe der Selbst- und Fremdurteile aus. Zum einen stellt die Zielfunktion der Feedbackintervention eine relevante Moderatorvariable dar, die sich auf die Höhe der abgegebenen Urteile auswirkt. Wie bereits in Abschnitt 3.3.1.3 ausgeführt, können die Funktionen der kompetenzfördernden Personalentwicklung und der Leistungsbeurteilung bzw. der administrativen Entscheidungsunterstützung unterschieden werden. Während die Kompetenzurteile anlässlich einer zur Entwicklung angelegten Maßnahme eher verhaltens- und wahrnehmungsnahe, d. h. valide, Urteile vermuten lassen, nehmen London und Smither (1995) für administrativ arrangierte Maßnahmen an, dass ca. ein Drittel der Feedbackgeber ihre Fokuspersonen schützen wollen und zu milde Urteile abgeben. Der Einfluss der Zielfunktion dürfte sich überwiegend in der dritten Phase der Eindrucksbildung, d. h. auf den Abruf von gespeicherten Personeninformationen auswirken, darüber hinaus jedoch auch auf den nachfolgenden Prozess der Übertragung des Eindrucksurteils in eine Aussage.

Zum anderen muss auch ein Einfluss der Zielbezogenheit oder des Ergebnisdrucks innerhalb der Organisation auf Konfigurationen von Fremdurteilen oder deren Höhe angenommen werden. In Organisationskontexten, die nach außen wie nach innen stark kompetitiv ausgerichtet sind und für die das Erreichen von Zielen existenziell ist, dürfte die Wahrnehmung von Feedbackgebern v. a. ergebnisrelevante Kompetenzanteile fokussieren und weniger potenzial- oder persönlichkeitsbezogene. Zugleich ist zu vermuten, dass mit dem Grad der Zielorientierung eine Erhöhung der Urteilsvarianz einhergeht (es sei denn, dass die Kompetenzvarianz ohnehin durch Vorauswahlprozesse o. Ä. minimiert worden ist, d. h., dass beispielsweise nur Kompetenz-Hochleister in die Organisation gelangen). Der Einfluss der Zielorientierung sollte sich in allen drei Phasen der Eindrucksbildung nachweisen lassen. In stark wettbewerbsorientierten Umgebungen dürfte er sich zudem auch in der Phase der Übertragung des Urteils in Aussagen (z. B. beim Ausfüllen eines Feedback-Inventars) lokalisieren lassen, da die Feedbackgeber ihren Urteilen dort eine strategische Bedeutung zuweisen können.

Der für einen Feedbackprozess bedeutsamste Stimulus wird durch den Abgleich zwischen den Selbst- und Fremdbildern dargestellt. Im Sinne des selbstregulativen Ansatzes hat eine Fokusperson dann Anlass für eine Verhaltensänderung, wenn der Abgleich zwischen den Bildern unerwartet negativ ausfällt. Eine augenfällige Konstellation könnte z. B. darin bestehen, dass die Selbsturteile deutlicher höher ausfallen als die Fremdurteile (Typ „Überschätzer"). Bevor es zu sichtbaren Effekten auf der Verhaltensebene kommt, erleben Personen mit stark negativem, aber auch solche mit stark positivem Feedbackvorzeichen ein erhöhtes Arousal (Kluger, Lewinsohn & Aiello, 1994). Ist eine Feedbackschleife in einen Personalbeurteilungs-Prozess eingebettet, d. h. hat sie normativen

Charakter für eine Fokusperson, so wird diese ein negatives Feedback zum Anlass einer kritischen Reflexion des KS nehmen. Außerdem wird sie sich auf der motivatorischen Ebene vermehrt anstrengen, die aufgezeigten Defizite abzustellen (vgl. Kluger & De-Nisi, 1996). Aus der Perspektive der Organisationsentwicklung wird allerdings kritisiert, dass der Fokus auf den Selbst-Fremd-Abgleich überwiegend zu defensiven Reaktionen des Feedbacknehmers führt und somit positive Änderungen blockiert (Taylor & Bright, 2011, S. 444 ff.). Demgegenüber soll sie oder er stärker dazu angehalten werden, im Vorfeld des Feedbackprozesses die Urteile der Fremdurteiler zu antizipieren. Dies würde eher für die notwendige Offenheit zur Entwicklung sorgen. Partielle Unterstützung für die angestellten Vermutungen liefern Feedbackergebnisse, denen zufolge Fokuspersonen, die auf den Selbst-Fremd-Abgleich anlässlich einer ersten Feedbackrunde affektiv negativ reagieren, schlechtere Kompetenzwerte nach der zweiten Feedbackrunde aufweisen (Atwater, Brett & Charles, 2007).

Das Modell sieht schließlich vor, dass eine Fokusperson (v. a. solche mit negativem Selbst-Fremdabgleich) Verhaltensänderungen, Leistungsverbesserungen und Kompetenzentwicklungen einleiten kann. Die Wahrscheinlichkeit, dies tun zu *wollen*, dürfte umso höher sein, je größer die Differenz zwischen den internen (Selbstbild, z. B. „SOLL") und externen Standards auf der einen Seite und den Fremdurteilen („IST") auf der anderen Seite ausfällt. Eine Kompetenzentwicklung ist funktional, um im Falle eines nächsten Feedbackdurchganges die Kontrolle über die Fremdurteile zurückzugewinnen (d. h. diese günstiger ausfallen zu lassen) bzw. um selbstwertbedrohliche Stimuli zu vermeiden. Die Fremdurteile „versorgen" demnach eine Fokusperson mit sozialen Orientierungspunkten und leisten einen Beitrag zur Komplexitätsreduktion (vgl. Scherm, 2013). Eine entsprechende erfolgreiche Kompetenzentwicklung, die der Fokusperson durch Feedback rückgemeldet wird, weist eine Rückkopplung mit dem KS auf, d. h. die Person dürfte sich über eine verbesserte Anpassung an die sozialen Standards der Verbesserung bewusst sein.[2] Dass Feedback-Interventionen gleichwohl nicht automatisch zu verbesserten Kompetenzen und Leistungen führen müssen, zeigen Kluger und DeNisi in ihrer Metaanalyse auf. Demnach üben Interventionen im Mittel zwar mit $d = .41$ einen moderat-positiven Effekt aus, daneben führen jedoch rund ein Drittel aller Interventionen zu schlechteren Leistungen (1996, S. 258). Nach Kluger und DeNisi erhöht sich die Wahrscheinlichkeit einer Verschlechterung durch Feedbacks dann, wenn das Feedback auf der Seite der Fokusperson zentrale Instanzen des Selbstwertgefühls bedroht (siehe hierzu auch Bono & Colbert, 2005).

---

2 Hier dürfte das FIT-Modell von Kluger & DeNisi (1996, S. 265) zu einfach ausgelegt sein, da es auf eine Rückkopplung mit dem Selbst verzichtet und damit gerade den entscheidenden Zuwachs an Kontrolle übersieht.

4 Die Reliabilität und Übereinstimmung von Kompetenzfeedbacks

4.1 Die Reliabilität

Reliabilität als Messgenauigkeit eines Verfahrens wird definiert als das Verhältnis der wahren zur beobachteten und gemessenen Urteilsvarianz (Fischer, 1974; Nunnally, 1978). Die Reliabilität stellt eine wichtige Voraussetzung für die Validität, d. h. die Gültigkeit, der Beurteilung dar und nimmt folglich großen Einfluss auf die Frage, welche Schlussfolgerungen aus Beurteilungen gezogen werden können (oder nicht). Da der Beurteilungsvorgang unerwünschten Einflüssen und Fehlern auf Seiten der Beurteiler ausgesetzt ist, ist das Verhältnis der wahren zur beobachteten Varianz in der Regel kleiner als 1.00, d. h. die beobachtete Varianz ist größer als die wahre. Die Beurteilung erreicht mithin nicht die maximal gewünschte Zuverlässigkeit.

Neben der Frage der internen Konsistenz einer Beurteilungsskala als Teilaspekt der Reliabilität verdient besonders das Problem der Beurteilerübereinstimmung besondere Aufmerksamkeit. In diesem Zusammenhang hat es vor allem in der angloamerikanischen Literatur Kontroversen um die Adäquatheit verschiedener Messmodelle gegeben. Da diese Kontroversen im europäischen Forschungskontext bislang wenig aufgegriffen wurden bzw. Resonanz gefunden haben, gleichwohl für den vorliegenden Band eine wichtige Basis darstellen, werden sie im Folgenden in ihren wesentlichen Elementen dargestellt und kritisch aufbereitet.

Die Reliabilität von Beurteilungen beinhaltet auch die Reproduzierbarkeit der Messungen unter ähnlichen Bedingungen (Feger, 1983). Das Reproduzierbarkeitskriterium bedeutet für multiperspektivische Kompetenzratings, dass unterschiedliche Urteiler näherungsweise zu übereinstimmenden Einschätzungen gelangen sollten. (Die Frage, ob die Übereinstimmung verschiedener Beurteiler nicht eher als *Objektivität*sproblem zu behandeln ist, wird im Kapitel 5.5 diskutiert. In der Beurteilungs- und Feedback-Literatur wird diese jedoch einheitlich unter dem Reliabilitätsaspekt untersucht.) Werden Kompetenzratings zum Beispiel im Rahmen von 360°-Feedbacks zur Diagnose des individuellen Entwicklungsbedarfs herangezogen, sollten die Urteile ein zu definierendes unteres Limit der Übereinstimmung nicht unterschreiten. Denn weichen die Urteile einer Perspektiv-Gruppe (z. B. der Vorgesetzten oder der Mitarbeiter) im Sinne einer niedrigen Reliabilität stark voneinander ab, so lassen sie sich nur schwer als brauchbares Ergebnis für die beurteilte Fokusperson heranziehen. Die zu einem Mittelwert aggregierten Einzelurteile geben in diesem Fall Anlass zu der Vermutung, dass der Beurteilungsprozess durch systematische oder unsystematische Messfehler beeinträchtigt wurde (siehe Scullen et al., 2000).

Für eine Fokusperson sind nur weitgehend übereinstimmende, reliable Fremdurteile Anlass, ihr Selbstbild ggf. kritisch zu reflektieren und Anstrengungen zu unternehmen, das eigene Verhalten zu ändern (London & Smither, 1995). Urteilsergebnisse, die dagegen auf inkonsistenten Fremdurteilen beruhen und nur von einem Teil der Feedbackgeber gemeinsam geteilt werden, bieten für Fokuspersonen wenig Orientierung. Es macht unter dieser Bedingung auch wenig Sinn, einfach eines der Urteile (z. B. das des direkten Vorgesetzten) als bedeutsamsten Referenzwert aus der Perspektivgruppe herauszugreifen, da die Urteile stark von idiosynkratischen Effekten geprägt sein dürften. Folglich lassen sich sinnvollerweise auch keine oder nur bedingt umsetzbare Entwicklungshinweise ableiten.

4.2 Die Beurteilerübereinstimmung: Zur Kontroverse um das geeignete Messmodell

Haben Asendorpf und Wallbott bereits vor geraumer Zeit (1979, S. 243) beklagt, dass sich die Bestimmung der Reliabilität von Beurteilungsdaten einer „gewissen Willkürlichkeit und Beliebigkeit" erfreut, so scheint sich an diesem Zustand nicht sonderlich viel geändert zu haben. Wirtz und Caspar (2002, S. 23) bemerken denn mit Blick auf die derzeitige Praxis der Reliabilitätsdarstellungen, dass „Koeffizienten bisweilen mehr verschleiern als sie erklären". Die Probleme dürften zum einen dem Umstand geschuldet sein, dass die Bedingungen der jeweiligen Berechnung nicht hinreichend geklärt sind. Zum anderen besteht Unklarheit darüber, welchen Aussagewert Koeffizienten der Beurteilerübereinstimmung besitzen. In diesem Zusammenhang und mit Blick auf den empirischen Teil dieses Bandes ist es lohnend, die Diskussion um die Beurteilerreliabilität aufzugreifen, wie sie zwischen Murphy und DeShon (2000) auf der einen Seite und Schmidt, Viswesvaran und Ones (2000) auf der anderen Seite geführt worden ist. Die zwischen den Autoren ausgetragene Kontroverse bezieht sich vor allem auf das Messmodell und seine Komponenten, auf dessen Grundlage die Berechnung der Beurteilerübereinstimmung mithilfe von Interrater-Korrelationen erfolgt. Sie bezieht sich explizit auf den Gegenstand der Leistungsmessung, insofern sind ihre Ergebnisse auf die Kompetenzbeurteilung übertragbar.

Die Reliabilität von Leistungs- und Kompetenzbeurteilungen auf der Basis mehrerer Beurteiler wird in der Regel über *Interrater-Korrelationen* bestimmt. Diese stellen Schätzungen der Beurteilerübereinstimmung dar und stützen sich u. a. auf drei zentrale Annahmen (Murphy & DeShon, 2000, S. 875; siehe auch Feger, 1983, S. 39; Wirtz & Caspar, 2002, S. 168 f.):
1) situativ vergleichbare Rater in Organisationen können als alternative Formen des gleichen Messinstruments aufgefasst werden;
2) der Grad der Übereinstimmung zwischen Ratern spiegelt die Varianz des wahren Werts in den Ratings wider;
3) der Unterschied zwischen Ratern ist als Messfehler aufzufassen, d. h. als Varianz, die unabhängig von der wahren Leistung der Fokusperson ist.

Die genannten Annahmen konstituieren den Rahmen der klassischen Testtheorie, deren zentrales Axiom die beobachtete Varianz in einen Anteil wahrer Varianz und einen Fehleranteil zerlegt (Lord & Novick, 1968). Murphy und DeShon argumentieren nun, dass Korrelationen zwischen den Ratings zweier Urteiler nur dann als Reliabilitätskoeffizienten aufgefasst werden dürfen, wenn die Ratingvarianz Effekte der wahren Varianz und *zufallsbedingter* Messfehler darstellt. Genau diese Bedingung bezweifeln die Autoren mit der Feststellung, dass es eine Reihe von Varianzquellen gibt, die unabhängig von der gezeigten Leistung der Fokusperson sind und dabei so systematisch sind, dass sie nicht als zufallsbedingte Messfehler einzustufen sind. Als systematische Varianzquellen kommen nach ihrer Auffassung mit Verweis auf verschiedene Studien beispielsweise Unterschiede zwischen den Ratern, das Organisationsklima, verschiedene Kulturen und die Beziehungen am Arbeitsplatz infrage.

Mit Bezug auf die erste Annahme stellen Murphy und DeShon infrage, verschiedene Rater gleichsam als Paralleltestformen aufzufassen (a. a. O., S. 876). Sie verweisen darauf, dass die Bedingungen, die der Paralleltest-Auffassung zugrunde liegen (z. B. gleiche Mittelwerte und Varianzen für die wahren Werte) für Rater selten geprüft werden. Sie führen weiter ins Feld, dass, im Gegensatz zur Erfassung eines Konstrukts durch zwei parallele Testformen, die Messung als solche gar nicht das Ziel der Leistungsbeurteilung sei. Vielmehr verfolgten Rater im Prozess der Einschätzung gänzlich andere Ziele, z. B. das Ziel, die eigenen Mitarbeiter zu motivieren oder die Beziehungen auch weiterhin positiv zu gestalten.

Auch die zweite Annahme, derzufolge eine hohe Übereinstimmung zwischen Beurteilern (ausgedrückt über eine hohe Korrelation) ein Beleg dafür ist, dass damit ein hoher Anteil wahrer Varianz erfasst sei, wird von Murphy und DeShon kritisch gewürdigt (a. a. O., S. 877). Zwar räumen sie ein, dass Fremdurteile einen nicht näher zu spezifizierenden Teil der wahren Varianz erfassen. Sie stellen jedoch fest, dass eine hohe Übereinstimmung zwischen zwei oder mehr Ratern nicht notwendigerweise indiziert, dass diese einen gemeinsamen Anteil wahrer Leistungsvarianz der Fokusperson identifiziert hätten. Vielmehr sei es so, dass andere systematische Bedingungen zu einer hohen Interrater-Übereinstimmung führen, die gänzlich unabhängig von der Leistung der Fokusperson sind. Sie fassen diese von Ratern gemeinsam geteilten Bedingungen zu vier Kategorien zusammen (a. a. O., S. 880):
1) Ziele und Verzerrungen,
2) Wahrnehmungen der Organisation und des Beurteilungssystems,
3) Bezugsrahmen,
4) Beziehungen mit den Beurteilten.

Im Sinne der klassischen Testtheorie würden solche gemeinsamen Beurteilungsbedingungen zwar zu einer hohen Beurteilerreliabilität führen, jedoch die tatsächliche Performanz der beurteilten Personen nicht zu erfassen gestatten. So vermuten die Autoren beispielsweise mit Bezug auf die zweite Kategorie, dass eine ähnliche Einstellung der Beurteiler untereinander zum Beurteilungssystem zu ähnlichen Einschätzungen unterschiedlicher Fokuspersonen führt, ohne dass dies das Verhalten der Fokusperson beschreiben würde.

Die dritte Annahme bezieht sich auf den Status von Ratereinflüssen als Messfehler. Im Gegensatz zur zweiten Annahme bezieht sie sich auf Bedingungen, die zu einer verringerten Reliabilität beitragen. Im Messmodell der klassischen Testtheorie wird Ratereinflüssen der Status von Messfehlern zugewiesen. Nach Auffassung von Murphy und DeShon trägt die Zuweisung zum Messfehleranteil wenig zum Verständnis von Beurteilungsprozessen bei, da sie keine differenzierte Analyse der zu beobachtenden Effekte gestattet (a. a. O., S. 882 ff.). Die Notwendigkeit, Ratereinflüssen besondere Aufmerksamkeit zu schenken, wird offensichtlich, wenn man an unterschiedliche Ratergruppen denkt.

So unterscheiden sich beispielsweise Vorgesetzte und Kollegen hinsichtlich der Art des Verhaltens, das zu beobachten sie in der Lage sind (u. a. Borman, 1974; Williams & Levy, 1992). Sie beobachten die zu beurteilenden Personen in verschiedenen Situationen und auf der Basis unterschiedlicher Anlässe. Zudem haben sie unterschiedlich häufig Gelegenheit zur Beobachtung. Weil etwa Kollegen derselben Projektgruppe in der Regel enger mit gleichgestellten Fokuspersonen zusammenarbeiten und häufiger mit diesen interagieren als die betreffenden Vorgesetzten, liegt es nahe, dass sie zu anderen Einschätzungen gelangen. Eine weitere Quelle systematischer Varianz stellt die Tatsache dar, dass Rater sich ihren Eindruck nicht nur auf der Grundlage eigener Beobachtung bilden, sondern mithilfe von Informationen und Urteilen, die andere abgeben. Diese zusätzlichen Quellen der Eindrucksbildung interagieren wiederum mit den eigenen Wahrnehmungen und werden quasi zu raterspezifischen Eindrücken „amalgamisiert": „Different raters might obtain information from different sources, or might rely on a different mix of direct observation and indirect reports in forming their evaluations of an employee" (a. a. O., S. 883).

Murphy und DeShon schlagen für die Urteilsmessung die Unterscheidung von Varianzanteilen auf der Basis der „Generalisierbarkeitstheorie" vor (a. a. O., S. 878 f., S. 885 ff.; siehe Cronbach, Gleser, Nanda & Rajaratnam, 1972; Gleser, Cronbach & Rajaratnam, 1965). Die Generalisierbarkeitstheorie prüft die Möglichkeit, inwieweit die Testergebnisse von Zufallsstichproben auf ein sogenanntes Testuniversum verallgemeinert werden können. Sie erweitert das Reliabilitätskonzept der klassischen Testtheorie um eine differenziertere Analyse derjenigen Varianzanteile, die nicht den wahren Leistungswert des Beurteilten erfassen. Zugleich geben sie die Annahme des klassischen Reliabilitätskonzepts auf, derzufolge Rater als austauschbare weil parallele Testformen aufzufassen sind und die Kovarianz zwischen dem wahren Leistungswert und den Ratereffekten entweder Null oder zwischen den Ratern konstant sein soll. Sie unterscheiden zwischen
• dem wahren Wert,
• systematischen Ratereffekten
• und zufallsbedingten Messfehlern (a. a. O., S. 887).

Diese Unterscheidung aufnehmend, ergibt sich die Korrelation zwischen zwei Beurteilern 1 und 2 nach folgender Gleichung (a. a. O., S. 888):

$$r_{12} = \frac{\left(\sigma^2_T + \sigma_{TR1} + \sigma_{TR2} + \sigma_{R1R2}\right)}{\sqrt{\left(\sigma^2_T + 2\sigma_{TR1} + \sigma^2_{R1} + \sigma^2_{e1}\right)} \cdot \sqrt{\left(\sigma^2_T + 2\sigma_{TR2} + \sigma^2_{R2} + \sigma^2_{e2}\right)}}$$

wobei
r_{12} = Korrelation der Ratings für Beurteiler 1 und 2
σ^2_T = Varianz des wahren Leistungswerts
σ_{TR1} und σ_{TR2} = Kovarianz zwischen wahrem Leistungswert und systematischen Ratereffekten für Beurteiler 1 und 2
σ_{R1R2} = Kovarianz zwischen systematischen Ratereffekten für Beurteiler 1 und 2
σ^2_{R1} und σ^2_{R2} = Varianz der Ratereffekte für Beurteiler 1 und 2
σ^2_{e1} und σ^2_{e2} = Messfehler der Ratings für Beurteiler 1 und 2.

Die Korrelation ist dargestellt als das Verhältnis einerseits der Summe der Varianzkomponenten für den wahren Leistungswert, der Kovarianz jeweils zwischen dem wahren Leistungswert der beurteilten Fokusperson und den Beurteilereffekten sowie der Kovarianz zwischen den Ratereffekten und andererseits den Quadratwurzeln jeweils aus der Varianz des wahren Leistungswert, der doppelten Kovarianz aus wahrem Leistungswert und systematischem Ratereffekt, der Varianz des Ratereffekts und den Messfehleranteilen für den Beurteiler. Dieses Konzept stützt sich folglich wesentlich auf die Interaktion von wahren Leistungswerten und den Beurteilereffekten und gestattet eine genaue Aufschlüsselung der beobachteten Varianz.

Die Kritik am traditionellen Reliabilitätskonzept fassen Murphy und DeShon wie folgt zusammen (a. a. O., S. 897):

> The psychometric model that assigns all variance to true scores and random measurement error, and that assumes that the only difference between a rating and true performance is that random error, is not a reasonable one for analyzing performance ratings, and the interpretation of interrater correlations that flow from that model are also not reasonable.

Diese Kritik aufgreifend, führen die Anhänger des klassischen Testmodells, namentlich die Gruppe um Schmidt, verschiedene Gegenargumente ins Feld. Diese lassen sich wie folgt zusammenfassen (Schmidt et al., 2000, S. 903 ff.):

1) Der Kritik am Modell der klassischen Testtheorie liegt ein falsches Verständnis von Reliabilität zugrunde. Die Reliabilität von Beurteilerratings soll den Grad der Übereinstimmung zwischen Urteilern abschätzen helfen, nicht aber die Ursachen für mögliche Abweichungen (abgebildet über den Messfehler). Solche Ursachen können in der Tat z.B. in einer Interaktion zwischen wahren Werten und Beurteilereffekten liegen. Diese in Erfahrung zu bringen und ihren Einfluss zu prüfen, ist allerdings nicht das primäre Anliegen einer Reliabilitätsanalyse, sondern das der *Konstruktvalidierung*. Es ist der Konstruktvalidierung vorbehalten, abzuschätzen, inwieweit Ratings unterschiedlicher Beurteiler tatsächlich die Leistung oder die Kompetenzen von Personen messen und welche Umstände gegebenenfalls dagegen gewirkt haben. Ziel der Bemühung um eine hohe Reliabilität ist es, über den Mittelwert verschiedener Urteiler den Anteil des wahren Wertes („true score") zu erhöhen – der wahre Wert muss jedoch nicht notwendigerweise korrespondieren mit „wahrer Leistung" („real performance", S. 905).

2) Das falsche Verständnis der klassischen Messmethode bezieht sich noch auf einen weiteren Umstand, nämlich auf die Annahme, das klassische Modell kenne nur eine Quelle von Messfehlern, nämlich den zufallsbedingten Fehler. Tatsächlich lassen sich mehrere Arten von Messfehlern unterscheiden (vgl. hierzu auch Cronbach, 1947; Schmidt & Hunter, 1996, 1999). Die wichtigsten Fehlerarten sind (a. a. O., S. 907):
   - der Zufallsfehler („random response error"),
   - der übergreifende Fehler („transient error"),
   - der spezifische Fehler („specific error").

Wie gezeigt werden kann, lassen sich die Varianzkomponenten einer Reliabilitätsmessung mit diesen Fehlerarten ähnlich genau aufschlüsseln wie mit der von Murphy und DeShon favorisierten Generalisierbarkeitsmethode, d. h. die von letztgenannten unterstellten Unterschiede im methodischen Vorgehen sind wenig relevant. Die damit ermittelten Ergebnisse weichen jedoch von denen anderer Studien zum Teil erheblich ab, wobei dies vermutlich auf die Konzeption der abhängigen Variablen (Rating der Leistung vs. Rating der Kompetenzen und Fertigkeiten) und auf Stichprobeneffekte zurückzuführen ist. Bezüglich der theoretisch wichtigsten Varianzquelle, dem Einfluss der beurteilten Personen selbst, gelangen Viswesvaran, Ones und Schmidt (1996) in ihrer Metaanalyse denn auch zu dem Schluss, dass Ratings einen Anteil der wahren Werte („true score") der beurteilten Personen von 0.52 erfassen. Dieser Wert, der sich auf zumeist eindimensionale, leistungsbezogene Messungen stützt, ist deutlich höher als diejenigen Werte, die sich auf der Basis mehrdimensionaler und stärker kompetenzbezogener Ratings sowie anderer Auswertungsmethoden ergeben. Der entsprechende Varianzanteil wurde von anderen Autoren mithilfe einer konfirmatorischen Varianzanalyse lediglich mit .25 ermittelt (Mount & Scullen, 2001, S. 158).

Eine der größten Varianzquellen stellt der spezifische Fehler dar. Ähnlich wie in der Generalisierbarkeitstheorie erfasst der spezifische Fehler additiv Ratereffekte (z. B. Unterschiede im Grad der Milde von Beurteilern) und Interaktionseffekte zwischen Beurteilern und Beurteilten. Hier stimmen die Ergebnisse relativ gut überein. Während Viswesvaran et al. (1996) zu einem Wert von .29 gelangen, weisen Greguras und Robie (1998) auf der Basis der Generalisierbarkeitsmethode einen Wert von $\sigma^2_{\text{geschätzt}} = .21$ für Vorgesetzte und .30 für Mitarbeiter aus.

Sichtet man schließlich die Argumente beider „Lager", so gelangt man zu der Auffassung, dass die Leistungsmöglichkeiten beider Ansätze ähnlich umfangreich, die vorgetragenen Unterschiede mithin nicht so gravierend sind. Beide Konzeptionen, sowohl das klassische Modell als auch die Generalisierungstheorie, gestatten eine Analyse von Beurteilervarianzen auf vielfältige Weise, indem sie beispielsweise zusätzlich zur Ermittlung des Anteils für den wahren Wert Varianzanteile bestimmbar machen, die sich aus der Interaktion zwischen Beurteiltem und Beurteilern oder aus der Interaktion von Beurteiltem und dem eingesetzten Instrument ergeben. An dieser Stelle wirkt die von Murphy und DeShon vorgetragene Kritik am klassischen Testmodell deutlich überzogen. Die Annahme, derzufolge im Modell der klassischen Testtheorie alle Effektanteile, die nicht auf den wahren Wert zurückgehen, undifferenziert lediglich als Fehlervarianz zusammengefasst werden müssen, ist nicht haltbar (siehe Punkt 2 der oben zusammengefassten Argumente von Schmidt et al., 2000). Zudem dürften Murphy und DeShon den Zuständigkeitsanspruch einer Reliabilitätsanalyse unbotmäßig ausgeweitet haben, indem sie ihr auch die Aufgabe übertragen, Ursachen für mangelnde Beurteilerübereinstimmungen zu bestimmen. Dies fällt jedoch eher in den Bereich der Konstruktvalidierung, in deren Zusammenhang beispielsweise der Frage nachgegangen werden kann, warum bei geringer Urteilerübereinstimmung weniger die Leistung des oder der Beurteilten erfasst worden ist, sondern mehr die idiosynkratischen Urteilstendenzen der Rater.

4.3 Maße der Beurteilerreliabilität: Eine kurze Diskussion

Die Berechnung der Übereinstimmung von Beurteilern ist nicht nur abhängig vom zugrundeliegenden Messmodell, sondern wird zudem stark beeinflusst von den jeweils verwendeten Maßen. Im Folgenden soll die Leistungsfähigkeit von verschiedenen methodischen Zugängen thematisiert und kritisch gewürdigt werden. Die Diskussion bezieht sich auf Leistungs- und Kompetenzmessungen, die auf dem Niveau von Intervallskalen angesiedelt sind, und erfasst damit den größten Bereich publizierter Studien.

Beurteilerübereinstimmungen können nach zwei unterschiedlichen Ansätzen kategorisiert werden: Nach dem Ort der *Reliabilitätsbestimmung* und nach der Methode der *Korrelationsbestimmung*. Für die Ergebnisse jeder Studie zur Übereinstimmung von Kompetenzeinschätzungen, die mit intervallskalierten Daten arbeitet, ist die jeweils realisierte Form der Kategorisierung von großer Bedeutung. Innerhalb der beiden genannten Ansätze kann wiederum nach dem jeweils gewählten methodischen Vorgehen unterschieden werden: Die Reliabilitätsbestimmung in ein Vorgehen nach der *Intrarater*-Reliabilität oder der *Interrater-Reliabilität*, die Korrelationsbestimmung in ein Vorgehen nach der *Interklassen*-Methode oder der *Intraklassen*-Methode.

Wird eine Kategorisierung nach der Reliabilität vorgenommen, so lassen sich Maße der Intrarater-Reliabilität und Maße der Interrater-Reliabilität (IRR) voneinander unterscheiden (vgl. Visweswaran et al., 1996). Maße der *Intrarater-Reliabilität* fassen im Zuge der Beurteilung auftretende, spezifische Fehler als Anteile wahrer Varianz auf. Das heißt, dass Fehler als Ungenauigkeiten des Instrumentes aufgefasst werden. Koeffizienten der Intrarater-Reliabilität beschäftigen sich demnach nur mittelbar damit, wie zuverlässig ein Beurteiler ein Konstrukt erfasst. Sie beziehen sich strenggenommen auf die Beurteilung durch nur einen Rater und fokussieren somit primär die Güte des Instruments als wichtige Vorbedingung für eine genaue Beurteilung. Als gängige Maße der Intrarater-Reliabilität sind Cronbachs α und Retest-Korrelationskoeffizienten gebräuchlich. Cronbachs α als häufig verwendeter Koeffizient[3] erfasst das Ausmaß, in dem verschiedene Items dasselbe Konstrukt in übereinstimmender Weise abzubilden in der Lage sind („interne Konsistenz"; Cronbach, 1951). Er gibt eine Antwort auf die Frage, inwieweit ein bestimmter Faktor in allen Items präsent ist (vgl. Cureton, 1958; Hattie, 1985). Retest-Korrelationskoeffizienten erfassen im vorliegenden Kontext die Stabilität eines Schätzwerts bei wiederholter Beurteilung. Fällt ein Wiederholungskoeffizient hoch aus, darf man von einer Stabilität eines Beurteilungsmerkmals ausgehen (vgl. Lienert & Raatz, 1994, S. 181).

Für die Analyse von Beurteilerproblemen weitaus wichtiger sind Koeffizienten der *Interrater-Reliabilität*. Sie gestatten Aussagen darüber, inwieweit unterschiedliche Beurteiler hinsichtlich verschiedener Personen zu übereinstimmenden Ergebnissen gelangen. Die entsprechenden Maßzahlen sollen die Übereinstimmung von Ratern indizieren, nicht die Übereinstimmung von Items zur Messung eines Konstrukts. Insofern sind Beurteilerprobleme sinnvollerweise auch nicht mit Cronbachs α anzugehen.

In diesem Zusammenhang wird nun die oben angesprochene Kategorisierung nach der Korrelationsbestimmung relevant: Prinzipiell lässt sich die Übereinstimmung von Ratern sowohl nach der Interklassen-Methode als auch nach der Intraklassen-Methode vor-

---

3   Wie einflussreich und vor allem verbreitet Cronbachs α ist, zeigt eine Studie von Cortina (1993, S. 98). Cortina gelangt im Rahmen seiner Zitationsrecherchen zu dem Ergebnis, dass der α-Koeffizient im Untersuchungszeitraum von 1966–1990 näherungsweise 60 mal pro Jahr und in insgesamt 278 (!) unterschiedlichen Zeitschriften zitiert bzw. angewendet wurde.

nehmen (Wirtz & Caspar, 2002, S. 157 ff.). Demnach gestattet die *Interklassenmethode* die korrelative Prüfung der Übereinstimmung von Merkmalen, die eine unterschiedliche Metrik besitzen, d. h. über voneinander abweichende Maßeinheiten und Varianzen verfügen. Sie ist messtechnisch als liberales Verfahren einzustufen, weil sie Abweichungen hinsichtlich der Merkmalserfassung toleriert. Bei Vorliegen von mindestens intervallskalierten Daten ist für ein Vorgehen nach der Interklassen-Methode die Produkt-Moment-Korrelation das Maß der Wahl. Diese ermöglicht die Bestimmung der Übereinstimmung von Urteilen eines Raters für eine Stichprobe von Merkmalsträgern hinsichtlich zweier verschiedener Dimensionen (z. B. dem Grad ihrer „Gewissenhaftigkeit" und ihrer gezeigten „Leistung"), vor allem aber der Übereinstimmung von genau *zwei* Ratern für eine Stichprobe von Merkmalsträgern hinsichtlich *einer* Dimension (eben etwa nur der „Gewissenhaftigkeit").

Darüber hinaus ist die Produkt-Moment-Korrelation auch für eine Prüfung der Übereinstimmung zwischen verschiedenen Ratergruppen geeignet. Diese Anwendungsoption ist gerade bei Fragen der multiperspektivischen Leistungs- und Kompetenzbeurteilung interessant, um z. B. die Übereinstimmung der Urteile von Vorgesetzten und Kollegen zu prüfen. In diesem Zusammenhang kommen z. B. Beehr et al. zu dem Ergebnis, dass die Übereinstimmung der beiden Gruppen über drei Leistungsdimensionen hinweg mit $r = .36$ bis $r = .44$ relativ niedrig ausfällt. Noch geringer ist allerdings die Übereinstimmung zwischen Vorgesetzten und den Beurteilten selbst: Hier bewegen sich die Korrelationen zwischen $r = .06$ und $r = .10$ (2001, S. 781).

Den für die Reliabilitätsbestimmung von mehreren Ratern prinzipiell besser geeigneten Zugang stellt die *Intraklassen-Korre*lation (ICC) dar. Allerdings besteht gerade auch unter wissenschaftlichen Anwendern Uneinigkeit über ihre Anwendungsbedingungen (siehe hierzu die entsprechenden Klagen bei Shrout und Fleiss [1979, S. 420] oder auch bei Wirtz und Caspar [a. a. O., S. 171 f.]). Obwohl für alle Fragestellungen, bei denen Beurteilerdaten anfallen, in hohem Maße einschlägig, kommt sie bislang im deutschsprachigen Raum in organisations- oder personalpsychologischen Arbeiten kaum zur Anwendung (Ausnahme: u. a. Staufenbiel, 2000)[4]. Dies mag u. a. an dem im Vergleich zur Berechnung von bivariaten Reliabilitätsmaßen erheblich größeren Aufwand bei der Anlage bzw. Transformation entsprechender Datenmatrizen oder an der schwierigen Auswahl des geeigneten ICC-Maßes liegen. Selbst in umfassenden Darstellungen zur Testanalyse (z. B. Lienert & Raatz, 1994), bei der mittelbar auch das Verhalten von unterschiedlichen Ratern ein relevantes Thema ist, wird die Intraklassen-Korrelation nicht explizit behandelt.

---

4   Eine entsprechende Recherche mit dem Literaturdokumentationssystem PSYNDEX auf der Basis des Begriffs der „Intraklassenkorrelation" wies für den Zeitraum 1993–2003 lediglich acht Einträge aus. Bei den Einträgen handelte es sich außer der oben zitierten Arbeit von Wirtz und Caspar (a. a. O.) um Studien aus dem Bereich der Pädagogischen Psychologie, der Klinischen Psychologie oder der Motivationspsychologie. Auch im internationalen Bereich sind organisations- und personalpsychologische Studien unter Einbeziehung von Intraklassen-Korrelationen vergleichsweise selten. Eine Recherche mit dem Literaturdokumentationssystem PsycInfo ergab für den Zeitraum 1993–2003 insgesamt 257 Einträge, von diesen hatten jedoch nur zwei einen entsprechenden thematischen Bezug. Auch hier dominieren pädagogisch-psychologische oder klinische Arbeiten das Anwendungsfeld von ICC.

Die Berechnung einer ICC ist dann angezeigt, wenn ein Maß
- für den Grad der Übereinstimmung eines Raters und seines Urteils mit dem eines beliebigen anderen Raters bestimmt werden soll (Modell des „single measurement")
- oder der Grad der Übereinstimmung eines über mehrere Rater gemittelten Urteils mit anderen Ratermittelwerten bestimmt werden soll (Modell des „average measurement"; siehe hierzu McGraw & Wong, 1996, S. 33 ff.; Wirtz & Caspar, a. a. O., S. 162).

Sie wird gegenüber der korrelativen Interklassenmethode als wesentlich strengere Prüfmethode angesehen, weil die herangezogenen Variablen bzw. Daten einer gemeinsamen Klasse angehören, d. h. in Metrik und Varianz übereinstimmen müssen. Diese Bedingungen sind z. B. dann erfüllt, wenn verschiedene Rater bezüglich genau einer Beurteilungsdimension (z. B. die „soziale Kompetenz" der zu beurteilenden Personen) varianzhomogen urteilen.

Die ICC als Reliabilitätsmaß hat gegenüber der Interklassen-Methode entscheidende Vorteile (McGraw & Wong, 1996; Shrout & Fleiss, 1979; v. a. Wirtz & Caspar, a. a. O., S. 158 f.), u. a.
1) ist sie nicht nur für zwei, sondern für beliebig viele Rater bestimmbar,
2) können verschiedene Modelle spezifiziert werden, welche im Gegensatz zur Interklassen-Konzeption auf der Basis einer Produkt-Moment-Korrelation mit *Mittelwertsunterschieden* zwischen Ratern verfahren. So können in einem Modell Mittelwertsunterschiede reliabilitätsmindernd als Fehlerquelle aufgefasst werden (Modell der unjustierten ICC), in einem anderen Modell Mittelwertsunterschiede aus der Reliabilitätsschätzung eliminiert werden (Modell der justierten ICC), sodass man zu höheren Übereinstimmungswerten gelangt.

In jedem Fall gestattet die ICC zu bestimmen, wie groß der Varianzanteil einer Messung ist, der mit Eigenschaften der zu beurteilenden Zielobjekte assoziiert ist (z. B. Anteil an der Varianz der wahren Merkmalsausprägung) und nicht mit messfehlerstiftenden Idiosynkrasien der Beurteiler. Sie korrigiert sowohl für spezifische (raterbezogene) als auch für zufallsbedingte Messfehler (Visweswaran et al., 2002, S. 348). In Anlehnung an Wirtz und Caspar (a. a. O., S. 160 ff.) sollen darüber hinaus einige wichtige Eigenschaften der ICC hervorgehoben werden, die für die vorliegenden Erörterungen relevant sind:
a) Die ICC kann wie die Produkt-Moment-Korrelation Werte zwischen 0 und 1 annehmen. Negative Werte sind im Sinne einer Reliabilität von 0 aufzufassen.
b) Die Reliabilität fällt umso höher aus, je größer die Unterschiede zwischen den Mittelwerten der beurteilten Personen[5] sind. Wie bei der Bestimmung einer Produkt-Moment-Korrelation auch, führt eine geringe oder keine Varianz zwischen den zu beurteilenden Personen zu einer niedrigen bzw. zu keiner feststellbaren Reliabilität.
c) Die Reliabilität für eine Beurteiler-Beurteilten-Matrix fällt höher aus, wenn die zu verrechnenden Daten nicht Einzelratings von Beurteilern, sondern Mittelwerte von

---

5 Wirtz und Caspar sprechen an dieser Stelle ihrer Darstellung etwas vage lediglich von Personen, wobei sie offen lassen, ob sie damit die beurteilten oder die beurteilenden Personen meinen. Aus der Logik der Reliabilitätsbestimmung per ICC kann es sich jedoch nur um die beurteilten Personen oder – in der Terminologie von McGraw und Wong (1996, S. 30) – um die Zielpersonen des Ratings („targets") handeln.

Beurteilern darstellen. Anders ausgedrückt: Eine Reliabilitätsschätzung auf der Basis von „single measurements" führt zu niedrigeren Ergebnissen als eine solche, die auf der Grundlage von „average measurements" durchgeführt wird. Insofern zeitigt die Auswahl des geeigneten Reliabilitätsmodells nicht unerhebliche Auswirkungen hinsichtlich der Ergebnisse von Übereinstimmungsprüfungen. Gerade bezüglich der Wahl des Modells bleiben allerdings die Darstellungen in der Literatur z. T. vage bis ungenau. So gibt etwa Feger (1983, S. 38 f.) zur Entscheidung, ob im konkreten Fall eher die Reliabilität für einen typischen Rater oder für eine Ratergruppe anvisiert werden sollte, den Rat, dass die erste Spezifikation dann adäquat ist, wenn die oder der Beurteiler typischerweise einzeln arbeitet (z. B. der Lehrer in der Schule), und die zweite dann, wenn Entscheidungen auf der Basis von Schätzurteilen mehrerer Experten getroffen werden. Er lässt allerdings offen, ob die zu verrechnenden Daten bereits in der Form von Mittelwerten vorliegen sollten oder ob die Mittelung Teil der Reliabilitätsprozedur selbst ist.

d) Intraklassenkorrelationen werden auf der Basis des varianzanalytischen Modells ermittelt. Insofern sollten die hierfür einschlägigen Bedingungen erfüllt sein. Allerdings zeigen sich im einfaktoriellen Modell erst Beurteilermatrizen mit $n < 10$ beurteilten Personen anfällig für verfälschte Reliabilitätsschätzungen und dies auch nur, falls sowohl die Bedingung der Varianzhomogenität als auch die der Normalverteilung der Daten verletzt ist. Für das zweifaktorielle Modell muss zudem die Voraussetzung erfüllt sein, dass keine Interaktion zwischen Ratern und den beurteilten Zielpersonen vorliegt.

Welche der verschiedenen ICC-Spezifikationen zur Anwendung kommt, hängt davon ab, wie die vorliegende Datenmatrix konfiguriert ist (siehe das folgende Kapitel). Wie in anderen statistischen Kontexten auch, kann die Wahl eines falschen ICC-Maßes zu erheblichen Fehlern bei den Ergebnissen führen.

4.4 Die Intraklassenkorrelation als Maß der Beurteilerübereinstimmung

Die in diesem Band vorgenommenen empirischen Analysen prüfen die Übereinstimmung von Beurteilern innerhalb einer Perspektivgruppe (Vorgesetzte, Kollegen, Mitarbeiter) auf der Basis eines Ansatzes der IRR. Berechnet werden Intraklassen-Korrelationskoeffizienten ICC, die im Gegensatz zu Produkt-Moment-Korrelationskoeffizienten Unterschiede zwischen den Beurteilern hinsichtlich Streuung und Mittelwert einbeziehen. Bei der ICC als im Vergleich zu Produkt-Moment-Korrelationskoeffizienten strengerem Reliabilitätsmaß wirken sich Mittelwertsunterschiede zwischen den Beurteilern *übereinstimmungsmindernd* aus.

In Abhängigkeit von den Untersuchungsbedingungen sind verschiedene Intraklassen-Korrelationskoeffizienten zur Anwendung zu bringen (McGraw & Wong, 1996; Shrout & Fleiss, 1979; Wirtz & Caspar, 2002). Für die Wahl des korrekten ICC sind zwei Bedingungen (a und b) entscheidend (Shrout & Fleiss, 1979, S. 420 ff.; vgl. auch die Darstellungen bei Staufenbiel, 2000, S. 149 sowie Wirtz und Caspar, 2002, S. 174 ff.): die zutreffende Beschreibung der Erhebungsmethode (entsprechend a und die Entscheidung, ob die Reliabilität eines einzelnen Raters oder die einer Ratergruppe anvisiert werden soll (entsprechend b). Hinsichtlich der Bedingung a unterscheiden Shrout und Fleiss drei Konstellationen:

1) Jedes Objekt (d. h. im Fall der vorliegenden Untersuchung: jede zu beurteilende Person) wird jeweils von einer unterschiedlichen Gruppe von k Beurteilern eingeschätzt, die per Zufall aus einer größeren Population von Beurteilern ausgewählt werden; die mit der Zufallsstichprobe ermittelten Ergebnisse sind folglich auf die Population übertragbar (a = 1).

2) Jedes Objekt wird von der gleichen Gruppe von k Beurteilern eingeschätzt, wobei die Gruppe wie unter 1) eine Zufallsstichprobe aus einer Beurteilerpopulation darstellt (a = 2).

3) Jedes Objekt wird von der gleichen Gruppe von k Beurteilern eingeschätzt, wobei nur das Urteilsverhalten dieser betreffenden Gruppe interessant ist und keine Übertragung auf eine wie auch immer geartete Grundgesamtheit vorgenommen werden soll (a = 3).

Hinsichtlich der zweiten Bedingung b unterscheiden Shrout und Fleiss zwei Fälle:

1) ob die Reliabilität für *einen* mittleren, quasi typischen Beurteiler („single rater") bestimmt werden soll (b = 1)

2) oder für den Durchschnitt einer Gruppe von Ratern („average of raters"; b = k).

Das für den vorliegenden Fall adäquate Modell sieht die Beurteilung von n zu beurteilenden Objekten durch eine jeweils andere Gruppe von k Beurteilern vor. Da der konzeptionelle Kern von MSF-Ratings die Einschätzung von Personen gerade durch eine Gruppe von Feedbackgebern vorsieht, ist die ICC(1,k) anzuwenden. In diesem Zusammenhang soll auf eine Schwierigkeit hingewiesen werden, die mit der Interpretation von Intraklassen-Koeffizienten verbunden ist (vgl. den entsprechenden Hinweis bei Shrout & Fleiss, S. 427). Wenn wie im vorliegenden Fall das Reliabilitätsmodell einer durchschnittlichen Gruppe von Beurteilern spezifiziert wird, sollte sich die aus den Ergebnissen abgeleitete Interpretation strenggenommen auch nur auf dieses Aggregat beziehen (sprich auf eine *„typische"* Gruppe von Beurteilern und *nicht* auf einen einzelnen). Allerdings kann es auch von Interesse sein, zu wissen, wie zuverlässig das Urteil eines typischen Beurteilers ausfällt. Diese Option ist besonders für Anwendungen im Feld, d. h. für die Praxis in Organisationen und Unternehmen von Bedeutung. Das heißt, es ist nicht nur interessant, wie sehr eine Gruppe von Feedbackgebern übereinstimmt, sondern vor allem auch, wie groß gerade die Zuverlässigkeit für einen einzelnen, typischen Beurteiler ist. Daher werden neben dem Fall der ICC(1,k) auch Ergebnisse für das Modell ICC(1,1) berichtet[6]. Die Option ICC(1,1) ist vor allem dann relevant, wenn in einer Urteilsquelle standardmäßig nur ein Beurteiler verfügbar ist; dies stellt gerade im Unternehmenszusammenhang für die Gruppe der Vorgesetzten einen häufig anzutreffenden Fall dar.

Beide Koeffizienten ICC(1,1) und ICC(1,k) werden auf der Basis einer einfaktoriellen Varianzanalyse mit Messwiederholung bestimmt, bei der Mittelwertunterschiede zwischen den Ratern über die „mittlere Quadratsumme innerhalb" (MS_{within}) als Fehlervari-

---

6 Die hier gewählte Notation von Shrout und Fleiss (1979) für ICC(1,1) und ICC(1,k) entspricht der Notation ICC(1) bzw. ICC(k) bei McGraw und Wong (1996, S. 40). Bei den letztgenannten Autoren erkennt man bereits an der einstelligen Notation, ob es sich um ein einfaktorielles oder um ein zweifaktorielles Modell handelt.

anz verrechnet werden. In der Terminologie von Wirtz und Caspar (2002, S. 171) handelt es sich bei beiden ICC um die Variante „einfaktoriell" und „unjustiert":

*   einfaktoriell, weil n Objekte von jeweils unterschiedlichen Beurteilern eingeschätzt werden;
*   unjustiert, weil die Ratervarianz σ^2_β in den Nenner der Reliabilitätsformel eingeht und somit zuverlässigkeitsmindernd wirkt.

Der ICC_{unjust} wird im Gegensatz zu der justierten Variante ICC_{just} nicht als Konsistenzmaß, sondern als Übereinstimmungsmaß, aufgefasst.

Im einfaktoriellen Modell wird die Reliabilität nach folgender Formel ermittelt (Wirtz & Caspar, 2002, S. 171):

$$p = \frac{\sigma^2_\alpha}{\sigma^2_\alpha + \sigma^2_\omega}$$

σ^2_α: Varianz zwischen den beurteilten Personen bezüglich des gemessenen Merkmals α
σ^2_ω: Varianz innerhalb der beurteilten Personen (in die auch die Ratervarianz eingeht).

Für Feldstudien wenig realistisch ist allerdings die Annahme einer durchgängig zufallsgesteuerten Auswahl der Beurteiler als Voraussetzung der Anwendung des varianzanalytischen Modells. Unabhängig von der Tatsache, dass z. B. bei der Gruppe der Vorgesetzten oft nur eine Person verfügbar ist, erfolgt die Auswahl (oder auch Benennung) der Feedbackgeber regelhaft nicht nach dem Gesichtspunkt des Zufalls. Eine Verletzung der Voraussetzung der Zufallsauswahl wirkt sich jedoch nur dann reliabilitätsverzerrend aus, wenn gleichzeitig die Forderung nach der Homogenität der Ratervarianzen verletzt ist und eine signifikante Interaktion zwischen den beurteilten Objekten und den Beurteilern zu verzeichnen ist (Nonadditivität). Beide Bedingungen werden daher im Zusammenhang mit der Übereinstimmungsanalyse mitgeprüft, etwaige Verstöße werden kenntlich gemacht.

Auf der Basis von ICC berechnete IRR können als Determinationskoeffizienten aufgefasst werden und berichten folglich den durch die Rater gemeinsam bestimmten Varianzanteil. Werden IRR auf der Basis bivariater Korrelationsmaße (z. B. Produkt-Moment-Korrelationen) berichtet und werden die beiden Rater als zwei Variablen x bzw. y konzeptualisiert, so handelt es sich lediglich um eine einfache Korrelation, die zum Zwecke der Vergleichbarkeit mit ICC quadriert werden muss. Dies ist jedoch dann nicht notwendig, wenn zur Reliabilitätsabschätzung ein Korrelationsmaß herangezogen wird, um den erfassten Anteil der wahren Merkmalsvarianz zu bestimmen. Dies wäre dann jedoch gleichbedeutend mit einer anderen Fragestellung als derjenigen, die Aufschluss über die *Übereinstimmung* zwischen zwei oder mehreren Ratern geben soll. Soll der Anteil an der wahren Merkmalsvarianz bestimmt werden, so werden die Rater im Sinne der klassischen Testtheorie als wiederholte Messungen auf der derselben Variablen x aufgefasst.

4.5 Standards der Beurteilerübereinstimmung

Neben der Wahl eines geeigneten Koeffizienten ist auch die zu erwartende Höhe der Interrater-Übereinstimmung klärungsbedürftig. Hier gehen die Empfehlungen z. T. deutlich auseinander. Greguras und Robie (1998) legen als Messlatte einen Wert von .70 fest und beziehen sich dabei auf die Darstellung von Nunnally (1978, S. 245). Nunnally selbst schränkt seine Auffassung zunächst mit folgendem Hinweis ein: „What a satisfactory level of reliability is depends on how a measure is being used" (1978, S. 245). Allerdings vertritt er dann im gleichen Zusammenhang eine strenge Ansicht: „In contrast to the standards in basic research, in many applied settings a reliability of .80 is not nearly enough" (S. 245). Seine Ausführungen beziehen sich jedoch auf testanalytische Überlegungen und vertreten eine Konzeption der Intrarater-Reliabilität. Daher ist sie für Probleme der Beurteiler-Reliabilität, bei denen die Daten nicht direkt von reagierenden Messwertträgern selbst stammen, sondern indirekt als Einschätzungen von Merkmalsausprägungen durch eine Gruppe von Beurteilern erhoben werden, weniger brauchbar. Zudem wird sie den unterschiedlichen Datenerhebungssituationen als Funktion variierender systemischer Bedingungen nicht gerecht und wirkt eher willkürlich.

Andere Autoren, die gleichermaßen mit feld- wie grundlagenbezogenen Fragestellungen befasst sind, unterbreiten denn auch den Vorschlag, anstatt mit fixen unteren Grenzen mit einem Reliabilitätsintervall zu arbeiten. Leslie und Fleenor schlagen auf der Basis von ICC- oder anderen Maßen als untere Reliabilitätsgrenze einen Wert von .40 und einen oberen Wert von .70 vor (1998, S. 15 f.). Dieser Vorschlag dürfte wohl eher als realitätstauglich zu betrachten sein, da er der personalpsychologischen Beurteilungspraxis in Unternehmen Rechnung trägt. Wirtz und Caspar als Vertreter der deutschsprachigen Beurteilerforschung plädieren gleichfalls für den Umständen flexibel angepasste untere Grenzwerte (2002, S. 33 f.). Auch sie halten ein gewisses Maß interindividueller Urteilsvarianz für angemessen, wenn der Beurteilungsgegenstand komplex ist und intervallskaliert gemessen werden kann. Da der ICC als Determinationskoeffizient zu interpretieren ist, wird im Zusammenhang mit Kompetenzmessungen somit von einer Beurteilergruppe erwartet, dass sie mindestens 40 % der wahren Kompetenzwerte aufzuklären in der Lage ist. Die übrigen 60 % der gemessenen Varianz wären in der Terminologie
- der *Generalisierbarkeitstheorie* auf die Kovarianz zwischen systematischen Ratereffekten, auf die Kovarianz zwischen dem wahren Leistungswert und systematischen Ratereffekten oder auf Messfehler,
- der *klassischen Testtheorie* auf situationsübergreifende oder spezifische Messfehler zurückzuführen.

Erscheint dieser Wert, gemessen am unteren Limit für die Intrarater-Reliabilität, sehr niedrig, so sollte man sich vor Augen halten, dass in einer Gruppe von Ratern (z.B. die Gruppe der Kollegen) neben der Möglichkeit, dass die Rater individuell mehr oder wenig stark idiosynkratisch urteilen, nicht nur unterschiedliche Rollenerwartungen bestehen, sondern zudem in der Regel auch jeweils andere Verhaltensstichproben zur Bildung von Eindrucksurteilen herangezogen werden können. Der obere Grenzwert von .70 orientiert sich an der Überlegung, dass ein Wert jenseits dieser Grenze möglicherweise personenübergreifende Verzerrungstendenzen und somit unerwünschte Effekte indiziert („Gruppenbias"). Hiermit wird quasi unterstellt, dass eine vollständige Übereinstimmung zwischen Ratern bezüglich einer Fokusperson durch sozialpsychologische Phänomene wie einem extrem ausgeprägten Gruppendenken bedingt sind. Auch diese Auffassung ist nicht gänzlich befriedigend, da sich durchaus Situationen denken lassen, in denen sich eine sehr hohe Beurteilerübereinstimmung einstellt, ohne dass das Urteilerverhalten von Verzerrungstendenzen dominiert ist.

4.6 Einzel- und metaanalytische Befunde
zur Interrater-Reliabilität

Es ist plausibel anzunehmen, dass der Vorschlag einer intervallbezogenen Konzeption von Interrater-Reliabilitäten aus den Ergebnissen empirischer Feldstudien und Meta-analysen sowie aus Manualangaben von MKF-Inventaren abgeleitet worden ist. In einer Studie des US-amerikanischen „Center for Creative Leadership" (CCL) recherchier-ten die bereits oben genannten Leslie und Fleenor (1998) die Gütekriterien von 24 MSF-Instrumenten[7]. Von diesen werden in Tabelle 2 für 13 Instrumente Interrater-Re-liabilitäten per Intraklassenkorrelationen oder anderen Maßen (eta², Produkt-Moment-Korrelation, Interrater-Übereinstimmungs-Index) sowie für verschiedene Feedbackge-ber-Gruppen nachgewiesen (S. 53 ff.; Leslie und Fleenor weisen auch für das Instrument „SYMLOG" Interrater-Reliabilitäten nach, die dort berechneten Maße beziehen sich aber auf die Split-half-Reliabilität und sind somit für den Nachweis einer Beurteiler-Übereinstimmung ungeeignet). Leider fehlten im Falle der Angabe der ICC fast durch-gängig genauere Angaben dazu, welches Maß im Einzelnen berechnet wurde, und hier vor allem, ob es sich um Übereinstimmungsreliabilitäten für einen prototypischen Ein-zelrater handelte oder für eine Ratergruppe. Aufgrund der Höhe der berichteten Koef-fizienten kann hier wohl jedoch davon ausgegangen werden, dass es sich überwiegend um Angaben für Ratergruppen handelt.

Von den einbezogenen 13 Instrumenten weisen sieben IRR lediglich für heterogene Ur-teilergruppen nach. Lediglich ein Instrument (die „Leadership Effectiveness Analysis") weist eine IRR für die Gruppe der Vorgesetzten in Höhe von .58 aus. Die IRR für Kol-legenurteile bewegen sich im Bereich von .47 bis .67, die für Mitarbeiterurteile im Be-reich von .48 bis .77. Ähnlich verhält es sich für die Gruppe mit Urteilern heterogener hierarchischer Herkunft, wobei die Instrumente SLP und SMP auf der Basis von Berech-nungen des Interrater Agreement Index (James, Demaree & Wolf, 1984) zu deutlich hö-heren Werten gelangen (von .78 bis .92)[8]. Zusammenfassend erlauben die vorliegenden

---

7 Das CCL ging bei seiner Auswahl nach folgendem Kriterienraster vor (Leslie & Fleenor, 1998, S. 1 f.): Für jedes in die Untersuchung einbezogene Instrument sollten fundierte Angaben u. a. zu *administrativen* Merkmalen (z. B. Copyright-Angaben, Gruppe der anvisierten Zielpersonen, Item-Antwortformate), Berichte zu bis dato erhobenen *Forschungsbefunden* (v. a. zu den Gütekriterien Reliabilität und Validität) sowie gedruckte Versionen des Fragebogens und des Feedback-Reports vorliegen. Von ursprünglich 45 ausgewählten Instrumenten, die diesen Kri-terien weitgehend genügten, mussten 21 im Zuge des weiteren Vorgehens ausgeschlossen wer-den, weil sie entweder einschlägigen Standards (etwa der American Psychological Association) nicht genügten oder gegen Prinzipien des Management Development verstießen.

8 Bei den für diese beiden Instrumente ausgewiesenen hohen IRR dürfte es sich vermutlich je-doch auch nicht um „echte" Übereinstimmungskoeffizienten handeln. Die Testautoren (für den SLP: Wilson & Conolly; für den SMP: Wilson) beziehen sich bei ihren an die CCL-Autoren weitergegebenen Daten explizit auf die Originaldarstellung der Berechnung von James, Dema-ree und Wolf (1984, S. 88 f.). Die von den letztgenannten Autoren vorgestellte Berechnungs-prozedur für das IRR-Maß $r_{WG(J)}$ reflektiert die Übereinstimmung einer Anzahl von $N > 1$ Be-urteilern bezüglich einer Anzahl von $J > 1$ Items in Bezug auf *genau* $N = 1$ Zielperson und *nicht* wie bei der ICC die Übereinstimmung von $N > 1$ Beurteilern bezüglich einer Anzahl von *genau* $J = 1$ Item für $N > 1$, d. h. *mehrere* Zielpersonen. Da die gemachten Reliabilitätsangaben nur be-

Daten aufgrund des durchgängigen Fehlens von mittleren Reliabilitäten allenfalls eine gute Schätzung der IRR für die jeweiligen Feedbackgeber-Gruppen. Diese bewegt sich für alle Gruppen zwischen .50 und .60.

Tabelle 2: IRR für 13 MKF-Instrumente, für die Nachweise im Sinne der psychologischen Gütekriterien erbracht worden sind und die u. a. APA-Standards genügen (verändert nach Leslie & Fleenor, 1998, S. 53 ff.)

Inventar	Mittlere Interrater-Reliabilitäten für			
	Vor-gesetzte	Kollegen	Mit-arbeiter	heterogene Beurteilergruppe
Benchmarks® (Lombardo & McCauley, 1995)			.59	.58
Campbell™ Leadership Index (CLI®) (Campbell, 1991)				.68
Compass (Manus, 1995)			.55–.72	
Leadership Effectiveness Analysis (LEA™) (Management Research Group, 1998)	.58	.67	.66	
Acumen Leadership Skills (Guest & Blucher, 1999)			.61–.73	
Leadership/Impact™ (L/I) (Cooke, 1997)				eta^2 .20–.35
Life Styles Inventory™ (LSI) (Cooke & Lafferty, 1987)				eta^2 .33–.47

dingt vergleichbar sind, sind diese für den in Organisationen anzutreffenden standardmäßigen Fall multipler Zielpersonen und multipler Beurteiler nur bedingt brauchbar. Leslie und Fleenor lassen diese Unvergleichbarkeit der Reliabilitätsangaben bedauerlicherweise unkommentiert – zulasten allerdings derjenigen potenziellen MKF-Nutzer, die sich bei der Auswahl für ein geeignetes Instrument vornehmlich auch an hohen Beurteilerreliabilitäten orientieren und in diesem Fall fehlinformiert werden dürften. Will man im Übrigen einen näherungsweisen Anhalt über die vergleichbaren Höhen beispielsweise von $r_{WG(J)}$ und ICC gewinnen, so kann man sich am Rechenbeispiel von James et al. (1984) orientieren. Diese gelangen in ihrer Beispielrechnung zu einer $r_{WG(J)} = .97$ (S. 89). Auf der Basis einer ICC-Berechnung würde sich ein deutlich niedrigerer Koeffizient von $r = .58$ ergeben.

Tabelle 2: Fortsetzung

Inventar	Mittlere Interrater-Reliabilitäten für			
	Vor-gesetzte	Kollegen	Mit-arbeiter	heterogene Beurteilergruppe
Management Effectiveness Profile System (MEPS) (Lafferty, Webber & Associates, 1984)				eta^2 .34–.42
Multifactor Leadership Question-naire (MLQ) (Bass & Avolio, 1995)				Produkt-Moment-Korr.: .20–.40
Profilor (Hezlett, Ronnkvist, Holt & Hazucha, 1996)		.47–.60	.48–.61	
Survey of Leadership Practices (SLP) (Wilson, Wilson & Wilson, 1996)				Interrater Agreement Index: .78–.92
The Survey of Management Practi-ces (SMP) (Wilson, Wilson & Wil-son, 1996)				Interrater Agree-ment Index: .92
Acumen Leadership WorkStyles™ (LWS) (Guest & Blucher, 1998)			.58–.77	

Anmerkungen: Einzelne Werte sind, falls nicht anders angegeben, gemittelte Intraklassen-Korrelationen über die jeweiligen Kompetenzskalen; Intervallangaben geben die Werte jeweils für die Skalen mit den niedrigsten und höchsten Reliabilitäten an. Andere als Intraklassen-Korrelationen sind extra ausgewiesen. Um eine annähernde Vergleichbarkeit mit den aus Metaanalysen gewonnenen Ergebnissen herzustellen, wurden im Fall der „Leadership Effectiveness Analysis" jeweils diejenigen ICC-Werte berücksichtigt, die auf der niedrigsten Anzahl von Ratern basieren ($n = 2$ Vorgesetztenurteile, $n = 4$ Kollegenurteile, $n = 4$ Mitarbeiterurteile).

Zu ähnlichen Ergebnissen gelangen die vorliegenden *Metaanalysen* von Rothstein (1990) sowie Viswesvaran et al. (1996, 2002), die in Tabelle 3 wiedergegeben sind. Bezüglich der Vorgesetztenurteile gelangt Rothstein (1990) zu einer durchschnittlichen Reliabilität von $r = .48$ für Aufgabenbereiche („job duties") und von $r = .52$ für Fähigkeitsbereiche („abilities"). Es werden keine Kollegen- oder Mitarbeiterurteile berichtet. Einschränkend soll ferner angemerkt werden, dass die Kriterien nicht über eine Mittelung von einzelnen Aufgaben- oder Fähigkeitsbereichseinschätzungen gebildet wurden, sondern lediglich über jeweils eine globale Gesamteinschätzung („overall performance") für diese Bereiche. Somit liegen zwei globale Ratingmaße vor. Diese Konzeption der Kriterienmaße ist wichtig, da man davon ausgehen darf, dass ein Globalurteil von Vorgesetzten stärker idiosynkratischen Tendenzen unterliegt als eine differenzierte Einschätzung eines Bereichs auf der Basis mehrerer Skalen, die dann zu einem zusammenfassenden Wert gemittelt werden. Ein Vorgehen auf der Basis einer globalen Gesamteinschätzung dürfte mithin die Reliabilität eher erhöhen (siehe hierzu die Korrelationsbefunde bei Harris & Schaubroeck, 1988, S. 53, Tab. 3). Darüber hinaus ist der Darstellung von Rothstein nicht eindeutig zu entnehmen, welches Reliabilitätsmaß tatsächlich berechnet wurde (wenngleich man den Hinweis auf S. 323 in Richtung eines Intraklassen-Koeffizienten für die Reliabilität eines einzelnen Raters interpretieren kann).

Die Metaanalysen von Viswesvaran et al. (1996, 2002) stützen sich im Wesentlichen auf die Beurteilung von Fähigkeiten. Es werden Reliabilitäten für insgesamt neun Beurteilungsdimensionen berichtet, und zwar sowohl für eine globale Beurteilung („overall job performance") der Fokuspersonen als auch für die Beurteilung von acht weiteren Fähigkeiten (z. B. interpersonelle Kompetenz) oder das berufliche Wissen. Diese, sich auf dimensionsbezogene Urteile stützende Vorgehensweise lässt demnach eine differenziertere, weil stärker auflösende, Analyse zu. Als Reliabilitätsmaß wird die durchschnittliche Zuverlässigkeit eines einzelnen Raters berichtet, ohne dass der Darstellung zu entnehmen ist, welches Maß konkret berechnet wurde (Intraklassen-Korrelationen?).

Tabelle 3: Mittlere IRR für Vorgesetzten- und Kollegenurteile auf der Basis von Metaanalysen

	Vorgesetztenurteile	Kollegen-urteile	Mitarbeiter-urteile
Rothstein[a] (1990)	.48 für Aufgabenbereiche .52 für Fähigkeitsbereiche	–	–
Viswesvaran, Ones & Schmidt (1996)[b]/ Viswesvaran, Schmidt & Ones (2002)	.55	.43	–

Anmerkungen: [a] Datenbasis: Führungskräfte als Fokuspersonen ($n = 9.975$); Gesamturteil von jeweils zwei Vorgesetzten für 28 Aufgabenbereiche und Gesamturteil für 21 Fähigkeitsbereiche; [b] Datenbasis: 40 Studien mit $904 < n < 14.651$ Fokuspersonen; Daten sind über maximal neun Beurteilungsdimensionen gemittelt und nach Stichprobengröße gewichtet.

Bezüglich der Vorgesetztenurteile zeigt sich eine mittlere Reliabilität über die neun Dimensionen von $r = .55$, bezüglich der Kollegenurteile eine Reliabilität von $r = .43$. Sowohl bei der Gruppe der Vorgesetzten als auch bei der Gruppe der Kollegen bewegt sich das Ergebnis für die globale Beurteilung im Bereich der Resultate für die dimensionsbezogenen Urteile (globales Urteil Vorgesetzte: $r = .52$; globales Urteil Kollegen: $r = .42$).

Die zitierten Metaanalysen gelangen demnach zu weitgehend übereinstimmenden Ergebnissen. Vorgesetzten- und Kollegenurteile weisen mittlere Übereinstimmungen auf und bewegen sich somit in dem Bereich, wie er z. B. von Autoren wie Leslie und Fleenor (1998) gefordert wird. Eine Forderung für Übereinstimmungen von mindestens .70, wie sie sich auf der Basis von intraraterbezogenen Konzepten ergeben (z. B. Nunnally, 1978), erscheint nicht nur methodisch wenig adäquat, sondern ist auch empirisch nicht haltbar. Sollte es sich insbesondere bei den von Viswesvaran et al. (1996) angegebenen Korrelationen um Intraklassen-Koeffizienten handeln, so dürfen diese als Determinationskoeffizienten interpretiert werden. Während bei den Vorgesetztenurteilen somit 55 % der beobachteten Varianz aufgeklärt werden können, sind es bei den Kollegen mit 43 % etwas weniger.

4.7 Eigene empirische Untersuchungen zur Beurteilerübereinstimmung

Die empirischen Untersuchungen zur Urteilerübereinstimmung stützen sich auf verschiedene Forschungsprojekte, deren Aufgaben in der wissenschaftlichen Begleitung von Potenzialentwicklungsprogrammen und -maßnahmen von Führungs- und Führungsnachwuchskräften bestanden. Zusätzlich zur Frage der Beurteilerübereinstimmung soll untersucht werden, inwieweit sich ein moderierender Effekt der *Gelegenheit zur Beobachtung* der Fokusperson durch die Feedbackgeber nachweisen lässt. In diesem Zusammenhang konnte Rothstein (1990) zeigen, dass die *Dauer* der tätigkeitsbezogenen Bekanntschaft einen Einfluss auf die Interrater-Reliabilität ausübt. Sie fand einen nichtlinearen Zusammenhang zwischen der Dauer der Bekanntschaft und der Interrater-Reliabilität von je zwei Beurteilern, die die Fokusperson genauso lange kennen. Im Verlauf der ersten fünf Bekanntschaftsjahre mit der Fokusperson steigt die IRR kontinuierlich an, um dann asymptotisch auf einem Niveau von .60 zu stagnieren. Selbst deutlich längere Bekanntschaftsdauern von acht oder zehn Jahren lassen lediglich marginal höhere Übereinstimmungen zwischen den Beurteilern erwarten. Hieraus lässt sich ableiten, dass der Grad der Gelegenheit zur Verhaltensbeobachtung als wichtiger Moderator für die Urteilerübereinstimmung fungieren kann. Je häufiger demnach eine Person eine bestimmte Fokusperson in relevanten, durchaus auch kritischen Situationen beobachtet bzw. mit dieser interagieren kann, desto zuverlässiger können im Zuge der Eindrucksbildung die für die Fokusperson typischen, d. h. transsituativ auftretenden Verhaltensmuster identifiziert werden. Gleichzeitig erhöht sich dadurch die Schnittmenge der von verschiedenen Beurteilern beobachteten Verhaltensepisoden, sodass schließlich ein nennenswerter gemeinsamer Varianzanteil des Urteils resultiert.

Für die Frage der Beurteilerübereinstimmung werden folglich zwei *Forschungshypothesen* formuliert:

1) *Höhe der IRR:* Ausgehend von den oben dargestellten Reliabilitätsergebnissen zu den veröffentlichten Instrumenten sowie der Metaanalysen wird sowohl für den Bereich der Führungskräfte als auch für den Bereich der Nachwuchskräfte für alle Urteilsperspektiven eine IRR im Bereich von .40–.60 erwartet. Die Bereichsangabe bezieht sich auf den *Durchschnitt* einer *Gruppe* von *Ratern* (nicht auf einen einzelnen Rater).

2) *Moderatoreffekt:* Bezüglich eines möglichen Moderatoreffekts wird vermutet, dass sich eine häufigere Gelegenheit zur Beobachtung der Fokusperson günstig auf die Beurteilerübereinstimmung auswirkt. Beurteilergruppen, in denen übereinstimmend eine häufigere Beobachtungsmöglichkeit berichtet wird, sollten demnach eine höhere Beurteilerübereinstimmung aufweisen als Gruppen, die lediglich über eine geringe oder mittlere Beobachtungsmöglichkeit verfügen.

4.7.1 Beschreibung der Stichproben

Im Folgenden werden nicht nur die für den Analysezusammenhang relevanten beiden Stichproben „Führungskräfte Wirtschaft – Instrument *Benchmarks*" und „Nachwuchskräfte" beschrieben, sondern darüber hinaus *alle* dem vorliegenden Band zugrunde liegenden Samples (siehe Tab. 4). Abweichungen von den genannten Stichprobenumfängen ergeben sich durch fehlende Werte.

1) Stichprobe Führungskräfte Wirtschaft/Instrument Benchmarks

Die Stichprobe besteht aus $n = 154$ Linienführungskräften aller Hierarchiestufen aus zwei Technologieunternehmen des deutschsprachigen Raum. Von $n = 138$ Führungskräften wurden Angaben zum Geschlecht gemacht, davon sind $n = 19$ weiblich (13.7 %), $n = 119$ männlich (86.3 %). Aus Datenschutzgründen durften für die Stichprobe keine Altersangaben erhoben werden. Das Kompetenzfeedback wurde im Rahmen eines 360-Feedbacks als Führungskräfte-Entwicklungsmaßnahme erhoben, alle Personen nahmen freiwillig daran teil. Die Datenerhebung erfolgte auf Basis einer Papierversion von *Benchmarks* (siehe Abschnitt 4.7.2).

2) Stichproben Nachwuchskräfte

Die Stichproben wurden im Rahmen einer Kooperation mit einer norddeutschen Hochschule erhoben. Die Hochschule bietet v. a. betriebswirtschaftliche und technische Studiengänge an. Es wurden zwei Teilstichproben im Zeitraum von 2001 bis 2004 erhoben:

- *1. Sample:* Feedbacks für $n = 160$ Fokuspersonen und insgesamt $n = 415$ Fremdurteile der Teilerhebungen mit dem Inventar *Benchmarks* aus den Jahren 2001 und 2002. Von insgesamt 108 Personen liegen freiwillige Angaben zum Geschlecht vor, demnach sind von diesen $n = 38$ Personen (35.2 %) weiblich, 70 Personen (64.8 %) sind männlich. Das Durchschnittsalter liegt bei 24.1 Jahren ($SD = 2.0$) mit einem Minimum von 21 und einem Maximum von 32 Jahren.
- *2. Sample:* Feedbacks zu $n = 139$ Fokuspersonen mit insgesamt $n = 775$ Fremdurteilen der Erhebungen mit dem Inventar*!Response* (siehe Abschnitt 4.7.2) aus den Jahren 2003 und 2004. Es liegen Angaben zum Geschlecht von $n = 121$ Fokuspersonen vor, von diesen sind $n = 33$ (27.3 %) weiblich und $n = 88$ (72.7 %) männlich. Das Durchschnittsalter der Stichprobe liegt bei 24.4 Jahren ($SD = 1.8$) mit einem Minimum von 22 und einem Maximum von 33 Jahren.

Die Kompetenzfeedbacks wurden im Rahmen einer umfassenden Potenzialanalyse-Maßnahme gegen Ende des Studiums erhoben. Die Teilnahme erfolgte freiwillig. Für die Jahre 2001 bis 2003 erfolgte die Datenerhebung auf Basis von Papierversionen der Inventare, im Jahr 2004 wurde *!Response* in einer Netzversion appliziert.

3) Stichprobe Wirtschaft gesamt/Instrument !Response

Die Stichprobe setzt sich aus $n = 165$ Führungs- und Vertriebskräften aller Hierarchiestufen zusammen. Die Datenerhebung erfolgte im Zeitraum 2001 bis 2005. Es wurden Personen aus insgesamt 11 Unternehmen befragt, wobei sich die Zusammensetzung über folgende Teilgruppen ergibt:

- vier Unternehmen der Branchen Banken, Versicherungen, Finanzdienstleistung mit insgesamt $n = 92$ Personen (55.8 %); von diesen Personen waren $n = 42$ mit Führungsaufgaben betraut, $n = 50$ Personen waren im Vertrieb ohne Führungsaufgaben tätig,
- zwei Unternehmen aus dem Bereich Technik und Logistik mit insgesamt $n = 51$ Führungskräften (30.9 %),
- vier Unternehmen aus dem Bereich Softwareentwicklung und -vertrieb mit insgesamt $n = 11$ Führungskräften (6.7 %),

- ein Unternehmen aus dem Bereich Handel mit insgesamt $n = 11$ Führungskräften (6.7 %), zu denen allerdings nur Selbsteinschätzungen vorliegen.

Insgesamt umfasst die Stichprobe $n = 115$ Führungskräfte (im Folgenden Stichprobe „Führungskräfte Wirtschaft/!Response" genannt) und $n = 50$ Vertriebskräfte (im Folgenden „Stichprobe Vertriebskräfte"). Von den insgesamt einbezogenen $n = 165$ Personen sind $n = 12$ weiblich, $n = 153$ männlich. Das Durchschnittsalter der Stichprobe beträgt 39.4 Jahre ($SD = 8$ Jahre) mit einem Range von 25 bis 62 Jahren. Auch hier wurde das Kompetenzfeedback im Rahmen eines 360°-Feedback als Personalentwicklungsmaßnahme angeboten, die Teilnahme war freiwillig. Bei $n = 103$ Personen erfolgte die Feedbackerhebung auf der Basis einer Papierversion, bei $n = 62$ Personen auf der Basis einer Netzversion von *!Response*.

4) Stichprobe Führungskräfte öffentliche Verwaltung/Instrument !Response

Die Feedbackdaten wurden im Rahmen einer Management Development-Maßnahme in einer Organisation der öffentlichen Verwaltung erhoben. Es handelt sich dabei um $n = 18$ Personen, die alle in Führungsfunktionen tätig waren; $n = 7$ Personen waren weiblich, $n = 11$ männlich. Die Maßnahme diente der Entwicklung der Führungskräfte, die alle freiwillig teilnahmen. Die Datenerhebung erfolgte auf Basis einer Papierversion von *!Response*.

Zusammensetzung der Urteilerstichproben für die Übereinstimmungsanalysen

Die Zusammensetzungen der beiden Stichproben „Führungskräfte Wirtschaft/Instrument Benchmarks" und „Nachwuchskräfte" sind Tabelle 4 zu entnehmen. Für die Führungskräfte liegen Kompetenzfeedbacks zu $n = 149$ (der ursprünglich teilnehmenden $n = 154$) Fokuspersonen mit insgesamt 989 Fremdurteilen vor. Die Reliabilitätsberechnungen stützen sich auf diejenigen Fokuspersonen, für die die exakte Fremdurteiler-Konstellation rekonstruierbar ist. Dies ist bei 30 Vorgesetztendyaden, 106 Kollegen- und 126 Mitarbeitertriaden der Fall.

Für beide Nachwuchs-Samples wurde zudem die Prüfung auf den Moderatoreffekt auf der Basis der Fremdurteile, d.h. unabhängig von der Urteilsquelle, durchgeführt. Eine Zusammenfassung der Vorgesetzten- und Kollegenurteile zu einer gemeinsamen Fremdurteilskategorie war insbesondere bei der Analyse auf Triadenebene angezeigt, weil die vorliegenden Häufigkeiten für die Perspektive der Vorgesetzten für die drei Antwortstufen der vorgelegten Variable zur Beobachtungsgelegenheit für eine Analyse nicht ausreichten („selten": $n = 2$; „mittel": $n = 3$; „oft": $n = 3$). Die Berechnung von Übereinstimmungskoeffizienten wäre folglich nahezu aussagelos geblieben (siehe zu diesem Problem auch Schenk, 2005). Um einen vergleichbaren Analyse- und Interpretationsmaßstab herzustellen, wurde die Zusammenfassung sowohl für die dyaden- als auch die triadenbezogenen Reliabilitäten vorgenommen. In die Moderatorprüfung konnten schließlich 68 Dyaden des Benchmarks-Samples bzw. 170 Dyaden und 75 Triaden des !Response-Samples einbezogen werden.

Tabelle 4: Beschreibung der Stichproben

Urteils-perspektive	Stichprobe	Berechnete IRR für Teilstich-proben: n Dyaden bzw. Triaden	In die Prüfung auf Moderatoreffekt einbe-zogene Fremdurteiler-Dyaden bzw. -Triaden
Führungskräfte mit Benchmarks: n			
Fokuspersonen	149		keine Prüfung, da Varia-ble „Gelegenheit zur Be-obachtung" nicht erhoben
Vorgesetzte	152	30 Dyaden	
Kollegen	398	106 Triaden	
Mitarbeiter	439	126 Triaden	
Nachwuchskräfte 1. Sample mit Benchmarks: n			
Fokuspersonen	160		68 Dyaden
Vorgesetzte	213	84 Dyaden	
Kollegen	202	51 Triaden	
Nachwuchskräfte 2. Sample mit !Response: n			
Fokuspersonen	139		170 Dyaden/75 Triaden
Vorgesetzte	333	31 Dyaden	
Kollegen	442	35 Triaden	

Die tatsächlich Feedback gebenden Personen wurden aus einem Pool von möglichen Fremdeinschätzern gezogen, für die bezüglich der jeweiligen Fokusperson die Kriterien „hinreichend lange Bekanntschaft mit der Fokusperson" und „kontinuierliche Gelegenheit zur Verhaltensbeobachtung" als realisiert angenommen werden konnten. Den Fokuspersonen war zum Zeitpunkt der Datenerhebung nicht bekannt, wer aus dem Pool der potenziellen Fremdeinschätzer schließlich tatsächlich als Feedbackgeber ausgewählt wurde. Aus Gründen eines sehr strengen Datenschutzes und der damit verbundenen Forderung nach der Anonymität der Feedbackgeber wurden die für jede Fokusperson vorliegenden Fremdeinschätzungen unabhängig von ihrer hierarchischen Herkunft zu *einem* Gesamtwert zusammengefasst. Ebenfalls aus Gründen des Datenschutzes musste auf die Angabe des Geschlechts und des Alters der Fokuspersonen verzichtet werden. Für jede Fokusperson lagen $n \geq 2$ Fremdeinschätzungen vor.

4.7.2 Verwendete Feedbackinstrumente und Maße

Feedbackinstrumente

Bei den eingesetzten Instrumenten handelt es sich um das Multirater-Feedbackverfahren „Benchmarks" (Lombardo & McCauley, 1995) sowie um das Feedbackverfahren „!Response" (Scherm, 2003, 2004a).

1) *Benchmarks* (siehe für die im Folgenden berichteten Befunde Dalton, Lombardo, McCauley, Moxley & Wachholz, 1997; Scherm, 1999): Benchmarks erfasst führungsrelevantes Verhalten in zwei Bereichen. Der erste Bereich bezieht sich auf Verhalten, das den Führungserfolg günstig beeinflusst, und ist im Fragebogen mit 16 Skalen und insgesamt 106 Items vertreten. Der zweite Bereich erfasst Verhalten, das erfolgreiches Führen erschwert, und umfasst 6 Skalen und 26 Items. Für die deutsche Version liegen hinsichtlich der *Reliabilität* u. a. Ergebnisse zur inneren Konsistenz und Test-Retest-Reliabilitäten vor (siehe hierzu Scherm, 1999). Die Werte für die interne Konsistenz liegen zwischen Cronbachs α .50 und .90 (mit Ausnahme von drei Skalen, deren Konsistenzwerte darunter angesiedelt sind). Damit sind die Skalen weniger konsistent als in der amerikanischen Originalversion (Werte nach Cronbachs α zwischen .70 und .97). Die *Test-Retest-Reliabilitäten* liegen zwischen .47 und .87 (für Selbsturteile) bzw. zwischen .49 und .95 (für Fremdurteile). Genaue Angaben zur *IRR* existieren bislang lediglich für die amerikanische Version. Auf der Basis einer Stichprobe von $n = 500$ Managern beträgt die IRR für Mitarbeiterurteile (je drei Feedbackgeber) .59 (Fleenor, McCauley & Brutus, 1996). Zusätzlich liegt ein Datum für eine Stichprobe von $n = 92$ Managern aus verschiedenen Unternehmen mit heterogenen Beurteilergruppen mit einer IRR von .58 vor.

Hinsichtlich der *Konstruktvalidität* von Benchmarks liegen Ergebnisse zur konvergenten Validität vor. Die Benchmarks-Skalen „Mitgefühl und Sensibilität" und „Teamorientierung" korrelieren positiv mit der Dimension „Gefühlsmäßiges Beurteilen" des *Myers-Briggs-Type-Indicator* (MBTI; Myers, McCaulley, Quenk & Hammer, 2003). Zudem korreliert die in den hier vorliegenden Studien nicht applizierte Benchmarks-Skala „Mangel an Beharrungsvermögen" negativ mit der Skala „Selbstbeherrschung" des *California Psychological Inventory* (CPI; Gough, 1987). Bezüglich der *Kriteriumsvalidität* liegen Ergebnisse zur konkurrenten und zur Vorhersagevalidität vor. Hinsichtlich der konkurrenten Validität zeigten sich an zwei US-amerikanischen Stichproben positive Korrelationen mittlerer Höhe verschiedener Skalen mit der Einschätzung der Beförderungswürdigkeit sowohl durch Vorgesetzte als auch durch externe Beurteiler. Mit Blick auf die Vorhersagevalidität ergaben sich in einer Stichprobe von $n = 253$ Managern aus sechs Unternehmen signifikante Korrelationen in der erwarteten Richtung zwischen 14 der 16 Skalen des ersten Benchmarks-Bereiches und den nach 24 bis 30 Monaten erhobenen Kriterien der Beförderung (Ausprägungen „aus Position entfernt", „hat sich bewährt, bleibt auf der Position", „befördert"; siehe Leslie & Fleenor, 1998, S. 58 f.). Die Korrelationen fallen jedoch niedriger aus als im Fall der Übereinstimmungsvalidität.

2) *!Response*: Das Inventar erfasst führungsrelevantes Verhalten und persönlichkeitsnahe Anforderungen in drei Bereichen (Scherm, 2003, 2004a). Der erste Bereich „motivational-emotionale Kompetenzen" bezieht sich auf eigenschaftsnahe Merkmale einer Person. Er beinhaltet die Skalen „Leistungsehrgeiz", „Entschlusskraft", „Umgang mit Misserfolg", „Freundlichkeit und Empathie" sowie „Selbstmanagement". Der zweite Bereich „kognitive Kompetenzen" umfasst Fähigkeiten des Denkens und strategischen Planens. Die Skalen dieses Bereiches heißen „Lernfähigkeit" und „Konzeptionelles Denken". Der dritte Bereich „Führungs- und Sozialkompetenzen" schließlich bezieht sich unmittelbar

auf initiierendes, steuerndes und kontrollierendes Verhalten, das für den Erfolg von Führungsaufgaben wichtig ist. Die entsprechenden Kompetenzskalen des Bereiches sind „Führen", „Effektive Steuerung", „Kooperation", „Konfliktmanagement", „Motivieren und Empowern" sowie „Rekrutieren". Für eine Beschreibung der einzelnen Kompetenzen sei auf Anhang 1 verwiesen.

Hinsichtlich des Kriteriums der Reliabilität liegen Ergebnisse für !Response zur internen Konsistenz vor (siehe Tab. 5). Die Kompetenzskala „Konfliktmanagement" wurde im späteren Verlauf der Untersuchungen appliziert, daher liegen hierzu Ergebnisse zur inneren Konsistenz lediglich für eine Stichprobe von $n = 15$ Führungskräften vor. Die Reliabilitätsanalyse stützt sich auf $n = 413$ Fremdurteile für $n = 93$ Fokuspersonen (Führungskräfte in der Linie bzw. Personen mit Personalverantwortung). Die applizierten Skalen zeigen interne Konsistenzen von .70 (für „Selbstmanagement") bis .87 (für „Entschlusskraft") und weisen somit befriedigende Reliabilitätswerte auf. Es lassen sich keine Ausreißer nach oben oder nach unten für einzelne Bereiche ausmachen.

Tabelle 5: Interne Konsistenzen für *!Response*

Kompetenz-Skala	Länge (Anzahl Items)	Interne Konsistenz (Cronbachs α)
motivational-emotionale Kompetenzen		
Leistungsehrgeiz	6	.76
Entschlusskraft	6	.87
Umgang mit Misserfolg	6	.73
Freundlichkeit und Empathie	6	.81
Selbstmanagement	6	.70
kognitive Kompetenzen		
Lernfähigkeit	5	.75
Konzeptionelles Denken	6	.81
Führungs- und Sozialkompetenzen		
Führen	5	.76
Effektive Steuerung	6	.80
Kooperation	5	.71
Konfliktmanagement	5	/
Motivieren und Empowern	6	.81
Rekrutieren	6	.81

Verwendete Maße

Zur Berechnung der Übereinstimmungskoeffizienten wurden jeweils die Werte für die Kompetenzskalen herangezogen. Die eingeführte Variable zur „Gelegenheit der Beobachtung" der Fokusperson wurde von den Feedbackgebern auf einer fünfstufigen Antwortskala (von „1 = sehr gering" bis „5 = sehr hoch") beantwortet. Da für die extremen Skalenstufen mitunter nicht ausreichend viele Fremdurteilerpaare oder -triaden vorlagen, wurden jeweils die Urteile der Antwortstufen 1 und 2 zur Kategorie „selten", die Urteile der Antwortstufen 4 und 5 zu „oft" rekodiert bzw. zusammengefasst. Die statistischen Analysen der vorliegenden wie auch der folgenden Fragestellungen wurden überwiegend mit dem Programmpaket SPSS (Version 15) vorgenommen, spezifische Problemstellungen ggf. auch per Taschenrechner gelöst.

4.7.3 Anmerkungen zu den berechneten Interrater-Reliabilitäten

Die IRR wird im folgenden Fall über die Bestimmung des Intraklassenkoeffizienten (ICC) vorgenommen. Die Anwendung des ICC für den vorliegenden Fall *wechselnder* Beurteiler (d. h. jede Fokusperson wird in der Regel von anderen Beurteilern eingeschätzt) folgt den Darstellungen bzw. Empfehlungen bei Shrout und Fleiss (1979), McGraw und Wong (1996) sowie Wirtz und Caspar (2002). Berechnet werden unjustierte Zusammenhangsmaße auf der Basis eines einfaktoriellen varianzanalytischen Designs. Die resultierenden ICC ermöglichen eine konservative Schätzung der Reliabilität und führen somit eher zu einer *Unterschätzung* der Beurteilerübereinstimmung. Hinsichtlich der Notation gelangen die Vorschläge von Shrout und Fleiss (1979) zur Anwendung. Abgeschätzt werden sowohl die durchschnittliche Reliabilität ICC (1,1) eines einzelnen typischen Beurteilers als auch die durchschnittliche Reliabilität ICC (1,k) einer typischen Gruppe von Beurteilern.

Im Zusammenhang der Berechnung beider Reliabilitätskoeffizienten kommt es dann zu fehlerhaften Schätzungen, wenn gleichzeitig mehrere der folgenden Bedingungen verletzt sind (vgl. Wirtz & Caspar, 2002, S. 179 f.): 1) Normalverteilung der Daten für jede beurteilte Person, 2) Homogenität der Varianzen für die beurteilten Personen, 3) große Raterstichproben ($N < 10$ Rater) jeweils gleicher Größe, 4) Gleichheit der Ratermittelwerte und 5) Additivität der Urteile im Sinne einer nicht vorhandenen Interaktion zwischen Beurteilern und Beurteilten. Reliabilitätskoeffizienten stellen z. B. dann eine fehlerhafte Schätzung dar, wenn gleichzeitig eine vollständige Verletzung der Bedingungen 1) bis 3) vorliegt. Eine solche Verletzung ist im vorliegenden Fall relativ unwahrscheinlich. Zwar ist z. B. die Gefahr schiefer Verteilungen gegeben, da sich im Falle von Leistungs- und Kompetenzbeurteilungen aufgrund von Mildetendenzen der Rater nicht selten Deckeneffekte einstellen. Dies wirkt sich jedoch nur im Zusammenhang mit Verletzungen der Varianzhomogenität sowie kleinen und zugleich unterschiedlich großen Raterstichproben aus. Zwar sind die Raterstichproben in den hier berichteten Studien mit $N < 10$ relativ klein, jedoch werden alle zu beurteilenden Personen jeweils von der gleichen Anzahl Rater eingeschätzt.

Da die Bedingungen 4) und 5) für die Anwendung der ICC ungleich wichtigere Voraussetzungen darstellen, wurden diese gesondert geprüft. Die für Bedingung 4) relevante

Nullhypothese gleicher Ratermittelwerte wurde mithilfe von SPSS in einer zweifaktoriellen Varianzanalyse durch einen Faktor „Rater" als Anteil der Varianz „innerhalb" geprüft („within people", „between measures"). Die für die Anwendung des einfaktoriellen Modells geforderte Additivität der Urteile wurde mit Tukeys Additivitätstest überprüft. Wie bezüglich der Bedingung 4) ist auch hier die Zurückweisung der Alternativhypothese Beleg für das Vorliegen der Voraussetzung. Etwaige Verstöße gegen die Bedingungen werden jeweils in den Tabellen kenntlich gemacht.

4.7.4 Ergebnisse

Es wurden Intraklassenkorrelationen für diejenigen Einzelkompetenzen berechnet, die sowohl für die Stichprobe der Führungs- als auch für die Stichprobe der Nachwuchskräfte erhoben werden konnten. Der Vergleich von Koeffizienten für einen über alle Samples gleichen Kompetenzsatz dürfte das Ableiten von Interpretationen deutlich erleichtern.

Generelle Interrater-Übereinstimmung

Die Ergebnisse für die Urteilerübereinstimmung für die Stichprobe der *Führungskräfte* zeigt Tabelle 6. Die durchschnittlichen ICC für das Gruppenurteil bewegen sich für alle Urteilsperspektiven im erwarteten Bereich $\bar{\rho} < .50$. Da der ICC als Determinationskoeffizient aufgefasst werden kann, lässt sich schlussfolgern, dass zwischen den Feedbackgebern ca. 50 % gemeinsame Urteilsvarianz besteht. Auf der Ebene der Einzelkompetenzen bestehen vorgesetztenseitig relativ hohe gruppenbezogene Übereinstimmungen bei den Kompetenzen des „Arbeitsklimas" (ICC = .74) und der „Flexibilität im Handeln" (ICC = .72). Niedrige Koeffizienten und folglich geringe Übereinstimmungen zeigen sich demgegenüber bei den Kompetenzen „Das Erforderliche Tun" (ICC = .22) und hinsichtlich der „Entschlossenheit" (ICC = .28) der jeweils beurteilten Führungskraft.

Die Kollegen und Mitarbeiter weisen demgegenüber im Unterschied zu den Vorgesetzten gerade hinsichtlich der Skala „das Erforderliche tun" hohe Übereinstimmungen auf (ICC = .62 bzw. ICC = .67). Auch auf nahezu allen übrigen Kompetenzskalen ergeben sich ähnlich hohe ICC. Eine geringe Übereinstimmung ist dagegen auf der Kollegenseite bei der Einschätzung der „Teamorientierung" (ICC = .24) zu verzeichnen, auf der Mitarbeiterseite bewegt sich die entsprechende Skala ebenfalls auf einem eher unterdurchschnittlichen Niveau (ICC = .43). Bei der Einschätzung des „Arbeitsklimas" schließlich ist unter den Mitarbeitern wiederum eine höhere Urteilerübereinstimmung zu beobachten (ICC = .63).

Für die Stichproben der *Nachwuchskräfte* ergeben sich mittlere gruppenbezogene ICC, die sich etwas unter dem Niveau der für die Führungskräfte ermittelten bewegen (siehe Tab. 7). Für drei der vier mittleren Koeffizienten gilt $.40 < \bar{\rho} < .51$. Für die entsprechenden Stichproben sind die Übereinstimmungswerte als ausreichend zu betrachten. Demgegenüber besitzen alle ICC für die Kollegenurteile innerhalb des zweiten Nachwuchs-Samples (!Response) sehr niedrige Werte, dort bewegt sich das Maß an Übereinstimmung im Bereich von Null ($\bar{\rho} = .02$ bzw. $\bar{\rho} = .05$).

Tabelle 6: Interrater-Übereinstimmungen für die Stichprobe der Führungskräfte

Urteilsquelle	Führungskräfte (Benchmarks) $\rho_{\text{Einzelurteil}}$	Führungskräfte (Benchmarks) $\rho_{\text{Gruppenurteil}}$
Vorgesetzte ($n=2$)	$\bar{\rho} = .39$	$\bar{\rho} = .55$
Das Erforderliche tun	.13	.22
Lernfähigkeit	.46	.63
Entschlossenheit	.16	.28
Teamorientierung	.34	.51
Angenehmes Arbeitsklima	.59	.74
Flexibilität im Handeln	.56	.72
Kollegen ($n=3$)	$\bar{\rho} = .25$	$\bar{\rho} = .50$
Das Erforderliche tun	.35	.62
Lernfähigkeit	.27	.53
Entschlossenheit	.26	.52
Teamorientierung	.10	.24
Angenehmes Arbeitsklima	.27	.53
Flexibilität im Handeln	.26	.51
Mitarbeiter ($n=3$)	$\bar{\rho} = .30$	$\bar{\rho} = .56$
Das Erforderliche tun	.40[a]	.67[a]
Lernfähigkeit	.31[b]	.58[b]
Entschlossenheit	.22	.45
Teamorientierung	.20[a]	.43[a]
Angenehmes Arbeitsklima	.36	.63
Flexibilität im Handeln	.32	.59

Anmerkungen: Stichprobenumfänge: Fokuspersonen gesamt: $n = 149$; Vorgesetztendyaden: $n = 30$; Kollegentriaden: $n = 106$; Mitarbeitertriaden: $n = 126$. *Anmerkungen:* [a]: Ratermittelwerte ungleich; [b]: Additivität verletzt.

Bei der Inspektion der einzelnen ICC fällt ferner auf, dass die Vorgesetztenurteile für die unter Benchmarks und !Response inhaltlich vergleichbaren Kompetenzen ähnlich hohe ICC-Koeffizienten aufweisen. Selbst hinsichtlich des Vergleichs der äquivalenten Skalen „Teamorientierung" (Benchmarks) und „Kooperation" (!Response), für die noch die größte Differenz der Koeffizienten zu beobachten ist (ICC = .51 vs. ICC = .36), lässt sich die Nullhypothese gleicher ICC nicht zurückweisen ($z = 0.849$; $z_{5\%;\text{eins.}} = 1.64$). Aus dem oben angesprochenen Grund sehr niedriger Koeffizienten für die !Response-Stichprobe fallen die Unterschiede auf den Kollegenurteilen für die beiden instrumentenspezifischen Stichproben deutlicher aus. Auffallend ähnlich wird ferner unter den Kollegen und unter der Benchmarks-Bedingung das Verhalten eingeschätzt, das zu einem „angenehmen Arbeitsklima" beiträgt (ICC = .61). Der Grad an Übereinstimmung fällt auch signifikant höher aus als der für die Vorgesetztensicht (ICC = .36; $z = -1.824$; $z_{5\%;\text{eins.}} = 1.64$).

Tabelle 7: Interrater-Übereinstimmungen für die Stichproben der Nachwuchskräfte

Urteil von …	Sample 1 (Benchmarks)			Sample 2 (!Response)	
	$\rho_{\text{Einzel-urteil}}$	$\rho_{\text{Gruppen-urteil}}$		$\rho_{\text{Einzel-urteil}}$	$\rho_{\text{Gruppen-urteil}}$
Vorgesetzten ($n=2$)	$\bar{\rho}=.29$	$\bar{\rho}=.44$		$\bar{\rho}=.26$	$\bar{\rho}=.41$
Das Erforderliche tun	.37	.52			
Lernfähigkeit	.19	.31	Lernfähigkeit	.28	.44
Entschlossenheit	.25	.40	Entschlusskraft	.24	.39
Teamorientierung	.35	.51	Kooperation	.22	.36
Angenehmes Arbeitsklima	.24	.36	Freundlichkeit	.29	.45
Flexibilität im Handeln	.34	.51			
Kollegen ($n=3$)	$\bar{\rho}=.26$	$\bar{\rho}=.50$		$\bar{\rho}=.02$	$\bar{\rho}=.05$
Das Erforderliche tun	.21	.41			
Lernfähigkeit	.27	.52	Lernfähigkeit	.02[b]	.05[b]
Entschlossenheit	.18	.40	Entschlusskraft	.05[b]	.14[b]
Teamorientierung	.32	.57	Kooperation	.00[ab]	.00[ab]
Angenehmes Arbeitsklima	.37	.61	Freundlichkeit	.00[b]	.00[b]
Flexibilität im Handeln	.24	.49			

Anmerkungen: Stichprobenumfänge *Sample 1*: Fokuspersonen gesamt: $n=160$; Vorgesetztendyaden: $n=84$; Kollegentriaden: $n=51$; Stichprobenumfänge *Sample 2*: Fokuspersonen gesamt: $n=43$; Vorgesetztendyaden: $n=31$; Kollegentriaden: $n=35$; [a]: Ratermittelwerte ungleich; [b]: Additivität verletzt.

Interrater-Übereinstimmung nach „Gelegenheit zur Beobachtung" (Prüfung des Moderatoreffekts)

Ein möglicher Moderationseffekt der Beobachtungsgelegenheit wurde für beide Instrumente anhand der über alle Kompetenzskalen gemittelten ICC geprüft. Des Weiteren wurden die Übereinstimmungskoeffizienten für drei inhaltlich besonders nachwuchsrelevante Kompetenzen herangezogen, die zudem bei Benchmarks und !Response äquivalent abgebildet sind. Mit den drei Kompetenzen werden zugleich quasi prototypisch drei personalpsychologische Domains adressiert: Die Skala „Entschlossenheit" steht für den Komplex motivatorischer Anforderungen, die Skala „Lernfähigkeit" für den Komplex kognitiver Anforderungen, die Skala „Teamfähigkeit" schließlich für die interaktionsbezogenen Anforderungen an eine Nachwuchskraft. Den beiden Analysezugängen ist gemeinsam, dass jeweils die ICC-Koeffizienten der drei rekodierten Beobachtungsstufen „selten", „mittel" und „oft" verglichen werden. Die hier vorgestellten Ergebnisse stützen sich auf die von Schenk (2005, S. 128 ff.) berechneten und dokumentierten ICC-Koeffizienten.

Die Ergebnisse der für die einzelnen Beobachtungsstufen ermittelten ICC sind in Abbildung 3 bis Abbildung 6 dargestellt. Die über alle Kompetenzskalen gemittelten Übereinstimmungskoeffizienten steigen in der Höhe über die drei Beobachtungsbedingungen an (siehe Abb. 3). Die Beurteilerdyaden mit der Bedingung seltener Beobachtungsgelegenheit weisen bei beiden Instrumenten die niedrigsten mittleren Koeffizienten auf, diejenigen mit der Bedingung häufiger Beobachtungen die höchsten. Hier ergeben sich zudem für beide Instrumentensamples vergleichbare Koeffizienten gerade noch mittlerer Übereinstimmung (Benchmarks: ICC = .44; !Response: ICC = .40).

Die Ergebnisse für die Kompetenzprototypen „Entschlossenheit" und „Teamfähigkeit" zeigen für beide Instrumente durchgängig die höchsten Übereinstimmungskoeffizienten unter der Beobachtungsbedingung „oft". Alle Übereinstimmungswerte für „Entschlossenheit" unter der Bedingung „selten" weisen dagegen sehr niedrige Koeffizienten < .20 auf, diejenigen für zwei Rater sogar einen Koeffizienten ICC = 0. Eine ICC = 0 findet sich ebenfalls für die Beurteilung der „Teamfähigkeit" durch zwei Beurteiler mit !Response. Ein differenzierteres bzw. uneinheitliches Bild ergibt sich für die Lernfähigkeitsskala. Während die Benchmarks-Stichprobe einen mit den anderen beiden Skalen vergleichbaren Anstieg der Höhe der Koeffizienten von „selten" nach „oft" zeigt, gelangen die Urtei-

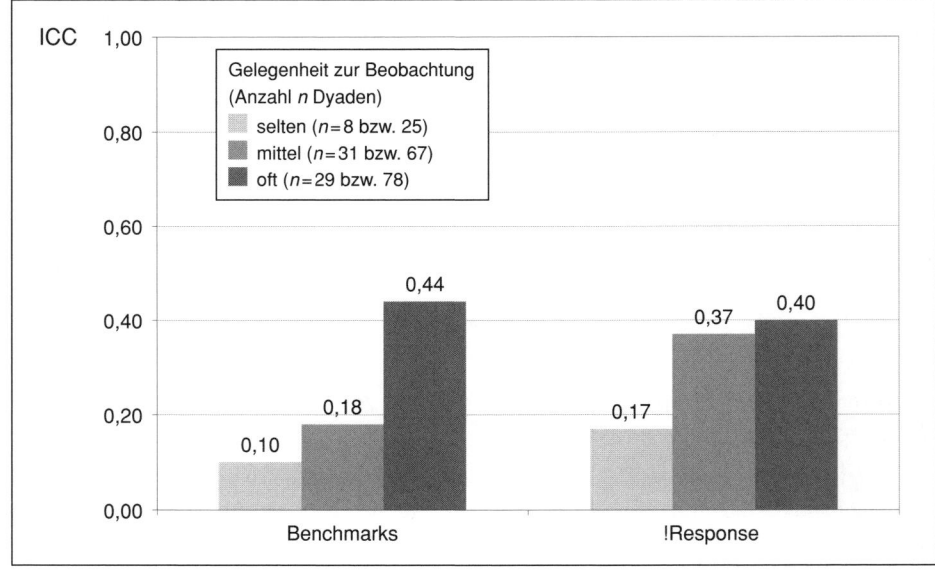

Abbildung 3: Mittlere Interrater-Reliabilitäten für *Benchmarks* und *!Response* (n = 2 Beurteiler)

ler der !Response-Triaden (siehe Abb. 6) für die Lernfähigkeit unter der Bedingung einer seltenen und einer häufigen Beobachtungsmöglichkeit zu einer etwa gleich hohen Übereinstimmung (ICC = .68 bzw. ICC = .66).

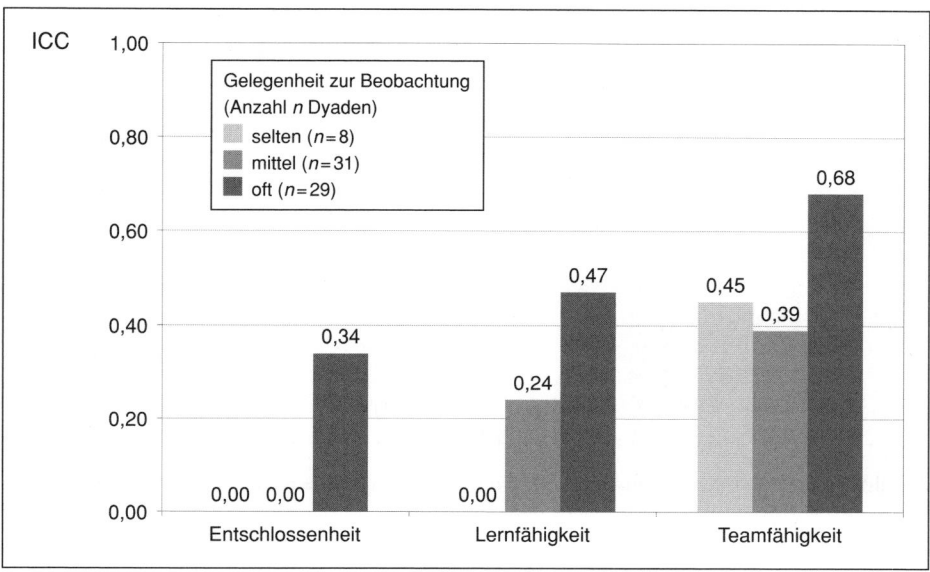

Abbildung 4: Interrater-Reliabilitäten *Benchmarks* für ausgewählte Kompetenzen (*n* = 2 Beurteiler)

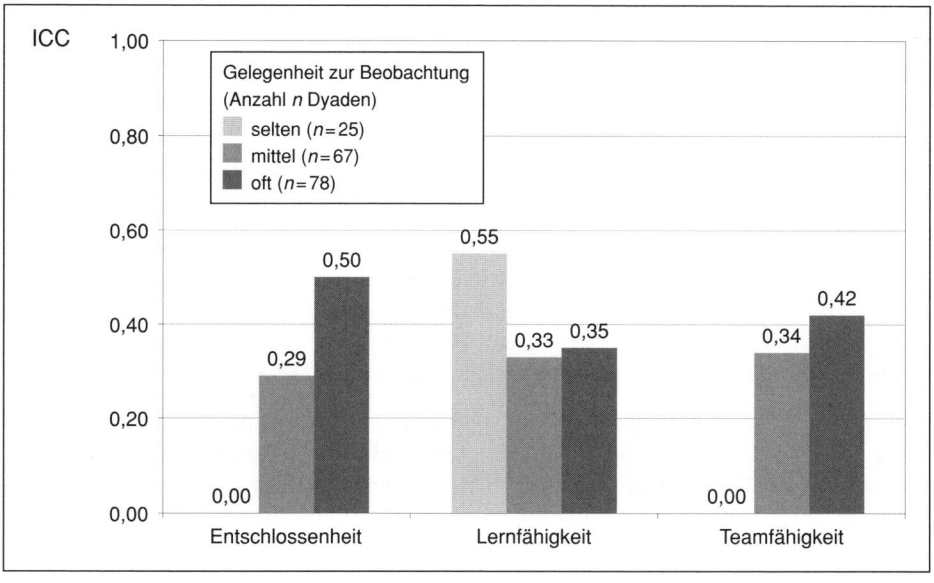

Abbildung 5: Interrater-Reliabilitäten *!Response* für ausgewählte Kompetenzen (*n* = 2 Beurteiler)

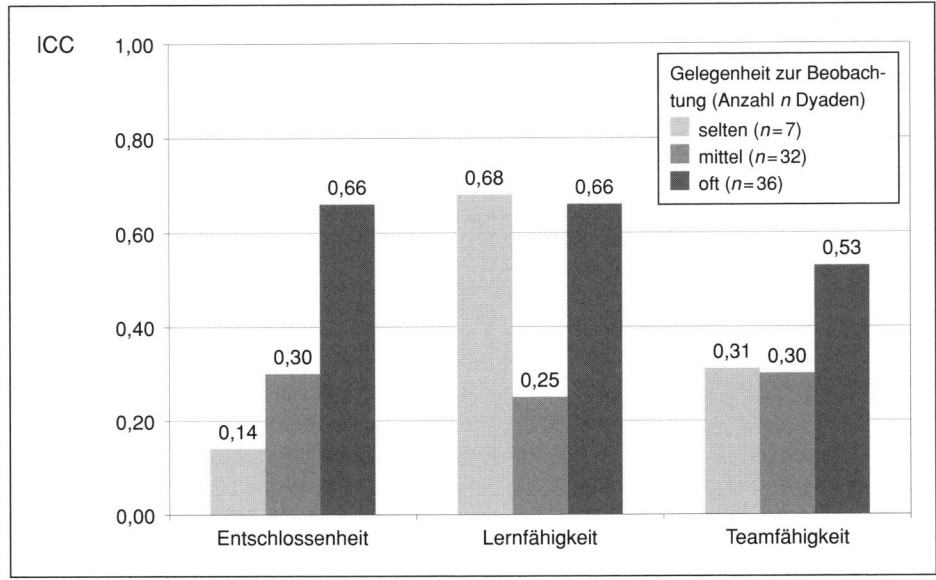

Abbildung 6: Interrater-Reliabilitäten *!Response* für ausgewählte Kompetenzen ($n = 3$ Beurteiler)

4.7.5 Interpretation und Diskussion

Die für die Stichprobe der Führungskräfte ermittelten mittleren Übereinstimmungskoeffizienten bewegen sich im erwarteten Bereich und weichen zwischen den Urteilsperspektiven nur geringfügig voneinander ab. Sie stimmen zudem recht gut mit den Ergebnissen der oben diskutierten angloamerikanischen Metaanalysen überein (Rothstein,
1990; Viswesvaran et al., 1996, 2002). Auf der Ebene der Einzelkompetenzen sind
schwankende sowohl niedrige wie auch hohe Übereinstimmungen in den Ratergruppen
zu beobachten. So stimmen die Vorgesetzten z. B. bei der Einschätzung der „Entschlossenheit" des Feedbacknehmers wenig überein, bei der Beurteilung der „Flexibilität im
Handeln" jedoch in relativ hohem Maße.

Die Kollegenurteile zeigen eine geringe Übereinstimmung bei der Fähigkeit zur „Teamorientierung" und eine deutlich höhere wiederum hinsichtlich „das Erforderliche tun".
Die Mitarbeiterurteile weisen im Vergleich der drei Perspektiven den geringsten Range
auf, zugleich liegen alle Koeffizienten mit ICC > .40 über dem von Leslie und Fleenor
(1998, S. 15 f.) als untere Reliabilitätsgrenze vorgeschlagenen Wert von .40.

Als Erklärung für die vorliegenden Übereinstimmungsschwankungen bei den Vorgesetzten und Kollegen ist der Grad der Schwierigkeit an Beobachtung und die den Feedbackgebern individuell überhaupt realisierbare Möglichkeit der Beobachtung zu diskutieren.
Die „Entschlossenheit" eines Mitarbeiters zu beurteilen, ist mit Schwierigkeiten versehen, weil es sich hierbei um einen Aspekt des motivationsbezogenen Antriebs handelt.
Ob ein Mitarbeiter über eine entsprechend hohe Ausprägung verfügt, entzieht sich der
direkten Beobachtbarkeit seines Vorgesetzten und gemeinhin auch anderer Beobachter.

Vielmehr dürfte über die Wahrnehmung der Dynamik bzw. der zeitlichen Abfolge von Planungs- und anschließenden Handlungsabläufen indirekt auf den Grad der Entschlusskraft geschlossen, d. h. attribuiert werden. Um hier zu weitgehend übereinstimmenden Attributionen zu gelangen, müssen verschiedene Urteiler nicht nur „Zeugen" möglichst gleicher Verhaltens- und Handlungsepisoden sein, sich in ihrem Urteil also auf das gleiche Stimulusmaterial stützen. Sie sollten zusätzlich die gleichen Stimuli kognitiv in gleicher Weise ausdeuten und dies erfordert, dass sie die gleichen idiosynkratischen Filter der Eindrucksbildung anwenden. So wird möglicherweise ein Vorgesetzter eine relativ lange Zeitspanne zwischen einer an einen Mitarbeiter übermittelten Aufgabe und dessen vermeintlich später Umsetzung gerade als zögerlich und wenig entschlussstark auffassen. Ein anderer Vorgesetzter wird sich möglicherweise zunächst in einem Gespräch nach dem Stand der Dinge erkundigen und dann das Verhalten der Mitarbeiterin bzw. des Mitarbeiters als umsichtig werten („gut, dass Sie nichts überstürzt haben"). Bezüglich der Vorgesetztenfeedbacks besteht zudem die Schwierigkeit, dass die Fokuspersonen neben dem direkten Vorgesetzten häufig auch durch den in der Hierarchie nächsthöheren Vorgesetzten eingeschätzt wurden. Der letztere hat, bedingt durch seine hierarchische Distanz und die damit einhergehende größere Führungsspanne per se weniger Gelegenheit zur unmittelbaren Verhaltensbeobachtung.

Um dann bei einer generell knappen Beobachtungslage verhaltensbezogene Kompetenzen wie „Flexibilität im Handeln" akkurat und in Übereinstimmung mit dem direkten Vorgesetzten (siehe den hohen Wert der ICC = .72) einschätzen zu können, reichen möglicherweise wenige Verhaltensstichproben seitens des Mitarbeiters aus. Dies ist bei nur indirekt zu beobachtenden und idiosynkratisch ausdeutungsbedürftigen Konstrukten wie der „Entschlossenheit" nur sehr bedingt möglich. Hier ergeben sich mangelnde Übereinstimmungswerte u. a. durch einen Mangel an attributionsfähigen Situationen.

Allerdings überrascht in diesem Zusammenhang der relativ hohe Übereinstimmungskoeffizient für die Kollegenurteile eben zur Entschlossenheit (ICC = .52). Vor allem die Ergebnisse zur Prüfung des Moderatoreffekts zur Beobachtungsgelegenheit legen auch hier die interpretative Annahme nahe, dass die Gründe für einen höheren gemeinsamen Varianzanteil in einem Beobachtungsvorteil der Kollegen gegenüber den Vorgesetzten zu suchen sind. In weiterführenden Untersuchungen wäre zu überprüfen, ob ein solcher Beobachtungsvorteil dadurch generiert wird, dass es unter den Kollegen in Bezug auf die jeweiligen Fokuspersonen zu relativ häufigeren direkten Kontakten kommt, sodass der Pool an gemeinsam geteilten Verhaltenseindrücken größer als bei den Vorgesetzten ist. Deutlicher allerdings als bei den anderen beiden Kompetenzskalen tendiert der „Vorrat" an Übereinstimmungen hinsichtlich der „Entschlossenheit" bei nur seltener Gelegenheit zur Beobachtung gegen Null und erreicht erst bei häufiger Ausprägung vergleichbare Werte.

Die für Sample 2 der Nachwuchskräfte ermittelten sehr niedrigen Übereinstimmungskoeffizienten für das Kollegenfeedback belegen die Anfälligkeit von empirischen Feldforschungen für stichprobenbezogene Effekte und statistische Ausreißer. Über die Gründe für die Nicht-Übereinstimmung kann hier nur spekuliert werden. So berichteten Teilnehmer des Samples in Feedbackgesprächen, in denen ihnen ihre Ergebnisse eingehend erläutert wurden, dass sie Schwierigkeiten bei der Auswahl von Kolleginnen und Kollegen aus dem beruflichen Umfeld gehabt hätten. So erfüllten dort nur wenige Personen das Kriterium, wonach diese ausreichend Gelegenheit zur Beobachtung der Fokusperson und mit dieser nach Möglichkeit bereits mindestens ein halbes Jahr lang Kontakt haben sollten. Es seien dann verstärkt Feedbackgeber aus dem Umfeld der Hochschule, d. h. Kommilitoninnen und Kommilitonen angesprochen worden. Da diese jedoch eben in der Regel über keine unmittelbar *tätigkeitsbezogenen* Beobachtungsmöglichkeiten verfügen, sind sie in der Eindrucksbildung auf individuelle Stereotypien und Kategorisierungen angewiesen. Dieser Umstand dürfte die starken Urteilsabweichungen zumindest partiell erklären helfen.

Der gleichfalls für die Nachwuchskräfte aufgezeigte moderative Effekt der Gelegenheit zur Beobachtung wirkt sich tendenziell kompetenzübergreifend aus. Sollte sich dieser auch für die Situation von Führungskräften nachweisen lassen, ist für die Anwendung von Kompetenzfeedbacks in der Unternehmens- oder Organisationspraxis die Forderung abzuleiten, dass in der Tat nur solche Personen als Feedbackgeber berücksichtigt werden sollten, die hinreichend häufig Gelegenheit zur möglichst konkreten Beobachtung ihrer Fokusperson haben bzw. diese auch schon länger kennen sollten (nach Möglichkeit mindestens zwei, besser drei bis vier Jahre). Diese Forderung wird sich in der Feedbackpraxis allerdings auch weiterhin schwer realisieren lassen. Die Dynamik in vielen Geschäftsfeldern dürfte anhalten, sodass die Verweildauer vieler Führungskräfte auf ihren Funktionen vergleichsweise kurz bleibt. Das gleiche gilt für die wichtige, weil relevante, Feedbackgeber-Gruppe der Mitarbeiter (die wiederum ja auch selbst Fokuspersonen sein können), denn auch dort besteht eine starke Fluktuation bzw. Mobilität. Daher wird es insgesamt nur schwer möglich sein, die unter dem Gesichtspunkt der Übereinstimmungsreliabilität wünschenswerten kontinuierlichen Interaktions- und Beobachtungsmöglichkeiten zu realisieren.

Hinsichtlich der kognitiv bedeutsamen Anforderungsdimension der „Lernfähigkeit" ergaben sich für die beiden eingesetzten Instrumente unterschiedliche Ergebnisse. Während unter der Benchmarks-Bedingung ein kontinuierlicher Anstieg über die Beobachtungsstufen festzustellen ist, sind die Übereinstimmungswerte in den Beurteiler*triaden* unter der !Response-Bedingung bei „seltener" und „häufiger" Beobachtungsgelegenheit in der Höhe vergleichbar. Für eine eingehendere Betrachtung des Koeffizientenverlaufs werden die Urteiler*triaden* herangezogen, bei denen zum einen die größere Urteileranzahl reliabilitätserhöhend wirkt, zum anderen die geringe Übereinstimmung unter den Kollegen nicht so stark ins Gewicht fallen dürfte. Ein Erklärungsansatz (allerdings nur für das Ergebnis mit !Response) besteht darin, Lernfähigkeit als eine kognitiv ausgerichtete Eindruckskategorie aufzufassen, für die sich die Beobachter zunächst relativ zeitnah, d. h. auf der Basis weniger erlebter Verhaltensepisoden (z. B. „seltene" Gelegenheit zur Wahrnehmung) ein Urteil bilden („primacy effect"). In dieser ersten Phase der Interaktion und Wahrnehmung werden womöglich relativ einfache Urteilsstereotypien oder auch subjektive Theorien über problemadäquates oder -angepasstes Verhalten angewendet. Um die relativ hohe Übereinstimmung der Beurteiler in dieser Phase zu erklären, muss zusätzlich angenommen werden, dass die interindividuelle Varianz der Passung zwischen wahrgenommenem Verhalten und dem eindrucksbildenden Muster auf Seiten der Beurteiler gering ist. Im Zuge weiterer direkter oder indirekter Interaktion mit der Fokusperson (z. B. „mittlere" Gelegenheit zur Beobachtung) wird dann das eigene Eindrucksurteil überprüft und gegebenenfalls modifiziert. In dieser Phase der Eindrucksbildung werden verstärkt idiosynkratische Urteilstendenzen angewendet, die bei grundsätzlich gleichen oder wenigstens ähnlichen Beobachtungsepisoden zu unterschiedlichen Eindruckskodierungen führen. Innerhalb einer Urteilergruppe sinkt folglich der Grad an gemeinsamer Urteilsvarianz. Verfügen die Beurteiler schließlich über längere und wiederholt-intensive Interaktions- und Beobachtungschancen (z. B. Gelegenheit „oft"), so wird die Eindruckskodierung wieder von überschaubar wenigen Zuordnungsmöglichkeiten zwischen beobachtetem Verhalten und Eindruckskategorie bestimmt. Die entsprechenden mentalen Repräsentationen zeigen vergleichsweise wenig Varianz, was durch einen Anstieg der Übereinstimmungsreliabilität dokumentiert wird.

Ein unmittelbarer Vergleich mit den in Kapitel 4.6 berichteten Übereinstimmungsreliabilitäten anderer Feedback-Inventare fällt wegen der Unsicherheit bzw. Heterogenität hinsichtlich der dort angewendeten Maße schwer. Es wechseln wenig informative rangebezogene Angaben zur Interrater-Reliabilität mit über alle Kompetenzskalen gemittelten Werten ab. Mitunter finden sich sogar Koeffizienten, die strenggenommen für die Bestimmung der *Inter*rater-Reliabilität ungeeignet sind, Maße z. B., die auf Cronbachs α zurückgehen und somit für die Abschätzung von *Intra*rater-Konsistenzen geeignet sind. Weiterhin lässt sich anhand der von Leslie und Fleenor (1998) erstellten Übersicht ein weiteres Problem der Güteermittlung von Feedback-Inventaren (und nicht nur von diesen) ausmachen. Die Autoren wählten in guter Absicht nämlich nur solche Instrumente aus, zu denen überhaupt Reliabilitätsangaben vorlagen bzw. wo die vorliegenden Koeffizienten festgesetzte untere Standards erreichten. Natürlich sind Angaben zur Übereinstimmung wichtig, aber gerade der letztgenannte Aspekt der unteren Übereinstimmungsgrenzen, der ja auch in anderen Qualitätsbeurteilungs-Zusammenhängen eine bekannte Praxis darstellt (z. B. bei der Bewertung der Güte von Tests), dürfte bei einer Form rigider Methodenauslegung mit einem Ausschluss von Verfahren gerade im Zusammenhang von Kompetenzfeedbacks wenig erkenntnisförderlich sein. Denn liegen beispielsweise für eine Beurteilergruppe Koeffizienten vor, die eine sehr niedrige Übereinstimmung zwischen den Urteilern indizieren, so kann dies als diagnostische Information sehr nützlich sein. Zwar sollte dann in der Rückmeldung auf eine Mittelung der Einschätzungen verzichtet werden, da die Urteiler stark voneinander abweichen. Es lassen sich aber gerade für die Rückmeldung von Feedbackergebnissen interessante Hypothesen generieren und überprüfen:

1) Die Fokuspersonen könnten sich z. B. unter den Kollegen (ohne bestimmte Absicht) solche Feedbackgeber gesucht haben, mit denen sie wenig Tätigkeitskontakt und Interaktionsmöglichkeiten haben (so eben möglicherweise geschehen bei der Nachwuchsstichprobe 2 und den dort erhobenen Kollegenfeedbacks mit ICC < .20); für viele Urteilsdimensionen wäre dies eine wohl ungünstige, jedoch mancherorts typische weil in den jeweiligen Funktionen begründete Ausgangsbedingung für Feedbackprozesse; hier ist auch zu überlegen, ob nicht eine Intensivierung der Zusammenarbeit auf gleicher hierarchischer Ebene anzustreben ist, um z. B. auch den Wissensaustausch zu verbessern.

2) Wären von einer Reihe Fokuspersonen Kollegen einbezogen worden, mit denen hinreichender Kontakt besteht, so ließe eine niedrige ICC unter Umständen den Schluss zu, dass die Fokuspersonen z. B. durch nicht aufgearbeitete Team- oder Rollenkon-

flikte eine polarisierende Wirkung auf ihre Kollegen hinterlassen. Die Plausibilität der Hypothese konnte der Verfasser selbst in einer Reihe von Feedbackgesprächen nachvollziehen: Hatten sich erst Konfliktkonstellationen zwischen Personen eines Teams verfestigt oder waren daraus gar Feindseligkeiten geworden, dann führte dies nicht selten zu einer Art „Lagerdenken". Solche Teams zeigten auf der Basis antipathiebedingter Halo-Effekte in ihren wechselseitigen Ratings starke Streubreiten.

3) Die Fokuspersonen können verschiedene wahre Anteile des Kompetenzraums sogar auf ein und derselben Dimension wahrnehmen. Niedrige Übereinstimmungskoeffizienten wären folglich kein Indiz mangelnder Inventarsgüte. Ein Ratingkontext, für den ein solcher Effekt typisch ist, sind räumlich getrennt arbeitende Teams (z. B. in regional operierenden Serviceteams). Dabei erleben die Teammitglieder einander in leistungsrelevanten, gleichwohl deutlich verschiedenen Situationen. Gerade für die Rückmeldung von Feedbackergebnissen können divergierende, valide Einschätzungen Hinweise zur Entwicklung des Verhaltens für verschiedene situative Kontexte liefern.

Die vorliegenden Ergebnisse und Erfahrungen dürften schließlich überdies auch für andere personalpsychologische Felder interessant sein. Eine stärkere Analyse von Übereinstimmungsmaßen wäre z. B. auch im Rahmen der Assessment Center-Forschung nutzbringend, die Prozesse der Urteils- und Entscheidungsfindung ja ebenfalls über Beurteilerdaten analysiert.

5 Die Validität multiperspektivischer Kompetenzurteile

Die Frage nach der Güte von Kompetenzurteilen ist nicht nur aus wissenschaftlicher Sicht, sondern auch aus der Sicht der Praxis von großer Bedeutung. Das wissenschaftliche Interesse gilt in der Regel der Objektivität, Reliabilität und Gültigkeit der gewonnenen Daten. Das praktische Interesse bezieht sich vor allem auf die Nützlichkeit des jeweils gewählten Verfahrens im Rahmen von Personalentwicklungsmaßnahmen oder Platzierungsprozessen. Scheinen sich beide Positionen bzw. Interessenlagen zuweilen relativ unversöhnlich gegenüberzustehen, so dürften bei einer vornehmlich sachbezogenen Herangehensweise beide Interessenlagen leicht zusammen zu bringen zu sein. Denn das Güteproblem von MKF stellt nicht nur ein Feld personalpsychologisch-wissenschaftlicher Diskussionen dar, sondern steht prinzipiell (wenn auch häufig unausgesprochen) im Zentrum anwendungsbezogener Fragen: Für jede Entscheidung und/oder jede Trainings- oder Fördermaßnahme auf individueller Ebene, die in einer Organisation auf der Grundlage eines MKF beschlossen wird, ist die Validität der Urteile ausschlaggebend. Ist die Gültigkeit der Messung gegeben, erhöht sich die Wahrscheinlichkeit des Erfolgs der Maßnahme, ist dies nicht der Fall, so werden damit nicht selten Fehlentwicklungen eingeleitet, die für den betreffenden Menschen Beeinträchtigungen, für die Organisation ein Verfehlen ihrer Ziele bedeuten können (vgl. Borman, 1991, S. 283; 1997, S. 300). Gerade von Seiten der Praxis wird dem Güteproblem oft wenig Aufmerksamkeit geschenkt, was vor allem dem damit verbundenen methodischen Erklärungsbedarf geschuldet sein dürfte. Aber auch von wissenschaftlicher Seite wird Nachholbedarf artikuliert, wenn Scullen, Mount und Judge feststellen: „Despite the widespread use of developmental ratings, little is known about their construct validity" (2003, S. 61).

Neben der Beurteilung von Fokuspersonen durch ihre jeweiligen Vorgesetzten hat – wohl im Zuge der Diskussion um die „partizipative Führung" – in den letzten Jahren auch die Perspektive von Kollegen und Mitarbeitern an Bedeutung gewonnen. Wenn auch der Vorgesetzte nach wie vor als die wichtigste Urteilsquelle wahrgenommen werden muss, so zeigt sich, dass auch die Kollegen und Mitarbeiter einen wichtigen Anteil des Kriterienraums wahrzunehmen in der Lage sind. Für managementbezogene Tätigkeiten konnten beispielsweise Conway und Huffcutt nachweisen, dass Vorgesetzte und Kollegen relativ distinkte Urteile abgeben (1997, S. 341 ff.). Die Autoren weisen jedoch auch darauf hin, dass dieser Befund für weniger komplexe Tätigkeiten nicht gilt, da hier der Beitrag der Kollegen keinen eigenständigen Anteil des Kriterienraums abdeckt (S. 350).

5.1 Die Dimensionalität von (Führungs-)Kompetenzen

Der Beschreibung und Messung von beruflichen Kompetenzen und im Besonderen von Führungskompetenzen liegen in der Regel mehr oder weniger komplexe Modelle zugrunde. Um diese in ihrer Komplexität überschaubar und untereinander vergleichbar zu halten, werden ihre einzelnen Komponenten über theoretische oder faktorenanalytische Ableitungen zu wenigen Dimensionen zusammengefasst. Die Dimensionalität der Kompetenzen gibt letztlich Auskunft darüber, wie diese auf Seiten der Beurteiler mental repräsentiert sind. Die Dimensionen können als Metakompetenzen aufgefasst werden, d. h. als Kompetenzen zweiter Ordnung. Als solche Metakompetenzen können z. B. die aus den Ohio-Studien bekannten Dimensionen „Aufgabenorientierung" und „Beziehungsorientierung" aufgefasst werden (Kerr, Schriesheim, Murphy & Stogdill, 1974; siehe auch Weinert, 2004, S. 471 ff.). Die Zusammenfassung einer Anzahl von Kompetenzen zu Metakompetenzen hat mindestens zwei Funktionen: Erstens erleichtern solche Metakompetenzen in kognitiver Hinsicht den Aufwand, den Beurteiler oder Feedbackgeber im Zuge eines Beurteilungsvorgangs treiben müssen. Denn wenn relativ breite Kategorien die Wahrnehmung und Codierung von Verhaltensinformationen „ökonomisch" organisieren, wird das Individuum von der Notwendigkeit entlastet, die Aufmerksamkeit auf alle möglichen Stimuli zu lenken (vgl. Ilgen & Feldman, 1983). Zweitens sichern Metakompetenzen die Validität von Feedbackprozessen und damit z. B. den Erfolg von Kompetenzentwicklungen. Wenn einzelne Kompetenzen zwischen den Fokuspersonen und ihren Feedbackgebern übereinstimmend repräsentiert sind, bedeutet dies, dass der diesbezügliche Anteil idiosynkratischer Tendenzen gering ist. Somit ist gewährleistet, dass die Prozessbeteiligten tatsächlich (zumindest annähernd) das Gleiche „meinen", wenn sie ihre Eindrucksurteile abgeben.

Im Folgenden werden zunächst einflussreiche theoretische Konzepte zur Beschreibung und Erklärung erfolgreichen Führungsverhaltens diskutiert. Anschließend wird auf der Basis von explorativen Faktorenanalysen empirisch der Frage nachgegangen, welche Dimensionen sich bei der Erhebung von MKF zeigen. Das heißt, es wird geprüft, inwieweit unterschiedliche Feedbackgeber (FG)-Gruppen den Kompetenzraum übereinstimmend oder unterschiedlich wahrnehmen.

5.1.1 Dimensionalitäts-Konzepte in der Führungsforschung

Als eines der einflussreichsten moderneren Konzepte gilt das Modell von Kotter (1988, 1996). Es ist *zweidimensional* angelegt und stützt sich auf die Metakompetenzen „Management" und „Führung" („leadership"). Managementbezogene Kompetenzen sind nach seiner Auffassung solche, die notwendig sind, um ein bewährtes und relativ kompliziertes System von Menschen und Technologien ohne Reibungsverluste am Laufen zu halten. Führungsbezogene Kompetenzen sind solche, die einem Unternehmen den Aufstieg zur Marktführerschaft eintragen oder es diesem ermöglichen, sich erfolgreich an geänderte (Markt)bedingungen anzupassen (1996, S. 25). Letztere werden vor allem dann erfolgskritisch, wenn sich ein Unternehmen einem starken Transformationsdruck ausgesetzt sieht.

Managementbezogene Kompetenzen sind nach Kotter z. B. „Planen und Budgetieren", „Organisieren", „Verantwortlichkeiten delegieren", „Kontrollieren" und „Probleme lösen". Bei *führungsbezogenen Kompetenzen* handelt es sich um solche Komponenten wie „Richtung vorgeben" durch Visionen und deren strategische Implementierung, „Menschen auf die Vision ausrichten" oder „Motivieren und Inspirieren" (1996, S. 26). Kotters Konzept sieht kein konkurrierendes Entweder-Oder der beiden Metakompetenzen vor, sondern das Legen eines Schwergewichts auf die eine oder andere Seite je nach den Anforderungen des Marktes. Zugleich bemerkt Kotter, dass nach seiner Auffassung eine

Reihe von Unternehmen übermäßig viel Wert auf die Management- anstatt auf die Führungsfunktionen legen (1996, S. 28) – ein Umstand, der nach Sarges (2001a, S. XXIV) bereits schon bei der Ausbildung und Entwicklung der Nachwuchskräfte zu beklagen ist.

Hat Kotters Konzept einen nachhaltigen theoretischen Einfluss vor allem auf die betriebswirtschaftlich ausgerichtete Führungsforschung genommen, so gilt dies für den Bereich der verhaltensnahen Forschung für Arbeiten, die unter dem Namen „Ohio-State-Studien" zusammengefasst werden (vgl. Staehle, 1999, S. 341 ff.; Weinert, 2004, S. 471 ff.). Grundlage der Ohio-Untersuchungen ist das *Leader Behavior Description Questionnaire* (LBDQ; Halpin, 1957). Erste Untersuchungen zum LBDQ gelangten zu vier Faktoren, wobei jedoch die letzten beiden Faktoren nur einen zu vernachlässigenden Varianzanteil erklärten. Letztlich hat sich für die Einschätzung des Führungsverhaltens eine zweidimensionale Faktorenlösung durchgesetzt mit den beiden Faktoren „Beziehungsorientierung" („consideration") und „Aufgabenorientierung" („initiation of structure"; Halpin & Winer, 1957; Kerr, Schriesheim, Murphy & Stogdill, 1974; Schriesheim & Stogdill, 1975). Unter *Beziehungsorientierung* wird u. a. ein freundliches, offenes und vertrauensvolles Verhalten seitens des Vorgesetzten verstanden (Beispielitem: „Er ist freundlich und zugänglich"). *Aufgabenorientierung* wird als das Festlegen von Rollen und Organisationsstrukturen sowie die Kontrolle bei der Aufgabenerfüllung definiert (Beispielitem: „Er hält klar umrissene Leistungsstandards aufrecht"; Schriesheim & Stogdill, 1975, S. 198 f.).

Vor allem die Annahme der Orthogonalität der zwei Faktoren war es, die dem Ohio-Konzept Kritik eingebracht hat. In replizierenden Studien zeigte sich, dass die beiden Faktoren partiell miteinander korrelieren (Korman, 1966). Zudem wurde der mangelnde Einbezug situativer Variablen, wie z. B. das Organisationsklima, bemängelt. Gleichwohl kommen Tscheulin (1973) sowie Schriesheim und Stogdill (1975) zu der Feststellung, dass die meisten der Replikationsversuche die beiden zentralen Faktoren Beziehungsorientierung und Aufgabenorientierung bestätigen.

In jüngerer Zeit ist eine Konzeption entwickelt und diskutiert worden, die verschiedene Facetten des individuellen Führungsstils zusammenführt. Sie unterscheidet transaktionale von transformationalen Stilfacetten (Bass, 1985, 1999; Bass & Avolio, 1995; Felfe, 2005; siehe auch Wegge & v. Rosenstiel, 2004, S. 496 ff.). Der *transaktionale Stil* lässt sich durch das Prinzip eines rationalen Tauschgeschäfts beschreiben. Dabei benennt der Führende zunächst klar die von den Mitarbeitern zu realisierenden Ziele und belohnt bzw. bestraft in der Folge solches Verhalten, das zum Erreichen der Ziele funktional bzw. dysfunktional ist. Die Belohnungsmuster können je nach Mitarbeiter zwischen monetären Anreizen und persönlicher Anerkennung variieren. Der *transformationale Stil* ist dadurch gekennzeichnet, dass der Führende durch sein Verhalten die Mitarbeiter dazu bewegt, ihre persönlichen (Eigen)interessen zugunsten eines gemeinsamen höheren Ziels („Mission") zurückzustellen und sich in besonderer Weise einzusetzen. Der Führungsstil „transformiert" quasi – so die Vorstellung – die Potenziale und Kompetenzen der Gruppenmitglieder synergetisch auf ein höheres Leistungs- und Ergebnisniveau.

Bass und Avolio (1995) haben das Konzept in einem Instrument zur Messung der Stilanteile umgesetzt. Das *Multifactor Leadership Questionnaire* (MLQ) erfasst die Ausprägung einer Führungskraft auf der transformationalen Dimension mit vier Skalen (siehe für die deutsche Fassung des MLQ Felfe & Goihl, 2002; Felfe, 2006): Charisma, Inspiration, geistige Anregung und individuelle Wertschätzung. Dabei wird die transformierende Wirkung nicht einseitig nur als Führungsleistung verstanden, sondern als Ergebnis einer Interaktion zwischen Führenden und Geführten. Der Führende verhält sich vertrauensvoll, fördernd und unterstützt bei konkreten Problemen. Dies kann er jedoch nur dann mit dem gewünschten leistungsförderlichen Effekt tun, wenn er mit Mitarbeitern zusammenarbeitet, die sich durch visionäres und begeisterndes Führungsverhalten zu besonderen Anstrengungen anregen lassen, mit anderen Worten für einen solchen Stil empfänglich sind.

Empirische Studien haben den positiven Effekt eines transformationalen Führungsstils u. a. auf die Arbeitszufriedenheit und die Leistung belegt (Bass, 1999). Ein Vorteil gegenüber dem transaktionalen Stil lässt sich jedoch vornehmlich auf subjektiven Erfolgsmaßen, wie z. B. dem Grad der von den Mitarbeitern gezeigten Anstrengung, erkennen. Demgegenüber zeigt sich der Vorteilseffekt in Feldstudien mit objektiven Leistungsmaßen (die allerdings durch schwer zu kontrollierende Randbedingungen kontaminiert sein können) zwar ebenfalls, er fällt aber deutlich geringer aus als bei den subjektiven Maßen (Geyer & Steyrer, 1998). Interessant sind darüber hinaus die Befunde von Judge und Bono (2000), die der Frage nachgegangen sind, welche Ausprägungen auf den verschiedenen Persönlichkeitseigenschaften transformational Führende aufweisen. Demzufolge sind es vor allem Personen mit hoher Verträglichkeit und Extraversion, die in dieser Weise führen. Insgesamt ist kritisch anzumerken, dass eine Überlegenheit des transformationalen Stils – wenn auch aus humanistischen Vorstellungen heraus durchaus willkommen und nachvollziehbar – praktisch nur schwer vorstellbar sein dürfte. In leistungs- und vor allem ergebnisgetriebenen Organisationen dürften gelungene Transaktionen zwischen den Führenden und den Geführten nach wie vor die Voraussetzung für Resultate und letztlich den „Erfolg am Markt" darstellen. Auch der Aufstieg in der Hierarchie ist vielerorts neben anderen Umständen das Resultat von tauschbezogenen Aktionen im Führungsprozess. So wird es wohl eher das situationsgerechte Handeln im Sinne einer Akzentuierung von transaktionalen *oder* transformationalen Facetten sein, das einen ergebnisstarken *und* mitarbeiterorientierten Stil auszeichnet.

Allen drei vorgestellten Konzepten ist gemeinsam, dass sie sich auf wenige, häufig sogar nur zwei, Dimensionen stützen. Kritisch ist anzumerken (und dies gilt mehrheitlich auch für diejenigen Ansätze, die hier nicht erörtert worden sind), dass der situative Kontext, in dem sich ein Führungsstil zu bewähren hat, weitgehend ausgeklammert bleibt. So sind ohne Weiteres organisationale Szenarien denkbar, in denen ein „Zuwenig" an relativ hartem Management (im Sinne der Dichotomie von Kotter) genauso schädlich ist wie ein „Zuviel" an transformationaler Führung (im Sinne der Dichotomie von Bass und Avolio). Schwerwiegender wiegt jedoch der Einwand, dass die Validierung der Ansätze häufig lediglich über monoperspektivische Untersuchungsstrategien erfolgt ist. Die Wirkung des Führungsstils wurde meist nur über die Sicht der geführten Mitarbeiter oder gar lediglich über die Einschätzung der betreffenden Führungskräfte selbst erhoben. Dies ist im Fall eines Konzepts wie dem der transformationalen Führung zwar insoweit funktional als dass es im Wesentlichen das Verhältnis von Führendem und Geführtem erfassen will. Andererseits dürfte es gerade auch bedeutsam sein zu klären, ob die mentalen Repräsentationen der untersuchten Kompetenzen des Führungsverhaltens über unterschiedliche Perspektivgruppen (Vorgesetzte, Mitarbeiter, Kollegen) hinweg die gleiche ist oder abweicht.

5.1.2 Dimensionalitäts-Konzepte in der empirischen MKF-Forschung

Für den Bereich multiperspektivischer Kompetenzfeedbacks ist vor allem das Modell einer Vier-Faktoren-Struktur von Scullen et al. (2003) aufschlussreich. Es greift die Dichotomie von Borman und Motowidlo (1993) auf und beinhaltet eine inhaltliche Trennung von Kompetenzen nach Aufgabenleistung („task performance") und Kontextleistung („contextual performance"; siehe hierfür ausführlicher Kap. 3.5). Diese beiden Dimensionen höherer Ordnung wurden jeweils in zwei weitere Fähigkeits- bzw. Fertigkeitsdomänen unterteilt:

- *Aufgabenleistung:*
- – wissens- und technologiebezogene Fertigkeiten („technical skills"),
- – administrative Fertigkeiten („administrative skills").
  Die Unterscheidung entspricht der im deutschen Sprachraum geläufigen Trennung zwischen Fach- und Methodenwissen einerseits und Managementfähigkeiten andererseits.
- *Kontextleistung:*
- – soziale Fertigkeiten („human skills"),
- – Bürgerverhalten („citizenship behavior").
  Die Unterscheidung ist im deutschen Sprachraum weniger geläufig. Soziale Fertigkeiten werden gemeinhin unter dem Begriff der „sozialen Kompetenz" zusammengefasst. Bürgerverhalten dagegen ist seltener Gegenstand von MKF-Instrumenten. Es bezieht sich v. a. auf prosoziales Verhalten und darauf, freiwillig zugunsten des Funktionierens der eigenen Organisation auch solche Aufgabenaktivitäten zu übernehmen, die nicht Teil der eigenen Tätigkeitsbeschreibung sind.

Die Autoren untersuchten die angenommene Trennung auf der Basis von MKF, die mit zwei verschiedenen Instrumenten gewonnen wurden (*Management Skills Profile* – MSP – Sevy, Olson, McGuire, Frazier & Paajanen, 1985; *Benchmarks* – Lombardo & McCauley, 1995). Es lagen Daten zur Selbsteinschätzung, zum Vorgesetzten-, Kollegen- und Mitarbeiterfeedback vor. Herangezogen wurden jeweils die Items der Instrumente, die per Expertenratings einer der vier behaupteten Komponenten zugewiesen wurden. Die Ergebnisse der Analysen sprechen allerdings gegen die obige Annahme der Unabhängigkeit der beiden Dimensionen höherer Ordnung. Den besten Fit produziert demgegenüber ein Modell, das die *vier Bereiche* als konzeptionell und empirisch *distinkt* auffasst. Besonders interessant ist in diesem Zusammenhang, dass der Faktor „administrative Fertigkeiten" entgegen der Zuordnung unter die Aufgabenleistung eine größere korrelative Nähe zu den Faktoren der Kontextleistung „soziale Fertigkeiten" und „Bürgerverhalten" aufweist als zum Faktor „wissens- und technologiebezogene Fertigkeiten". Dieser Befund lässt sich inhaltlich in der Weise ausdeuten, dass aus Sicht der Feedbackgeber die Art und Weise, in der eine Führungskraft managementbezogenen Tätigkeiten nachgeht, einen unmittelbaren Einfluss auf den Umgang mit den Personen ihrer Umgebung und folglich auch auf das Organisationsklima ausübt.

Zugleich finden die Autoren, dass die Unabhängigkeit der vier Bereiche für alle vier Feedbackperspektiven (inklusive der Selbsteinschätzung) gleichermaßen gilt. Das heißt, trotz der möglichen Rollen- und Funktionsunterschiede verfügen die unterschiedlichen Perspektiven über gleiche mentale Repräsentationen hinsichtlich der Unabhängigkeit der vier Faktoren.

5.2 Eigene empirische Untersuchungen zur Dimensionalität von Kompetenzfeedbacks

Wie viele Dimensionen des Führungsstils von Personen erfasst werden, hängt entscheidend von der theoretischen Konstruktion und der Messidee des jeweils verwendeten Feedback-Inventars ab. Sichtungen von einschlägigen Überblickswerken (z. B. Leslie & Fleenor, 1998), Handbücher zu in der Wirtschaft eingesetzten Verfahren (z. B. Sarges & Wottawa, 2004) bzw. Sammelwerke bzgl. einer kritisch reflektierten Praxis von Feedbackprozessen (Scherm, 2005) belegen eine diesbezüglich sehr heterogene Praxis. So werden die eingesetzten Kompetenz- oder Fertigkeits-Skalen überwiegend nach inhaltlichen oder praktischen Kriterien geordnet, seltener erfolgt eine faktorenanalytisch begründete Einteilung. Dies gilt auch für solche Verfahren, deren Entwicklung einen vergleichsweise starken wissenschaftlichen Hintergrund aufweist. So lassen sich selektiv z. B. für die bei Leslie und Fleenor (1998) dargestellten Verfahren *Profilor*, LEA *(Leadership Effectiveness Analysis)* und das bereits oben angesprochene MLQ *(Multifactor Leadership Questionnaire)* recht unterschiedliche Ordnungsprinzipien ausmachen. Für den Profilor wird nach dem Kriterium *praktischer Funktionalität* auf der Basis von Erfahrungen mit Feedbackprozessen eine Gruppierung der 24 Skalen in acht Faktoren vorgenommen (S. 250). Ähnlich wird bei der LEA verfahren, wo 22 Skalen in sechs sogenannte *Funktionsbereiche* eingeteilt sind (S. 136 ff.). Beim MLQ wurde der Weg der Faktorenanalyse gewählt, um aus 73 Items sieben Dimensionen abzuleiten, die den Führungsstil einer Person im Sinne des Konzepts transformationaler Führung (S. 237) erfassen sollen.

Auch im deutschsprachigen Raum liegen Feedbackverfahren vor, die die theoretische Konzeption der eingesetzten Skalen faktorenanalytisch überprüfen. So geben z. B. Fennekels (2002) bzw. Weidenbach und Fennekels (2005) für das MDF *(Multidirektionales Feedback)* auf der Basis konfirmatorischer Faktorenanalysen an, dass die fünf eingesetzten Dimensionen bestätigt werden. Sie ordnen theoretisch übergreifend zwei dieser Dimensionen, nämlich „Planung und Organisation" sowie „Integration und Information" dem Feedbackbereich „Sachaspekt" zu, die drei übrigen „Soziale Kompetenz", „Auftreten/Kommunikation" sowie „Führungsverhalten" dem Feedbackbereich „Beziehungsaspekt" (2005, S. 252 f.). Hier wird die Nähe zu der in den Ohio-Untersuchungen herausgestellten Dichotomie zwischen „Aufgabenorientierung" und „Beziehungsorientierung" deutlich.

Im Folgenden werden eigene, explorativ angelegte Untersuchungen zur faktorenanalytischen Dimensionalität von Kompetenzfeedbacks dargestellt. Wie in den zuvor dargestellten Untersuchungen stellen Projekte zur Führungskräfteentwicklung in verschiedenen Unternehmen die Basis der Untersuchungen dar.

Forschungshypothesen

1) *Anzahl Hauptkomponenten:* Es soll überprüft werden, inwieweit sich hinsichtlich des Führungsverhaltens die in der Literatur vielfach postulierte sparsame Anzahl von wenigstens zwei bis höchstens vier Faktoren (s. o.) wiederfinden lässt. Theore-

tisch ließen sich die Faktoren wie oben bereits ausgeführt als Metakompetenzen auffassen, in technischer Diktion käme ihnen der Status von Dimensionen höherer Ordnung zu.

2) *Inhaltliche Differenzierung:* Es wird vermutet, dass sich bei den gefundenen Hauptkomponenten eine inhaltliche Trennung von Kompetenzskalen der Aufgabenorientierung einerseits und der Beziehungsorientierung andererseits zeigt.

3) *Übereinstimmung der Faktorenlösungen für die verschiedenen Feedback-Perspektiven:* Es ist zu klären, ob die verschiedenen FG übereinstimmende oder unterschiedliche Faktorenstrukturen produzieren. Trotz der unterschiedlichen Rollen- und Auf-
gabenkontexte, in denen die Gruppen zu den Fokuspersonen stehen, wird u.a. auf
der Basis der Ergebnisse von Scullen et al. (2003) vermutet, dass sich übereinstimmende Faktorenstrukturen zeigen. Dies würde bedeuten, dass der Kompetenzraum
bei Personen verschiedener hierarchischer Herkunft mental kongruent repräsentiert
ist.

4) *Unabhängigkeit vom Feedback-Instrument:* In diesem Zusammenhang schließlich
wird geprüft, inwieweit die gefundenen Faktorenlösungen weitgehend instrumen-
ten-unabhängig, mithin stabil sind oder über verschiedene Feedback-Inventare hinweg variieren. Hier wird vermutet, dass die gefundenen Strukturen instrumentenun-
abhängig sind, d.h. die inhaltliche Ausrichtung der Komponenten für verschiedene
Instrumente sollte übereinstimmen. Das Vorgehen ist explorativ angelegt, da auf der
Basis der zur Verfügung stehenden Datensätze für zwei Feedbackinstrumente lediglich eine vorläufige Klärung der Instrumentenabhängigkeit der Faktorenlösungen
vorgenommen werden kann. (Aus der Anlage der ersten drei Hypothesen ergibt sich
zwingend, dass sich bei deren Bestätigung auch diese vierte Hypothese als zutreffend erweist.)

Als Erhebungsinstrumente kamen zwei wissenschaftlich fundierte multiperspektivische Feedbackinstrumente zum Einsatz: Zum einen das Multiratersystem *Benchmarks*
in der deutschen Übersetzung (Lombardo & McCauley, 1995, 1996; siehe hierzu auch
Scherm, 1999); zum anderen das Kompetenz-Feedback-Inventar *!Response* (Scherm,
2003, 2004a). Als Ausgangsbasis der Analysen dienen die Kompetenzskalen beider
Verfahren (nicht die Items). Die verwendeten Datensätze beziehen sich auf die unter
Kapitel 4.7.1 aufgeführten Stichproben und stützen sich folglich ausschließlich auf Per-
sonengruppen aus der Wirtschaft.

Anmerkungen

Bezüglich der unten berichteten Analysen mit !Response ist anzumerken, dass mit einer
Anzahl von 11 anstatt mit dem vollen Umfang von 13 Kompetenzskalen operiert wurde.
Der Verzicht auf die Skalen „Rekrutieren" und „Konfliktmanagement" war notwendig,
da zu diesen nicht in allen Teilstichproben Daten erhoben werden konnten und um ein
über alle Feedback-Perspektiven hinweg homogenes Kompetenzset zu untersuchen.
Zugleich werden damit relativ robuste Stichprobengrößen mit generalisierungsfähigen
Faktorenlösungen ermöglicht.

Es wurden jeweils Hauptkomponentenanalysen mit anschließender Rotation nach dem Varimax-Kriterium durchgeführt.[9] Die Darstellung und Interpretation stützt sich auf die Ergebnisse der rotierten Lösungen. Im Vordergrund stehen vor allem die mit größeren Stichprobenumfängen ausgestatteten Vorgesetzten- und Mitarbeiterfeedbacks. Bezüglich der oben formulierten Forschungshypothese 1) sind aufgrund der mit 16 Skalen (Benchmarks) bzw. 11 Skalen (!Response) zahlenmäßig überschaubar angelegten Kompetenzsets keine breit gefächerten, sondern sparsam gegliederte Komponentenlösungen mit maximal drei bis vier Dimensionen zu erwarten.

5.2.1 Ergebnisse der Faktorenanalysen

Die Ergebnisse der Faktorenanalysen sind in den Tabellen 8 bis 15 aufgeführt. Die Anzahl der zu interpretierenden Faktoren wird jeweils auf der Basis des „Scree-Test" sensu Cattell und Vogelmann (1977) und nicht nach dem Eigenwertekriterium bestimmt. Hierfür sind die Ergebnisse von Arbeiten maßgebend, die gezeigt haben, dass die Bestimmung der Faktorenzahl nach dem Scree-Test dem Vorgehen nach dem Eigenwert-Kriterium überlegen ist. Scree-basierte Entscheidungen führen demnach zu valideren Faktorlösungen u. a., indem sie eine Überschätzung der Faktorenzahl vermeiden helfen (Preacher & MacCallum, 2003; Zwick & Velicer, 1986). Bezüglich *Forschungshypothese 1* ergibt sich für die Selbsteinschätzung der Fokuspersonen mit !Response (siehe Tab. 8) eine Lösung mit zwei Faktoren. Nach der Varimax-Rotation beträgt die erklärte Varianz des ersten Faktors F_1 36.1 %, die des zweiten Faktors F_2 29.0 %. Mit Bezug auf *Forschungshypothese 2* wird der erste Faktor mit Skalen zu antriebsbezogenen Inhalten wie „Entschlusskraft" und „Leistungsehrgeiz", zu kognitiven Inhalten wie „Konzeptionelles Denken" und „Lernfähigkeit" sowie zu management- und einflussbezogenen Inhalten u. a. der „effektiven Steuerung" und des „Führens" gebildet. Dieser erste Faktor wird demnach über Aufgaben initiierende und handelnd-ausführende Anteile, d. h. vergleichsweise hart konnotierte Inhalte etabliert. Der zweite Faktor wird aus Skalen mit sozio-emotionaler und selbstregulativer Inhaltsausrichtung gebildet, d. h. mit Skalen wie „Freundlichkeit", „Selbstmanagement" und „Kooperation". Er lässt sich als eher beziehungsorientierter, im Vergleich zur ersten Komponente weich konnotierter, Faktor auffassen.

Eine ähnliche Lösung mit zwei Faktoren ergibt sich für die Selbsteinschätzung mit Benchmarks (siehe Tab. 12).[10] Zwar ließe sich dort u. U. zusätzlich auch eine dritte Hauptkomponente F_3 identifizieren, diese korreliert jedoch lediglich mit den zwei Skalen „Teamorientierung" und „Gleichgewicht von Privatleben und Arbeit". Zudem erweist sich die Ladung der Skala „Teamorientierung" auf der Komponente F_1 mit .48 als geringfügig

---

9 Der alternative Weg einer konfirmatorischen Faktorenanalyse wurde nicht gewählt, da diese für robuste Ergebnisse größere Stichproben als die hier verfügbaren voraussetzt. So fanden Hu, Bentler und Kano (1992, S. 356) auf der Basis von Monte Carlo Studien, dass der Maximum-Likelihood-Ansatz bei Stichprobengrößen wie den hier vorliegenden ($n \approx 150$) zu einer im Vergleich zur Zufallsanordnung etwa doppelten Anzahl von irrtümlichen Zurückweisungen der H_0 führt. Eine zuverlässigere Teststatistik wird erst ab Stichprobengrößen $n > 500$ erreicht (siehe hierzu auch Tabachnick & Fidell, 2007, S. 714).

10 Bei der Selbsteinschätzung mit Benchmarks gelangen der Scree-Test und das Eigenwerte-Kriterium zu abweichenden Faktorenzahlen (zwei vs. drei).

Tabelle 8: Varimax-rotierte Hauptkomponentenlösung für *!Response-Skalen* zur Selbsteinschätzung ($n = 151$ Fokuspersonen)

Kompetenzskala	F_1	F_2	h^2
Freundlichkeit	−.007	**.911**	.829
Entschlusskraft	**.836**	.275	.775
Kooperation	.397	**.648**	.578
Umgang mit Misserfolg	.520	**.562**	.586
Konzeptionelles Denken	**.642**	.461	.625
Effektive Steuerung	**.687**	.493	.715
Selbstmanagement	.287	**.681**	.547
Führen	**.624**	.489	.629
Lernfähigkeit	**.675**	.429	.640
Motivieren und Empowern	**.518**	.446	.468
Leistungsehrgeiz	**.875**	−.073	.771
Erklärte Varianz (in %)	36.1	29.0	
Eigenwert λ (unrotiert)	5.98	1.18	
Eigenwert λ (rotiert)	3.97	3.19	

Anmerkungen: F_i: Ladung der Skala auf der Hauptkomponente i (zugeordnete Skalen mit Ladungen $\geq .40$ sind fett markiert). h^2: Kommunalität der Skala.

höher als auf der Komponente F_3 mit .47. Folglich verfügt F_3 über lediglich eine klar zuordenbare Variable und wird daher nicht weiter berücksichtigt.

Hinsichtlich *Forschungshypothese 2* wird auch bei Benchmarks der erste Faktor F_1 über antriebsbezogene Skalen zur „Entschlossenheit", über kognitiv ausgerichtete Skalen wie z. B. die „Lernfähigkeit" und über managementbezogene Skalen wie „das Erforderliche Tun" oder „Verfügung über Ressourcen" etabliert. Der zweite Faktor F_2 stützt sich v. a. auf Skalen der sozio-emotionalen Einflussnahme (z. B. „Führung und Kommunikation", „Überzeugungskraft und Sensibilität") und der Selbstregulation („Selbsterkenntnis"). Wie bei der !Response-Lösung lässt sich eine Unterscheidung zwischen einem eher „harten" Faktor der Aufgabenorientierung und einem eher „weichen" Faktor der Beziehungsorientierung treffen.

Bezüglich *Forschungshypothese 3* und der Frage nach der Abhängigkeit der Faktorenlösung von der Feedback-Perspektive zeigen sich für die Varimax-rotierten Lösungen auch des Vorgesetzten-, Mitarbeiter- und Kollegenfeedbacks mit !Response und Benchmarks durchgängig zweidimensionale Strukturen (siehe Tab. 9 bis 11 und 13 bis 15). Beim Vergleich der *!Response*-Lösungen fällt jedoch auf, dass eine Reihe von Skalen, die beim Vorgesetztenfeedback auf dem ersten Faktor laden (etwa „Entschlusskraft", „Konzeptionelles Denken", „Leistungsehrgeiz"), beim Mitarbeiterfeedback auf dem zweiten Faktor hoch laden. Umgekehrt sind die sozio-emotional ausgerichteten Skalen der „Freundlichkeit" und der „Kooperation", die beim Vorgesetztenfeedback mit dem zweiten Faktor korrelieren, beim Mitarbeiterfeedback mit hohen Ladungen auf dem ersten Faktor verbunden. Es zeigt sich demnach eine partielle *Spiegelung* der Faktorenstruktur. Zusätzlich laden bei den Mitarbeiterfeedbacks auf F_1 mit den Skalen „Effektive Steuerung" und „Führen" solche Variablen, deren Inhalte management- und einflussbezogen sind und dabei sowohl aufgaben- als auch (in geringerem Maße) beziehungsorientierte Anteile aufweisen. F_1 der Mitarbeiterlösung ist demnach inhaltlich stark beziehungsorientiert-emotional ausgerichtet, verfügt gleichzeitig aber auch über nennenswerte aufgabenbezogene Kompetenzinhalte.

Die Vorgesetztenlösung und die Kollegenlösung schließlich weisen eine große Übereinstimmung auf, da 9 von 11 Skalen gleich zugeordnet werden. Lediglich die Kompetenzen „Selbstmanagement" und „Motivieren und Empowern" werden unterschiedlich zugeordnet, bei den Vorgesetzten der aufgabenbezogenen Dimension F_1, bei den Kollegen der beziehungsorientierten Dimension F_2.

Tabelle 9: Varimax-rotierte Hauptkomponentenlösung für *!Response*-Skalen zum Vorgesetztenfeedback (für $n = 166$ Fokuspersonen mit je $n \leq 3$ Feedbacks)

Kompetenzskala	F_1	F_2	h^2
Freundlichkeit	.124	**.938**	.895
Entschlusskraft	**.924**	.153	.877
Kooperation	.339	**.829**	.803
Umgang mit Misserfolg	**.647**	.583	.759
Konzeptionelles Denken	**.866**	.274	.825
Effektive Steuerung	**.829**	.408	.854
Selbstmanagement	**.655**	.636	.834
Führen	**.693**	.553	.786
Lernfähigkeit	**.792**	.451	.831
Motivieren und Empowern	**.680**	.448	.664
Leistungsehrgeiz	**.903**	.196	.855
Erklärte Varianz (in %)	51.4	30.2	
Eigenwert λ (unrotiert)	7.83	1.15	
Eigenwert λ (rotiert)	5.66	3.33	

Anmerkungen: siehe Tabelle 8.

Tabelle 10: Varimax-rotierte Hauptkomponentenlösung für *!Response*-Skalen zum Mitarbeiterfeedback (für $n = 107$ Fokuspersonen mit je $n \geq 3$ Feedbacks)

Kompetenzskala	F_1	F_2	h^2
Freundlichkeit	**.899**	−.073	.814
Entschlusskraft	.370	**.831**	.828
Kooperation	**.830**	.297	.777
Umgang mit Misserfolg	.552	**.576**	.636
Konzeptionelles Denken	.504	**.712**	.761
Effektive Steuerung	**.692**	.586	.823
Selbstmanagement	**.690**	.420	.653
Führen	**.751**	.526	.842
Lernfähigkeit	.598	**.616**	.736
Motivieren und Empowern	**.798**	.341	.754
Leistungsehrgeiz	−.042	**.912**	.833
Erklärte Varianz (in %)	42.8	34.1	
Eigenwert λ (unrotiert)	7.13	1.33	
Eigenwert λ (rotiert)	4.71	3.75	

Anmerkungen: siehe Tabelle 8.

Tabelle 11: Varimax-rotierte Hauptkomponentenlösung für *!Response*-Skalen zum Kollegenfeedback (für $n = 87$ Fokuspersonen mit je $n \geq 3$ Feedbacks)

Kompetenzskala	F_1	F_2	h^2
Freundlichkeit	−.029	**.932**	.869
Entschlusskraft	**.913**	.201	.874
Kooperation	.304	**.726**	.619
Umgang mit Misserfolg	**.588**	.435	.535
Konzeptionelles Denken	**.767**	.421	.766
Effektive Steuerung	**.759**	.485	.812
Selbstmanagement	.461	**.742**	.762
Führen	**.635**	.631	.800
Lernfähigkeit	**.668**	.534	.732

Tabelle 11: Fortsetzung

Kompetenzskala	F_1	F_2	h^2
Motivieren und Empowern	.480	**.718**	.747
Leistungsehrgeiz	**.886**	.029	.786
Erklärte Varianz (in %)	41.1	34.4	
Eigenwert λ (unrotiert)	6.97	1.33	
Eigenwert λ (rotiert)	4.52	3.79	

Anmerkungen: siehe Tabelle 8.

Zudem ist hinsichtlich der Varianzaufklärung (EV) bei der Vorgesetztenlösung eine stärkere Spreizung zwischen F_1 und F_2 als bei den Mitarbeiter- und Kollegenlösungen zu verzeichnen (Vorgesetztenfeedback: $EV_1 = 51.4\%$ vs. $EV_2 = 30.2\%$; Mitarbeiterfeedback: $EV_1 = 42.8\%$ vs. $EV_2 = 34.1\%$; Kollegenfeedback: $EV_1 = 41.1\%$ vs. $EV_2 = 34.4\%$). Diese Lösung stellt außerdem insofern näherungsweise eine eindimensionale Variante dar, als bis auf zwei Skalen alle auf ihr laden.

Tabelle 12: Varimax-rotierte Hauptkomponentenlösung für *Benchmarks*-Skalen zur Selbsteinschätzung ($n = 150$ Fokuspersonen)

Kompetenzskala	F_1	F_2	F_3	h^2
Verfügung über Ressourcen	**.764**	.391	−.088	.743
Das Erforderliche tun	**.758**	.275	−.308	.745
Lernfähigkeit	**.705**	.167	−.057	.528
Entschlossenheit	**.769**	−.133	.174	.640
Führung u. Kommunikation	.512	**.666**	.105	.717
Schaffen eines Entwicklungsklimas	**.616**	.513	−.073	.649
Konfrontation m. Problemen	**.434**	.414	−.011	.360
Teamorientierung	**.484**	.348	.474	.580
Entscheidung f. begabte Mitarbeiter	**.597**	.212	.090	.410
Aufbau und Nutzen von Beziehungen	.385	**.661**	.035	.586
Überzeugungskraft und Sensibilität	−.010	**.793**	.262	.697
Geradlinigkeit und Offenheit	.061	**.565**	.167	.351
Gleichgewicht von Privatleben und Arbeit	−.087	.047	**.874**	.774
Selbsterkenntnis	.325	**.586**	−.196	.488

Tabelle 12: Fortsetzung

Kompetenzskala	F_1	F_2	F_3	h^2
Angenehmes Arbeitsklima	.136	**.714**	−.087	.536
Flexibilität im Handeln	.533	**.622**	−.070	.677
Erklärte Varianz (in %)	26.5	24.7	8.1	
Eigenwert λ (unrotiert)	6.65	1.66	1.18	
Eigenwert λ (rotiert)	4.24	3.95	1.30	

Anmerkungen: siehe Tabelle 8.

Noch eindeutiger stellt sich die Situation für die Varimax-Lösungen für *Benchmarks* dar. Für alle drei Fremdfeedbacks dominieren auf F_1 in nahezu identischer Weise Skalen mit aufgaben- und handlungsbezogenen („harten") Inhalten wie z. B. „das Erforderliche Tun", „Entschlossenheit" und „Lernfähigkeit".

Auf F_2 laden demgegenüber Skalen mit sozio-emotionalen („weichen") Inhalten wie z. B. „Überzeugungskraft und Sensibilität", „angenehmes Arbeitsklima" oder „Aufbau und Nutzen von Beziehungen". Zugleich stimmt die Zuordnung der rotierten Lösungen bei 15 der 16 Kompetenzskalen überein. Lediglich die Skala „Führung und Kommunikation" wird bei den Mitarbeitern dem „weichen" Faktor F_2 zugeordnet, bei den Vorgesetzten und Kollegen dagegen F_1. Alle drei Fremdfeedbacks von Benchmarks klären jedoch insgesamt weniger Varianz auf als die entsprechenden Varianten bei !Response (Benchmarks: Vorgesetzte – 61.5 %, Mitarbeiter – 63.5 %, Kollegen – 63.9 %; !Response: Vorgesetzte – 81.6 %, Mitarbeiter – 76.9 %, Kollegen – 75.5 %).

Tabelle 13: Varimax-rotierte Hauptkomponentenlösung für *Benchmarks*-Skalen zum Vorgesetztenfeedback (für $n = 138$ Fokuspersonen mit gesamt $n = 173$ Feedbacks)

Kompetenzskala	F_1	F_2	h^2
Verfügung über Ressourcen	**.787**	.403	.782
Das Erforderliche tun	**.890**	.141	.811
Lernfähigkeit	**.755**	.192	.607
Entschlossenheit	**.715**	.100	.521
Führung u. Kommunikation	.544	**.675**	.751
Schaffen eines Entwicklungsklimas	**.675**	.484	.690
Konfrontation m. Problemen	**.739**	.199	.586
Teamorientierung	.353	**.622**	.511
Entscheidung f. begabte Mitarbeiter	**.706**	.215	.545

Tabelle 13: Fortsetzung

Kompetenzskala	F_1	F_2	h^2
Aufbau und Nutzen von Beziehungen	.493	**.724**	.767
Überzeugungskraft und Sensibilität	.129	**.775**	.617
Geradlinigkeit und Offenheit	.359	**.528**	.408
Gleichgewicht von Privatleben und Arbeit	–.300	**.552**	.395
Selbsterkenntnis	.417	**.547**	.473
Angenehmes Arbeitsklima	.149	**.759**	.598
Flexibilität im Handeln	.469	**.744**	.773
Erklärte Varianz (in %)	33.2	28.3	
Eigenwert λ (unrotiert)	7.98	1.85	
Eigenwert λ (rotiert)	5.31	4.53	

Anmerkungen: siehe Tabelle 8.

Im Übrigen weisen auch die Faktorenlösungen für die Selbst- und die Fremdeinschätzungen eine relativ große Deckungsgleichheit auf. Bei !Response stimmen die Zuwei-
sungen für die Selbsteinschätzung, das Vorgesetzten- und das Kollegenfeedback bei jeweils 9 von 11 Skalen überein. Deutlich geringer fällt die Übereinstimmung mit der Mitarbeiterlösung aus (sie fiele größer aus, wenn man den Umstand der Faktorenspiegelung
ignorieren würde). Bei Benchmarks zeigt sich eine Übereinstimmung mit dem Vorgesetz-
ten- und Mitarbeiterfeedback bei 13 von 16 Skalen, mit dem Kollegenfeedback bei 14
von 16 Skalen.

Tabelle 14: Varimax-rotierte Hauptkomponentenlösung für *Benchmarks*-Skalen zum Mitarbeiter-
Feedback (für $n = 148$ Fokuspersonen mit gesamt $n = 595$ Feedbacks)

Kompetenzskala	F_1	F_2	h^2
Verfügung über Ressourcen	**.846**	.305	.808
Das Erforderliche tun	**.889**	.189	.826
Lernfähigkeit	**.750**	.144	.584
Entschlossenheit	**.767**	.079	.594
Führung u. Kommunikation	**.666**	.610	.814
Schaffen eines Entwicklungsklimas	**.604**	.597	.721
Konfrontation m. Problemen	**.709**	.291	.587

Tabelle 14: Fortsetzung

Kompetenzskala	F_1	F_2	h^2
Teamorientierung	.432	**.479**	.416
Entscheidung f. begabte Mitarbeiter	**.647**	.225	.469
Aufbau und Nutzen von Beziehungen	.575	**.666**	.774
Überzeugungskraft und Sensibilität	.232	**.800**	.694
Geradlinigkeit und Offenheit	.417	**.490**	.413
Gleichgewicht von Privatleben und Arbeit	−.108	**.631**	.410
Selbsterkenntnis	.496	**.554**	.553
Angenehmes Arbeitsklima	.217	**.811**	.705
Flexibilität im Handeln	.540	**.702**	.785
Erklärte Varianz (in %)	35.8	27.7	
Eigenwert λ (unrotiert)	8.59	1.56	
Eigenwert λ (rotiert)	5.73	4.43	

Anmerkungen: siehe Tabelle 8.

Einen „Ausreißer" im Sinne der bedeutungsgestützten Zuordnung zu den Faktoren stellt die Skala „Flexibilität im Handeln" (im Original „acting with flexibility") dar. Die Skalenbezeichnung lässt eine Zuordnung zum aufgabenbezogenen ersten Faktor erwarten, die Skala wird jedoch durchgängig sowohl bei der Selbst- als auch bei den Fremdeinschätzungen dem zweiten Faktor zugewiesen. Dieses, auf den ersten Blick irritierende Ergebnis ist durch die Beschreibung des zu erfassenden Konstrukts zu erklären. Denn sowohl im Original als auch in der deutschen Übersetzung ist weniger eine unmittelbar administrative oder managementbezogene Fähigkeit gemeint. Vielmehr soll die Fähigkeit erfasst werden, das eigene Verhalten effektiv auf *andere Menschen* abzustimmen (dies natürlich auch bezogen auf die erfolgreiche Bewältigung von Anforderungen). So operationalisieren Lombardo und McCauley (1995, section 4, ohne Seitenangabe) das Konstrukt u. a. wie folgt:
• „being an individual contributor and part of a team",
• „leading and letting others lead",
• „being close enough to others to be empathic and distant enough to be objective".

Es ist demnach eindeutig auf ein sozial-kompetentes, selbstregulatives Verhalten ausgerichtet, das die eigene Rolle flexibel und geschickt an die Erfordernisse komplexer Situationen anpasst. Von einer erfolgreichen Führungskraft wird demnach erwartet, dass sie weiß, wann sie selbst die Initiative ergreifen muss und wann sie dies besser anderen überlässt, d. h. vorübergehend in den Hintergrund tritt. Insofern ist die Zuordnung unter den zweiten Faktor inhaltlich plausibel.

Tabelle 15: Varimax-rotierte Hauptkomponentenlösung für *Benchmarks*-Skalen zum Kollegenfeedback (für $n=130$ Fokuspersonen mit gesamt $n=418$ Feedbacks)

Kompetenzskala	F_1	F_2	h^2
Verfügung über Ressourcen	**.820**	.384	.820
Das Erforderliche tun	**.884**	.157	.806
Lernfähigkeit	**.765**	.172	.615
Entschlossenheit	**.802**	−.019	.643
Führung u. Kommunikation	.568	**.716**	.835
Schaffen eines Entwicklungsklimas	**.659**	.540	.726
Konfrontation m. Problemen	**.689**	.259	.542
Teamorientierung	.320	**.542**	.396
Entscheidung f. begabte Mitarbeiter	**.623**	.278	.465
Aufbau und Nutzen von Beziehungen	.489	**.732**	.775
Überzeugungskraft und Sensibilität	.195	**.808**	.691
Geradlinigkeit und Offenheit	.166	**.629**	.423
Gleichgew. Privatleben und Arbeit	−.298	**.591**	.438
Selbsterkenntnis	.434	**.646**	.606
Angenehmes Arbeitsklima	.151	**.803**	.667
Flexibilität im Handeln	.534	**.695**	.769
Erklärte Varianz (in %)	33.1	30.8	
Eigenwert λ (unrotiert)	8.19	2.03	
Eigenwert λ (rotiert)	5.30	4.92	

Anmerkungen: siehe Tabelle 8.

Da das bloße Auszählen jeweils übereinstimmender Kompetenzen allein methodisch unbefriedigend ist, bieten sich zur weiteren Klärung von *Forschungshypothese 3* und der
Frage der Übereinstimmung der Kompetenzräume über die Perspektiven hinweg paarweise Prüfungen der *Faktorenkongruenz* an. Hierfür kann der Kongruenzkoeffizient φ_{pq}
herangezogen werden, der die Ähnlichkeit zweier Faktoren mit gleichen Variablensets
aus unterschiedlichen Stichproben prüft. In Anlehnung an Wrigley und Neuhaus gibt
Harman (1976, S. 344) den Kongruenzkoeffizienten wie folgt an:

$$\varphi_{pq} = \frac{\displaystyle\sum_{j=1}^{n} a_{jp} \cdot a_{jq}}{\sqrt{(\displaystyle\sum_{j=1}^{n} a^2_{jp})(\displaystyle\sum_{j=2}^{n} a^2_{jq})}}$$

Der Kongruenzkoeffizient kann Werte von –1 (perfekte inverse Übereinstimmung) bis +1 (perfekte Übereinstimmung) annehmen. Bortz (2005, S. 555) definiert unter Rückgriff auf diverse Arbeiten für Stichproben aus verwandten Populationen einen Kongruenzwert von $\varphi_{pq} > .90$ als Nachweis für eine hohe Übereinstimmung der untersuchten Faktoren.

Bei der Ermittlung der Kongruenzkoeffizienten für beide Verfahren wurden die Ergebnisse der Varimax-rotierten Hauptkomponentenlösungen herangezogen. Es wurden jeweils die Koeffizienten im Vergleich der perspektivenbezogenen Faktorenpaare F_1-F_1 und F_2-F_2 ermittelt, da auf Basis der rotierten Faktorlösungen für die Selbst-, Vorgesetzten- und Kollegenurteile eine Übereinstimmung der extrahierten ersten bzw. zweiten Faktoren anzunehmen ist. Da sich, wie oben ausgeführt, für die Mitarbeiterurteile mit !Response eine tendenziell gespiegelte Faktorenstruktur zeigt, wurden für diese Urteile zusätzlich auch die gekreuzten Faktorenpaare F_1-F_2 und F_2-F_1 mit den anderen Fremdperspektiven auf Übereinstimmung geprüft. Die ermittelten Kongruenzkoeffizienten sind in Tabelle 16 und Tabelle 17 aufgeführt.

Tabelle 16: Kongruenzkoeffizienten φ_{pq} für die paarweise Übereinstimmungsprüfung der gefundenen Faktoren der verschiedenen Selbst- und Fremdbilder mit *!Response* (auf Basis der Varimax-rotierten Hauptkomponentenlösungen. Koeffizienten > .90 sind fett markiert.)

	Vorg. F_1	Vorg. F_2	Mitarb. F_1	Mitarb. F_2	Koll. F_1	Koll. F_2
Selbst F_1	.984	–	.732	**.988**	**.993**	–
Selbst F_2	–	**.974**	**.979**	.633	–	**.982**
Vorg. F_1			.785	**.981**	**.992**	–
Vorg. F_2			**.961**	.635	–	**.976**
Mitarb. F_1					.724	**.990**
Mitarb. F_2					**.995**	.635

Anmerkungen: Da auf Basis der rotierten Faktorlösungen für die Selbst-, Vorgesetzten- und Kollegenurteile eine Übereinstimmung des jeweils ersten bzw. zweiten extrahierten Faktors vermutet wird, wird die Bestimmung von φ_{pq} auf diese Faktorenpaare F1-F1 und F2-F2 beschränkt; da bei den Mitarbeiterurteilen eine im Vergleich zu den anderen Fremdperspektiven partiell gespiegelte Faktorenstruktur vorliegt, wurden für diese Urteile zusätzlich auch die gekreuzten Faktorenpaare F1-F2 sowie F2-F1 mit den anderen Perspektiven auf Übereinstimmung geprüft.

Tabelle 17: Kongruenzkoeffizienten φ_{pq} für die paarweise Übereinstimmungsprüfung der gefundenen Faktoren der Selbst- und Fremdbilder mit *Benchmarks* (auf Basis der Varimax-rotierten Hauptkomponentenlösungen. Koeffizienten > .90 sind fett markiert.)

	Vorg. F_1	Vorg. F_2	Mitarb. F_1	Mitarb. F_2	Koll. F_1	Koll. F_2
Selbst F_1	**.972**	–	**.972**	–	**.981**	–
Selbst F_2	–	**.946**	–	**.946**	–	**.959**
Vorg. F_1			**.991**	–	**.994**	–

Tabelle 17: Fortsetzung

	Vorg. F_1	Vorg. F_2	Mitarb. F_1	Mitarb. F_2	Koll. F_1	Koll. F_2
Vorg. F_2				.992	–	.995
Mitarb. F_1					.988	–
Mitarb. F_2						.994

Anmerkungen: siehe Tabelle 16.

Die Ergebnisse der Kongruenzprüfungen zeigen das erwartete Bild. Für die Kompetenz-feedbacks mit !Response indizieren alle Koeffizienten mit Ausnahme der für die Mitarbeiterurteile mit $\varphi_{pq} > .90$ für die Faktorpaare der Kombinationen F_1-F_1 und F_2-F_2 große Übereinstimmungen. Für den Vergleich der Mitarbeiterurteile mit den anderen Urteilen zeigen sich mittlere Übereinstimmungskoeffizienten im Bereich $.60 < \varphi_{pq} < .80$ für die Kombinationen F_1-F_1 und F_2-F_2, jedoch hohe Koeffizienten für den Überkreuzvergleich F_1-F_2 und F_2-F_1. Eine nahezu perfekte Übereinstimmung mit $\varphi_{pq} > .98$ besteht hinsichtlich der Zuordnung der Kompetenzen unter die Dimension „Aufgabenorientierung" (Vergleich Selbst/Vorgesetzte/Kollegen untereinander: F_1-F_1; Vergleich Selbst/Vorgesetzte/Kollegen mit Mitarbeiterurteilen: F_1-F_2). Für die Kompetenzfeedbacks mit Benchmarks sind ausnahmslos hohe Koeffizienten mit $\varphi_{pq} > .90$ für die identischen Kombinationen F_1-F_1 und F_2-F_2 zu verzeichnen.

Unter Rückbezug auf *Forschungshypothese 3* stützen die Ergebnisse der Kongruenzprüfungen die Annahme perspektivenübergreifend übereinstimmender Zuordnungen der einzelnen Kompetenzen zu den Metakonstrukten „Aufgabenorientierung" und „Beziehungsorientierung". Dies gilt sowohl für den Vergleich der Selbst- mit den Fremdbildern als auch für den Vergleich der Fremdbilder untereinander.

Zusammenfassend können mit Blick auf die eingangs aufgestellten Forschungshypothesen folgende Ergebnisse festgehalten werden:
- *Forschungshypothese 1* gilt als bestätigt. Es haben sich Faktorenstrukturen mit nur zwei Dimensionen ergeben.
- *Forschungshypothese 2* kann ebenfalls als weitgehend bestätigt gelten. Bei den gefundenen Hauptkomponenten zeigt sich ein Faktor, der inhaltlich mit „Aufgabenorientierung" und den damit verbundenen selbstregulativen Funktionen (z. B. „Entschlusskraft") ausgedeutet werden kann. Der zweite Faktor ist wie vermutet überwiegend über sozio-emotionale Inhalte definiert. Anders als bei Benchmarks wird er beim Mitarbeiterfeedback mit !Response als varianzstärkerer erster Faktor ausgewiesen.
- *Forschungshypothese 3* kann ebenfalls als bestätigt gelten, da eine weitgehende Übereinstimmung über alle vier Perspektiven hinweg (inkl. der Selbst-Fremd-Vergleiche) hinsichtlich der Repräsentation der Kompetenzen zu verzeichnen ist. Die FG ordnen den Kompetenzraum folglich in gleicher Weise.
- *Forschungshypothese 4* ist gleichfalls überwiegend bestätigt. Bei beiden Verfahren stellen sich zweidimensionale Lösungen ein. Zwar sind diese mit spezifischen Ladungsmustern ausgestattet, überwiegend ergibt sich jedoch eine instrumenten-unabhängige

Differenzierung nach Aufgaben- und Beziehungsorientierung. Darüber hinaus liefern beide Verfahren ähnliche Faktorenstrukturen für alle drei untersuchten Fremdperspektiven.

5.2.2 Diskussion

Die Ergebnisse der Faktorenanalysen stützen die oben erörterten theoretischen und empirischen Arbeiten, die eine Differenzierung anforderungsbezogener Kompetenzen in beziehungs- und aufgabenorientierte Verhaltensdomänen annehmen. Sie erweitern diese um den Befund, dass sich eine solche Differenzierung bei unterschiedlichen Feedback-Instrumenten finden lässt. Zudem – und dies ist wohl der wesentlichste Befund – ordnen die verschiedenen FG die einzuschätzenden Kompetenzen in ähnlicher Weise. Dieser Sachverhalt soll hier mit dem Begriff einer „*hierarchisch geteilten Kompetenz-Repräsentation*" (kurz „HKR") bezeichnet werden.

In Erweiterung der Ergebnisse der Ohio- und anderer Studien wird darüber hinaus vorgeschlagen, bei den Faktorenbezeichnungen nicht mehr lediglich nur von „Orientierungen" zu sprechen, sondern den Kompetenzbezug auch begrifflich stärker zu dokumentieren. Zugleich ist zu kritisieren, dass die im Deutschen eingeführten Begriffe der Aufgabenorientierung und der Beziehungsorientierung der Komplexität der behandelten Verhaltenselemente wohl kaum gerecht werden. Führungs- und managementbezogene Tätigkeiten, wie sie nicht nur beim LBDQ und MLQ, sondern auch bei Benchmarks, !Response und anderen Instrumenten abgefragt werden, sind breiter angelegt als rein aufgaben- oder beziehungsbezogen.

Für die Ausdeutung der ermittelten Faktoren ist es sinnvoll, sich nochmals zu vergegenwärtigen, dass Feedback-Systeme zumeist in Unternehmen und Organisationen eingesetzt werden, die wirtschaftliche Ziele verfolgen oder öffentliche Aufgaben wahrnehmen. Ihr Einsatz ist letztlich auch mit der Hoffnung verbunden, durch Kompetenzentwicklung mittelfristig bessere Ergebnisse zu erzielen. Für die zuvor unter dem Faktor der Aufgabenorientierung adressierten Kompetenzen gilt, dass sie routinebezogene und neue Anforderungen adressieren, die oft komplex und schwierig sind sowie unter Unsicherheit der Informationen stehen. In sich beständig verändernden Märkten ist zudem stärker die Aneignung prozeduralen als deklarativen Wissens gefordert. Dies setzt den Willen und die Fähigkeit zu kontinuierlichem Lernen voraus. Daher wird für die mit diesem Faktor verbundenen Skalen die Bezeichnung „*Ergebniskompetenz*" vorgeschlagen. Für die ursprünglich unter dem Faktor der Beziehungsorientierung gefassten Verhaltensanforderungen wird die Bezeichnung „*Kooperationskompetenz*" gewählt. Die Bezeichnung berücksichtigt stärker solche Verhaltenselemente, die über den beziehungsförderlichen, wertschätzenden und unterstützenden Umgang mit Anderen hinaus auch Aspekte der Zielbezogenheit von Kooperation beinhalten. Damit wird betont, dass der organisationale Kontext vorrangig keine zweckfreie Pflege von Beziehungen vorsieht, sondern diese unter das Primat der Zusammenarbeit stellt.

Dass sich lediglich die genannten und keine weiteren Faktoren zeigen, liegt zudem in der Konstruktionslogik der verwendeten Verfahren begründet. „Benchmarks" zielt vornehm-

lich auf das für eine erfolgreiche Führung notwendige *Verhalten* und ist dabei vergleichsweise erschöpfend-breit angelegt. „!Response" ist generisch konzipiert und sucht die für
den Erfolg verschiedenster Führungsfunktionen übergreifend wichtigen Kompetenzen
zu erfassen. Das Instrument ist im Vergleich weniger auf Vollständigkeit ausgerichtet und
erfasst stärker als Benchmarks auch traitbezogene Anteile des (Führungs-)Verhaltens.
Beide Instrumente verzichten allerdings auf eine eingehende Berücksichtigung solcher
Elemente, die zusätzliche andere Faktoren hätten etablieren können. Zum Beispiel werden weder Verhaltenselemente eines transformationalen Führungsstils (Charisma, Inspiration etc.) noch Bürgerverhalten (Altruismus, Pflichtbewusstsein) in den Mittelpunkt
gestellt, sodass die vorliegenden Faktorenanalysen auch keine entsprechenden zusätzlichen Dimensionen aufweisen können. Auch Verhalten, das Wertschätzung für andere
Menschen und Kulturen thematisiert („respect for diversity"; vgl. Beehr et al., 2001),
fand keine Berücksichtigung. Faktorenstrukturen, die wie hier auf der Basis von Kompetenzskalen ermittelt werden, können demnach dann zusätzliche Dimensionen aufweisen, wenn die herangezogenen Feedback-Instrumente die genannten Verhaltenselemente
auch tatsächlich abdecken. Mehr als zwei Dimensionen bzw. eine breiter angelegte Faktorenstruktur sind zudem auch dann zu erwarten, wenn sich Analysen nicht auf skalen-
sondern itembezogene Daten stützen.

Auffällig ist zudem die tendenzielle Spiegelung der Faktorenstruktur für das Mitarbeiterfeedback gegen das Vorgesetztenfeedback bei !Response. Eine solche Spiegelung zeigt
sich bei den Analysen mit Benchmarks dagegen nicht. Dieses Ergebnis lässt sich über
die Zusammensetzung der Stichproben erklären. In der !Response- gegenüber der Benchmarks-Stichprobe sind Gruppen von Fokuspersonen mit Vertriebsaufgaben aus dem Bereich „Finanzdienstleistungen" und „Versicherungen" stärker vertreten. Für den Erfolg
von Vertriebsaufgaben werden gerade soziale Kompetenzen wie Kommunikationsfähig-
keit, Verhandlungsgeschick und emotionale Intelligenz für erfolgskritisch erachtet
(Manna & Smith, 2004). Wie die vorliegenden Ergebnisse zeigen, besitzen sie offenbar
auch für die Beurteilung von Vorgesetzten durch ihre Mitarbeiter und zusammen mit anderen beziehungsorientierten Kompetenzen (z. B. den Fähigkeiten, mit anderen ergebnisorientiert zusammenzuarbeiten und diese motivieren zu können) eine wichtige Filter-
funktion. Das heißt, der Prozess der Eindrucksbildung auf Seiten der Mitarbeiter ist in
vertriebsorientierten Funktionen oder Organisationen vor allem sensibel für die Frage,
wie der Vorgesetzte mit den Mitarbeiterinnen und Mitarbeitern umgeht, wie freundlich
er wirkt, inwieweit er Verständnis für deren Wünsche und Erwartungen zeigt, wie moti-
vierend er erlebt wird usw. Die primäre und somit dominierende mentale Repräsentation
(gleich varianzstärkere erste Dimension) ist die der wertschätzenden Gestaltung von Beziehung.

Überdies kann das Ergebnis einer gemeinsam geteilten Kompetenzrepräsentation Befunde auch anderer Studien erklären helfen. Dies trifft in besonderem Maße auf die Untersuchung von Mount und Scullen (2001) zu, die den Einfluss verschiedener systema-
tisch-verzerrender Einflüsse auf die abgegebenen Feedbackurteile auf der Basis von zwei
verschiedenen Feedback-Instrumenten untersuchten. Den Autoren zufolge lassen sich lediglich durchschnittlich acht Prozent der Gesamtvarianz der untersuchten Feedbacks auf
die hierarchische Perspektive des Urteilers zurückführen. Dieser Einfluss ist gegenüber
dem anderer Faktoren, etwa dem Einfluss individueller idiosynkratischer Tendenzen

(Halo-Fehler) mit durchschnittlich 54 Prozent, sehr gering. Dass der hierarchische Effekt bei Mount und Scullen so gering ausfällt, lässt sich plausibel mit den übereinstimmenden Repräsentationen erklären: Da die Feedbackgeber über die Hierarchie hinweg die einzelnen Kompetenzen übereinstimmend ordnen und abbilden, verfügen sie über das gleiche Referenzmodell für die Kompetenzeinschätzung. Dies trägt dazu bei, dass dem abgegebenen Eindrucksurteil letztlich kaum „anzusehen" ist, ob es aus dem Blickwinkel der Vorgesetzten, der Kollegen oder der Mitarbeiter abgegeben worden ist. Ungeachtet dessen übt der Repräsentationseffekt offenbar jedoch keinen mäßigenden Einfluss auf die idiosynkratischen Urteilstendenzen aus. Wie der einzelne Feedbackgeber sein Eindrucksurteil bildet und dann schließlich abgibt, ist demnach stark von anderen Einflüssen abhängig.

5.3 Moderatoren der Güte von Kompetenzfeedbacks

Multiperspektivische Kompetenzeinschätzungen sind in einen organisationalen Kontext eingebettet, dessen Merkmale als Moderatoren sowohl auf den Prozess der Datengewinnung als auch auf die Verwendung der Einschätzungen Einfluss nehmen können. Eine hochrangige Führungskraft eines global operierenden Unternehmens etwa, die in einem 360°-Feedback zahlreiche Fokuspersonen einzuschätzen hat, welche in unterschiedlichen Ländern tätig sind, wird aufgrund der räumlich-zeitlichen Gegebenheiten mitunter Schwierigkeiten haben, sich ein genaues, d. h. valides Bild vom Verhalten des jeweiligen Feedbacknehmers zu machen. Folglich stehen die abgegebenen Feedbacks unter dem Vorbehalt einer geringen Güte. Als Moderatoren der Güte von Kompetenzfeedbacks kommen neben organisationalen Variablen tätigkeitsbezogene Faktoren, die Bedingungen des Feedbackprozesses sowie eine Reihe von personenspezifischen Variablen infrage. Bezüglich einiger Variablen und deren vermuteter Wirkung liegen bereits empirische Befunde vor, bei anderen steht eine entsprechende Untersuchung noch aus. Im Folgenden werden die bedeutsamsten Variablen und die hierzu vorliegenden Befunde behandelt. Die Darstellung stützt sich v. a. auf die bei Moser (1999) sowie Fleenor, Smither, Atwater, Braddy und Sturm (2010) vorgenommenen Einteilungen und Ergebnisse, zudem werden weitere Arbeiten einbezogen (u. a. Atwater & Yammarino, 1997; Moser, 2004; Moser, Donat, Schuler, Funke & Roloff, 1994). Für eine hier nicht vorgesehene eingehendere Darstellung v. a. der Einflüsse auf Seiten der Rater wird auf Fleenor et al. (2010, S. 1011 ff.) verwiesen.

5.3.1 Organisations-, tätigkeitsbezogene und soziodemografische Variablen

Kulturelle Einflüsse

Es besteht die plausible Vermutung, dass der kulturelle Kontext, in dem eine Leistungsbeurteilung vorgenommen wird, Einfluss auf den Grad der Selbst-Fremd-Übereinstimmung nimmt. Besonderes Augenmerk erfährt dabei der Einfluss der individuellen bzw. kollektiven Orientierung. Atwater, Wang, Smither und Fleenor (2009) fanden, dass sich Personen mit hoher Ausprägung auf Individualismus (versus Kollektivismus) besser einschätzen als sie von ihren Fremdeinschätzern beurteilt werden, mithin zur Übertreibung des eigenen Könnens neigen. Kulturelle Kontexteinflüsse werden auch von Gentry, Yip und Hannum (2010) zur Erklärung ihres Befundes geltend gemacht, wonach Manager aus südasiatischen Unternehmen stärkere Selbst-Fremd-Differenzen aufweisen als Manager aus Ländern mit konfuzianisch geprägter Kultur. In diesem Zusammenhang ist auch anzumerken, dass die vorliegenden Forschungsergebnisse zu multiperspektivisch angelegten Kompetenzfeedbacks – stichprobenbedingt – bis dato wohl einem angloamerikanischen Bias unterliegen. Welche der vorliegenden Befunde tatsächlich universell gültig sind, ist daher noch nicht abzuschätzen.

Organisationsgröße

Mit zunehmender Größe eines Unternehmens und entsprechenden Führungsspannen haben Führungskräfte weniger Gelegenheit, Einsicht in die Tätigkeit der einzuschätzenden Fokusperson zu gewinnen und diese zu beobachten (Moser, 1999). Folglich besteht die Gefahr, dass Feedbacks in großen Unternehmen in vergleichsweise höherem Maße Urteilsverzerrungen unterliegen und weniger objektiv bzw. valide sind (je nach Konzeptualisierung der Frage der Selbst-Fremd-Übereinstimmung). Moser et al. (1994, S. 494) finden diese Vermutung bestätigt, indem sie zeigen, dass die Organisationsgröße negativ mit der Selbst-Vorgesetzten-Übereinstimmung korreliert.

Hierarchische Position

Übereinstimmend konnte gezeigt werden, dass die Höhe der Position in der Hierarchie mit höheren Selbst-Fremd-Differenzen einhergeht (Gentry, Hannum, Ekelund & de Jong, 2007; Sala, 2003). Als Erklärung hierfür wird angenommen, dass Führungskräfte in höheren Positionen weniger Feedback erhalten und ihr Selbstkonzept folglich weniger mit dem Fremdbild abgleichen können.

Komplexität der Tätigkeit

Im Zusammenhang mit der Komplexität der Tätigkeit wird vermutet, dass eine klar definierte, auch für Außenstehende transparente, Anforderungsstruktur zu einer höheren Übereinstimmung zwischen Selbst- und Fremdurteilen führt als eine komplexere, bei der überdies die Leistungsziele nicht eindeutig gefasst sind. Der Einfluss dieser Moderatorvariablen ist vergleichsweise gut untersucht, allerdings beziehen sich die Befunde im Wesentlichen auf Leistungsbeurteilungen und weniger auf Kompetenzfeedbacks. Mabe und West (1982) ermittelten für gering-komplexe Tätigkeiten wie z. B. schulische, technisch-handwerkliche oder sportliche Fähigkeiten mittlere Übereinstimmungseffekte $> .30$, für komplexere, z. B. in den Bereichen gesundheitsbezogener Dienstleistungen oder Führung, kleine Effekte $< .20$. Harris und Schaubroeck (1988) konnten einen moderierenden Effekt der Komplexität auf die Interrater-Reliabilität nachweisen. Wie zu erwarten, fallen die IRRn sowohl für Vorgesetzte als auch für Kollegen höher aus, wenn nicht führungsbezogene mit führungsbezogenen Tätigkeiten verglichen werden (Vorgesetzte: .54 vs. .44; Kollegen: .39 vs. .36).

Transparenz der Leistungsstandards

Eine mit der Frage der Komplexität der Tätigkeit eng verbundene Variable bezieht sich auf die Transparenz der in der Organisation verbreiteten Leistungsstandards. So wird im Sinne einer Korrelationshypothese vermutet, dass die Ergebnisse von MKF einen umso stärkeren Leistungsbezug aufweisen und die diesbezügliche Stellung von Fokuspersonen reflektieren, je klarer und spezifischer die Leistungsstandards in der Organisation definiert sind (London & Smither, 1995). Das heißt, sowohl Feedbacknehmer als auch -geber beziehen sich in ihrem Kompetenzurteil stärker auf Komponenten der Aufgabenleistung und weniger der Kontextleistung. In der Terminologie der „social cognitions" dürften beim Abrufen von Verhaltenseindrücken stärker Einträge des semantischen als des episodischen Gedächtnisses berücksichtigt werden. Umgekehrt fehlt allen Beteiligten in Umgebungen mit wenig transparenten oder vage definierten Leistungsstandards der gemeinsame Bezugsrahmen. Diese Bedingung dürfte sich zum einen in einer niedrigen Übereinstimmung zwischen Selbst- und Fremdurteilen niederschlagen, zum anderen in ebenfalls niedrigen Werten für die Interrater-Reliabilität innerhalb der verschiedenen Feedbackgeber-Quellen.

Allerdings ist die Befundlage auch hier eher dürftig. Die vorliegenden Studien beziehen sich sämtlich auf die Beurteilung der *Leistung* von Personen und nicht auf Fähigkeits- oder Kompetenzurteile. Um einen hoch verbindlichen Bezugsrahmen quasi-experimentell herzustellen, manipulierten Steel und Ovalle (1984) die Variable des Leistungsstandards, indem sie die Fokuspersonen der Experimentalgruppe (Zweigstellenleiter eines großen Kreditinstituts) bei ihrer Selbsteinschätzung aufforderten, sich am ihnen zurückgemeldeten Leistungseindruck sowie des täglichen Feedbacks ihrer direkten Vorgesetzten zu orientieren. Im Vergleich zu der Kontrollgruppe, in der die Fokuspersonen ihre Selbsteinschätzung frei vornahmen, zeigte sich bei der Experimentalgruppe eine höhere Selbst-Vorgesetzten-Übereinstimmung (Experimentalgruppe: $r=.31$; Kontrollgruppe: $r=.19$). Gleichzeitig zeigte sich die Experimentalgruppe weniger von Mildetendenzen beeinflusst.

In einer anderen Studie konnten Schrader und Steiner (1996) eindrucksvoll den Effekt von verbindlichen Beurteilungsrichtlinien auf die Objektivität bzw. Reliabilität von Leistungsratings belegen. Unter Bedingungen unklarer („ambiguous") Urteilsrichtlinien zeigten Selbst- und Vorgesetztenurteile geringere Übereinstimmungen (ICC = .25) als unter Bedingungen, bei denen die Fokuspersonen anhand objektiv messbarer Kriterien eingeschätzt wurden (ICC = .50). Die höchste Übereinstimmung wurde mit ICC = .55 unter Bedingungen erzielt, bei denen die Einschätzung auf der Basis einer multiplen Urteilsprozedur vorgenommen wurde: Hierbei wurden erstens objektive Kriterien herangezogen, zweitens zum Vergleich mit Kollegen in der gleichen Arbeitsgruppe aufgefordert und drittens eine interne Leistungsbestimmung vorgenommen (d. h. die eigene augenblickliche Leistung relativierend an vergangenen Leistungen und gemessen an den eigenen Fähigkeiten).

Eine im Vergleich zu anderen beruflichen Funktionen besondere Stellung nehmen vertriebsbezogene Tätigkeiten ein. Diese zeichnen sich dadurch aus, dass Leistungsstandards in hohem Maße transparent und verbindlich sind (Moser et al., 1994; Steel & Ovalle, 1984). Der berufliche Aufstieg, der daran geknüpfte Verantwortungsbereich und vor allem die Vergütung sind in hohem Maße davon abhängig, inwieweit eine Person die jeweils von ihr geforderten Leistungsstandards einzuhalten in der Lage ist. Übereinstimmend wird zudem festgestellt, dass sich vertriebsdominierte Unternehmen durch ein Klima hoher Wettbewerbsorientierung auszeichnen (Brewer, 1994; Brown, Cron & Slocum, 1998; Kohn, 1992). Moser et al. (1994) haben für Forscher und Entwickler aus verschiedenen Technologieunternehmen unterschiedlich hohe Zusammenhangskoeffizienten bezüglich des Selbst- und Vorgesetztenurteils ermittelt. Während sich für $n = 32$ Personen *mit* Vertriebsaufgaben ein hoher Zusammenhang von $r = .60$ ergab, wurde für die Vergleichsgruppe von $n = 83$ Personen *ohne* Vertriebsaufgaben lediglich ein Zusammenhang von $r = .38$ ermittelt.

Verbindlichkeit von Zielen

Eine enge Verknüpfung besteht ebenfalls zwischen dem möglichen Einfluss von verbindlichen Referenzstandards und Zielvereinbarungen. Mit Mitarbeitern Ziele zu vereinbaren, wird mittlerweile auch in deutschen Unternehmen als wichtige Führungsaufgabe angesehen. Zielvereinbarungen erhöhen in Unternehmen die Transparenz von Leistungsstandards. Auf der Seite der Fokuspersonen wird vermutet, dass das Setzen von anspruchsvollen Zielen in hohem Maße handlungssteuernd und somit leistungsförderlich wirkt (Chowdhury, 1993; Gollwitzer & Bargh, 1996; Locke & Latham, 1990a). Für in hohem Maße vertriebsorientierte Unternehmen konnte empirisch nachgewiesen werden, dass sich hoch wettbewerbsmotivierte Mitarbeiter anspruchsvollere Ziele setzen und bessere Leistungen erzielen als weniger wettbewerbsorientierte (Brown, Cron & Slocum, 1998, S. 93 ff.). Auf der Seite der Feedbackgeber wird den bestehenden Vergleichsstandards ein zusätzliches, die Eindrucksbildung kanalisierendes, Element hinzugefügt, indem jeweils der Grad der Zielrealisierung überprüft wird. Dieser Umstand dürfte sich in einer höheren Objektivität sowohl zwischen Selbst- und Fremdurteilern als auch untereinander zwischen den verschiedenen Fremdurteils-Quellen niederschlagen. Umgekehrt dürfte ein Organisationsmilieu, in dem es keine oder wenige Zielvereinbarungen gibt, durch einen niedrigen Grad an Übereinstimmung zwischen den Urteilsquellen gekennzeichnet sein.

Geschlecht und Alter

Auch das Geschlecht von Fokuspersonen scheint einen Einfluss auf das Ergebnis von Kompetenzbeurteilungen zu haben. Daten eines 360°-Feedbacks mit Managern zeigen, dass sich die männlichen Fokuspersonen im Vergleich zu ihren weiblichen Kolleginnen eher überschätzen (Vecchio & Anderson, 2009). Zu einem ähnlichen Ergebnis gelangt die Studie von Moshavi, Brown und Dodd (2003, S. 413), dort zeigt sich eine positive Korrelation ($r = .25$) zwischen dem Geschlecht der Fokusperson und der Höhe ihrer Selbsteinschätzung bzgl. der transformationalen Führungsqualitäten (z. B. schätzen sich Männer besser ein). Die höhere Selbsteinschätzung wird allerdings nicht von den eingeholten Fremdeinschätzungen gestützt ($r = -.08$).

Hinsichtlich des Einflusses des Alters gelangten Ostroff, Atwater und Feinberg (2004, S. 352) zum Ergebnis, dass sich ältere Manager bezüglich ihres Führungskönnens besser einschätzen als jüngere Manager dies tun. Gleichzeitig erhielten die älteren Manager von Vorgesetzten und Mitarbeitern niedrigere Urteile als ihre jüngeren Pendants. Zu einem ähnlichen Befund der Selbstüberschätzung älterer Fokuspersonen gelangen Vecchio und Anderson (2009) in ihrer Feedbackstudie.

Die vorliegenden empirischen Befunde beschränken sich bislang allerdings auf eine rein deskriptive Bestandsaufnahme des Einflusses von Geschlecht und Alter. Vermisst wird eine Deutung der Befunde entlang etwa folgender Fragen: Stützen männliche Führungskräfte ihr klassisches Rollenbild und die an sie herangetragenen Erwartungen, indem sie ihr eigenes Können überschätzen (Überschätzung als symbolische Handlung)? Inwiefern ist ein solches Urteilsverhalten unter Umständen nicht doch funktional für den Aufstieg in der Organisation? Welche psychischen Mechanismen wirken hinter der Selbstüberschätzung von älteren Führungskräften?

5.3.2 Prozessvariablen

Vertraulichkeit

Als eine für die Güte von Kompetenzfeedbacks zentral wichtige Durchführungsbedingung hat sich die Vertraulichkeit im Umgang mit den anfallenden Daten und Ergebnissen erwiesen. Das heißt, die Fokuspersonen können und müssen erwarten dürfen, dass die Ergebnisse ohne ihre ausdrückliche eigene Bitte weder ihren Vorgesetzten, ihren Feedbackgebern, noch irgendwelchen anderen Dritten zur Kenntnis gegeben werden. Das Vertraulichkeitsgebot wird infrage gestellt, wenn Fokuspersonen ihre Feedbackergebnisse z. B. mit ihren Mitarbeitern besprechen und diese bitten, ihre Einschätzungen zu erläutern oder zu begründen. Mabe und West konnten zeigen, dass Fokuspersonen weniger zur Überschätzung der eigenen Fähigkeiten neigten und validere Selbstratings abgaben, wenn ihnen zugesichert wurde, dass ihre Urteile nicht öffentlich gemacht werden (1982, S. 292). Für den Fall einer öffentlichen Freigabe der Selbstratings vermuten sie dagegen eine selbst-defensive, übertrieben gute Einschätzung seitens der Fokuspersonen. Auch negative Affekte auf Seiten der Fokusperson, ausgelöst durch kritische Kommentare von Unternehmensangehörigen, müssten befürchtet werden.

Die Bedingung der *Anonymität* (siehe Moser, 1999) geht noch deutlich über Vertraulichkeit hinaus insofern, als dass vor allem die Einschätzung eines einzelnen Feedbackgebers diesem nicht zuzuordnen ist. Ihrer Konzeptlogik folgend, erfordern multiperspektivische Feedbackratings gerade eine genau auf die jeweilige Fokusperson bezogene Erhebung und Codierung der Daten. Insofern macht eine anonyme Berichtlegung, ohne zu wissen, welche Fokusperson welches Feedback erhalten hat, wenig Sinn. Anders verhält es sich bei den Feedbackgebern. Diese geben umso ehrlichere, validere Feedbacks ab, wenn sie sicher sind, der Fokusperson gegenüber anonym zu bleiben (Kozlowski, Chao & Morrison, 1998). London und Wohlers (1991) berichten in ihrem Beitrag zu Aufwärtsbeurteilungen, dass 24 % der Mitarbeiter ihren Vorgesetzten mit anderen Kompetenzurteilen versehen hätten, wenn ihre Antworten persönlich zurechenbar gemacht worden wären. Antonioni (1994, S. 354) fand mittlere Unterschiedseffekte dergestalt, dass Mitarbeiter, deren Ratings zuzuordnen waren, ihren Vorgesetzten ein besseres Führungsverhalten attestierten als Mitarbeiter, deren Ratings anonym blieben.

So wünschenswert es wäre, auch wissenschaftliche Untersuchungen unter strikter Anonymität durchzuführen, so wenig realistisch ist dieses Ansinnen aber auch. Die meisten

Teilnehmer der hier vorgestellten empirischen Studien erwarteten quasi als Gegenleistung für ihre Teilnahme ein persönliches Feedbackgespräch, in dem sie ihre Ergebnisse erläutert bekamen und Möglichkeiten zur Verhaltensentwicklung erörtern konnten – ohne dieses Angebot hätten Sie sich zu einer Teilnahme nicht bereit gefunden.

Beurteilungsfunktion

Kompetenzfeedbacks können zwei unterschiedlichen Funktionen bzw. Zielsetzungen dienen, nämlich der *Entwicklung* oder der *Beurteilung* von Personen. Die unterschiedlichen Effekte, die damit verbunden sein können, haben Scherm und Sarges dargestellt (2002, S. 45 f.; siehe auch Moser et al., 1994). Dient das Feedback zur Entwicklung, besteht auf der Seite der Fokuspersonen in der Regel ein hoher *innerer* Anreiz zur Verhaltensmodifikation. Es drohen keine unmittelbaren negativen Sanktionen und die Fokusperson ist offen für Entwicklungen. Dient das Feedback dagegen zur Beurteilung und sind davon unter Umständen sogar administrative Entscheidungen abhängig, liegen hohe *äußere* Anreize vor, sich im Sinne gewünschter Veränderungen zu entwickeln. Bestehen große Differenzen zwischen dem Kompetenz-Selbstbild einer Fokusperson und dem Kompetenz-Fremdbild, kann es daher zu starken negativen Affekten kommen. Die Fokusperson sieht ihr Selbstkonzept bedroht und wehrt u. U. emotional ab (Bandura, 1982; Taylor & Bright, 2011; Tesser & Campbell, 1982).

Auf Seiten der Feedbackgeber werden in Abhängigkeit von der Funktion des Verfahrens unterschiedliche kognitive Bezugsrahmen zur Einschätzung einer Fokusperson aktiviert (zusammenfassend Scherm, 2004b). Dient das Feedbackverfahren der Kompetenzentwicklung, so orientieren sich die Feedbackgeber vor allem am *Potenzial* der Fokusperson, d. h. sie vergleichen das gezeigte Verhalten mit deren fähigkeitsbezogenen Möglichkeiten. In diesem Zusammenhang tritt das Phänomen der Verzerrung durch eine zu milde Beurteilung mit geringerer Wahrscheinlichkeit auf. Greguras, Robie, Schleicher und Goff (2003) fanden auf der Basis einer Untersuchung mit Managern, dass die einbezogenen Feedbackgeber-Gruppen (Vorgesetzte, Kollegen, Mitarbeiter) kritisch urteilten, wenn ihr Feedback zu Entwicklungszwecken herangezogen wurde, demgegenüber aber milder, wenn es zu Personalentscheidungen verwendet wurde.

Wird Feedback dagegen im Zusammenhang von Beurteilungsprozeduren gegeben, dann taxieren die Feedbackgeber die zu beurteilende Person und ihre Leistung mit vergleichbaren anderen Personen und ordnen sie in ihren Einschätzungen relativ zu diesen anderen ein. Die Qualität der Einschätzungsdaten kann erheblich beeinträchtigt sein, weil die Fremdurteiler um die Bedeutung ihrer Einschätzung für die Fokusperson wissen und dieser mit kritischen Einschätzungen nicht schaden wollen. Unter diesen Umständen vergeben sie womöglich unangemessen milde Ratings und schöpfen die Breite der Antwortskala nicht aus (u. a. Farh & Werbel, 1986; Harris & Schaubroeck, 1988; Jawahar & Williams, 1997; Moser, 1999).

Instruktion zu sozialem Vergleich

Mabe und West (1982) haben auf der Basis von Festingers Theorie sozialer Vergleiche die Wirkung von Vergleichen mit Personen aus Bezugsgruppen untersucht. Den Ansatzpunkt für diese Untersuchung bildet die Hypothese, derzufolge Vergleiche mit relevanten anderen, z. B. mit Kollegen von einzuschätzenden Fokuspersonen, einen gemeinsamen Urteilsrahmen ermöglichen. Wenn eine Instruktion zu sozialem Vergleich vorliegt (z. B. „Fokusperson ist hinsichtlich ihrer Fähigkeiten schlechter/genauso gut/besser als ihre Kollegen einzustufen"), dann sollte die Übereinstimmung zwischen dem Selbsturteil und den Fremdurteilen höher ausfallen als ohne eine solche Instruktion. In der Tat zeigte sich ein solcher korrelativer Effekt: Bei einem Vorgehen, bei dem weder Instruktionen zu Vergleichen, noch andere Hinweise zu einer „realitätsgerechten" Selbsteinschätzung gegeben wurden, korrelierten Selbst und Fremdurteile zu $r = .00$. Wurde dagegen zum Vergleich aufgefordert, fand sich eine Korrelation von $r = .30$ (Mabe & West, 1982, S. 92).

Validierungserwartung

Eine weitere vielversprechende Instruktionsbedingung betrifft die Erwartung einer Fokusperson, dass ihre Selbsteinschätzung an anderen Leistungs- oder Fähigkeitsmaßen überprüft wird (Moser, 1999, 2004). Entsprechende Maße zur Validierung des Selbsturteils können z. B. durch eine parallel erhobene Vorgesetztenbeurteilung oder Daten zu objektiven Outputkriterien gewonnen werden (Mabe & West, 1982; Moser, 2004; Moser et al., 1994). Die Vermutung besteht darin, dass Fokuspersonen sich weniger positiv, d. h. beschönigend einschätzen, wenn sie damit rechnen müssen, dass die Einschätzungen aus anderen Quellen stark diskrepant ausfallen. Sie würden den daraus zu erwartenden negativen Affekt (als peinlichen Gesichtsverlust) vermeiden wollen und sich realitätsnäher beurteilen.

Allerdings dürfen gerade die Intention und auch die möglichen Wirkungen eines solchen Vorgehens durchaus kritisch gewürdigt werden. Eine Person beispielsweise in der ersten Führungsfunktion, die hoch motiviert ist und große Anstrengungen unternimmt, die eigenen Kompetenzen zu entwickeln, wird sich im Rahmen eines Förderprogramms möglicherweise fragen, warum ihr so viel „instruktives Misstrauen" entgegen gebracht wird. Und sie wird wenig Grund verspüren, sich übermäßig günstig darzustellen, weil sie sich damit selbst täuschen würde. Sie wird sich vielleicht auch wundern, weshalb ihr quasi eine Überprüfung des Selbstbildes „angedroht" wird („traut man mir nicht?") und sich in der Folge in anderen Kontexten defensiv, angstgesteuert und selbst gerade weniger vertrauensbestimmt verhalten. Das Vorgehen könnte also Bemühungen um eine intakte Unternehmenskultur durchaus beeinträchtigen. Demgegenüber macht eine Instruktion im Zusammenhang mit Selektionsentscheidungen durchaus mehr Sinn, da hier bei fehlender Vergleichserwartung eine Täuschung bezüglich des eigenen Kompetenzniveaus mit größerem Anreiz versehen ist. Zudem wäre einem Kandidaten eher einsichtig, dass man sich über sein Leistungsniveau auch aus anderen Quellen informiert. Es dürfte demnach sehr auf den Kontext ankommen, in dem eine Vergleichsinstruktion erfolgreich platziert werden kann.

Beurteilungsakkuratheit als Funktion von Übung und Dauer der Bekanntschaft

Die Wahrscheinlichkeit einer akkuraten Selbsteinschätzung steigt mit dem Grad an Übung. Das heißt, es wird angenommen, dass der Wahrnehmung von Teilen des Selbstkonzepts eine Fähigkeit zugrunde liegt, die durch Training verbessert werden kann. Die höhere Validität der Selbsteinschätzung kann mit einer zunehmenden Aufmerksamkeit gegenüber dem eigenen Verhalten sowie den von außen gesetzten Standards erklärt werden und lässt sich somit als eine Adjustierung an die Umgebung interpretieren. Es konnte ein signifikanter Zusammenhang zwischen der Erfahrung mit Selbsteinschätzungen und der Übereinstimmung der Selbst- und Fremdbilder ermittelt werden (Mabe & West, 1982). Allerdings gilt wie oben auch für diesen Bereich, dass die Mehrzahl der einbezogenen Studien nicht dem Arbeitskontext entstammt und eine Übertragung auf diesen somit fraglich ist.

Auf der Seite der Feedbackgeber konnte für Leistungsurteile nachgewiesen werden, dass die Dauer der arbeitsbezogenen Bekanntschaft mit der Fokusperson die Interrater-Reliabilität stark beeinflusst. Rothstein (1990) fand einen nichtlinearen Zusammenhang zwischen der Dauer der Bekanntschaft und der Interrater-Reliabilität von je zwei Beurteilern, die die Fokusperson genauso lange kennen. Allerdings nähert sich unter dieser Bedingung die Reliabilität asymptotisch einem Wert von .60 an, d. h. selbst bei langen Bekanntschaftsdauern (z. B. 10 Jahre) steigt die Rater-Übereinstimmung nicht mehr substanziell an.

5.4 Der Zusammenhang zwischen Kompetenzfeedbacks, Persönlichkeit und beruflicher Leistung

Im Rahmen aktueller Explikationsversuche des Kompetenzkonstrukts werden Kompetenzen als mitbestimmend für die berufliche Leistung aufgefasst. Personen mit hohen Ausprägungen auf relevanten Kompetenzen sollten bessere Leistungen erzielen als Personen mit vergleichsweise geringen Ausprägungen. Neben dem leistungsbeeinflussenden Anteil machen motivations- und vor allem persönlichkeitsbezogene Merkmale einen weiteren prominenten Anteil des Kompetenzkonstrukts aus (McClelland, 1973; Parry, 1996; Spencer & Spencer, 1993). Interindividuelle Kompetenzdifferenzen sollten folglich auch durch Unterschiede auf der Ebene von grundlegenden Motiven (z. B. dem Leistungsmotiv) und Persönlichkeitseigenschaften zu erklären sein.

Betrachtet man die Konstruktvalidität und hier die Assoziation von Persönlichkeitseigenschaften und Kompetenzen, so ist entgegen der Vielzahl theoretischer Annahmen festzustellen, dass die empirische Befundlage eher dürftig ist. Auch zum Zusammenhang zwischen Kompetenzurteilen und Motivdispositionen liegen bislang lediglich wenige vereinzelte Befunde vor. Kurz und Bartram (2001) berichten von ihren Kompetenzmessungs-Studien, dass ein nennenswerter Varianzanteil des Leistungskriteriums durch Eigenschaften der „Big Five" aufgeklärt werden kann. Van Hooft, van der Flier und Minne (2006) korrelierten Feedback-Skalen aus einer niederländischen öffentlichen Einrichtung mit als inhaltlich ähnlich angenommenen Persönlichkeits- und Motivskalen. Bei den Feedback-Selbsturteilen zeigten sich überwiegend lediglich kleine Korrelationseffekte. Lediglich dort, wo die inhaltliche Überlappung der selbstbeurteilten Feedbackskalen mit den Persönlichkeits- oder Motivskalen als hoch angenommen werden darf, zeigten sich mitunter dagegen auch mittlere Zusammenhangseffekte. So korrelierte beispielsweise die Kompetenzskala „stress tolerance" mit dem Trait „stress tolerance" zu $r = .38$, die Kompetenzskala „effort" mit dem Trait „achievement motivation" zu $r = .33$. Insgesamt zeigten sich bei den Selbsturteilen gleichwohl mit $\bar{r} = .17$ niedrige Zusammenhänge zwischen Kompetenzskalen und als ähnlich deklarierten Traits.

Die Vorgesetztenurteile für die Kompetenzskalen und entsprechende Traits zeigten durchweg noch niedrigere Zusammenhänge. So korrelierten die Vorgesetztenurteile für „administrative skills" mit ähnlichen Traits im Mittel lediglich zu $\bar{r} = .14$. Van Hooft et al. sahen mit ihren Ergebnissen Befunde anderer Autoren bestätigt, wonach ein großer Varianzanteil multiperspektivischer Kompetenzfeedbacks auf Methodeneffekte zurückzuführen sei. Die Autoren schränken die Gültigkeit ihrer Schlussfolgerungen zurecht mit dem methodenkritischen Hinweis ein, dass sie die Kompetenzkonstrukte jeweils lediglich auf der Basis eines einzigen (!) Items abgebildet haben. Folglich sind Zweifel an der Validität der Messung angebracht.

Zu ähnlichen Ergebnissen gelangen auch Walker et al. (2010), die den Zusammenhang zwischen der Veränderung von Feedbackurteilen über die Zeit (t_1, t_2) und Persönlichkeitsmaßen auf der Basis von drei Studien untersucht haben. Die Studien folgen der Annahme, dass Verbesserungen oder Verschlechterungen von Kompetenzen auch durch die Ausprägung der Fokuspersonen auf Eigenschaften der „Big Five", wie z.B. der Gewissenhaftigkeit oder der Extraversion, zu erklären sind. Im Falle der Gewissenhaftigkeit ist es u.a. die Vermutung, dass gewissenhaftere Fokuspersonen sich nach einer ersten Feedbackrunde verbindlichere Lernziele setzen und folglich größere Kompetenzzuwächse verzeichnen (S. 178 f.); bezüglich der Extraversion wird angenommen, dass extravertiertere Fokuspersonen in ihrer Umgebung nach zusätzlichem Feedback zur Unterstützung ihrer Entwicklungsbemühungen suchen und sich selbst besser führen können (S. 179 f.). Die Ergebnisse der Studien legen entgegen den Hypothesen jedoch den Schluss nahe, dass die realisierten Veränderungen weitgehend unabhängig von den Persönlichkeitseigenschaften sind.

5.4.1 Beschreibung der Persönlichkeits- und Motiv-Skalen

Die defizitäre Befundlage zum Persönlichkeits-Kompetenz-Zusammenhang feststellend, ist man gehalten, nach indirekten Nachweisen zu suchen. Unterstellt man, dass Kompetenzen und Leistung(sverhalten) assoziiert sind, so sind auch Befunde zum Zusammenhang zwischen Persönlichkeit und Leistung im Sinne einer empirischen Näherung relevant. Und hier ist die Befundlage deutlich ergiebiger. Bevor auf die Ergebnisse dieser Studien eingegangen wird, sollen mit Blick auch auf die zu berichtenden eigenen empirischen Untersuchungen die relevanten Persönlichkeitseigenschaften und Motive kurz beschrieben werden. Diese entstammen zum einen dem klassischen Fünf-Faktoren-Modell (FFM) der Persönlichkeit. Zusätzlich werden in die eigenen Untersuchungen zwei weitere eigenschaftsnahe Merkmale einbezogen, die mögliche Kandidaten für die persönlichkeitsbezogene Aufklärung des Kompetenzkonstrukts sind, nämlich Risiko- und Kampfbereitschaft (sensu Andresen, 1995) und Selbstwirksamkeit (sensu Bandura, 1997). Darüber hinaus werden die drei klassischen Motive Bindung, Leistung und Macht einbezogen.

Die *Eigenschaften* des *FFM* wurden mit der deutschen Version des NEO-FFI (Borkenau & Ostendorf, 1993) erhoben. Die Beschreibung der Skaleninhalte des NEO-FFI stützt sich auf die Darstellung bei Borkenau (2004, S. 569 ff.):

1) *Neurotizismus:* Die Skala erfasst den Grad emotionaler Labilität eines Menschen und darauf bezogene negative affektive Erlebensinhalte. Personen mit hohen Neurotizismuswerten beschreiben sich als häufig sorgenvoll, ängstlich, unsicher, nervös etc.. Personen mit niedrigen Skalenwerten beschreiben sich demgegenüber als ruhig, sorgenfrei und beherrscht.

2) *Extraversion:* Die Skala erfasst das Ausmaß an Geselligkeit, Selbstsicherheit, Aktivität und das Bedürfnis nach Gesprächen sowie vielfältigen Anregungen.

3) *Offenheit für Erfahrung:* Die Skala erfasst das Ausmaß an Fantasie und kreativer Orientierung, die Neigung, bestehende Normen und Konventionen infrage zu stellen, sowie den Wunsch nach Abwechslung.

4) *Verträglichkeit:* Verträgliche Menschen zeigen sich anderen gegenüber verständnisvoll und mitfühlend. Sie verhalten sich eher kooperativ als kompetitiv, vertrauen Menschen, sind harmoniebedürftig und geben im Streitfall eher nach.

5) *Gewissenhaftigkeit:* Die Skala bezieht sich auf den Ausprägungsgrad von Merkmalen der aufgabenbezogenen Selbstkontrolle wie Ehrgeiz, Disziplin, Fleiß und Zuverlässigkeit, mit denen Aufgaben geplant und verfolgt werden. Gewissenhafte Menschen handeln darüber hinaus eher sach- als personenorientiert und lassen sich dabei von festen Prinzipien leiten.

Die Beschreibung der zusätzlichen Persönlichkeitsskala *Risiko- und Kampfbereitschaft* folgt Andresen (2004), die der Skala *Selbstwirksamkeit* geht auf Bandura (1982, 1997) zurück:

- *Risiko- und Kampfbereitschaft:* Die Skala erfasst die Neigung, sich in herausfordernden und nicht selten gefahrvollen Situationen zu bewähren sowie aktiv den Wettbewerb zu suchen. Risikofreudige Personen zeigen ein hohes Aktionsbedürfnis und messen gerne ihre Kräfte mit anderen (Andresen, 2004, S. 399). In den Tabellen des vorliegenden Bandes wird das Konstrukt verkürzt unter dem Begriff „Risikobereitschaft" aufgeführt, gemeint sind stets beide Konstruktanteile.

- *Selbstwirksamkeit:* Selbstwirksamkeit wird als eine grundlegende Eigenschaft der Selbstbewertung eines Menschen aufgefasst. Personen mit einer hohen Selbstwirksamkeitserwartung haben großes Vertrauen in ihre Fähigkeiten und Leistung. Sie sind vom Erfolg ihrer Handlungen auch unter schwierigen Randbedingungen überzeugt und setzen sich anspruchsvollere Ziele als Personen mit niedriger Selbstwirksamkeitserwartung (Bandura, 1997; vgl. auch Judge & Bono, 2001).

Motive werden im vorliegenden Band als implizite, einer Person nicht vollständig bewusst zugängliche, Verhaltensantreiber aufgefasst. Die drei Motive werden in den eigenen empirischen Untersuchungen als operant und intrinsisch erfasst, um eine unerwünschte, validitätsmindernde Reaktion der Fokuspersonen auf das Reizmaterial zu vermeiden. Die folgende Beschreibung der Motive stützt sich auf Scheffer (2004, S. 592 ff.) sowie Scheffer und Kuhl (2006, S. 50):

- *Bindungsmotiv:* Das Bindungsmotiv ist durch den Wunsch nach Nähe und Vertrauen mit anderen gekennzeichnet. Bindungsmotivierte Personen schätzen die gefühlsbetonte Begegnung mit anderen und das gesellige Beisammensein und sind bestrebt, in Harmonie mit ihrer Umgebung zu leben.

- *Leistungsmotiv:* Das Leistungsmotiv steht im Kontext von Arbeitsstandards. Leistungs-
motivierte gehen gerne ganz in ihrer Tätigkeit auf, verfolgen gesetzte Ziele beharrlich, sind ehrgeizig und streben dabei exzellente Ergebnisse an.
- *Machtmotiv:* Das Machtmotiv beinhaltet das Bedürfnis, Einfluss auf andere ausüben
und diese führen zu wollen, die eigenen Vorstellungen zur Not auch gegen Widerstände durchzusetzen und den Wunsch nach Anerkennung der eigenen Person und
ihrer Tätigkeit (definiert auch über das Erreichen hierarchischer Positionen). In der
negativen Ausprägung tendieren machtmotivierte Menschen dazu, andere mehr oder
weniger bewusst zu manipulieren oder sich aus ihren hierarchisch zugewiesenen Rollen nicht lösen zu können.

5.4.2 Empirische Befunde zum Zusammenhang von Persönlichkeit und beruflicher Leistung

In einer Metaanalyse gelangen Schmitt, Gooding, Noe und Kirsch (1984) zu dem Ergebnis, dass zwischen der beruflichen Leistung allgemein (d. h. für verschiedenste Be-
rufsgruppen und Leistungsanforderungen) und Persönlichkeit (erfasst über Tests) ein
kleiner Zusammenhangseffekt von $\bar{r} = .21$ besteht. Sie schlossen daraus, dass die Persönlichkeit für berufliche Leistung eine nur geringe prädiktive Validität aufweist. Tett, Jackson und Rothstein (1991) ermitteln für die gleiche Fragestellung einen geringfügig höheren Koeffizienten von $p = .24$. Als spezifischer und relativ stabiler Prädiktor aus der
Gruppe des FFM für berufliche Leistung hat sich die Gewissenhaftigkeit einer Person
ergeben. Barrick und Mount (1991) ermitteln auf der Grundlage einer Metaanalyse für
den Zusammenhang von Gewissenhaftigkeit und der subjektiven Leistungseinschätzung
einen kleinen (bereits korrigierten geschätzten) Zusammenhangseffekt von $p = .26$, Salgado (1997) einen Effekt von $\bar{r} = .25$, während Hurtz und Donovan (2000) hierfür mit
$\bar{r} = .14$ einen deutlich niedrigeren Koeffizienten ausweisen.

Doch Gewissenhaftigkeit allein, bei einer ohnehin durchweg allenfalls kleinen bis mittleren Kriteriumsvalidität, ist auf der Persönlichkeitsseite nicht die einzige interessante
Eigenschaft im Zusammenhang mit beruflichem Erfolg. In Tätigkeitsumgebungen, in
denen die kontinuierliche Interaktion mit anderen essenziell ist für das Erreichen von angestrebten Ergebnissen und Zielen, ist auch ein ausreichendes Verträglichkeitsniveau erforderlich. Witt, Burke, Barrick und Mount (2002) fanden für solche Tätigkeitsumgebungen, dass Personen, die sich durch eine hohe Gewissenhaftigkeit auszeichnen, nur
dann auch ein hohes Leistungsniveau attestiert wird, wenn sie gleichfalls auch ein hohes
Verträglichkeitsniveau besitzen. Personen dagegen, die eine gleich hohe Gewissenhaftigkeit, jedoch ein niedriges Verträglichkeitsniveau aufweisen, werden leistungsmäßig
als weniger erfolgreich eingestuft. Darüber hinaus scheinen auch Merkmale des Selbstkonzepts einer Person in Zusammenhang mit beruflicher Leistung zu stehen. So konnten Judge und Bono (2001) einen kleinen Korrelationseffekt von $\bar{r} = .19$ zwischen der
Selbstwirksamkeitsüberzeugung einer Person und ihrer beruflichen Leistung ermitteln.

Die untersuchten Stichproben beziehen sich in nicht unerheblichem Maße auf Personen-
gruppen, die schwerpunktmäßig Vertriebs- oder Serviceaufgaben ausüben bzw. entsprechende Bereiche führen. Gerade auch für diesen Bereich liegen empirische Studien zum

Zusammenhang von Persönlichkeit und Leistung vor. Für die Gewissenhaftigkeit wird in einigen Studien ein zumeist kleiner bis mittlerer Korrelationseffekt mit Leistung ausgewiesen. Brown, Cron und Slocum (1998) ermitteln den Zusammenhang mit $r = .19$, Warr, Bartram und Martin (2005) mit im Mittel $\bar{r} = .23$. Die Gruppe um Warr ermittelte zusätzlich den Zusammenhang auf der Ebene der Eigenschaften-Subkomponenten und konnte zeigen, dass der Gewissenhaftigkeitsanteil vor allem durch die Subkomponente „Leistungsorientierung" determiniert wird (Zusammenhang Leistung – Leistungsorientierung: $\bar{r} = .27$). Zudem ließ sich ein mittlerer negativer Zusammenhang zwischen der gezeigten Leistung und der Verträglichkeit belegen ($\bar{r} = -.22$).

Für diesen Tätigkeitsbereich allerdings scheint die Selbstwirksamkeitsüberzeugung ein deutlich höheres Gewicht für die Leistung zu besitzen als die Gewissenhaftigkeit oder die Verträglichkeit. Bei Brown et al. (1998) klärt die Selbstwirksamkeitsüberzeugung mit $r = .77$ einen substanziellen Varianzanteil des Kriteriums auf. Bei Frayne und Geringer (2000) korrelierte die Selbstwirksamkeit der befragten Versicherungsvertreter zu $r = .47$ mit dem subjektiven Leistungsurteil ihrer Vorgesetzten, jedoch nur noch zu $r = .26$ mit dem objektiven Kriterium verkaufter Versicherungspolicen.

Zusammenfassend ist festzuhalten, dass Gewissenhaftigkeit berufsübergreifend als Prädiktor für Leistung interessant ist – wenn auch mit eher mäßigem Gewicht. Für spezifische Jobdomains sind daneben weitere Eigenschaften oder Merkmale interessant wie z. B. die Selbstwirksamkeit. Als Erklärung für die in den Metaanalysen letztlich geringen Vorhersagewerte durch Persönlichkeitseigenschaften lassen sich verschiedene methodische Probleme anführen. So werden u. a. mehr oder weniger große Abweichungen bei der Konzeption des Fünf-Faktoren-Modells oder die mangelnde Validität auf der Seite der Leistungskriterien als Ursachen diskutiert (siehe Hurtz & Donovan, 2000).

5.4.3 Eigene empirische Untersuchungen zum Zusammenhang von MKF und Persönlichkeit

Die nachfolgend berichteten empirischen Analysen dienen dem Ziel, die Konstruktvalidität von Kompetenzfeedbacks in Richtung eines Zusammenhangs mit Persönlichkeitseigenschaften zu überprüfen. Es wird angenommen, dass Eigenschaften des Fünf-Faktoren-Modells sowie die beiden weiteren Konstrukte wichtige Antezedensbedingungen zur Ausprägung von Kompetenzen im beruflichen Kontext darstellen. Bestimmte Eigenschaften sollten positiv mit Kompetenzen korreliert sein (z. B. Gewissenhaftigkeit), andere negativ (z. B. Neurotizismus). Ferner wird vermutet, dass der Persönlichkeitsanteil im beruflichen Kontext wahrnehmbar und anlässlich von Feedbackprozessen abrufbar ist. Hierbei wird angenommen, dass bezüglich der Selbsteinschätzungen der Fokuspersonen auf der Kompetenzebene und auf der Persönlichkeitsebene ein engerer Zusammenhang besteht als bezüglich der Fremdeinschätzungen. Für diese Annahme sprechen bereits vorliegende Befunde zur Konstruktvalidität. So konnten Scullen et al. (2000) zeigen, dass ein erheblicher Varianzanteil (40–60 %) des Kompetenzurteils auf den Einfluss idiosynkratischer Tendenzen (Halo-Fehler, Milde- bzw. Strenge-Fehler) zurückzuführen ist. Da die Persönlichkeitseinschätzungen in den vorliegenden empirischen Studien als Q-Daten (d. h. über Fragebogen gewonnene Selbstbeschreibungen) erhoben werden und somit die Urteilsperspektive die gleiche bleibt wie bei der Selbsteinschätzung der Kompetenzen, wird die einflussstarke Varianzquelle der Idiosynkrasien kontrolliert.

Zugleich soll ein möglicher Einfluss von Moderatorvariablen auf die Konstruktvalidität untersucht werden. In diesem Zusammenhang haben Scheffer und Scherm (2009) bereits einen möglichen Effekt des organisationalen Umfelds auf den Zusammenhang von Kompetenzratings und Persönlichkeitsmerkmalen untersucht. Einen Effekt des Umfelds anzunehmen liegt nahe, wenn man konzediert, dass Kompetenzfeedbacks nicht allein das Resultat der Interaktion zwischen den beteiligten Personen, sondern auch des Einflusses situativer bzw. prozessbezogener Variablen darstellen (Judge & Ferris, 1993; Klimoski & Donahue, 2001). So ist denkbar, dass diese Variablen die Wahrnehmung, Kodierung und den Abruf von Verhaltensepisoden mitbestimmen und so für jeweils verschiedene Korrelationsmuster zwischen Kompetenzurteilen und Persönlichkeitseigenschaften sorgen.

Scheffer und Scherm (2009) nahmen an, dass der Grad der *Ziel- und Ergebnisverbindlichkeit* innerhalb der Organisation einen steuernden Einfluss auf die Aktivierung von Persönlichkeits- und Motivationsvariablen im Tätigkeitskontext ausübt. Demnach strukturieren klare und als verbindlich erklärte Ziele im Sinne von Locke und Latham (1990a, b, 2002, 2004) die berufsbezogenen Verhaltens- und Handlungsprozesse von Akteuren. Ob und wie Ziele etabliert und kommuniziert werden, nimmt demnach Einfluss auch auf die Wahrnehmung und das Abrufen von Kompetenzeindrücken. Und je nachdem, wie stark das eigene Fortkommen in der Organisation vom Erreichen vereinbarter Ziele und Ergebnisse abhängig ist, desto bestimmender werden spezifische personale oder motivatorische Ressourcen für das gezeigte (Kompetenz)verhalten. Die Grundlage der Studie bildete eine Serie von Untersuchungen mit Nachwuchskräften aus zahlreichen Unternehmen und Organisationen. Die Ergebnisse zeigten, dass hypothesenkonform ein Ratingkontext mit vergleichsweise hoher Zielverbindlichkeit eine deutlich stärkere Assoziation zwischen Gewissenhaftigkeit und diversen Kompetenzskalen (z. B. „Flexibilität der Problemlösung") aufweist als ein Ratingkontext mit relativ niedriger Zielverbindlichkeit. Demgegenüber wirkt ein Ratingkontext mit eben einer niedrigen Zielverbindlichkeit in Richtung einer im Vergleich stärkeren Assoziation des Leistungsmotivs mit bestimmten Kompetenzskalen (z. B. „das erforderliche Tun"). Die Autoren schlussfolgerten, dass in stark strukturierten Leistungsumgebungen mit Wettbewerbsdruck primär Facetten der Aufgabenorientierung und Verbindlichkeit ausgeprägt und aktiviert werden müssen, um Ergebnisse produzieren zu können und positiv beurteilt zu werden. Ein intrinsisch verankertes Leistungsmotiv, das zu eigenen kreativen Gestaltungsleistungen führt, stiftet demnach in der Wahrnehmung der Feedbackgeber keinen „Kompetenz-Mehrwert". In eher schwach strukturierten Umgebungen sollte demgegenüber ein entsprechendes Leistungsmotiv ausgeprägt sein, um quasi „aus eigener Kraft" einen Beitrag zu den Organisationszielen leisten zu können und als kompetent wahrgenommen zu werden.

Weiterhin lässt sich auch ein Einfluss des *Organisationsklimas* auf die Höhe des Kompetenzurteils vermuten. Hier soll eine Facette des Organisationsklimas, nämlich das *Vertrauensklima* erfasst werden. Ein solcher Einfluss wird über einen korrelativen Untersuchungsansatz geprüft werden. Dabei sollte ein vertrauensvolles Klima positiv assoziiert sein mit Kompetenzfeedbacks.

Forschungshypothesen

Mit Blick auf die eher dürftige Forschungslage wird die Möglichkeit des Zusammenhangs zwischen Persönlichkeit und Kompetenzen auf der Basis von übergreifenden Forschungshypothesen abgebildet (nicht auf der Basis von statistischen Hypothesen). Die Forschungshypothesen werden an verschiedenen Stichproben überprüft. Um die Kompetenzseite überschaubar abzubilden, werden die in Kapitel 5.2.2 etablierten Metakompetenzen (Ergebniskompetenz und Kooperationskompetenz) herangezogen. Als Moderatorvariable wurde die oben bereits diskutierte Variable „Ziel- und Ergebnisorientierung" des organisationalen Umfelds eingeführt.

Es werden folgende Hypothesen zu möglichen Zusammenhängen zwischen den Metakompetenzen und Persönlichkeitseigenschaften bzw. Motiven aufgestellt:
1) Erwartete Zusammenhänge „Kompetenz-Selbsturteil – Persönlichkeit":
   a) Ergebniskompetenz und Gewissenhaftigkeit;
   b) Ergebniskompetenz und Selbstwirksamkeit;
   c) Kooperationskompetenz und Verträglichkeit.
2) Erwartete Zusammenhänge „Kompetenz-Vorgesetztenurteil – Persönlichkeit/Motivation":
   a) Ergebniskompetenz und Gewissenhaftigkeit;
   b) Ergebniskompetenz und Selbstwirksamkeit;
   da nur für die Stichprobe der Nachwuchskräfte auch Daten zu den Motiven vorliegen, ist die folgende Hypothese nur auf diese bezogen:
   c) Ergebniskompetenz und Leistungsmotiv.
3) Erwarteter Zusammenhang „Kompetenz-Kollegenurteil – Persönlichkeit/Motivation":
   a) Kooperationskompetenz und Verträglichkeit;
   da nur für die Stichprobe der Nachwuchskräfte auch Daten zu den Motiven vorliegen, ist die folgende Hypothese nur auf diese bezogen:
   b) Kooperationskompetenz und Bindungsmotiv.
4) Erwartete Zusammenhänge „Kompetenz-Mitarbeiterurteil – Persönlichkeit/Motivation":
   a) Ergebniskompetenz und Gewissenhaftigkeit;
   b) Kooperationskompetenz und Verträglichkeit.
5) Über diese Zusammenhänge hinaus wird für alle Urteilsperspektiven ein positiver Zusammenhang zwischen dem *Organisationsklima* und der Höhe der *Kooperationskompetenz* erwartet.

Stichproben

Die aufgestellten Forschungshypothesen sollen an mehreren Stichproben überprüft werden. Um einen möglichen generellen, kontextunabhängigen Zusammenhang zwischen Kompetenzurteilen und Persönlichkeitsmaßen überprüfen zu können, wird aus den vorliegenden Daten eine *Gesamtstichprobe Wirtschaft* gebildet. Aus dieser wird mit gleichem Zusammenhangsfokus die Untergruppe *Führungskräfte Wirtschaft* gebildet. Diese Stichprobe ermöglicht eine Abschätzung des fraglichen Zusammenhangs unter weitgehender Konstanthaltung des Einflusses der möglichen Moderatorvariable „Tätigkeitsfunktion" (Führung vs. Fachkraft). Zudem stellt die Gruppe der Führungskräfte das weltweit mit deutlichem Abstand bevorzugte Zielpublikum für Kompetenzurteile dar (vgl. Scherm, 2005). Insofern dürften hier Ergebnisse interessante differenziell-psychologische Ansätze zur Varianzaufklärung von Kompetenzurteilen liefern.

Um überdies einen möglichen Einfluss von Motivdispositionen zu prüfen, werden die von Scheffer und Scherm (2009) untersuchten Daten reanalysiert. Hierbei wird eine Teilstichprobe von *Nachwuchskräften* untersucht, für die multiperspektivische Kompetenzurteile, Persönlichkeitsurteile und darüber hinaus Motivdaten vorliegen (siehe Kap. 4.7.1 für die Stichprobenbeschreibung). Sollten sich hier Zusammenhänge ergeben, dürften diese eine relativ gute Stabilität aufweisen, da die Stichprobe Personen aus sehr unterschiedlichen Branchen (z. B. Flugzeugbau, Handel, öffentlicher Nahverkehr etc.) besteht. Darüber hinaus gestattet die Stichprobe die Prüfung des möglichen Moderatoreinflusses des organisationalen Umfelds, indem Daten zur Ziel- und Ergebnisverbindlichkeit erhoben wurden.

Verwendete Maße und Datenerhebung

Die Kompetenzurteile wurden mit *!Response* erhoben, die zunächst ermittelten kompetenzbezogenen Skalenwerte wurden anschließend auf der Basis der oben berichteten Faktorenanalysen (siehe Kap. 5.2.1) zu Metakompetenzen (Skalen) verrechnet. Hierbei wurden die in den rotierten Faktorlösungen hoch ladenden Kompetenzskalen mit *einheitlichem* Gewicht (und nicht nach ihren Faktorladungen gewichtet) jeweils der einen *oder* anderen Metakompetenz zugewiesen und als „composite-scores" verrechnet. Dieses Vorgehen wird gestützt durch die von Grice (2001) berichteten Ergebnisse, nach denen Faktorwerte, die auf einer einheitlichen Verrechnungsbasis gebildet werden, valider und weniger verzerrt sind als Faktorwerte, die auf Basis der exakten Ladungen gebildet werden. Zugleich erweisen sich die einheitsbasierten Faktoren über unabhängige Stichproben hinweg als stabil.

Die *Eigenschaften* des Fünf-Faktoren-Modells wurden mit den Persönlichkeitsskalen der deutschen Version des NEO-FFI (Borkenau & Ostendorf, 1993) erhoben. Jede der fünf Skalen Emotionale Stabilität, Extraversion, Offenheit für Erfahrungen, Verträglichkeit und Gewissenhaftigkeit stützt sich auf jeweils 12 Items. Die Skala *Risiko- und Kampfbereitschaft* (sensu Andresen, 2004) umfasst 12 Items, die Skala *Selbstwirksamkeit* 10 Items. Alle Skalen sind faktorenanalytisch fundiert und verfügen über befriedigende interne Konsistenzen mit $\alpha > .70$.

Ziel- und Ergebnisorientierung. Die Skala zur Ziel- und Ergebnisorientierung des organisationalen Umfelds wurde auf der Basis von Fremdurteilen (Vorgesetzte, Kollegen) der befragten Fokuspersonen gebildet, da diese als valider als die Selbsturteile vermutet wurden. Die Likertskala stützt sich auf sechs fünfstufige Items, die den Erfolg individueller und organisationaler Tätigkeit in Abhängigkeit vom Vereinbaren und Erreichen von Zielen operationalisieren (Beispielitem: „Das Erreichen gesetzter Ziele entscheidet über das persönliche Fortkommen."). Die Urteile der Vorgesetzten und Kollegen wurden – da per Faktorenanalyse als übereinstimmend ausgewiesen – gemeinsam verrechnet. Die Skala kann mit $\alpha = .83$ als befriedigend konsistent betrachtet werden.

Vertrauensklima. Zur Messung des Vertrauensklimas kam die entsprechende Skala des LIDO (*Landauer Inventar zur Diagnose des Organisationsklimas*; Müller, 1999a, 1999b) zum Einsatz. Die Skala umfasst 10 vierstufige Items (Beispielitem: „Jeder wird fair behandelt."). Sie ist zufriedenstellend reliabel ($\alpha = .89$).

5.4.3.1 Ergebnisse der Korrelationsanalysen

Die Ergebnisse für die Stichprobe „*Wirtschaft gesamt*" ($45 < n < 131$; siehe Tab. 18) zeigen höhere Korrelationen für den Zusammenhang der Persönlichkeitsmaße mit den Selbsturteilen als mit den Fremdurteilen. Hinsichtlich der *Ergebniskompetenz* weisen die Selbsturteile positive starke Zusammenhangseffekte mit Gewissenhaftigkeit ($r = .53$) und Selbstwirksamkeit ($r = .64$) und mittlere Zusammenhangseffekte mit Extraversion ($r = .46$) und Risikobereitschaft ($r = .46$) auf. Zudem besteht ein negativer Zusammenhang mit dem Grad des Neurotizismus ($r = -.35$) der Fokusperson. Auf der Seite der Fremdurteile ergeben sich lediglich zwei kleine signifikante Effekte. Zum einen schätzen die Vorgesetzten die Fokuspersonen als umso ergebniskompetenter ein, je selbstwirksamer sich letztere beschreiben ($r = .29$). Zum anderen schätzen die Mitarbeiter die Fokuspersonen umso ergebniskompetenter ein, je gewissenhafter diese sich beschreiben ($r = .21$). Als interessant stellt sich darüber hinaus das Ergebnis dar, wonach die Kollegenurteile negativ mit Verträglichkeit korrelieren ($r = -.26$): Nach dem Eindruck der Kollegen steigt das der Fokuspersonen zugewiesene Kompetenzniveau mit sinkender Verträglichkeit.

Auf der Seite der *Kooperationskompetenz* ist bezüglich der Selbsteinschätzungen ein ähnliches Bild zu beobachten wie hinsichtlich der Ergebniskompetenz. Hier zeigen sich im Vergleich etwas niedrigere mittlere Korrelate mit der Gewissenhaftigkeit ($r = .49$) und der Selbstwirksamkeit ($r = .45$) und kleine Zusammenhangseffekte mit Extraversion ($r = .26$) sowie Verträglichkeit ($r = .24$). Wie zuvor auf der Seite der Ergebniskompetenz ist der Neurotizismus negativ auch mit der Kooperationskompetenz assoziiert ($r = -.41$). Die Vorgesetzteneinschätzungen sind positiv an die Verträglichkeit der Fokuspersonen geknüpft, d. h. je umgänglicher sich die Fokuspersonen beschreiben, desto höher fällt das Urteil der Vorgesetzten kompetenzseitig aus ($r = .31$). Wie oben fallen zudem die Mitarbeiterurteile umso besser aus, je höher die Gewissenhaftigkeit der Fokuspersonen ausgeprägt ist.

Tabelle 18: Ergebnisse der Zusammenhangsprüfungen zwischen Kompetenzurteilen und Persönlichkeit für die Stichprobe „Wirtschaft gesamt"

	ER_S	ER_V	ER_K	ER_M	KO_S	KO_V	KO_K	KO_M
Neurotizismus	−.348**	−.098	.130	−.119	−.410**	−.141	−.115	−.206*
Extraversion	.460**	.158	−.089	.003	.255**	.108	−.094	.027
Offenheit	.192*	−.025	.052	−.166	.040	.007	−.101	−.181
Verträglichkeit	−.089	.054	−.258	−.046	.244*	.305**	−.040	.150
Gewissenhaftigkeit	.527**	.175	.137	.205*	.491**	.123	.115	.205*
Selbstwirksamkeit	.635**	.290**	.080	.192	.445**	.166	.096	.113
Risikobereitschaft	.463**	.073	.191	.058	.198*	−.129	−.055	−.083

Anmerkungen: 1) Korrelationen sind Produkt-Moment-Koeffizienten. 2) Abkürzungen: ER_S: Ergebniskompetenz Selbst; ER_V: Ergebniskompetenz Vorgesetzte; ER_K: Ergebniskompetenz Kollegen; ER_M: Ergebniskompetenz Mitarbeiter; KO_S: Kooperationskompetenz Selbst; KO_V: Kooperationskompetenz Vorgesetzte; KO_K: Kooperationskompetenz Kollegen; KO_M: Kooperationskompetenz Mitarbeiter. 3) ** Die Korrelation ist auf dem Niveau von 0,01 (2-seitig) signifikant. * Die Korrelation ist auf dem Niveau von 0,05 (2-seitig) signifikant. 4) Stichprobengrößen: Selbsturteile: $119 < n < 131$; Vorgesetztenurteile: $n = 106$; Kollegenurteile: $n = 45$; Mitarbeiterurteile: $n = 92$.

Das Gesamtbild der Ergebnisse zeigt Abbildung 7. Beide Metakompetenzen sind relativ breit, d. h. mit jeweils mehreren Persönlichkeitseigenschaften assoziiert, wobei die Nähe der Ergebniskompetenz zur Persönlichkeit etwas größer ist als die der Kooperationskompetenz (dargestellt durch die dickeren Linien). Die Fremdurteile stehen in deutlich geringerem Zusammenhang mit der Persönlichkeit. Auffallend ist, dass vorgesetzten- und mitarbeiterseitig lediglich ein oder zwei Traits je Metakompetenz assoziiert sind: Die Vorgesetzten beurteilen selbstwirksame und verträgliche Fokuspersonen als leistungsstark, die Mitarbeiter wiederum gewissenhafte und wenig neurotische Fokuspersonen.

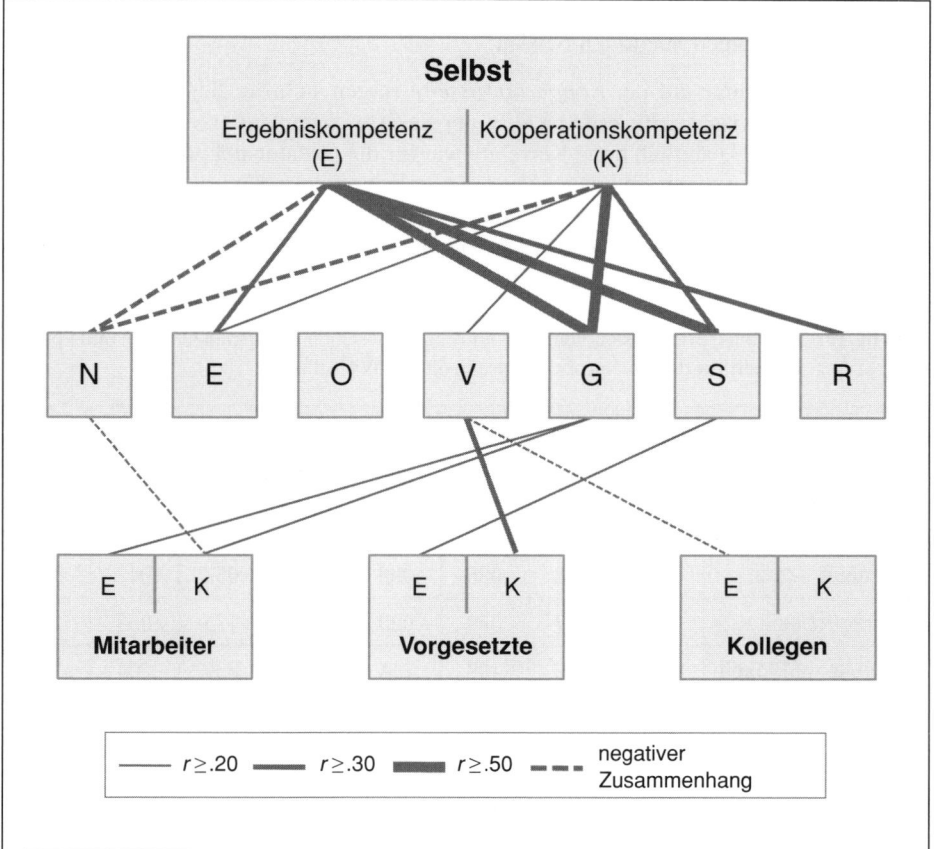

Anmerkungen: N: Neurotizismus; E: Extraversion; O: Offenheit für Erfahrung; V: Verträglichkeit; G: Gewissenhaftigkeit; S: Selbstwirksamkeit; R: Risikobereitschaft; E: ergebnisbezogene Kompetenzen; K: kooperationsbezogene Kompetenzen; Abbildung des Zusammenhangseffekts durch die Liniendicke: dünn – $r \geq .20$; mittel – $r \geq .30$; dick – $r \geq .50$; positiver Zusammenhang: durchgehende Linie; negativer Zusammenhang: gestrichelte Linie.

Abbildung 7: Grafische Darstellung der korrelativen Zusammenhänge zwischen Kompetenzurteilen und Persönlichkeitseigenschaften für die Stichprobe „Wirtschaft gesamt"

Betrachten wir nun die Ergebnisse für die Stichprobe der *Führungskräfte*, dann ergibt sich für die Selbsturteile der *Ergebniskompetenz* ein ähnliches Bild wie bei der Gesamtstichprobe (siehe Tab. 19). Der engste Zusammenhang besteht mit der Selbstwirksamkeit der Fokusperson ($r=.59$), deutlich geringer fallen die Zusammenhänge mit dem Grad ihrer Gewissenhaftigkeit ($r=.35$), Extraversion ($r=.35$) und Risikobereitschaft ($r=.30$) aus. Für die Vorgesetztenurteile liegen niedrige Korrelationseffekte vor, lediglich mit der Gewissenhaftigkeit ($r=.28$) zeigt sich ein Zusammenhang.

Ein ähnlich hoher negativer Zusammenhang wie für die Gesamtstichprobe ist für die Kollegenurteile hinsichtlich der Verträglichkeit ($r=-.33$) auszumachen. Zugleich werden risikobereitere Fokuspersonen positiver eingeschätzt als weniger risikobereite. Die Korrelate der Mitarbeiterurteile mit den Persönlichkeitseigenschaften bewegen sich dagegen durchgängig auf einem niedrigen Niveau.

Für Zusammenhänge auf der *Kooperationsseite* zeigen sich für die Selbsturteile hinsichtlich der Gewissenhaftigkeit ($r=.45$), der Selbstwirksamkeit ($r=.49$) und der Verträglichkeit ($r=.33$) ähnlich hohe Korrelate wie für die Gesamtstichprobe. Bei den drei Fremdurteilsperspektiven sind dagegen grundsätzlich niedrige Korrelate zu beobachten. Auffällig ist lediglich der negative Zusammenhang zwischen dem Vorgesetztenurteil und der Risikobereitschaft ($r=-.38$) sowie zwischen dem Mitarbeiterurteil und der Gewissenhaftigkeit ($r=.33$).

Tabelle 19: Ergebnisse der Zusammenhangsprüfungen zwischen Kompetenzurteilen und Persönlichkeit für die Stichprobe „Führungskräfte Wirtschaft"

	ER_S	ER_V	ER_K	ER_M	KO_S	KO_V	KO_K	KO_M
Neurotizismus	−.212	−.169	.094	−.087	−.417**	−.177	−.145	−.190
Extraversion	.348**	−.062	−.158	−.073	.183	−.154	−.168	−.007
Offenheit	.022	−.038	.035	−.096	−.199	−.057	−.042	−.089
Verträglichkeit	.063	.167	−.329*	−.029	.331*	.175	−.050	.178
Gewissenhaftigkeit	.353**	.276	.198	.214	.454**	.059	.204	.334*
Selbstwirksamkeit	.586**	.160	.164	.215	.492**	.004	.076	.185
Risikobereitschaft	.302*	−.084	.307	.192	.195	−.376*	−.014	.011
Klima	.280	.354	−.180	.336	−.150	.001	−.326	.056

Anmerkungen: 1) Korrelationen sind Produkt-Moment-Koeffizienten. 2) Abkürzungen: siehe Tabelle 18. 3) ** Die Korrelation ist auf dem Niveau von 0,01 (2-seitig) signifikant. * Die Korrelation ist auf dem Niveau von 0,05 (2-seitig) signifikant. 4) Stichprobengrößen. Selbsturteile: $n=62$; Vorgesetztenurteile: $n=40$; Kollegenurteile: $n=38$; Mitarbeiterurteile: $n=43$; für Zusammenhänge mit *Vertrauensklima* („Klima"): Selbsturteile: $n=25$; Vorgesetztenurteile: $n=24$; Kollegenurteile: $n=21$; Mitarbeiterurteile: $n=16$.

Abbildung 8 verdeutlicht die Ergebnisse. Im Sinne konvergenter Validität sind die Selbsturteile relativ eng vor allem mit den Skalen der Gewissenhaftigkeit, Selbstwirksamkeit und auch der Risikobereitschaft assoziiert. Von der Anzahl der mindestens niedrigen Zu-

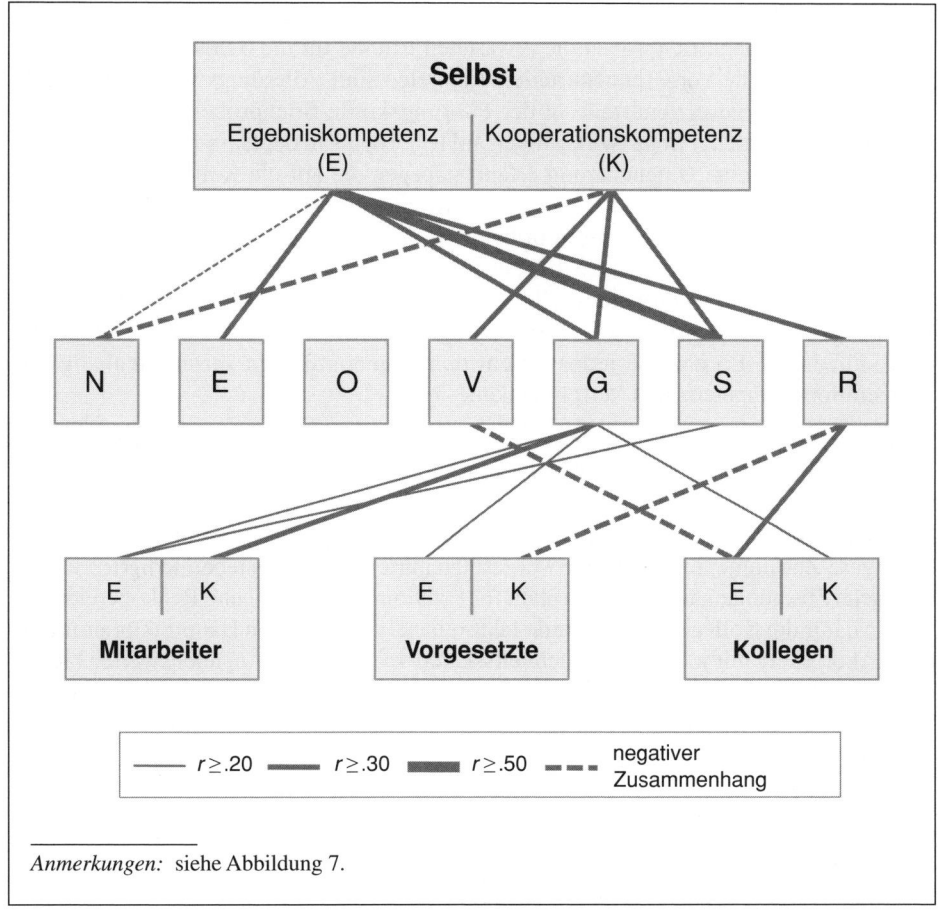

Abbildung 8: Grafische Darstellung der korrelativen Zusammenhänge zwischen Kompetenzurteilen und Persönlichkeitseigenschaften für die Stichprobe „Führungskräfte Wirtschaft"

sammenhangseffekte weisen die Fremdurteile insgesamt, d. h. unabhängig von der spezifischen Perspektive, den intensivsten Bezug mit der Gewissenhaftigkeit auf. Betrachtet man die spezifische Urteilsperspektive, dann ist wie zuvor bei der Gesamtstichprobe festzustellen, dass jede Metakompetenz mit nicht mehr als zwei der insgesamt sieben Eigenschaften verknüpft ist.

Bezüglich der Frage eines möglichen Zusammenhangs der Kompetenzurteile mit dem Vertrauensklima sind übereinstimmend mit den Forschungshypothesen mittlere Korrelationseffekte mit den selbst-, vorgesetzten- und mitarbeiterbeurteilten Ergebniskompetenzen zu beobachten ($r=.28$, $r=.35$, $r=.34$). Zudem zeigt sich, allerdings entgegen der Ausgangshypothesen, ein negativer Zusammenhang der kollegenbeurteilten Kooperationskompetenz mit dem Vertrauensklima ($r=-.33$).

Mit Blick auf die eingangs aufgestellten Forschungshypothesen kann festgehalten werden, dass bei beiden Stichproben die erwarteten Effekte für die Selbsturteile und weitgehend auch für die Vorgesetztenurteile aufgetreten sind. Allerdings weisen die ergebnisbezogenen Vorgesetztenurteile in der Führungskräfte-Stichprobe einen geringeren Zusammenhang mit der Selbstwirksamkeit auf ($r = .16$) als in der Gesamtstichprobe Wirtschaft ($r = .29$). Keine Unterstützung erfährt dagegen die auf die Kollegenurteile bezogene Hypothese eines Zusammenhangs von Kooperationskompetenz und Verträglichkeit. Auf der anderen Seite werden in beiden Stichproben Kollegen hinsichtlich ihrer Ergebniskompetenzen dann schwächer eingestuft, wenn sie sich als verträglich beschreiben. Hinsichtlich der Mitarbeiterurteile wird die Hypothese eines Zusammenhangs zwischen Ergebniskompetenz und Gewissenhaftigkeit weitgehend unterstützt. Demgegenüber stützen die Ergebnisse jedoch nicht den angenommenen Zusammenhang von Kooperationskompetenz und Verträglichkeit.

Wenden wir uns nun den Ergebnissen der *Nachwuchskräfte-Stichprobe* zu (siehe Tab. 20, Abb. 9), dann ist bezüglich der *Ergebniskompetenzen* auch hier die relative Nähe der Selbsturteile zur Gewissenhaftigkeit ($r = .37$), zur Selbstwirksamkeit ($r = .44$) und vor allem zur Risikobereitschaft ($r = .58$) zu beobachten. Demgegenüber zeigen sich deutlich niedrigere Zusammenhänge für die Vorgesetztenurteile. Hier bestehen lediglich effektschwache Zusammenhänge mit Offenheit für Erfahrungen ($r = .23$) und Risikobereitschaft ($r = .25$). Für die Kollegenurteile wurde faktorenanalytisch nur ein Hauptfaktor ermittelt. Dieser korreliert mit allen Persönlichkeitsskalen zu $r < .20$. Ein nennenswerter kleiner Zusammenhang zeigt sich lediglich für das Leistungsmotiv ($r = .20$), d. h. dass die Kollegen solche Nachwuchskräfte als kompetenter beurteilen, die über ein stärker ausgeprägtes Leistungsmotiv verfügen.

Für die Urteile der *Kooperationskompetenz* ist ein ähnliches Muster festzustellen. Während die Selbsturteile u. a. Zusammenhänge mit Gewissenhaftigkeit ($r = .44$), Selbstwirksamkeit ($r = .38$), Extraversion ($r = .35$) und auch mit Verträglichkeit ($r = .28$) aufweisen, stehen die Vorgesetztenurteile in keinem nennenswerten Zusammenhang mit den einbezogenen Persönlichkeits- und Motivmaßen.

Tabelle 20: Ergebnisse der Zusammenhangsprüfungen zwischen Kompetenzurteilen und Persönlichkeit für die Stichprobe „Nachwuchskräfte Wirtschaft"

	ER_S	ER_V	KO_S	KO_V	GEN_K
Neurotizismus	−.255*	−.103	−.359**	−.049	.115
Extraversion	.394**	.033	.350**	−.117	.119
Offenheit	.138	.232*	.072	.140	.033
Verträglichkeit	−.042	−.015	.281**	.113	−.008
Gewissenhaftigkeit	.368**	.111	.443**	.081	.173
Risikoneigung	.581**	.248*	.270*	.059	.132
Selbstwirksamkeit	.444**	.176	.375**	−.034	.017

Tabelle 20: Fortsetzung

	ER_S	ER_V	KO_S	KO_V	GEN_K
Bindung	−.070	−.017	.013	.078	.031
Leistung	.123	−.024	.080	.024	.203
Macht	.117	−.085	.061	−.017	.011

Anmerkungen: 1) Korrelationen sind Produkt-Moment-Koeffizienten. 2) Abkürzungen: siehe Tabelle 18; GEN_K: Einzelfaktor Kollegen. 3) ** Die Korrelation ist auf dem Niveau von 0,01 (2-seitig) signifikant. * Die Korrelation ist auf dem Niveau von 0,05 (2-seitig) signifikant. 4) Stichprobengrößen. Selbsturteile: $n=88$; Vorgesetztenurteile: $n=83$; Kollegenurteile: $n=89$.

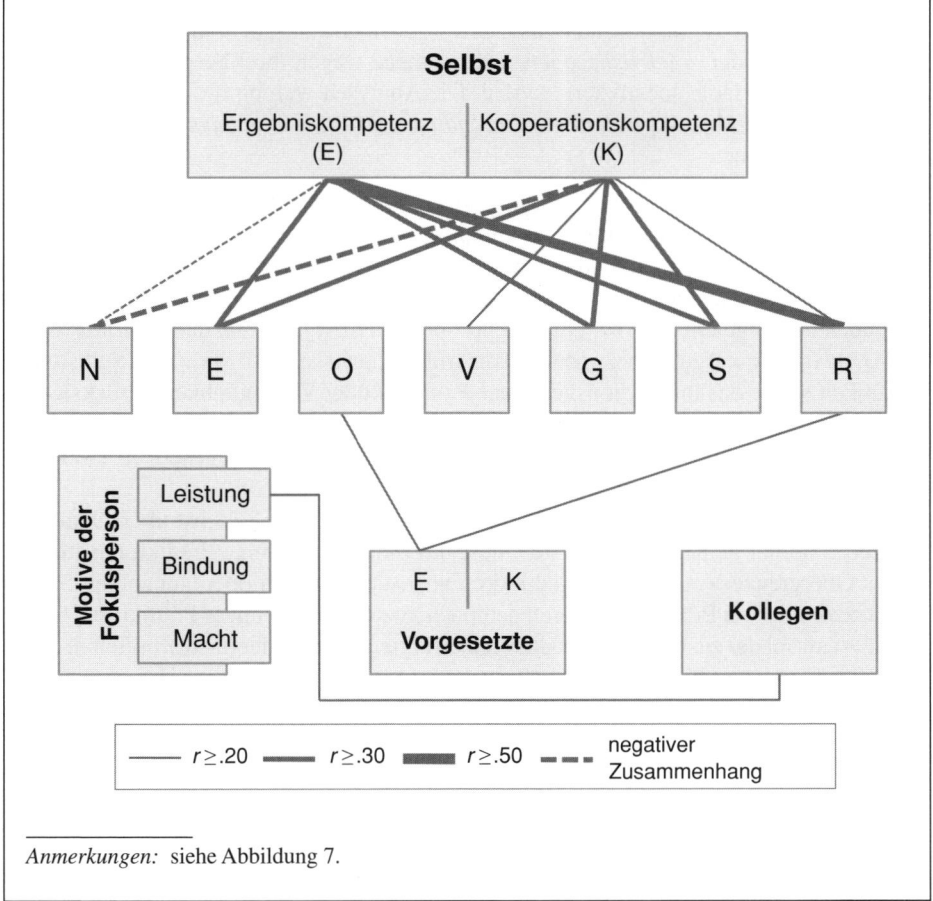

Anmerkungen: siehe Abbildung 7.

Abbildung 9: Grafische Darstellung der korrelativen Zusammenhänge zwischen Kompetenzurteilen und Persönlichkeitseigenschaften für die Stichprobe „Nachwuchskräfte Wirtschaft"

Für die Nachwuchskräfte ist festzuhalten, dass die Forschungshypothesen lediglich für die Selbsturteile unterstützt werden. Dagegen zeigen sich die Vorgesetztenurteile weitgehend unkorreliert mit der Gewissenhaftigkeit, der Selbstwirksamkeit und dem Leistungsmotiv der Fokusperson. Das gleiche gilt für die Kollegenurteile, hier ist lediglich eine geringe Assoziation mit dem Leistungsmotiv zu beobachten.

5.4.3.2 Ergebnisse der Regressionsanalysen zur Erklärung der ergebnisbezogenen Vorgesetztenurteile

Das Vorgesetztenfeedback besitzt für die Fokusperson eine besondere Wichtigkeit, da es Anhaltspunkte für die Einschätzung ihrer Leistung enthält. Es stiftet somit Orientierung hinsichtlich möglicher administrativer Entscheidungen wie die Entgeltfindung, Beförderungen und Karriereschritte. Im Folgenden soll untersucht werden, welches Modell von Persönlichkeitseigenschaften und Motivdispositionen die Vorgesetztenurteile am besten erklärt. Es wird ein regressionsanalytisches Vorgehen gewählt, in dem die Vorgesetztenurteile bezüglich der *ergebnisbezogenen* Kompetenz wegen ihrer besonderen Relevanz als abhängige Variable spezifiziert werden. Die Analysen werden für die drei oben einbezogenen Stichproben *Wirtschaft gesamt*, *Führungskräfte Wirtschaft* sowie *Nachwuchskräfte* vorgenommen.

Für die Ausführung der Regressionsanalysen sind die folgenden Kriterien maßgebend:
1) *Spezifikation der unabhängigen Variablen nach empirischen Befunden:* Für die Modell-Zusammenstellung der unabhängigen Variablen sind die Ergebnisse der oben berichteten empirischen Befunde der Literatur maßgeblich. Daraus wird für den vorliegenden Fall abgeleitet, dass für die Stichproben *Wirtschaft gesamt* und *Führungskräfte Wirtschaft* die aufgabenbezogenen Konstrukte Gewissenhaftigkeit und Selbstwirksamkeit sowie das interaktionsbezogene Konstrukt der Verträglichkeit berücksichtigt werden sollen. Für den Bereich der Nachwuchskräfte werden die Gewissenhaftigkeit und die Selbstwirksamkeit ebenfalls als gesetzt betrachtet. Die gesetzten zwei bzw. drei Variablen werden dann durch weitere Variablen ergänzt.
2) *Sparsamkeit des Modells:* Um die zu prüfenden Modelle möglichst überschau- und interpretierbar zu halten, sollen sich diese auf möglichst wenige Prädiktoren stützen. Als Obergrenze werden fünf Prädiktoren angesetzt. Zu den oben genannten Sätzen von zwei bis drei Prädiktoren treten demnach zwei bis drei weitere Prädiktoren hinzu. Die Auswahl der zusätzlichen Prädiktoren erfolgte auf Basis der oben ermittelten stichprobenbezogenen Korrelationen.

Die Überprüfung der Voraussetzungen der multiplen Regression (vgl. Bortz, 2005, S. 450) ergab keine Anhaltspunkte für gravierende Verstöße.

Die Ergebnisse der Regressionsanalysen zeigt Tabelle 21. Für die *Wirtschaftsstichprobe* wurde in das Modell neben den drei genannten Variablen zusätzlich die Variable Vertrauensklima mit aufgenommen. Das Modell leistet eine Varianzaufklärung von $R^2 = .18$, dies entspricht einer mittleren Effektgröße von $K^2 = .22$. Innerhalb des Modells leisten die Selbstwirksamkeit und das Vertrauensklima nach den Beta-Gewichten den höchsten Erklärungsbeitrag. Dagegen sind der Beitrag der Gewissenhaftigkeit und der Verträglichkeit vergleichsweise gering.

Tabelle 21: Ergebnisse der Regressionsanalysen zur Erklärung der ergebnisbezogenen Vorgesetztenurteile zur Ergebniskompetenz

	Stichprobe Wirtschaft gesamt (n=74)		Stichprobe Führungskräfte ohne Vertrauensklima (n=40)		Stichprobe Führungskräfte mit Vertrauensklima (n=24)		Stichprobe Nachwuchskräfte (n=83)		
	Beta	p	Beta	p	Beta	p		Beta	p
Gewissenhaftigkeit	.033	.787	.226	.217	.214	.320	Gewissenhaftigkeit	.121	.271
Selbstwirksamkeit	.308	.015	.112	.537	.215	.287	Selbstwirksamkeit	.055	.701
Verträglichkeit	.066	.562	.083	.649	.221	.308	Offenheit	.261	.021
Klima	.260	.021	–	–	.440	.038	Risikobereitschaft	.121	.409
Neurotizismus	–	–	.001	.998	–	–	Zielorientierung	.278	.010
	$F=3.87^{**}$		$F=0.91$		$F=1.97$			$F=3.34^{**}$	
	$R=.428$		$R=.307$		$R=.542$			$R=.424$	
	$R^2=.183$		$R^2=.094$		$R^2=.294$			$R^2=.178$	

Anmerkungen: **Die Korrelation ist auf dem Niveau von 0,01 (2-seitig) signifikant.

Für die Stichprobe der *Führungskräfte* liegen Ergebnisse ohne und mit Daten zum Vertrauensklima ($n = 40$ vs. $n = 24$) vor. Das Modell *ohne* Vertrauensklima-Daten klärt die Varianz der Vorgesetztenurteile mit $R^2 = .09$ und einer Effektstärke von $K^2 = .10$ eher mäßig auf. Als einflussreichster Prädiktor zeigt sich die Gewissenhaftigkeit. Das Modell *mit* Vertrauensklima-Daten klärt die Gesamtvarianz mit $R^2 = .29$ und $K^2 = .42$ vergleichsweise gut auf; hier zeigt sich das Vertrauensklima (Beta = .44) als bei weitem erklärungsstärkste unabhängige Variable. Die übrigen Variablen Gewissenhaftigkeit, Selbstwirksamkeit und Verträglichkeit tragen zur Aufklärung des Vorgesetztenurteils in etwa gleicher Weise bei. Allerdings erweisen sich beide Modelle wegen des niedrigen Stichprobenumfangs als nicht signifikant.

Für die Stichprobe der Nachwuchskräfte schließlich ergibt sich bei $R^2 = .18$ und einer Effektstärke von $K^2 = .22$ eine mittlere Varianzaufklärung. Hier spielen die beiden Prädiktoren Gewissenhaftigkeit und Selbstwirksamkeit eine eher nachrangige Rolle. Es sind vor allem die Zielorientierung der Organisation und die Offenheit für Erfahrungen seitens der Fokusperson, die das Vorgesetztenurteil in etwa gleichem Ausmaß aufklären.

5.4.3.3 Ergebnisse der Prüfung eines Moderatoreffekts

Die Überprüfung eines möglichen Moderatoreffekts der Variable Ziel- und Ergebnisorientierung auf den Zusammenhang von Kompetenzurteilen und Persönlichkeit wurde an der Stichprobe der Nachwuchskräfte vorgenommen. Hierzu wurde ein Mediansplit auf der Basis der organisationalen Ziel- und Ergebnisorientierung („ZIEL") vorgenommen: Die eine Stichprobenhälfte umfasst Nachwuchskräfte mit einem Wert für ZIEL ≤ 3.8, diese sind definitionsgemäß in Organisationen mit tendenziell mittlerer Zielorientierung tätig. Die andere Stichprobenhälfte umfasst Personen mit ZIEL > 3.8, diese sind folglich in Organisationen mit hoher Zielorientierung tätig. Wegen des niedrigen Stichprobenumfangs von $n < 50$ für beide Stichprobenhälften sind die Analysen explorativ angelegt und verzichten auf eine Moderatoranalyse per regressionsanalytischer Interaktionsprüfung. (Im Übrigen lassen sich Moderatoreffekte über die Interaktionsprüfung in Feldstudien u. a. wegen der niedrigen Teststärke wesentlich schwieriger nachweisen als für experimentelle Pläne; siehe McClelland & Judd, 1993.) Die für beide Gruppen ermittelten Zusammenhänge sind in Tabelle 22 wiedergegeben.

Für die Seite der *Ergebniskompetenz* sind sowohl bei der Selbst- als auch bei der Vorgesetztenbeurteilung Zusammenhangsunterschiede auszumachen. Bei den Selbsturteilen zeigen sich vor allem Unterschiede im Neurotizismus als auch in der Gewissenhaftigkeit. Während das Selbsturteil und der Neurotizismus in der Stichprobe mit mittlerer Zielorientierung nahezu unkorreliert ($r = -.09$) sind, besteht in der Stichprobe mit hoher Zielorientierung ein mittlerer Zusammenhang ($r = -.35$). Zudem ist in der ersten Stichprobe die Gewissenhaftigkeit nur mäßig ($r = .22$), in der zweiten dagegen stark ($r = .51$) mit dem Selbsturteil assoziiert. Auch das Vorgesetztenurteil weist unter der Bedingung hoher Zielorientierung einen etwas engeren Zusammenhang mit der Neurotizismus-Ausprägung auf ($r = -.24$ vs. $r = -.10$). Darüber hinaus besteht eine signifikante Korrelation mit der Selbstwirksamkeit ($r = .33$ vs. $r = .11$).

Auch hinsichtlich der Kooperationskompetenz bestehen deutliche Unterschiede zwischen den beiden Stichproben, diese jedoch nur bei den Selbsturteilen. Zum einen ist in der hoch zielorientierten Stichprobe ein engerer Zusammenhang zwischen dem Kompetenzurteil und der Selbstwirksamkeit zu beobachten als in der Stichprobe mit mittlerem Zielniveau ($r = .45$ vs. $r = .28$). Wie bezüglich der Ergebniskompetenz besteht zudem in der Gruppe mit hoher Zielorientierung ein engerer Zusammenhang zum Neurotizismus der Fokusperson ($r = -.46$ vs. $r = -.19$). Gleichzeitig ist jedoch ein Abfall der Enge des Zusammenhangs mit der Verträglichkeit gegenüber der Gruppe mit mittlerer Zielorientierung festzustellen. Während Personen in mäßig zielorientierten Organisationen sich umso kooperationskompetenter einschätzen, je verträglicher sie sich beschreiben ($r = .37$), so ist die entsprechende Korrelation in hoch zielorientierten Organisationen deutlich niedriger ($r = .18$).

Insgesamt lässt sich demnach ein moderierender Effekt der Ziel- und Ergebnisorientierung auf die Höhe des Zusammenhangs zwischen den Kompetenzfeedbacks und den Persönlichkeitsmaßen belegen. Die Unterschiede betreffen vor allem die Selbsturteile und hier besonders die Traits Neurotizismus, Gewissenhaftigkeit, Selbstwirksamkeit und Verträglichkeit. In geringerem Maße lässt sich der Effekt auch für die Vorgesetztenurteile belegen, hier betrifft er vor allem die Traits Neurotizismus und Selbstwirksamkeit.

Tabelle 22: Ergebnisse der Prüfung eines Moderatoreffekts der Zielorientierung für die Stichprobe „Nachwuchskräfte Wirtschaft"

	ER_S	ER_V	KO_S	KO_V	GEN_K	ER_S	ER_V	KO_S	KO_V	GEN_K
Neurotizismus	–.093	–.098	–.185	–.062	–.090	–.350*	–.241	–.457**	–.194	–.189
Extraversion	.459**	–.015	.372**	–.139	.182	.332*	.069	.353*	–.159	–.013
Offenheit	.102	.227	.131	.170	.009	.175	.374*	–.017	.240	.178
Verträglichkeit	.018	–.037	.369**	.116	.121	–.106	.056	.183	.179	–.196
Gewissenhaftigkeit	.224	.254	.392**	.257	.219	.511**	–.065	.492**	–.192	.164
Risikoneigung	.652**	.212	.209	.003	.067	.516**	.316	.358*	.164	.225
Selbstwirksamkeit	.463**	.105	.284	–.129	.104	.427**	.332*	.452**	.168	–.052
Bindung	–.062	–.066	.010	.060	.093	–.080	–.012	.016	.030	–.102
Leistung	.195	.073	.127	.111	.208	.047	–.180	.019	–.136	.231
Macht	.209	.023	.112	.084	.021	.033	–.194	–.011	–.121	.098

Anmerkungen: 1) Linke Hälfte: Gruppe ($44 < n < 50$) mit mittlerer Zielorientierung; rechte Hälfte: Gruppe mit hoher Zielorientierung ($37 < n < 42$); Unterschiede im Stichprobenumfang im Vergleich zum jeweiligen Gesamt-Stichprobenumfang ergeben sich durch fehlende Werte. 2) Abkürzungen: siehe Tabelle 18; GEN_K: Einzelfaktor Kollegen. 3)**Die Korrelation ist auf dem Niveau von 0,01 (2-seitig) signifikant. *Die Korrelation ist auf dem Niveau von 0,05 (2-seitig) signifikant.

5.4.3.4 Diskussion

In allen drei untersuchten Stichproben zeigen sich übereinstimmend Befunde für den Zusammenhang von Selbsturteilen und Persönlichkeitsmaßen. Dies stützt die Annahme einer partiellen konvergenten Konstruktvalidität von Kompetenzurteilen. Es wurden mittlere bis große Zusammenhangseffekte zwischen den *ergebnisbezogenen* Kompetenzen und den Eigenschaften *Gewissenhaftigkeit*, *Selbstwirksamkeit* und *Extraversion* festgestellt. Personen, die sich die entsprechenden Persönlichkeitseigenschaften in hohem Maße zuschreiben, beurteilen sich in ihrer Tätigkeit als ehrgeizig, als kompetente Planer, als effektiv steuernd und Output-orientiert sowie als lernfähig. Gleichfalls zeigten sich aggregatübergreifend mittlere Zusammenhangseffekte zwischen den *kooperationsbezogenen* Kompetenzen und den Traits Gewissenhaftigkeit, Selbstwirksamkeit und Neurotizismus. Personen mit den genannten Eigenschaften beschreiben sich in ihrer Tätigkeit u. a. als beziehungsorientiert, im Umgang freundlich, teamorientiert und konfliktfähig. Die Zusammenhangseffekte liegen deutlich über den bei van Hooft et al. (2006) berichteten Korrelaten von Selbsturteilen mit Traits.

Somit kommt vor allem den beiden Konstrukten Gewissenhaftigkeit und Selbstwirksamkeit eine exponierte Bedeutung für das berufliche Selbstkonzept zu, besonders auch deshalb, weil beide sowohl für die Ergebnis- als auch für die Kooperationsseite gleichermaßen von Bedeutung sind. Dies überrascht, da man den beiden Eigenschaften wegen ihres starken Aufgabenbezugs eher eine ausschließliche Bedeutung nur für die Ergebnisseite zuweisen würde. Ein Erklärungsansatz besteht darin anzunehmen, dass fleißige und zuverlässige Personen – zumal solche in Führungspositionen – ihre aufgabenbezogenen Ziele in der Absicht und im Wissen darum verfolgen, dass sie diese nur mit der Unterstützung anderer erreichen können. Das heißt, sie gestalten die Interaktion mit anderen in der Weise, dass eine gegenseitige Verlässlichkeit hinsichtlich der vereinbarten Ziele und Aufgaben besteht und die Arbeitsbeziehungen von positiver Wertschätzung bestimmt sind. Einem solchen Erklärungsansatz liegt eine kausale Logik zugrunde, die allerdings über die zulässigen Interpretationsmöglichkeiten von Korrelationen hinausgeht: Um sich selbst eine hohe Ergebniskompetenz zuzuschreiben, bedarf es einer hohen Ehrgeiz-, Fleiß- und Zuverlässigkeitsneigung (= Gewissenhaftigkeit). Diese bedingt nicht nur eine Selbst-Attribution von aufgabenbezogenem Können, sondern impliziert eine parallele Attribution auch beziehungsorientierten Könnens: „Um die Ziele zu erreichen, will und muss ich gut mit anderen zusammenarbeiten." Kooperatives Verhalten würde quasi instrumentell aufgefasst. Um die Gültigkeit einer solchen Interpretation zu überprüfen, bieten sich weitere Untersuchungen etwa mit pfadanalytischen Methoden an.

Bezüglich des Zusammenhangs der Fremdurteile mit den Persönlichkeitsmaßen konnten kleine bis mittlere effektstarke Zusammenhänge mit den Persönlichkeitsmaßen festgestellt werden. Die Vorgesetztenurteile bezüglich der Ergebniskompetenzen zeigen vor allem Zusammenhänge mit der Selbstwirksamkeit (Stichprobe Wirtschaft gesamt) und der Gewissenhaftigkeit (Stichprobe Führungskräfte) der Fokuspersonen. Auch hier ließen sich demnach Belege für die konvergente Konstruktvalidität von Kompetenzfeedbacks finden – wenn auch in deutlich geringerer Stärke als bei den Selbsturteilen, jedoch höher als bei van Hofft et al. (2006). Die gefundenen Korrelate dämpfen zugleich die vor allem in angloamerikanischen Untersuchungen wiederholt vorgetragene bzw. diskutierte

Kritik, derzufolge die Varianz in multiperspektivischen 360°-Feedbacks weniger auf inhaltliche als auf methodenbedingte Unterschiede zurückzuführen ist (Mount et al., 1998; Scullen et al., 2000). Darüber hinaus kann die Höhe der jeweiligen Konstruktvaliditäten (als Grad der Assoziation von Kompetenzurteilen zu Persönlichkeitseigenschaften) hypothetisch über branchen- und unternehmensbezogene Unterschiede (und damit auch inhaltlich) erklärt werden.

Die Ergebnisse bestätigen insofern auch die Befunde von Arbeiten, in denen den Konstrukten besondere Relevanz im Sinne von notwendigen personalen Anforderungen für die berufliche Leistung zugewiesen wird (Barrick & Mount, 1991; Brown et al., 1998; Frayne & Geringer, 2000; Judge & Bono, 2001; Salgado, 1997). Die Regressionsanalysen haben gezeigt, dass eine Einflussverschiebung zwischen den beiden Eigenschaften innerhalb von überschaubar großen Modellen je nach den spezifischen tätigkeitsbezogenen Anforderungen der untersuchten Stichproben möglich ist. In Stichproben, die stark von Vertriebs- und Serviceaufgaben bestimmt sind (Stichprobe Wirtschaft gesamt), besteht ein starker unmittelbarer Erfolgsdruck. Hier dominiert der Einfluss der Selbstwirksamkeitsüberzeugung über die Gewissenhaftigkeit: Es müssen zeitnah gute Ergebnisse erzielt werden und hierzu bedarf es offenbar der inneren Überzeugung, solchen Anforderungen auch gerecht werden zu können. Dort, wo der Erfolg auch mittlere Zeitperspektiven zulässt und wo entsprechende nachhaltige Einflussprozesse nötig sind (Stichprobe Führungskräfte), überwiegt offenbar der Einfluss der Gewissenhaftigkeit über die Selbstwirksamkeit.

Gleichzeitig erhalten Fokuspersonen von ihren Vorgesetzten tendenziell ein gutes Kooperationsfeedback, wenn sie sich selbst als verträglich und darüber hinaus als weniger risiko- und kampfbereit beschreiben. Auch hier findet sich eine Entsprechung zu vorliegenden Arbeiten (z. B. Witt, Burke, Barrick & Mount, 2002). Die gängige Interpretationslogik wird gestützt, wonach ehrgeizige, fleißige, zuverlässige und umgängliche Personen in ihrer Tätigkeit gute Leistungen erzielen und diese von ihren Vorgesetzten auch attestiert bekommen.

Mit Blick allerdings auf kritische Befunde, denen zufolge 40–60 % der Urteilsvarianz multiperspektivischer Kompetenzfeedbacks durch idiosynkratische Tendenzen zu erklären sind (Scullen et al., 2000), ist auch eine andere Lesart der Ergebnisse denkbar. Oben wurde der Überlegung gefolgt, dass eine höhere Selbstwirksamkeit, Gewissenhaftigkeit usw. mit einer besseren Leistung einhergeht und dieser Zusammenhang in den Vorgesetztenurteilen korrekt abgebildet wird, d. h. die Vorgesetzten geben valide Urteile ab. Ein alternativer Interpretationsansatz fasst die Vorgesetztenurteile stärker als subjektive Eindrucksurteile auf und identifiziert die Traits als Teil des idiosynkratischen Wahrnehmungsfilters der Feedbackgeber. Im Sinne einer subjektiven Theorie wäre diese in ihrer Eindrucksbildung implizit auf eine Kopplung von wenigen Eigenschaftsprädiktoren mit dem Urteilskriterium „Ergebnisverhalten" fokussiert: Mitarbeiter sind in der Wahrnehmung ihrer Vorgesetzten dann kompetent und erhalten entsprechende Urteile (unabhängig von tatsächlich messbaren Arbeitsergebnissen), wenn sie gewissenhaft und verträglich sind und sich darüber hinaus im Binnenverhältnis zum Vorgesetzten nicht zu wettbewerborientiert verhalten (entsprechend der bei den Führungskräften beobachteten negativen Korrelation zwischen dem kooperationsbezogenen Kompetenzurteil und der Risiko- und Kampfbereitschaft). Wird eine entsprechende Traitausprägung bei einem

Mitarbeiter festgestellt, so wird diesem auch ein gutes Kompetenzniveau attestiert. Etwas vereinfacht und zugespitzt hieße dies, dass sich Vorgesetzte kompetente, zuverlässige und fleißige Mitarbeiter wünschen, die sich ihnen gegenüber ausgleichend verhalten und nur wenige Signale dahingehend setzen, dass sie womöglich leistungsmäßig besser sind als diese. Ob dies in hierarchisch geprägten Unternehmenskontexten und einem starken Wettbewerbsdruck nach innen wie nach außen realitätskonform ist, darf zumindest bezweifelt werden.

Im Bereich der Nachwuchskräfte ist vorgesetztenseitig keine Dominanz der Gewissenhaftigkeit für eine günstige Kompetenzeinschätzung auszumachen. Im Zuge der Prüfung eines Moderatoreinflusses der organisationsbezogenen Ziel- und Ergebnisorientierung wurde jedoch gezeigt, dass in Unternehmen oder Organisationen mit hohem Zieldruck eine hoch ausgeprägte Selbstwirksamkeitsüberzeugung günstig für ein positives Kompetenzfeedback ist. Zudem wirkt sich eine hohe Offenheit für Erfahrungen im Sinne einer Neugier- und Lernbereitschaft gleichfalls förderlich aus. Auch hier lässt sich zweigleisig interpretieren. Es ist plausibel anzunehmen, dass sich in den Lernkontexten, in denen sich Nachwuchskräfte befinden, eine selbstbewusste Überzeugung den eigenen Fähigkeiten gegenüber positiv auf den Erwerb und die Beurteilung von Kompetenzen auswirkt. Gleichfalls stimmig ist es, dass der Kompetenzerwerb durch eine allem Neuen gegenüber offene Haltung unterstützt wird. Erstaunlich ist jedoch der geringe Zusammenhang zwischen den einbezogenen Motivmaßen und den Kompetenzurteilen. So sind beispielsweise das Leistungsmotiv und das Machtmotiv in der hoch zielorientierten Teilstichprobe sogar schwach negativ (wenn auch nicht signifikant) mit dem Vorgesetztenurteil assoziiert. Falls sich solche Befunde in weiteren Untersuchungen bestätigen sollten, dürfte dies Fragen nach der Ausbildungs- und Förderpraxis in den Unternehmen motivieren. Möglicherweise erhalten die intrinsisch leistungs- und einflussmotivierten Nachwuchskräfte, d. h. gerade diejenigen, die man unternehmensseitig in offiziellen Statements als besonders förderungswürdig bezeichnet, gerade nicht die Aufgabenstellungen, in denen sie ihre Flow-, Güte- und Einflussorientierungen einbringen können, sondern womöglich eher einfache, routinebehaftete und damit demotivierende Tasks. Sie können folglich ihr tatsächliches Leistungsniveau nicht voll entfalten.

Darüber hinaus wurde ein Effekt der organisationalen Ziel- und Ergebnisverbindlichkeit beobachtet. Unter Bedingungen hoher Zielorientierung zeigt das Kompetenz-Selbstkonzept eine höhere Assoziation mit Gewissenhaftigkeit und (in negativer Richtung) mit Neurotizismus als unter Bedingungen allenfalls mittlerer Zielorientierung. Ein starker Druck, anspruchsvolle Aufgaben zu lösen und attraktive Ergebnisse zu erreichen, bedarf offenbar eines hohen Maßes an emotionaler Stabilität, Fleiß, Zuverlässigkeit etc. auf der Eigenschaftsseite. Sind die damit ausgestatteten Personen tatsächlich erfolgreich, dürfte ihnen dies durch die Organisation zurückgemeldet werden. In Kontexten mit weniger ausgeprägtem Ergebnisdruck spielt demgegenüber ein fleiß- und verbindlichkeitsorientierter Persönlichkeitsstil eine weniger bedeutungsvolle Rolle, wohl aber die Selbstwirksamkeitsüberzeugung der Nachwuchskraft. Hier ist demnach eine Akzentverschiebung von der spezifisch-aufgabengebundenen Seite der Persönlichkeit hin zu einer generellen affektiv-motivbezogenen Disposition festzustellen. In der Selbstwahrnehmung zählt weniger das konkrete Verhalten im Aufgabenkontext, demgegenüber stärker die selbstbewusste Erwartung, wohl potenziell erfolgreich sein zu können.

In hoch zielorientierten Organisationsmilieus zeigt sich ein vergleichsweise engerer Zusammenhang zwischen dem Vorgesetztenfeedback und den Merkmalen Offenheit für Erfahrungen sowie der Selbstwirksamkeit. Um sich in Lernprozessen, in denen sich Nachwuchskräfte befinden, kompetent zu verhalten bzw. zu wirken (und wir dürfen annehmen, dass das Vorgesetztenurteil durchaus valide für die Erfassung des Leistungskriteriums ist), sollten Nachwuchskräfte generell offen für Neues und lernbereit sein. Zudem ist offenbar eine selbstbewusste Erfolgsorientierung förderlich, die das Angehen schwieriger Aufgaben, aber auch die Bewältigung von Misserfolgen erleichtert. In weniger zielorientierten Kontexten lässt sich ein solch enger Zusammenhang nicht nachweisen, d. h. diese stellen diesbezüglich weniger Ansprüche. Die Ergebnisse unterstützen folglich nur partiell die bei Scheffer und Scherm (2009) angenommenen Zusammenhänge zwischen Kompetenzurteil und Persönlichkeitsmerkmalen. Während für die Selbsturteile die Annahme eines Zusammenhangs z. B. mit Gewissenhaftigkeit Bestätigung fand, ist dies für die Vorgesetztenurteile nicht der Fall. Als Ursache für die abweichenden Ergebnisse sind die für Feldforschungen bekannten stichprobenbezogenen Effekte zu diskutieren, etwa, dass sich die jahrgangsweise untersuchten Nachwuchskräfte-Gruppen möglicherweise hinsichtlich wichtiger Kriterien (Funktion der Messwertträger im Unternehmen, Größe und Branchenzugehörigkeit des Unternehmens) unterscheiden könnten. Diese Angaben lagen für die einbezogenen Stichproben leider nur vereinzelt vor.

Auch auf der Mitarbeiterseite ist eine Betonung der Traits Gewissenhaftigkeit und Selbstwirksamkeit festzustellen. Sowohl in der Gesamtstichprobe als auch in der Stichprobe der Führungskräfte korreliert das ergebnisbezogene Feedback positiv mit beiden genannten Variablen; in beiden Stichproben korreliert das kooperationsbezogene Feedback dagegen stärker mit Gewissenhaftigkeit als mit Selbstwirksamkeit. Offenbar ist demzufolge eine aufgabenorientierte, verlässliche und erfolgsorientierte Grundhaltung der Führungspersönlichkeit auch in der Zusammenarbeit mit den Mitarbeitern förderlich, um mit diesen zusammen gute Ergebnisse zu erzielen und ein Klima der Kooperation zu schaffen.

Eine interessante Weiterung ergibt sich, wenn man die Kollegenurteile hinzu zieht. In der Gesamtstichprobe beurteilen die Kollegen die Feedbacknehmer umso weniger ergebniskompetent, je verträglicher sich diese zeigen. Ein solcher Zusammenhang lässt sich seitens der Mitarbeiter nicht feststellen. Wie oben ausgeführt, steigt auf der anderen Seite vorgesetztenseitig mit einer hohen Verträglichkeit auch die Wahrscheinlichkeit einer günstigen Kooperationseinschätzung. Der gegenläufige Effekt lässt sich zum einen als methodenbedingt vermuten, wenn man argumentiert, dass für einen Großteil der Stichprobe (überwiegend Personen aus dem Bereich Finanzdienstleistung, Banken und Versicherungen) zwar Vorgesetztenurteile ($n=106$), jedoch keine Kollegenurteile ($n=45$) vorliegen. Möglicherweise ließe sich bei etwa gleichen Perspektivumfängen kollegenseitig eine Nullkonstellation feststellen, somit wäre der aufgetretene Effekt ein Stichprobenartefakt.

Will man die Ergebnisse gleichwohl inhaltlich ausdeuten, so besteht gerade im Verhältnis Fokuspersonen-Vorgesetzte-Kollegen Spannungspotenzial. Selbst wenn man konzediert, dass für die Entwicklung und für den Aufstieg einer Person die Einschätzung der

Vorgesetzten maßgebend sind, so lassen sich aus den Befunden unterschiedliche Rollenerwartungen herauslesen: In der Zusammenarbeit erwarten die Vorgesetzten umgängliche, vertrauensvolle, bescheidene und entgegenkommende Mitarbeiter (entsprechend der
Ausdeutung des Verträglichkeitskonstrukts). Deren Kollegen wiederum halten gerade
solche personalen „Zutaten" und die damit ausgestatteten Personen für wenig ergebnis-
förderlich. Von diesen Personen dürfte, da vermutlich auch als wenig leistungsstark angesehen, in der Kollegenwahrnehmung allerdings wenig Konkurrenzdruck ausgehen.
Weniger freimütige, bescheidene und mitunter konfliktmotivierte Personen dürften demgegenüber durchaus als Wettbewerber eingestuft werden. Aus den unterschiedlichen Ur-
teilszusammenhängen lassen sich für den beruflichen Alltag Stressrisiken ableiten. Die
Personen sind gehalten, in der Dyade mit dem Vorgesetzten umgänglich zu agieren, im
Image den Kollegen gegenüber erfahren sie dadurch eher Wettbewerbsnachteile. Wollten sie diese vermeiden und einen kompetenten Eindruck auch im Kollegenkreis hinterlassen, müssten sie im Prinzip gegen ihre verträgliche Disposition agieren. Man ist ge-
neigt, dies als die in der populären Management- und Führungsliteratur geforderte
persönliche Flexibilität auszulegen. Dem stünde die ebenso häufig aufgestellte Forderung nach Authentizität entgegen.

In der untersuchten Führungskräftestichprobe hat sich zudem das Vertrauensklima in
den Regressionsanalysen als varianzstarker Prädiktor erwiesen. Da das Regressionsmo-
dell aufgrund des kleinen Stichprobenumfangs nicht signifikant ist, hat das Ergebnis zunächst lediglich heuristischen Wert. Sollte es sich in nachfolgenden, breiter angelegten
Untersuchungen bestätigen, ist es lohnend, angemessene Interpretationen anzustellen.
Besonders die Frage der Wirkrichtung scheint interessant: Ist ein vertrauensvolles Klima
die Ursache für als kompetent beschriebenes Führungsverhalten, d. h. im erweiterten
Sinn für gute Leistungen? Oder ist ein positives Klima die Folge kompetenter, ergebnis-
orientierter Führung? Und wie steht es um die Möglichkeit einer Wechselwirkung, bei
der sich beide Merkmale verstärken? Die letztgenannte Variante einer Wechselwirkung
ist plausibel, da man davon ausgehen darf, dass ein Organisationskontext, der durch
Fairness und gegenseitige Unterstützung charakterisiert ist, für erfolgreiche Führungsleistungen durchaus förderlich sein dürfte; gute Führungsleistungen wiederum ermöglichen gute (Unternehmens-)Ergebnisse und entsprechende Erfolge stabilisieren ihrerseits die im Unternehmen gepflegte Verhaltenskultur. Auch an dieser Stelle dürften sich,
um spezifischere Ursache-Wirkungs-Hypothesen zu testen, pfadanalytische Methoden
anbieten.

In diesem Zusammenhang haben Schneider, Hanges, Smith und Salvaggio (2003) mit
ihren empirischen Untersuchungen interessante Ergebnisse auch für den vorliegenden
Kontext vorgelegt. Hierbei erwies sich der wirtschaftliche Erfolg eines Unternehmens
für die individuelle Zufriedenheit mit der Arbeitssituation als wichtiger als umgekehrt
der Beitrag der Arbeitszufriedenheit für den wirtschaftlichen Erfolg. Übertragen wir dieses Ergebnis auf das vorliegende Problem, so darf vermutet werden, dass unter der Annahme einer Wechselwirkung der Einfluss kompetenten Führungsverhaltens auf das Organisationsklima stärker ist als umgekehrt: Kompetente Führungskräfte fördern ein
positives Unternehmensklima mit entsprechend zufriedenem Personal, d. h. erfolgreiches
gemeinsames Handeln unterstützt letztlich die Ausprägung eines affektiv-motivationa-
len positiv getönten „Wir-Gefühls". Dieses fördert, wenngleich in schwächerer Intensi-

tät, wiederum die Ausprägung eines erfolgreichen Führungsstils, da es zu wechselseitigen Unterstützungsleistungen („contextual performance") motiviert. Hieraus ergeben sich interessante Weiterungen für die strategische Führungs- bzw. Unternehmensentwicklung. Das Ziel, ein verlässliches, vertrauensvolles und gerechtes Klima in der Organisation zu schaffen, hängt womöglich viel stärker (als mancherorts geglaubt) vor allem auch davon ab, inwieweit es gelingt, die Führungs- und Fachkräfte in den Stand zu setzen, ihre Aufgaben auf dem bestmöglichen Kompetenzniveau auszuführen. Diese Einsicht ist dazu angetan, den Stellenwert von Entwicklungsprogrammen in den Unternehmen zu stabilisieren bzw. höher anzusiedeln.

5.5 Die Übereinstimmung der MKF-Urteile zwischen den Perspektiven

Stand in den vorausgegangenen Abschnitten die Frage der Übereinstimmung von Kompetenzfeedbacks *innerhalb* der Perspektiven im Mittelpunkt, so wird im Folgenden die Übereinstimmung *zwischen* den Perspektiven untersucht. In diesem Zusammenhang lassen sich zwei verschiedene Untersuchungsrichtungen verfolgen.

1) Die erste Richtung eruiert die Übereinstimmung der Selbsturteile mit den Urteilen der Fremdperspektiven. Dieser Ansatz ist zentral vor allem für die Frage der individuellen Entwicklung im Rahmen von Trainings, Coachings etc. (Farr & Newman, 2001; Yammarino & Atwater, 2001). Zeigt sich dabei ein hoher Grad an Übereinstimmung, d. h. ein Konsens zwischen den Selbst- und Fremdwahrnehmungen, so dürfte es der jeweiligen Fokusperson relativ leicht fallen, mögliche Schritte für die eigene Kompetenzentwicklung ins Auge zu fassen. Die Aspekte des Feedbacks, die ein negatives Vorzeichen („Kompetenzschwächen") enthalten, sind der Fokusperson quasi selbst schon bekannt und entfalten daher kein überraschendes „Bedrohungspotenzial" für das Selbstkonzept. Überdies wird angenommen, dass die Selbst-Fremd-Übereinstimmung ein Indikator für eine hohe Ausprägung an Selbstbewusstheit sei und diese wiederum gerade eine wichtige „Zutat" für den beruflichen Erfolg darstellt (Atwater & Yammarino, 1997). Die empirischen Belege für diese – im Sinne einer Common-sense-Logik sicher sehr eingängige – Vermutung sind allerdings überaus dürftig.

Würde man auf der Basis von empirischen Studien zu der Feststellung gelangen, dass Fokuspersonen und alle FG *in der Regel* zu einem hohen Grad an Übereinstimmung gelangen, dann ist jedoch die Frage angebracht, warum der mit einem Feedbackprozess verbundene Aufwand überhaupt betrieben wird. Denn dann ist der inkrementelle Zuwachs an Informationen schon beim Einholen der ersten Fremdperspektive über die Selbstbeurteilung hinaus vernachlässigendswert gering.

Zeigt sich dagegen ein niedriger Grad der Übereinstimmung, so kann dies Probleme für den weiteren Prozess der Kompetenzentwicklung bedeuten. Die Fokusperson wird zunächst gehalten sein, sich selbst und den anderen Personen die Unterschiede der Wahrnehmungen zu erklären. Hierbei wird sie in der Regel in einen kommunikativen Klärungsprozess mit der Umgebung eintreten, der von kognitiven und vor allem emotionalen Dissonanzen begleitet sein kann. Erst dann und abhängig von den Ergebnissen der Klärung wird sie sich entscheiden können, wo sie für sich und mit dem Blick auf die eigenen Ambitionen den Entwicklungsbedarf festlegt.

2) Mit der zweiten Richtung kann die Übereinstimmung *zwischen* den verschiedenen *Fremdperspektiven* geprüft werden. Eine sich regelhaft einstellende hohe Übereinstimmung zwischen den Fremdperspektiven erhöht möglicherweise die Sicherheit hinsichtlich der Aspekte, die für entwicklungsrelevant gehalten werden. Auch hier muss allerdings gefragt werden, inwieweit mehr als eine Fremdperspektive (typischerweise die der Vorgesetzten) überhaupt einen inkrementellen Zuwachs an Varianzaufklärung liefert. Zudem wird vermutet, dass ein entscheidender Stimulus für eine Fokusperson, Verhaltensänderungen einzuleiten, darin besteht, dass die ihr gewidmeten Fremdurteile übereinstimmen (London & Smither, 1995). Im umgekehrten Fall wenig übereinstimmender Urteile ist es nicht nur schwierig, überhaupt sinnvolle Schlussfolgerungen abzuleiten. Sofern dies trotzdem gelingt, werden die damit verbundenen Empfehlungen seitens der Fokusperson kritisch betrachtet. Denn aufgrund der Divergenz der zugrunde liegenden Einschätzungen scheinen die damit verbundenen Informationen ihre Überzeugungskraft zu verlieren.

Die Frage, inwieweit Beurteiler unterschiedlicher Quellen in ihrer Einschätzung übereinstimmen, wird in der klassischen Testtheorie strenggenommen als Problem der *Objektivität* adressiert. Denn es soll die Unabhängigkeit des Beurteilungsergebnisses vom Einschätzenden, d. h. interpersonelle Übereinstimmung, geprüft werden. Allerdings ist für eine personalpsychologische Herangehensweise, wie Schuler (2004, S. 44) zeigt, der diagnostische Objektivitätsbegriff nur eingeschränkt übertragbar, da in der Regel der Kriterienraum nur unscharf definiert werden kann. Ähnliche Schwierigkeiten gelten jedoch auch für den Ansatz, das Übereinstimmungsproblem unter dem Blickwinkel der *Reliabilität* zu behandeln (z. B. Greve & Wentura, 1997; Wirtz & Caspar, 2002). Simon (2008, S. 321 ff.) führt hierzu kritisch aus, dass die Reliabilitätsperspektive fälschlicherweise von der Annahme ausgeht, dass zwei Beurteiler oder Beobachter als parallele Testformen aufzufassen seien. Zudem wirft der Reliabilitätskontext deswegen Probleme auf, weil er ursprünglich auf die Reproduzierbarkeit von Testdaten unter ähnlichen Bedingungen und nicht für die Übereinstimmung von Beurteilerdaten unter möglicherweise abweichenden Bedingungen gemünzt war.

Schließlich wird das Problem auch unter das Konzept der *Validität* eingeordnet (z. B. Beehr et al., 2001; Moser, 2004; Moser et al., 1994). Unter diesem Blickwinkel wird z. B. die Frage der Gültigkeit der Selbsturteile als Übereinstimmungsvalidität am Kriterium des Fremdurteils (traditionell des Vorgesetztenurteils) geprüft. Das daraus erwachsende Problem besteht jedoch darin, im Falle geringer Selbst-Fremd-Übereinstimmung evtl. vorschnell zum Schluss zu gelangen, Selbsturteile seien wenig valide und folglich als Quelle diagnostischer Information unbrauchbar. Erstens würde eine solch weitgehende Schlussfolgerung gesicherte Erkenntnisse hinsichtlich der Validität von Fremdurteilen voraussetzen. Wenn auch verschiedene Hinweise für deren Validität vorliegen (siehe Moser, 2004), so können diese allenfalls als vorläufige Indizien gewertet werden. Eine geringe Selbst-Fremd-Übereinstimmung muss vor allem Anlass zu der Frage geben, ob nicht die Selbst- und die verschiedenen Fremdsichten verschiedene Anteile der wahren Kriteriumsvarianz erfassen.

Im vorliegenden Band wird auf eine rigide Einordnung unter eines der genannten Güte-kriterien verzichtet. Es wird vielmehr dafür plädiert, den zu untersuchenden Sachverhalt unter dem Aspekt der Übereinstimmung der Urteilsquellen zu behandeln.

5.5.1 Die Übereinstimmung der MKF-Selbsturteile mit den Fremdurteilen

Das gängige Vorgehen, die Übereinstimmung von Selbst- mit Fremdurteilen zu prüfen, besteht in der Regel darin, die jeweils infrage kommenden Messwertreihen zu korrelie-ren. Frühe Arbeiten konzentrierten sich auf Beurteilungssettings, in denen eine Fokus-person lediglich von ihrem Vorgesetzten beurteilt wird, und gelangten durchaus zu skep-tischen Einschätzungen, wie etwa „individuals have a significantly different view of their own job performance than that held by other people" (Thornton, 1980, S. 268). Im Mit-telpunkt der Analysen stand primär die Leistung einer Person, nicht ihre Kompetenz oder verwandte Konstrukte wie Fertigkeiten oder Fähigkeiten. Allerdings ergaben die Studien ein heterogenes Bild. Während Pym und Auld (1965) beispielsweise auf der Basis von drei Studien eine vergleichsweise hohe mittlere Selbst-Vorgesetzten-Korrelation von .56 ermittelten, berichteten Klimoski und London (1974) für die gleiche Konstellation eine mittlere Korrelation von .05, Ferris, Yates, Gilmore und Rowland (1985) einen Zusam-menhang von lediglich .02. Eine geringe Übereinstimmung von Selbst- und Fremdurtei-len wurde im Übrigen auch für Persönlichkeitsaspekte jenseits von beruflicher Leistung und Kompetenzen festgestellt. So fanden Shrauger und Schoeneman (1979) bei ihrer Me-taanalyse in etwa der Hälfte der 50 einbezogenen Studien keine, in der Mehrzahl der üb-rigen Studien niedrige Zusammenhänge oder uneindeutige Korrelationsergebnisse. Al-lerdings hat ihre Analyse Kritik hinsichtlich der Auswahl der Studien erfahren, nämlich dergestalt, dass sie eine Reihe von Arbeiten außer Acht gelassen hätte, die eben doch einen Zusammenhang von Selbst- und Fremdurteilen belegen (siehe Funder & Colvin, 1997, S. 632).

Metaanalytische Befunde

Einen fundierten Aufschluss zum Problem der Selbst-Fremd-Übereinstimmung gestat-ten metaanalytische Studien. Diese führen die Ergebnisse von Einzelstudien zusammen und ermöglichen so die Bestimmung von Populationsschätzern, die von den Erhebungs-bedingungen einzelner Studien unabhängig sind. Im Folgenden werden die Ergebnisse von metaanalytischen Studien berichtet. Bei den herangezogenen Arbeiten (siehe Tab. 23) handelt es sich in chronologischer Folge um die Studien von Mabe und West (1982), Har-ris und Schaubroeck (1988), Conway und Huffcutt (1997) sowie Heidemeier und Moser (2009) zitierten Analysen. Alle Metaanalysen beinhalten zumindest Korrekturen für un-terschiedliche Stichprobengrößen und Stichprobenfehler.

Die Studie von Mabe und West (1982) untersucht die Objektivität von Selbsturteilen auf der Basis eines sehr heterogenen Spektrums von Studien mit unterschiedlichen Fä-higkeits-Leistungs-Einschätzungen. Es wurden beispielsweise Studien zur Einschät-zung der intellektuellen Fähigkeiten ebenso einbezogen wie solche zur Beurteilung technischer Fertigkeiten oder der Managementfähigkeiten. Die Datenbasis liefern $n = 55$

Studien mit insgesamt $n = 14.811$ Personen[11], wobei sich die einbezogenen Arbeiten wechselnd mal auf Selbst-Vorgesetztenurteile (überwiegend) und mal auf Selbst-Kollegenurteile stützen (daher findet sich das Ergebnis der Metaanalyse in Tabelle 23 unter der Spalte „Selbst – Andere"). Mabe und West gelangen zu einer mittleren Korrelation von $r = .29$. Dass in diesem Zusammenhang das jeweils untersuchte Konstrukt als Moderator einen Einfluss auf die Übereinstimmung zwischen Selbst- und Fremdurteil ausübt, wird durch die unterschiedliche Höhe des Korrelationskoeffizienten belegt: Während etwa für die Beurteilung „athletischer Fähigkeiten" ein mittlerer, gewichteter Zusammenhang zwischen Selbst- und Fremdeinschätzung von .48 ermittelt wird, sinkt dieser für „technische Fertigkeiten" auf $r = .31$ ab und beträgt bei „Managementfähigkeiten" nur noch $r = .08$. Eine ähnlich geringe Übereinstimmung wie hinsichtlich der Managementfähigkeiten besteht mit $r = .17$ noch im Bereich „interpersonaler Fähigkeiten" (1982, S. 293).

Tabelle 23: Ergebnisse von fünf Metaanalysen zur Selbst-Fremd-Übereinstimmung sowie zur Übereinstimmung verschiedener Fremdurteiler-Quellen

Metaanalyse	Selbst – Andere	Selbst – Vorges.	Selbst – Koll.	Selbst – Mitarb.	Vorges. – Koll.	Koll. – Mitarb.	Vorges. – Mitarb.
Mabe & West (1982)	.29						
Harris & Schaubroeck (1988)		.22	.24		.48		
Conway & Huffcutt (1997)		.22	.19	.14	.34	.22	.22
Heidemeier & Moser (2009)		.22					

Anmerkungen: Koeffizienten sind nach Stichprobengrößen gewichtete und für Stichprobenfehler korrigierte mittlere Korrelationen.

Der unterschiedliche Grad des Zusammenhangs lässt sich u. a. mit der Beobachtbarkeit und Komplexität des einzuschätzenden Konstrukts erklären. Je leichter das fragliche Konstrukt der Beobachtung zugänglich ist und je weniger komplex es ist (bezogen auf die Anzahl und Vernetztheit der zu berücksichtigenden Verhaltenskomponenten), desto höher fällt die Übereinstimmung zwischen Selbst- und Fremdeinschätzung aus. Zudem dürften die erwarteten Verhaltens- und Leistungsstandards einen moderierenden Einfluss in dem Sinne ausüben, dass der Grad der Verbindlichkeit von Standards mit dem Zusam-

---

11 Interessanterweise bezieht sich keiner der von Mabe und West einbezogenen Datensätze auf Untersuchungen aus dem deutschsprachigen Raum. Dieser Umstand dürfte zum einen damit erklärt werden können, dass die Übereinstimmung von Fähigkeitsurteilen in der deutschen Organisationspsychologie vergleichsweise wenig Aufmerksamkeit erfahren hat, zum anderen aber vor allem damit, dass entsprechende Untersuchungen nicht in internationalen Zeitschriften publiziert wurden.

menhang von Selbst- und Fremdurteil korreliert: Je verbindlicher und klarer die Standards gefasst sind (wie dies tendenziell bei sportlichen oder technisch-handwerklichen Anforderungen der Fall ist), desto höher die Übereinstimmung zwischen Selbst- und Fremdurteil und umgekehrt (wie im Fall von Managementfähigkeiten, wo die Verhaltens- und Leistungsstandards häufig unscharf formuliert sind).

Die Studie von Harris und Schaubroeck (1988) fokussiert die Übereinstimmung von Selbst- und Fremdurteilen sowie die Übereinstimmung verschiedener Fremdurteiler-Quellen auf der Basis von sowohl globalen als auch dimensionalen Leistungseinschätzungen. Sie stützt sich auf $n = 54$ Studien. Im Gegensatz zur Analyse von Mabe und West differenzierten Harris und Schaubroeck bei den einbezogenen Studien in vorbildlicher Weise zwischen Urteilen verschiedener Fremdeinschätzungs-Quellen, sodass ein möglicher moderierender Effekt der Variable „hierarchische Stellung zur Fokusperson" geprüft werden kann. Die Metaanalyse ergibt eine mittlere Selbst-Vorgesetzten-Korrelation von .22 und eine mittlere Selbst-Kollegen-Korrelation in ähnlicher Höhe von .24. Somit lässt sich ein hierarchiebedingter Effekt auf den Zusammenhang des Selbst-Fremdurteils nicht nachweisen. Die von den Autoren auf der Basis der bei Hunter, Schmidt und Jackson (1982) vorgeschlagenen Prozeduren vorgenommenen Korrekturen für die Varianz zwischen einzelnen Befunden, d. h. die Bereinigung um Artefakte, führen allerdings zu deutlich erhöhten Korrelationen. Im Fall der Selbst-Vorgesetzten-Korrelation zeigt sich ein mittlerer Zusammenhang von .35, im Fall der Selbst-Kollegen-Korrelation ein Zusammenhang von .36.

Eine Prüfung des möglichen Einflusses weiterer Moderatoren wie des „verwendeten Ratingformates" („dimensionales" versus „globales" Urteil), der „inhaltlichen Ausrichtung" der verwendeten Ratingskala („eigenschaftsbezogen" versus „verhaltensbezogen") sowie der „beurteilten Tätigkeit" („Management-/Expertentätigkeit" vs. „Industriearbeit/Dienstleistung") ergibt lediglich einen Effekt für die letztgenannte Variable (eine durchgängige Prüfung des Moderatoreffekts konnte lediglich für die Selbst-Vorgesetzten-Übereinstimmung vorgenommen werden). Zwar lassen sich bezüglich des „Ratingformates" höhere Übereinstimmungen bei dimensionalen als bei globalen Urteilen feststellen (.36 bzw. .29), gleichfalls Unterschiede bezüglich der „inhaltlichen Ausrichtung" zwischen der „eigenschaftsbezogenen" und der „verhaltensbezogenen" Konzeption (.32 versus .43), d. h. eine höhere Objektivität des Selbsturteils bei verhaltensbezogenen Urteilen. Der größte korrelative Unterschied ist gleichwohl für den Moderator „beurteilte Tätigkeit" auszumachen: Tätigkeiten mit einem vergleichsweise niedrigeren Komplexitätsgrad (Ausprägung „Industriearbeit/Dienstleistung": .42) werden von den Fokuspersonen und ihren Vorgesetzten in deutlich höherem Maße übereinstimmend eingeschätzt als solche mit einem höheren Komplexitätsgrad (Ausprägung „Management-/Expertentätigkeit": .27). Die leistungsbezogenen Selbsturteile von Führungskräften und Experten sind folglich weniger objektiv als die Selbsturteile von Industriearbeitern oder Dienstleistern – gemessen an den Referenzwerten der Vorgesetzten.

Zu weitgehend übereinstimmenden Befunden gelangt die Metaanalyse von Conway und Huffcutt (1997). Mit Rücksicht auf die verschiedenen untersuchten Übereinstimmungskonstellationen beträgt der Stichprobenumfang $3.937 < N < 10.360$ Personen. Die Autoren beziehen zusätzlich zu den bei Mabe und West (1982) sowie bei Harris und Schaubroeck (1988) einbezogenen Perspektiven der Vorgesetzten und Kollegen auch die der Mitarbeiter mit ein. Wie bei Harris und Schaubroeck zeigen die Selbsturteile mit .22 mit den Vorgesetztenurteilen und .19 mit den Kollegenurteilen relativ niedrige mittlere Objektivitätskoeffizienten. Noch niedriger fällt mit .14 die Übereinstimmung mit den Mitarbeitern aus. Zudem finden die Autoren eine Bestätigung des Befundes bezüglich des Moderatoreffektes der Variable „beurteilte Tätigkeit", denn auch hier zeigen geringer-komplexe Tätigkeiten eine höhere Objektivität der Selbsturteile als komplexere des Bereiches Management bzw. Führung. Die Unterschiede fallen jedoch nicht so gravierend aus wie bei Harris und Schaubroeck. So beträgt die Übereinstimmung zwischen dem Selbst- und dem Vorgesetzturteil bei managementbezogenen Tätigkeiten .19, bei nicht managementbezogenen Tätigkeiten .26, zwischen dem Selbst- und dem Kollegenurteil .17 bzw. .32.

Darüber hinaus liegt inzwischen eine weitere Metaanalyse vor, die den Einfluss von Moderatorvariablen der Selbst-Fremd-Übereinstimmung thematisiert. Heidemeier und Moser (2009) ermitteln für die Übereinstimmung zwischen der Selbstbeurteilung und der Beurteilung durch Vorgesetzte einen Zusammenhang von .22. Als Moderatorvariablen werden Merkmale der beurteilten Position und die Berücksichtigung von Leistungsindikatoren identifiziert.

Fleenor, Smither, Atwater, Braddy und Sturm (2010, S. 1028) schließlich benennen in ihrem Überblicksartikel eine Vielzahl von Faktoren, die Einfluss auf die Selbsturteile und die Übereinstimmung von Selbst- und Fremdurteilen nehmen (S. 1006 ff.). Sie ordnen die Faktoren unter drei Kategorien, nämlich (sozio-)biografische Merkmale, persönlichkeitsbezogene und individuelle Merkmale sowie berufsrelevante Erfahrungen.

5.5.2 Die Übereinstimmung der Fremdurteile: Metaanalytische Befunde

Wenn oben festgestellt worden ist, dass Selbst- und Fremdurteile nur gering übereinstimmen und folglich als wenig objektiv aufzufassen sind, dann ist zu fragen, ob die verschiedenen Fremdeinschätzer-Quellen in höherem Maße übereinstimmen. Hierzu liegen nur wenige Ergebnisse aus Metaanalysen vor. Am besten untersucht ist die Übereinstimmung zwischen Kollegen und Vorgesetzten. Während die Studie von Harris und Schaubroeck (1988) diesbezüglich zu einer relativ hohen Übereinstimmung von .48 gelangt, weist die Studie von Conway und Huffcutt lediglich einen Zusammenhang von .34 aus. Ein möglicher Grund für die niedrigere Übereinstimmung bei den letztgenannten Autoren dürfte darin liegen, dass diese sowohl Studien zur Einschätzung von beruflicher Leistung als auch zur Einschätzung von beruflichem Verhalten einbezogen haben, während Harris und Schaubroeck sich allein auf die Messung beruflicher Leistung konzentrieren. Die Einschätzung des Verhaltens unterliegt im Vergleich zur Einschätzung der Leistung unter Umständen bereits *innerhalb* der gleichen Beurteilungsquelle höheren Reliabilitätseinbußen, sodass ein Vergleich der Übereinstimmung *zwischen* den Beurteilungsquellen zu niedrigeren Koeffizienten führt.

Für die Übereinstimmung schließlich zwischen Vorgesetzten und Mitarbeitern bzw. Kollegen und Mitarbeitern zeigen sich auf der Basis der Studie von Conway und Huffcutt mit jeweils .22 relativ niedrige Korrelationen.

5.5.3 Zusammenfassende Interpretation und Kritik

Den berichteten Metaanalysen zufolge bewegen sich die Koeffizienten für die Selbsturteile im Bereich unterhalb von .30 für die Übereinstimmung mit Vorgesetzten- und Kollegenurteilen und unterhalb von .20 für die Übereinstimmung mit Mitarbeiterurteilen. Werden Selbst-Vorgesetztenurteile allerdings um Artefakte bereinigt (siehe die Studie von Harris & Schaubroeck, 1988), so steigt die Übereinstimmung auf >.30. Zusammenfassend ist zu konstatieren, dass das Selbsturteil mit den Urteilen anderer Quellen nur relativ gering übereinstimmt. Oder, um es in der Terminologie der klassischen Testtheorie auszudrücken: Fokuspersonen und ihre Fremdeinschätzer weisen in ihren Urteilen nur wenig gemeinsame Anteile wahrer Personenvarianz auf. Man dürfte ihnen folglich nur geringe Objektivität attestieren. Dagegen stimmen die Fremdeinschätzer mit ihrer Außenperspektive untereinander etwas stärker überein. Die Vorgesetzten und Kollegen zeigen bei der Beurteilung der Leistung bzw. des Verhaltens einer Fokusperson stärkere Übereinstimmung als beide jeweils mit den Mitarbeitern. Ihre Übereinstimmung fällt zudem höher aus als die Übereinstimmung jeweils mit den beurteilten Fokuspersonen.

Allerdings ist auch festzuhalten, dass sämtliche Analysen zur Übereinstimmung von Urteilsquellen mit methodischen Unwägbarkeiten verbunden sind (vgl. Atkins & Wood, S. 873). Gegen die Erwartung niedrige Übereinstimmungswerte können demnach zum einen durch die mangelnde Güte der Messungen erklärt werden. Zum anderen reflektieren sie aber möglicherweise auch valide Unterschiede, die darauf zurückzuführen sind, dass die Feedbackgeber unterschiedliche Verhaltensausschnitte beobachten und beurteilen.

Mit Blick auf die niedrige Selbst-Fremd-Übereinstimmung weist Schuler (2004, S. 44) darauf hin, dass Urteile aus verschiedenen Quellen weniger übereinstimmen als Urteile aus einer Quelle und begründet dies mit der zusätzlichen Varianzquelle „interindividuelle Differenzen innerhalb einer Beurteilerquelle". Er knüpft damit an die Kontroverse zwischen Murphy und DeShon (2000) auf der einen und Schmidt et al. (2000) auf der anderen Seite an. Wenn demnach das Verhalten oder die Leistung einer Führungskraft z.B. von deren Kollegen unterschiedlich beurteilt wird, so kann dies darin liegen, dass sich diese Person ihnen gegenüber unterschiedlich verhält. Eine niedrige korrelative Übereinstimmung verschiedener Quellen (hier: Selbstbeurteilung von Führungskräften vs. Fremdbeurteilung durch Kollegen) ist dann weniger ein Ergebnis, das durch den Einfluss von Messfehlern zustande kommt, sondern eines, das unterschiedliche Anteile gerade wahrer Varianz erfasst.

Darüber hinaus fällt auf, dass als Kriterium lange Zeit vornehmlich die *Leistung* einer Fokusperson im Zentrum der Analysen stand – das berufliche Verhalten, das eine entscheidende Bedingung der Leistung darstellt, wurde dagegen weitgehend ausgeklammert. (Erst die Analyse von Conway und Huffcutt überwindet bei der Klärung des Übereinstimmungsproblems die „Leistungslastigkeit" der Urteile und berücksichtigt stärker auch verhaltensbezogene Kriterien.) Dies verwundert, da für die Entwicklung von Personen ein Feedback bezüglich ihres wahrgenommenen Verhaltens mindestens ebenso relevant sein dürfte wie die Beurteilung ihrer Leistung. Nicht nur, dass man simpel feststellen muss, dass das Verhalten eine notwendige Voraussetzung für das Erzielen von Leistung darstellt. Es sind schließlich verhaltensbezogene Informationen, die einer Person die Möglichkeit geben, bei Ziel-Leistungs-Diskrepanzen selbstregulativ tätig zu werden und Veränderungen vorzunehmen.

5.5.4 Eigene Metaanalysen zur Übereinstimmung von Selbst- und Fremdurteilen sowie zur Übereinstimmung von Fremdurteilen

Im Folgenden wird auf der Basis eigener Metaanalysen zunächst die korrelative Über- einstimmung zwischen Selbst- und Fremdurteilen geprüft. Die Analysen dienen dem Ziel, die Ergebnisse der einflussreichsten Metaanalysen von Mabe und West (1982) sowie von Harris und Schaubroeck (1988) auf der Basis neuerer Studien zu überprüfen. Die Grundlage der Berechnungen für den Populationsparameter bilden die in den Studien berichteten Korrelationen für Kompetenzfaktoren oder Verhaltenskriterien. Diese wer- den in einem *ersten* Schritt über die z-Transformation zu mittleren Korrelationen über alle Faktoren oder Kriterien verrechnet. Diese Prozedur resultiert für jede der drei Selbst- Fremdkonstellationen (Selbst-Vorgesetzte, Selbst-Kollegen, Selbst-Mitarbeiter) in einer mittleren Korrelation. Um zusätzlich Aufschluss über den möglichen Einfluss der Mo- deratorvariable „beurteilte Dimension" zu erhalten, werden die Zusammenhänge in einem zweiten Schritt entsprechend der empirisch fundierten Vier-Faktoren-Struktur von Scul- len et al. (2003) geordnet: nach „fachlichen Fertigkeiten" („technical skills"), „adminis- trativen Fertigkeiten" („administrative skills"), „sozialen Fertigkeiten" („human skills") und „Bürgerverhalten" („citizenship behavior"). Diese Prozedur resultiert folglich in vier mittleren Korrelationen für jede der Selbst-Fremdkonstellationen. In einem *zweiten* Schritt soll dann der Grad der Übereinstimmung zwischen den verschiedenen Fremdur- teils-Perspektiven ermittelt werden, um auch hier die vorliegenden metaanalytischen Be- funde zu überprüfen. Fallen die Korrelationen hier höher aus als für die Selbsturteile, darf davon ausgegangen werden, dass die Fremdurteiler über die hierarchische Perspek- tive hinweg über einen größeren gemeinsam geteilten Bezugsrahmen verfügen als die Fokuspersonen und ihre Fremdurteiler.

Für die Aufnahme der Studien in die Analysen gelten folgende Bedingungen:
1) Um eine wirkliche Überprüfung der vorliegenden metaanalytischen Befunde auf der Grundlage neuerer Arbeiten zu ermöglichen, schließt sie zeitliche Überschneidungen mit den beiden oben genannten Metaanalysen aus. Die Analyse bezieht sich daher nur auf Arbeiten, die nach 1988 publiziert wurden.
2) Es werden vorrangig Studien einbezogen, bei denen das *Verhalten* der Fokuspersonen beurteilt wird. Daneben findet die Arbeit von Atwater, Ostroff, Yammarino und Flee- nor (1998) Berücksichtigung, die als abhängige Variable das Gesamturteil zur „Ma- nagementleistung" erhob. Nicht berücksichtigt werden dagegen Untersuchungen, die sich z. B. auf die Einschätzung von Fähigkeiten, Persönlichkeitseigenschaften etc. be- ziehen. Damit wird eine in vorliegenden Metaanalysen (z. B. Mabe & West, 1982) problematische „Amalgamisierung" von Befunden zur Einschätzung von Verhaltens- und gänzlich anderen Dimensionen vermieden, die letztlich zu Unsicherheiten hin- sichtlich des Geltungsbereichs der Interpretation führt.
3) Als relevante Stichproben werden Führungskräfte der Linie bzw. Manager der Wirt- schaft und im weitesten Sinne des öffentlichen Dienstes bzw. des Militärs einbezo- gen. Eine Ausnahme von dieser Regel bildet zum einen die Studie von Moser et al. (1994) für Industrieforscher, die zwar teilweise Führungsaufgaben wahrnahmen, bei denen es sich jedoch überwiegend nicht um Linienführungskräfte handelte. Die Ar- beit wurde aufgenommen, da die Literatursuche sie zusammen mit der Arbeit von Schu- ler et al. (2004) als eine der wenigen bis dato publizierten deutschen Untersuchungen

ausweist, die sich zudem tatsächlich auf das Verhalten beziehen. Eine weitere Ausnahme bildet die Studie von Beehr et al. (2001), die die untersuchten Fokuspersonen lediglich als „employees" (Angestellte) ohne genaue weitere Angaben beschreibt. Die Metaanalyse bezieht dagegen keine Untersuchungen mit studentischen Stichproben ein.

4) Es werden ferner nur Studien berücksichtigt, bei denen konkrete Angaben zu den erhobenen Skalen bzw. Items gemacht wurden.

5) Liegen für einzelne Studien bei verschiedenen Selbst-Fremd-Korrelationen unterschiedliche Angaben für den Stichprobenumfang vor, so wird für *alle* Korrelationen lediglich *ein* Stichprobenumfang, nämlich das niedrigste N angesetzt (somit wird die Studie in ihrem Beitrag zum mittleren Koeffizienten tendenziell unterschätzt).

6) Keine Aufnahme in die Analyse finden Arbeiten, bei denen die tatsächliche Höhe der Korrelationen aufgrund von Berichts- oder redaktionellen Fehlern als unsicher gelten muss. Der Einfluss solcher Fehler kann für die einbezogenen Studien nicht bestimmt werden, dürfte jedoch nach Einschätzung von Hunter und Schmidt (1990, S. 94) nicht unbeträchtlich sein. An dieser Stelle ist die Studie von Smither, London, Flautt, Vargas und Kucine (2003) betroffen, da dort die in Tabelle 2 (S. 34) berichteten Korrelationswerte aufgrund von verrutschten Zeilen und Spalten fehlerhaft sind.

Für die Schätzung des Populationsparameters wird der über die vorliegenden Studien gemittelte Korrelationskoeffizient $\bar{r}$ berechnet. Zur Korrektur von Stichprobenfehlern wird bei der Berechnung von $\bar{r}$ der unterschiedliche Stichprobenumfang der Studien nach Hunter und Schmidt (1990, S. 100) wie folgt berücksichtigt:

$$\bar{r} = \frac{\sum [N_i r_i]}{\sum N_i}.$$

Diese Schätzung vermeidet die Umrechnung der Korrelationen in z-Werte, da, wie Hunter und Schmidt argumentieren, dies zu einer verzerrenden Erhöhung der mittleren Korrelation führen würde.

Eine Korrektur für Artefakte wurde nicht vorgenommen. Insbesondere wäre eine Korrektur für zufallsbedingte Fehler bei der Messung der Selbst- und Fremdurteile wünschenswert, die zu höheren Korrelationseffekten führt. Um solche Korrekturprozeduren ausführen zu können, bedarf es der Kenntnis der Reliabilität der Messungen. Entsprechende Angaben lagen für die meisten der einbezogenen Studien nicht vor. Die ermittelten mittleren Korrelationen dürften die Populationsparameter folglich tendenziell *unterschätzen*.

5.5.4.1   Ergebnisse zur Übereinstimmung zwischen Selbst- und Fremdurteilen

Globale Kompetenzfeedbacks

Die ermittelten Populationsschätzer (siehe Tab. 24) bewegen sich mit $\bar{r} = .16$ (Selbsturteil mit Vorgesetztenurteil, Selbsturteil mit Mitarbeiterurteil) bzw. mit $\bar{r} = .18$ (Selbsturteil mit Kollegenurteil) auf niedrigem Niveau. Die Selbst- und Fremdeinschätzungen gelangen demnach nur zu einem geringen Anteil zu übereinstimmenden Urteilen. Mit Ausnahme der Selbst-Mitarbeiter-Übereinstimmung liegen die ermittelten Werte etwas unterhalb der Ergebnisse, die die zuvor berichteten Metaanalysen von Harris und Schaubroeck (1988) sowie Conway und Huffcutt (1997) ergeben haben, und deutlicher unterhalb der Werte, die Moser und Krauß (1998) ermittelt haben. Die Arbeiten von Harris und Schaubroeck wie auch von Conway und Huffcutt schließen im Gegensatz zu den hier ermittelten eigenen Daten jedoch vor allem Studien in die Analyse ein, die sich auf die Einschätzung von Tätigkeiten beziehen, welche eine geringere Komplexität als klassische Management- oder Führungstätigkeiten aufweisen. Solche Tätigkeiten weisen nachgewiesenermaßen höhere Selbst-Fremd-Übereinstimmungen auf als Tätigkeiten mit breiteren Anforderungsprofilen, bei denen noch dazu das Kriterium der gezeigten Leistung unscharf operationalisiert ist. Stellt man diesen Umstand beim Vergleich der Metaanalysen in Rechnung, so zeigen sich nahezu übereinstimmende Befunde.

Ergebnisse für nach Bereichen differenzierte Kompetenzfeedbacks

Tabelle 25 stützt sich bei der Differenzierung der Kompetenzdimensionen auf die empirisch fundierte Vier-Faktoren-Struktur von Scullen, Mount und Judge (2003). Wie oben bereits ausgeführt unterscheidet diese die vier Faktoren „fachliche Fertigkeiten" („technical skills"), „administrative Fertigkeiten" („administrative skills"), „soziale Fertigkeiten" („human skills") und „Bürgerverhalten" („citizenship behavior"). Die Struktur lässt sich unabhängig von Beurteilerperspektiven (Selbst, Vorgesetzte, Kollegen und Mitarbeiter) und dem verwendeten Feedback-Instrument nachweisen.

Für die Beurteilung der fachlichen Fertigkeiten sowohl bezüglich der Selbst-Vorgesetzten-Übereinstimmung ($\bar{r} = .22$) als auch für die Selbst-Kollegen-Übereinstimmung ($\bar{r} = .18$) zeigen sich die höchsten Übereinstimmungswerte. In den gerade für den Erfolg von Führungstätigkeiten wichtigen Bereichen der administrativen und der sozialen Kompetenzen liegen die Übereinstimmungswerte ebenso niedriger wie für den Bereich des Bürgerverhaltens. Allerdings muss gerade für den letzten Bereich festgehalten werden, dass hierzu noch zu wenige Studien vorliegen, um ein verlässliches Bild zu erhalten. Es ist demnach festzuhalten, dass der Grad der Selbstbild-Fremdbild-Kongruenz für die Seite der fachlichen Expertise geringfügig höher ausfällt als für die anderen Bereiche.

5.5.4.2   Ergebnisse zur Übereinstimmung der Fremdurteiler-Quellen

Die ermittelten mittleren Korrelationen zwischen den verschiedenen Perspektiven liegen durchweg höher als für die Selbst-Fremd-Vergleiche (siehe Tab. 24). Die größte Übereinstimmung zeigt sich mit $\bar{r} = .33$ für den Zusammenhang der Vorgesetzten-Kollegen-Einschätzung. Einen ähnlich hohen Zusammenhang weisen mit $\bar{r} = .29$ die Einschätzungen von Kollegen und Mitarbeitern auf, während die Vorgesetzten-Mitarbeiter-Übereinstimmung mit $\bar{r} = .21$ deutlich niedriger ausfällt. In diesem Zusammenhang fällt auf, dass die nah beieinander liegenden Urteilsperspektiven einer Fokusperson in ihrer Einschätzung in höherem Maße übereinstimmen als die distanten Perspektiven. Das heißt, die hierarchisch benachbarten Perspektiven der Vorgesetzten und der Kollegen stimmen in ihren Urteilen stärker überein als die entfernteren der Vorgesetzten und der Mitarbeiter.

Tabelle 24: Übersicht der für die Metaanalysen zur Übereinstimmung von Selbsturteilen und Fremdurteilen sowie der Fremdurteils-Quellen untereinander berücksichtigten Studien (N_{gesamt} = 12.593 Fokuspersonen)

Studie	Status der Studie	Funktion*	Selbst – Vorg.	Selbst – Koll.	Selbst – Mitarb.	Vorg. – Koll.	Vorg. – Mitarb.	Koll. – Mitarb.	Anmerkungen
Schuler, Muck, Hell, Höft, Becker & Diemand (2004)	Studie mit 53<n<81 Führungskräften deutscher Sparkassen	L	.22		.17		.33		mittlere Korrelationen über 7 (Selbst vs. Vorg.) bzw. 3 (Selbst vs. Mitarb. und Vorg. vs. Mitarb.) Dimensionen
Sala & Dwight (2002)	Einzelstudie mit n=276 hochrangigen Führungskräften	L	.15	.13	.28	.28	.28	.33	mittlere Korrelationen über 11 Dimensionen
Beehr, Ivanitskaya, Hansen, Erofeev & Gudanowski (2001)	Einzelstudie mit n=2.213 Angestellten (Fokuspersonen) und ca. n=13.350 Fremdurteilen einer US-Versicherung	E	.08	.17		.40			mittlere Korrelationen über 3 Dimensionen
Atwater, Waldman, Atwater & Cartier (2000)	Einzelstudie mit n=54 Führungskräften einer US-Polizeieinheit	E			.22				Basis: Faktor „leadership" (11 Items)
Scullen, Mount & Goff (2000)	Einzelstudie mit n=2.142 Managern verschiedener Unternehmen und je zwei Fremdurteilen von Vorgesetzten, Kollegen und Mitarbeitern	E	.17	.14	.12	.27	.19	.21	mittlere Korrelationen über 3 Sekundärfaktoren
Johnson & Ferstl (1999)	Einzelstudie mit n=3.099 Führungskräften mit je N≥3 Mitarbeiterurteilen	E			.18				Basis: Mittelwert über 36 Verhaltens-Items
Atwater, Ostroff, Yammarino & Fleenor (1998)	Einzelstudie mit n=1.446 Führungskräften (aus 6 Hierarchieebenen) mit n=1.012 Vorgesetztenurteilen, n=3.939 Mitarbeiterurteilen und n=3.958 Kollegenurteilen	E		.26	.25			.50	Basis: Gesamturteil „Management-Leistung" als Mittelwert über 16 Kompetenzdimensionen
Carless, Mann & Wearing (1998)	Einzelstudie mit n=249 Zweigstellenleitern einer australischen Bankorganisation (n=498 Mitarbeiterurteile, n=66 Vorgesetztenurteile)	k. A.	.21		.16		.31		Korrelationen für „global transformational leadership" (Skala mit 7 Items)

Tabelle 24: Fortsetzung

Studie	Status der Studie	Funk-tion*	Selbst – Vorg.	Selbst – Koll.	Selbst – Mitarb.	Vorg. – Koll.	Vorg. – Mitarb.	Koll. – Mitarb.	Anmerkungen
Facteau, Facteau, Schoel, Russell & Poteet (1998)	Einzelstudie mit $n=220$ Führungskräften eines US-amerikanischen Versorgungsunternehmens	L						.43	Basis: jeweils „Gesamteinschätzung Managementverhalten"
Furnham & Stringfield (1998)	Einzelstudie mit $n=56$ Managern (mittlere bis hohe Linienfunktion) eines multinationalen Unternehmens	E				.61			mittlere Korrelationen über 20 Items und 4 daraus gebildete Skalen
Mount, Judge, Scullen, Sytsma & Hezlett (1998)	Einzelstudie mit $n=2.350$ Managern verschiedener Unternehmen und je 2 Fremdurteilen von Vorgesetzten, Kollegen und Mitarbeitern	E	.20	.18	.12	.31	.22	.23	mittlere Korrelationen über 3 Sekundärfaktoren (auf Basis des MSP)
Moser, Donat, Schuler, Funke & Roloff (1994)	Einzelstudie mit $n=144$ Wissenschaftlern und Ingenieuren (davon $n=55$ auf Gruppenleiterebene)	F	.40						mittlere Korrelationen über 16 Verhaltenskriterien
Bass & Yammarino (1991)	Einzelstudie mit $n=155$ Offizieren der US-Marine (Fokuspersonen) mit bis zu 6 Fremdurteilen von Untergebenen	F			.13				mittlere Korrelation über 7 Dimensionen
London & Wohlers (1991)	Einzelstudie mit $n=86$ Managern (in 5 verschiedenen Linienfunktionen) eines großen Fortune-100-Unternehmens	E			.10				mittlere Korrelation über 2 Dimensionen
Wohlers & London (1989)	Einzelstudie mit $n=36$ Fokuspersonen (Manager in mittlerer Linienfunktion) und $n=283$ Fremdurteilen	E	.16	.22	.24	.31	.17	.25	mittlere Korrelationen über 7 Dimensionen
Gesamt			$\bar{r}=.16$	$\bar{r}=.18$	$\bar{r}=.16$	$\bar{r}=.33$	$\bar{r}=.21$	$\bar{r}=.29$	

Anmerkungen: Basis für $\bar{r}$: mittlere Korrelationen über $n \geq 2$ Kompetenzdimensionen; * L – Leistungsbeurteilung; E – Entwicklung; F – Forschungsstudie.

Tabelle 25: Übersicht der für die Metaanalyse berücksichtigten Studien zur Übereinstimmung der Selbst- mit den Fremdurteilen ($N_{gesamt} = 7.774$ Fokuspersonen); hier: nach Bereichen differenzierte Kompetenzfeedbacks

Studie	Faktor	Selbst – Vorg.	Selbst – Koll.	Selbst – Mitarb.	Beispieldimensionen
Schuler, Muck, Hell, Höft, Becker & Diemand (2004) (53 < N < 81 Fokuspersonen)	fachlich: administrativ: sozial: Bürgerverh.:	.31 .19 .21		.06 .22	Fachkompetenz Planung/Organisation, Steuerung/ Koordination Kundenorientierung, Kooperation
Sala & Dwight (2002) (n=276 Fokuspersonen)	fachlich: administrativ: sozial: Bürgerverh.:	.13	.15	.30	managerial leadership, business leadership
Beehr, Ivanitskaya, Hansen, Erofeev & Gudanowski (2001) (n=2.213 Fokuspersonen)	fachlich: administrativ: sozial: Bürgerverh.:	.00 .10	.24 .15		delivery of results facilitation of others
Scullen, Mount & Goff (2000) (n=2.142 Fokuspersonen)	fachlich: administrativ: sozial: Bürgerverh.:	.19 .16 .17	.16 .11 .16	.12 .12 .13	
Carless, Mann & Wearing (1998) (n=249 Fokuspersonen)	fachlich: administrativ: sozial: Bürgerverh.:	.21		.16	global transformational leadership
Furnham & Stringfield (1998) (n=56 Fokuspersonen)	fachlich: administrativ: sozial: Bürgerverh.:	.06 .15 .15	.09 .10 .07		analysis forward planning, improvement communication

Tabelle 25: Fortsetzung

Studie	Faktor	Selbst – Vorg.	Selbst – Koll.	Selbst – Mitarb.	Beispieldimensionen
Mount, Judge, Scullen, Sytsma & Hezlett (1998) (n=2.350 Fokuspersonen)	fachlich: administrativ: sozial: Bürgerverh.:	.24 .18 .17	.20 .17 .18	.14 .17 .18	
Moser, Donat, Schuler, Funke & Roloff (1994) (n=144 Fokuspersonen)	fachlich: administrativ: sozial: Bürgerverh.:	.29 .27 .33			„Wissensch.-techn. Kenntnisse" „Organisation" „Interdisziplinäre Zusammenarbeit"
Bass & Yammarino (1991) (n=155 Fokuspersonen)	fachlich: administrativ: sozial: Bürgerverh.:			.12	vier Dimensionen „transformational leadership"
London & Wohlers (1991) (n=86 Fokuspersonen)	fachlich: administrativ: sozial: Bürgerverh.:			.10	leadership factors, relationship factors
Wohlers & London (1989) (n=36 Fokuspersonen)	fachlich: administrativ: sozial: Bürgerverh.:	.16 .30 .28	.23 .17 .31	.27 .35 .20	expertise supervisory skills communications ability
Gesamt	**fachlich:** **administrativ:** **sozial:** **Bürgerverh.:**	$\bar{r}=.22$ $\bar{r}=.12$ $\bar{r}=.18$ $\bar{r}=.10$	$\bar{r}=.18$ $\bar{r}=.17$ $\bar{r}=.17$ $\bar{r}=.15$	$\bar{r}=.13$ $\bar{r}=.16$ $\bar{r}=.16$ /	

Anmerkungen: Es wurden nur solche Studien einbezogen, für die eine eindeutige Differenzierung nach Kompetenzbereichen vorgenommen werden konnte.

Im Vergleich zu den vorliegenden Metaanalysen (siehe Tab. 23) fällt der ermittelte Populationsschätzer für die Vorgesetzten-Kollegen-Übereinstimmung deutlich niedriger aus als der bei Harris und Schaubroeck (1988) berichtete. Mit dem Einfluss der Moderatorvariable „Komplexität der beurteilten Tätigkeit bzw. Aufgabe" wurde eine mögliche Erklärung bereits oben im Zusammenhang mit den Selbst-Fremdurteilen diskutiert, denn die Autoren beziehen Studien in ihre Analyse mit ein, die die Beurteilung der Leistung von Industriearbeit und Dienstleistungen zum Gegenstand haben. Die Einschätzung solcher vergleichsweise klar konturierten Tätigkeiten und Aufgaben führt zu deutlich höheren Interrater-Übereinstimmungen als die Beurteilung von Management- oder Expertentätigkeiten.

Demgegenüber stimmen die Resultate recht gut mit den Ergebnissen der Analysen von Conway und Huffcutt (1997) überein. Die Vorgesetzten-Kollegen- und Vorgesetzten-Mitarbeiter-Einschätzungen zeigen nahezu übereinstimmende Werte. Demgegenüber fällt die Kollegen-Mitarbeiter-Übereinstimmung in den eigenen Analysen mit $\bar{r} = .29$ höher aus als bei Conway und Huffcutt mit $\bar{r} = .22$.

5.6 Eigene empirische Untersuchungen zur Übereinstimmung der MKF-Urteile zwischen den Perspektiven

Im Folgenden werden eigene Untersuchungen zur Übereinstimmung zwischen den Selbst- und Fremdurteilen berichtet. Die Untersuchungen dienen dem Ziel, zum einen die aus den Metaanalysen gewonnenen Erkenntnisse mit Ergebnissen aus Studien zu vergleichen, die sich auf Unternehmen aus dem deutschsprachigen Raum beziehen. Zum anderen sollen sie den auf die Situation hiesiger Unternehmen und Organisationen bezogenen, als eher vage zu bezeichnenden, Erkenntnisstand erweitern helfen. Denn bislang liegen lediglich zwei Studien vor, die eine für Industrieforscher (Moser et al., 1994), die andere für Führungskräfte aus dem Bankenbereich (Schuler et al., 2004). Da Feedbacksysteme hierzulande verstärkt vor allem zur Entwicklung von Führungskräften der Linie (und noch selten von Nachwuchskräften) eingesetzt werden (Scherm, 2005), muss der Mangel an Studien besonders bedenklich stimmen. Dies dürfte umso stärker der Fall sein, als dass nicht nur von Personalverantwortlichen *in* und Beratern *für* Unternehmen aus dem Grad der Übereinstimmung bzw. der Richtung von Abweichungen kriterienbezogene Schlussfolgerungen gezogen werden.

Ausgehend von der Unsicherheit bezüglich der Datenlage in deutschen Unternehmen und Organisationen, sind die Studien explorativ und vergleichend zu den Metaanalysen angelegt. Aus mit den Metaanalysen übereinstimmenden oder abweichenden Befunden lassen sich vernünftigerweise noch keine weitreichenden Schlussfolgerungen ziehen. Dies wäre schon allein mit Blick auf die vergleichsweise größere Datenbasis der Metaanalysen voreilig. Allerdings liefern sie fundierte Referenzmarken für die hiesige Führungskultur und den damit verbundenen wechselseitigen Wahrnehmungen des Führungskönnens. Die referierten Ergebnisse können als Ausgangspunkt für das Elaborieren spezifischer Hypothesen herangezogen werden.

Für die wichtige Gruppe der in Wirtschaftsunternehmen tätigen Führungskräfte liegen zwei auch hinsichtlich des Umfangs aussagefähige und vergleichbare Samples vor. Da die Daten für beide Samples mit unterschiedlichen Kompetenzinstrumenten gewonnen wurden, lässt sich auch ein möglicher Effekt des eingesetzten Feedbackverfahrens in einer ersten Näherung abschätzen. Bei der Diskussion möglicher Instrumenteneffekte sind relativierend allerdings auch mögliche Effekte anderer Moderatorvariablen wie etwa „untersuchte Branche", das „Traitprofil" der einbezogenen Fokuspersonen usw. zu berücksichtigen.

Anmerkungen

1) *Stichproben:* Bei den untersuchten Stichproben handelt es sich überwiegend um Gruppen aus der Wirtschaft, die Kompetenzfeedbacks im Rahmen von Entwicklungsmaßnahmen erhielten. Eine Ausnahme hiervon stellt die Stichprobe der öffentlichen Verwaltung dar. Für die Verwaltungsstichprobe ($14 < n < 18$) gelten die für kleine Samples bekannten inferenzstatistischen Beschränkungen. Ihre Ergebnisse werden berichtet, um für diesen Personenkreis erstmalig Daten zur perspektivenbezogenen Übereinstimmung von Kompetenzfeedbacks vorzulegen. Wie oben stützen sich die Analysen neben den Selbsturteilen auf die Vorgesetzten-, Kollegen- und Mitarbeiterurteile. Für eine eingehendere Beschreibung der einbezogenen Stichproben wird auf Kapitel 4.7.1 verwiesen. Die Schwankungen der Stichprobengrößen bei den jeweiligen Perspektivpaarungen treten u. a. deshalb auf, weil nicht für alle Fokuspersonen jeweils die Urteile der drei Fremdperspektiven komplett erhoben werden konnten.

2) *Instrumente:* Als Instrumente der Datenerhebung kamen die in Kapitel 4.7.2 ausführlich beschriebenen Fragebogen zum Einsatz. Um die Ergebnisse auf einem theoretisch abstrakteren Niveau und übersichtlicher berichten zu können, wurden die jeweils resultierenden Skalenwerte zu Kompetenzfaktoren zusammengefasst (siehe für das faktorenanalytische Vorgehen Kapitel 5.2). Es ergaben sich zweifaktorielle Lösungen mit den Faktoren „Ergebniskompetenz" und „Kooperationskompetenz".

5.6.1 Ergebnisse zur Übereinstimmung zwischen Selbst- und Fremdurteilen

Die Ergebnisse zur Übereinstimmung von Selbst- und Fremdeinschätzungen sind in Tabelle 26 dargestellt. Für die Stichprobe „1 – Wirtschaft gesamt" der mit !Response erhobenen Kompetenzfeedbacks ergeben sich hinsichtlich der Ergebniskompetenz mittlere bis starke Zusammenhangseffekte. Den engsten Zusammenhang bilden mit $r = .53$ die Einschätzungen der Fokuspersonen und deren Mitarbeitern.

Bezüglich der Kooperationskompetenz zeigen sich kleine bis mittlere Zusammenhangseffekte. Zeigen die Fokuspersonen und deren Kollegen die im Vergleich größte Übereinstimmung ($r = .38$), so fällt der Zusammenhang mit den Mitarbeitereinschätzungen deutlich niedriger aus ($r = .12$).

Betrachtet man nun die Stichproben 1a (mit !Response) und 3 (mit Benchmarks) für Führungskräfte in der Wirtschaft, so findet sich für die !Response-Stichprobe eine weitgehende Bestätigung der Ergebnisse für das gesamte Wirtschafts-Sample 1. Für die Ergebniskompetenz ergeben sich hier mittlere Zusammenhangsmaße, für die Kooperati-

Tabelle 26: Ergebnisse der Übereinstimmungsprüfung für Selbst- und Fremdurteile sowie der verschiedenen Fremdurteils-Quellen

Stichprobe/ Instrument		Selbst – Vorg.	Selbst – Koll.	Selbst – Mitarb.	Selbst – Fremd	Vorg. – Koll.	Vorg. – Mitarb.	Koll. – Mitarb.
1 – Wirtschaft gesamt/ *!Response*	Ergebniskompetenz:	.43** (n=153)	.46** (n=98)	.53** (n=121)	–	.35** (n=96)	.37** (n=108)	.45** (n=71)
	Kooperationskompetenz:	.19* (n=153)	.38** (n=98)	.12 (n=118)		.53** (n=96)	.25** (n=115)	.36** (n=78)
1a – davon: Führungs- kräfte/*!Response*	Ergebniskompetenz:	.42** (n=103)	.46** (n=97)	.47** (n=89)	–	.36** (n=95)	.46** (n=76)	.47** (n=70)
	Kooperationskompetenz:	.33** (n=103)	.38** (n=97)	.09 (n=86)		.56** (n=95)	.35** (n=83)	.33** (n=77)
1b – davon: Vertriebs- kräfte/*!Response*	Ergebniskompetenz:	.40** (n=50)	–	.68** (n=32)	–	–	.26 (n=32)	–
	Kooperationskompetenz:	.01 (n=50)		.23 (n=32)			.11 (n=32)	
2 – Führungs- kräfte öffentl. Verwaltung/ *!Response*	Ergebniskompetenz:	.14 (n=15)	–	.22 (n=17)	–	–	.65** (n=15)	–
	Kooperationskompetenz:	.47 (n=15)		.13 (n=17)			.62* (n=15)	
3 – Wirtschaft Führungskräfte/ *Benchmarks*	Ergebniskompetenz:	.29** (n=136)	.22* (n=126)	.42** (n=148)	–	.24** (n=120)	.23** (n=138)	.44** (n=127)
	Kooperationskompetenz:	.13 (n=136)	.25** (n=126)	.23** (n=148)		.19* (n=120)	.36** (n=138)	.36** (n=127)

Anmerkungen: ** Die Korrelation ist auf dem Niveau von $\alpha = 0{,}01$ (2-seitig) signifikant. * Die Korrelation ist auf dem Niveau von $\alpha = 0{,}05$ (2-seitig) signifikant.

onskompetenz wie oben gleichfalls kleine bis mittlere Zusammenhangseffekte. Während für die Frage der Kooperationskompetenz mit $r = .09$ auch hier ein allenfalls kleiner Effekt zu beobachten ist, so zeigt sich abweichend für die Übereinstimmung zwischen den Fokuspersonen und ihren Vorgesetzten mit $r = .33$ ein höherer Wert.

Hinsichtlich des Instrumentenvergleichs ist festzustellen, dass die Benchmarks-Stichprobe sowohl bezüglich der Ergebnis- als auch der Kooperationskompetenz tendenziell niedrigere Werte aufweist. Der größte Unterschied findet sich hinsichtlich der Ergebniskompetenz bei der Selbst-Kollegen-Übereinstimmung (!Response: $r = .46$; Benchmarks: $r = .22$), hinsichtlich der Kooperationskompetenz bei der Selbst-Vorgesetzten-Übereinstimmung (!Response: $r = .33$; Benchmarks: $r = .13$). Ein in der Ausprägung vergleichbarer Korrelationseffekt zeigt sich lediglich bezüglich der Ergebniskompetenz bei der Selbst-Mitarbeiter-Übereinstimmung (!Response: $r = .47$; Benchmarks: $r = .42$).

Für die Stichprobe 1b der Vertriebskräfte weisen die ermittelten Zusammenhänge tendenziell in die gleiche Richtung wie bei den unter 1a) mit !Response ermittelten Einschätzungen für Linienführungskräfte. Auf der Ergebnisseite sind mittlere bis starke Effekte zu beobachten, wobei die Übereinstimmung mit den Mitarbeitern mit $r = .68$ vergleichsweise höher ausfällt als die mit den Vorgesetzten ($r = .40$). Auf der Seite der Kooperationskompetenz zeigen sich demgegenüber keine bzw. niedrige Übereinstimmungen. Auffällig ist in diesem Zusammenhang die „Nullkorrelation" ($r = .01$) zwischen Selbst- und Vorgesetzteneinschätzungen.

Für die Stichprobe „Führungskräfte der öffentlichen Verwaltung" (Stichprobe 2) sind im Unterschied zur vergleichbaren Stichprobe 1a der Linienführungskräfte Wirtschaft deutlich geringere Übereinstimmungen hinsichtlich der Ergebniskompetenz zu konstatieren. Besonders auffällig ist die Abweichung bei der für den beruflichen Aufstieg bestimmenden Perspektiv-Dyade mit den Vorgesetzten. Die untersuchte Verwaltungsstichprobe weist mit $r = .14$ einen geringeren Zusammenhangswert zwischen Selbst- und Vorgesetztenfeedback auf. Dagegen ist hinsichtlich der Frage der Kooperationskompetenz mit $r = .47$ eine weit größere Übereinstimmung festzustellen als beim Wirtschaftssample.

Wie oben bereits für die einzelnen Stichproben dargestellt, liegen in der Regel für die Ergebniskompetenz höhere Übereinstimmungswerte als für die Kooperationskompetenz vor. Da in den meisten Führungstheorien das Verhältnis zwischen Führendem/Führender und den Mitarbeiterinnen und Mitarbeitern (hier: Selbsteinschätzung versus Mitarbeitereinschätzung) eine wichtige Rolle spielt, soll dieses hier noch einmal gesondert betrachtet werden. In allen drei Wirtschafts-Stichproben zeigen sich Unterschiede hinsichtlich der Einschätzung von Ergebnis- und Kooperationskompetenzen. Da allerdings aus den eigenen Metaanalysen nur marginale Unterschiede zwischen den als analog zu betrachtenden administrativen und sozialen Kompetenzen resultierten, wird der Signifikanztest auf Korrelationsunterschiede (siehe Bortz, 2005, S. 220 f.) zweiseitig ausgeführt (H_0: $\rho_1 = \rho_2$). Es ergaben sich die in Tabelle 27 dargestellten Unterschiedswerte z. Zusätzlich zur Signifikanzprüfung werden die Effektstärken ε für den Korrelationsunterschied berichtet.

Tabelle 27: Ergebnisse für Prüfung auf Korrelationsunterschiede zur Übereinstimmung von Selbst- und Mitarbeiterurteilen für Ergebnis- und Kooperationskompetenz (Signifikanzprüfung und Effektstärken)

Stichprobe/Instrument	Unterschiedswert (in Klammern: Stichprobenumfänge für Ergebniskompetenz und Kooperationskompetenz)	Effektstärke ε
1a – Führungskräfte/!Response	$Z = 2.71^{**}$ ($n=89$; $n=86$)	.42 (mittlerer Effekt)
1b – Vertriebskräfte/!Response	$Z = 2.28^{*}$ ($n=32$; $n=32$)	.60 (starker Effekt)
2 – Führungskräfte öffentl. Verwaltung/!Response	$Z = .247$ ($n=17$; $n=17$)	.09 (kein Effekt)
3 – Wirtschaft Führungskräfte/ Benchmarks	$Z = 1.81$ ($n=148$; $n=148$)	.21 (schwacher Effekt)

Anmerkungen: ** Der Unterschied ist auf dem Niveau von $\alpha = 0{,}01$ (2-seitig) signifikant. * Der Unterschied ist auf dem Niveau von $\alpha = 0{,}05$ (2-seitig) signifikant.

Die Ergebnisse der Unterschiedsprüfungen belegen einen signifikanten Korrelationsunterschied bei den Wirtschaftsstichproben mit !Response, wobei der stärkste Effekt bei den Vertriebskräften zu verzeichnen ist. Ein signifikanter schwacher Effekt ergibt sich für die mit Benchmarks eingeschätzten Führungskräfte. Kein Effekt zeigt sich dagegen bei der Verwaltungsstichprobe, für beide Metakompetenzen ergaben sich niedrige Selbst-Mitarbeiterübereinstimmungen.

5.6.2 Ergebnisse zur Übereinstimmung zwischen den Fremdurteilen

Die Ergebnisse zur Übereinstimmung der drei verschiedenen Quellen der Fremdeinschätzung sind in Tabelle 26 dargestellt. Für die Stichprobe „1 – Wirtschaft gesamt" der !Response-Kompetenzfeedbacks zeigen sich hinsichtlich der Ergebniskompetenz über alle drei Fremdvergleiche hinweg konsistent mittlere korrelative Effekte. Die größte Übereinstimmung weisen die Kollegen-Mitarbeitereinschätzungen auf ($r = .45$). Demgegenüber sind für die Einschätzungen zur Kooperationskompetenz Unterschiede in den Fremdvergleichen festzustellen. Die größte Übereinstimmung besteht bei den Vorgesetzten-Kollegen-Einschätzungen ($r = .53$), die niedrigste bei den Vorgesetzten-Mitarbeitereinschätzungen ($r = .25$). Da hinsichtlich der Vorgesetzten-Kollegen- und der Kollegen-Mitarbeiter-Einschätzungen die Gesamt-Stichprobe mit dem Subsample 1a der Führungskräfte nahezu identisch ist, zeigen sich dort die gleichen korrelativen Effekte. Vergleicht man wie oben die Ergebnisse für diese Gruppe analog mit den unter Benchmarks erhobenen Daten, so fallen die beiden niedrigeren Korrelationen ins Auge, bei denen die Vorgesetzteneinschätzungen zur Ergebniskompetenz erhoben wurden. Ebenfalls niedriger im Wert zeigt sich die Vorgesetzten-Kollegen-Korrelation bezüglich der Kooperationskompetenz mit Benchmarks ($r = .19$) als mit !Response ($r = .56$). Demgegenüber gelangen diesbezüglich die beiden anderen Perspektivenvergleiche unter Benchmarks zu mit den !Response-Daten übereinstimmenden Resultaten.

Betrachtet man die Stichprobe 1b der Vertriebskräfte, so weist diese bezüglich der Ergebniskompetenz eine deutlich niedrigere Übereinstimmung zwischen den beiden Fremdperspektiven auf als zwischen den Selbst- und Fremdeinschätzungen. Bei der Einschätzung der Kooperationskompetenz ist demgegenüber das auch bei den beiden Selbst-Fremd-Vergleichen realisierte Bild tendenzieller Nicht-Kongruenz zu verzeichnen.

Für Stichprobe 2 der Verwaltung schließlich werden auf beiden Metadimensionen deutlich höhere Vorgesetzten-Mitarbeiter- als Selbst-Fremd-Korrelate ausgewiesen. Im Gegensatz zu den Selbst-Fremdvergleichen lassen sich keine systematischen Unterschiede in der Höhe der Übereinstimmungen zwischen der Ergebnis- und Kooperationskompetenz ausmachen. Lediglich für den Kollegen-Mitarbeiter-Vergleich ist in den beiden Wirtschaftsstichproben für die Führungskräfte durchgängig eine etwas höhere Übereinstimmung für die Ergebnis- als für die Kooperationskompetenz zu verzeichnen.

5.6.3 Zusammenfassende Diskussion

Die aus der Literatur berichteten sowie die eigenen Metaanalysen gelangen hinsichtlich der Übereinstimmung der Selbsteinschätzungen mit ihren Fremdeinschätzungen zu annähernd gleichen niedrigen Werten. Beschränkt man die Zielgruppe auf den Kreis der Führungskräfte und fokussiert das Führungsverhalten, so gelangt die eigene Metaanalyse zu einem Korrelationswert von etwas unterhalb von .20. Dies entspricht in etwa den Ergebnissen von Conway und Huffcutt (1997), deren metaanalytische Vorgehensweise als analog zu betrachten ist und folglich die besten Referenzwerte liefert. Die eigenen empirischen Untersuchungen in Unternehmen aus dem deutschsprachigen Raum gelangen gleichwohl zu deutlich höheren Effekten als auch die eigenen Metaanalysen. Für die Wirtschaftsstichprobe der Führungskräfte zeigt sich dies durchgängig auf der Seite der Ergebniskompetenz, auf der Seite der Kooperationskompetenz sind ebenfalls höhere Werte bei der Übereinstimmung mit den Vorgesetzten und mit den Kollegen zu beobachten. Auch die aus den empirischen Studien gewonnenen Korrelate zur Übereinstimmung der Fremdurteile liegen über den bei Conway und Huffcutt berichteten Werten.

Eine Suche nach Erklärungen ex post für Unterschiede in korrelationsstatistischen Analysen ist generell und auch für den vorliegenden Fall schwierig und methodisch unbefriedigend. Wir sind daher zu einem nicht unerheblichen Teil auf Spekulationen angewiesen. Denn selbst wenn es sich nur um Befunde aus Einzelstudien handelt, die schwerlich eine Falsifikation von Metaanalysen gestatten, so geben sie doch Anlass, nach Gründen für die Abweichungen zu suchen. Ein bedeutsamer Einfluss der Moderatorvariable „Grad der Komplexität der von den Fokuspersonen ausgeübten Tätigkeiten" dürfte wenig plausibel sein, da diesbezüglich die eigenen Untersuchungen und die Analyse von Conway und Huffcutt vergleichbar angelegt sind. Weiterhin kann zwar ein Einfluss der Variable „Stellung in der Hierarchie" nicht ausgeschlossen werden, da diesbezüglich keine genauen Angaben über die Zusammensetzung sowohl der in die eigenen als auch in die fremden Metaanalysen eingegangenen Stichproben vorliegen. Die vorliegenden Beschreibungen lassen jedoch den Schluss zu, dass sich sämtliche Stichproben auf Gruppen von Fokuspersonen stützen, die alle hierarchischen Ebenen abdecken. Auch ein Einfluss soziodemografischer Variablen (Alter, Geschlecht) dürfte wenig wahrscheinlich sein.

Demgegenüber lassen sich die Unterschiede eher mit einem Einfluss der herangezogenen Instrumente bzw. den Methoden der Kompetenzdiagnostik erklären. Die Kompetenzscores der eigenen empirischen Untersuchungen stützen sich auf einen umfangreichen Satz überwiegend verhaltensnah ausgerichteter Items und erfassen ein breites Fähigkeitsspektrum. Eine ganze Reihe der in den Metaanalysen herangezogenen Arbeiten basieren demgegenüber auf einer deutlich schmaleren Item- oder Kompetenzbasis. Dies trifft z. B. auf die Studien von Beehr et al. (2001; drei Dimensionen), Carless, Mann und Wearing (1998; sieben Items „transformational leadership") und London und Wohlers (1989; zwei Dimensionen) zu. Die angeführten Studien gelangen sämtlich zu relativ niedrigen Selbst-Fremd-Übereinstimmungen. Auf der Gegenseite gelangt die in ihrer Kompetenzdiagnostik breit angelegte Studie von Atwater et al. (1998; 16 Kompetenzdimensionen) zu etwas höheren Korrelaten. Vor dem Hintergrund der Erkenntnis der klassischen Testtheorie, dass eine Testverlängerung mit einer Erhöhung der Reliabilität der Messung einhergeht, lässt sich schlussfolgern, dass ein Teil der diskutierten Unterschiede möglicherweise auf Reliabilitätsprobleme bei den in den Metaanalysen berücksichtigten Arbeiten zurückzuführen ist. Entsprechende Einbußen hinsichtlich der Zuverlässigkeit der Messwerte mögen erst bei der Verrechnung der Items entstanden sein (wenn z. B. Skalen rein nach inhaltlichen Gesichtspunkten, nicht faktorenanalytisch o. Ä. zu abstrakteren Dimensionen geordnet werden). Als Hypothese lässt sich demzufolge anführen, dass durch die Applikation eines thematisch breiter angelegten Kompetenzinventars der Anteil der gemeinsamen Selbst-Fremd-Varianzanteile erhöht wird.

Zum anderen dürften der *Zeitpunkt* der Untersuchungen und die seinerzeit in den Unternehmen gepflegten Führungskulturen eine wichtige Rolle spielen. Die in den zitierten Metaanalysen aufgenommenen Arbeiten stammen fast ausnahmslos aus dem angloamerikanischen Sprachraum und datieren überwiegend aus den 70er und 80er Jahren; die eigene Metaanalyse stützt sich ebenfalls zu großen Teilen auf angloamerikanische Arbeiten und bezieht sich überwiegend auf in den 90er Jahren erhobene Stichproben. Für die damalige Situation US-amerikanischer Unternehmen waren eine starke hierarchische Prägung mit einem relativ linear-geregelten (im Gegensatz zu einem dynamisch-vernetzten) Fluss von Informationen kennzeichnend (Lepsinger & Lucia, 1997, S. 8). Zugleich wird für die Situation der Führungskräfte ein gravierender Mangel an Feedback festgestellt (Longenecker & Gioia, 1992). Unter Bedingungen eines relativ starren Informationsaustauschs mit wenig direkten, face-to-face bezogenen Feedbackanteilen dürfte ein Abgleich der personenbezogenen Wahrnehmungen eher die Ausnahme denn die Regel sein. Rückkopplungen erfolgen überwiegend sachbezogen über das Erreichen von Zielen und weniger über die verhaltensbezogenen Antezedenzien, d. h. darüber, welches personen- oder teamseitige *Verhalten* zu den Ergebnissen geführt hat. Eine feedbackschwache Kultur zeichnet sich dann offenbar durch niedrige Selbst-Fremdbild-Übereinstimmungen aus. Auch andere Merkmale des kulturellen Kontextes (z. B. der Grad der Machtdistanz zwischen der Fokusperson und den Feedbackgebern) können den korrelativen Zusammenhang zwischen Selbst- und Fremdurteilen moderieren (siehe Atwater et al., 2009).

Demgegenüber wurden die Feedbackdaten mit !Response ausschließlich nach dem Jahr 2000 erhoben. In der Mehrzahl der einbezogenen Unternehmen hatten zuvor entsprechende Managementprogramme für einen stärkeren Austausch verhaltensbezogener Rückkopplungen gesorgt. Programme zur Verschlankung von Hierarchien, zum „Empowerment" und der Verlagerung von Verantwortung auch auf untere Managementebenen, die Einrichtung von Qualitätszirkeln, besonders aber auch die Einführung von Mitarbeiterbefragungen waren dazu angetan, verstärkt nicht nur sach-, sondern gerade auch beziehungsorientierte Botschaften auszutauschen. Parallel ist unter den Unternehmensangehörigen in den westlichen Ländern als Reflex u. a. auf die Globalisierung ein höherer Grad an individueller Unsicherheit zu konstatieren. Ein höheres Maß an Unsicherheit hinsichtlich der eigenen wirtschaftlichen Perspektiven wiederum dürfte mit einem verstärkten Bedürfnis nach Feedback einhergehen. Beide Bedingungsänderungen dürften letztlich zu einem im Vergleich zu den in die Metaanalysen eingegangenen Studien intensiveren Abgleich selbst- und fremdbezogener Wahrnehmungen geführt haben. Somit wäre die Anhebung der Selbst-Fremd-Korrelate ebenso erklärbar wie die der Fremd-Korrelate.

Zielt der obige Erklärungsansatz auf den in den westlichen Unternehmen generell zu beobachtenden Einfluss veränderter Führungskulturen in den Unternehmen, so ließe sich auch ein genuiner Einfluss der Variable „kulturell geprägter Führungsstil" vermuten. Eine solche Annahme ist nicht zuletzt deswegen plausibel, weil kulturelle Wertunterschiede sich auch auf das Verständnis von Arbeit und die in Arbeitszusammenhängen praktizierten Führungsstile niederschlagen (siehe Warr, 1987). Demnach könnten die Unterschiede weitgehend auf zwischen den in amerikanischen und deutschen Unternehmen abweichenden Führungskonzepten und -praktiken zurückzuführen sein. Diese müssten sich zudem als zeitlich stabil herausstellen, d.h. für den Zeitraum der vorgenommenen angloamerikanischen Metaanalysen würden die gleichen Führungsstile gelten wie heute. Somit stünde ein solcher Erklärungsansatz partiell im Wettbewerb bzw. sogar im Widerspruch mit dem obigen Ansatz. Die Annahme kulturell bedingter Unterschiede wird durch die Feedback-Studie von Atwater, Waldman, Ostroff, Robie und Johnson (2005) gestützt. Demnach bestehen Unterschiede zwischen US-amerikanischen und deutschen Führungskräften vor allem hinsichtlich des Erklärungsbeitrags von Selbst-Fremd-Abweichungen. Für die Population amerikanischer Führungskräfte liefern die Abweichungen einen signifikanten Erklärungsbeitrag für Leistungsurteile, für die deutsche Population dagegen nicht.

Als für den vorliegenden Fall interessante Moderatoren kommen Führungskonstrukte wie z.B. „Machtdistanz" und „Leistungsorientierung" oder auch die „Humanorientierung" infrage (vgl. für die Konstrukte und ihre nachfolgend aufgeführten Kernelemente die Ergebnisse der GLOBE-Studie; House, Hanges, Javidan, Dorfman & Gupta, 2004). Von den Ergebnissen einer Messung der ersten beiden Konstrukte dürfte ein eher übereinstimmungsmindernder Einfluss erwartet werden. Ein Führungsstil, der
• auf der expliziten Ungleichverteilung von Machtressourcen beruht (Machtdistanz) und
• die Wichtigkeit von Resultaten stärker betont als die der handelnden Personen (Leistungsorientierung),

sollte für eine Feedbackkultur, d.h. für das Synchronisieren von Verhaltenseindrücken, wenig empfänglich sein. Dagegen kann davon ausgegangen werden, dass ein Führungsstil, der

- unterstützendes, freundliches und beziehungsförderliches Verhalten belohnt (Humanorientierung)

für eine Feedbackkultur insgesamt förderlich ist.

Dies dürfte umso mehr der Fall sein, als eine hohe Humanorientierung das Verhalten in Gruppen in den Mittelpunkt stellt und eine relativ geringe interpersonelle Distanz indiziert. Sie dürfte zu einer tendenziell höheren Übereinstimmung von Selbst- und Fremdurteilen führen. Gleichzeitig unterstützen gerade aktuelle Studien den Wert einer ausgeprägten Humanorientierung für die Leistungsfähigkeit von Teams. So fanden Burke et al. (2006), dass personenorientierte Elemente im Führungsstil den Erfolg von Teams in höherem Maße günstig beeinflussen als stärker aufgabenbezogene Elemente.

Vor diesem Hintergrund könnte ein zeitaktueller signifikanter Unterschied zwischen den untersuchten angloamerikanischen und deutschen Führungskulturen Hinweise zur Erklärung liefern. Allerdings sprechen die Ergebnisse z. B. der kulturvergleichenden GLOBE-Studie (House et al., 2004) tendenziell gegen diesen Erklärungsversuch. Grundlage der GLOBE-Studie waren Befragungen in der Grundgesamtheit von mittleren Linienmanagern. Zwar zeigte sich die US-amerikanische Kultur als stichprobenstärkste und somit quasi „Leitkultur" der Metaanalysen als etwas leistungsorientierter als die westdeutsche[12] (USA: $M = 4.49$, $SD = 0.22$; BRD: $M = 4.25$, $SD = 0.32$; S. 250)[13]. Dieser Effekt wird jedoch kompensiert durch die höhere Machtdistanz in deutschen Unternehmen (USA: $M = 4.88$, $SD = 0.49$; BRD: $M = 5.25$, $SD = 0.61$). Beide Unterschiede entsprechen überschlagsmäßig mittleren Effektstärken. Schließlich ist die Humanorientierung in den amerikanischen Unternehmen deutlich stärker ausgeprägt (USA: $M = 4.17$, $SD = 0.49$; BRD: $M = 3.18$, $SD = 0.61$). Hier handelt es sich um einen starken Unterschiedseffekt, der eher für eine höhere Selbst-Fremd-Übereinstimmung in unseren amerikanischen Feedbackstichproben sprechen sollte.

Die oben herangezogenen Konstrukte scheinen demnach wenig zur Erklärung der unterschiedlichen Übereinstimmungswerte beizutragen. Diese Einschätzung steht gleichwohl unter dem Vorbehalt methodisch hier nicht weiter zu verfolgender Fragen, z. B., inwieweit die entsprechenden Variablen als Prädiktoren zur Aufklärung der Selbst-Fremd-Übereinstimmung mit unterschiedlichen Gewichten zu versehen sind. Die These eines kulturellen Unterschieds ist gleichwohl auf den ersten Blick plausibel, lässt sich jedoch nicht ohne Weiteres empirisch halten. Einschränkend ist jedoch darauf hinzuweisen, dass mit den Ergebnissen der GLOBE-Studie nur ein erster Zugang zur Überprüfung eines moderierenden Einflusses der Variable „kulturell geprägter Führungsstil" eröffnet wurde. Zur weiteren Klärung sollten breiter und systematisch angelegte kulturvergleichende Studien angestellt werden.

Die Ergebnisse für die Führungskräfte der öffentlichen Verwaltung wurden auf der Basis einer relativ kleinen Stichprobe ($n = 18$ Fokuspersonen) gewonnen und sind deswegen

---

12 Als Referenzstichprobe wurde die Gruppe der Manager westdeutscher Unternehmen herangezogen, da diese die Verhältnisse der eigenen empirischen Stichproben am besten schätzen dürfte.

13 Die angegebenen Streuungen beziehen sich auf die Verhältnisse in den bei GLOBE gebildeten Nationenclustern insgesamt. Die USA werden dem angloamerikanischen Cluster zugewiesen, die Bundesrepublik dem „germanisch-europäischen" Cluster. Für die Situation in den einzelnen Ländern stellen die Streuungen somit eine zwar brauchbare, gleichwohl grobe Schätzung dar.

anfällig für Stichprobenfehler. Sie bieten jedoch einen guten heuristischen Rahmen zur Generierung von weiteren Hypothesen. Sie zeigen hinsichtlich der *Ergebniskompetenz* einen niedrigen Grad der Übereinstimmung zwischen der Selbst- und Fremdwahrnehmung. Sowohl die Übereinstimmung mit den Vorgesetzten als auch mit den Mitarbeitern fällt gering aus. Dabei ist eine interessante Auffälligkeit in der Beziehung „Fokusperson – unmittelbare Vorgesetzte" auszumachen: Im Gegensatz zur niedrigen Übereinstimmung hinsichtlich der Ergebniskompetenz ist man sich bezüglich der wahrgenommenen *Kooperationskompetenz* zwischen den Fokuspersonen und ihren Vorgesetzten jedoch in deutlich höherem Maße einig. Demnach bestehen hinsichtlich der beziehungsorientierten Verhaltenskonstrukte – einen „freundlichen Umgang" pflegen, kooperieren und sich gegenseitig unterstützen – in höherem Ausmaß gemeinsam geteilte Deutungseindrücke. Über die Wahrnehmung aufgaben- und ergebnisbezogenen Verhaltens besteht demgegenüber zwischen den Führungskräften und ihren Vorgesetzten fast keine Gemeinsamkeit. Vereinfachend ließe sich sagen, dass sich zwar beide Seiten aus dem gemeinsamen Umgang kennen, dass jedoch in der Dyade unklar ist, inwieweit das gezeigte Verhalten auch tatsächlich zu den Ergebniszielen beiträgt (oder als kontraproduktiv wahrgenommen wird).

Daneben besteht eine deutlich höhere Übereinstimmung hinsichtlich der Ergebniskompetenz zwischen den Vorgesetzten und den Mitarbeitern, d. h. zwischen den Fremdperspektiven. Zugespitzt bedeutet dies: Während innerhalb der Beziehungen, die die eigentliche Verantwortung für die Arbeitsergebnisse tragen (Fokuspersonen – unmittelbare Vorgesetzte, Fokuspersonen – Mitarbeiter) Uneinigkeit über das ergebnisbezogene Verhalten besteht, teilt man diesbezüglich außerhalb dieser verantwortlichen Beziehungen in weitaus stärkerem Maße gemeinsame Deutungsmuster.

Als mögliche Gründe für diesen Befund können u. a. zwei Leitlinien diskutiert werden. Zum einen lässt sich vermuten, dass über die *Leistungsstandards* in der Organisation insgesamt *wenig* Klarheit besteht. Wenn man davon ausgeht, dass zwar auch in dieser Einrichtung schriftliche Regeln der Leistungsbeurteilung hinterlegt sind, dann kommen sie in der Führungspraxis entweder nicht zur Anwendung oder die Anwendungspraxis ist für die Beurteilten selbst nicht transparent. Mängel bei der Beurteilungspraxis, etwa in Form als ungerecht oder nicht nachvollziehbar erlebter Regelbeurteilungen, deuten vor allem auch auf ein gravierendes Führungsproblem seitens der Organisationsleitung hin. Denn diese ist es, die für eine gerechte Würdigung des Leistungsverhaltens auch auf den nachgeordneten Hierarchieebenen Sorge zu tragen hat.

Zum anderen dürfte die Eindrucksbildung vergleichsweise stark von gruppen- bzw. hierarchiespezifischen Urteilstendenzen beeinflusst sein, d. h. dass die Perspektivgruppen und ihre Mitglieder unterschiedliche eigene Wahrnehmungsfilter aktivieren. Mit Blick auf die recht hohe Korrelation zwischen den Vorgesetzten und den Mitarbeitern kann angenommen werden, dass die in der Hierarchie oben stehenden Vorgesetzten und ihre Mitarbeiter über ähnliche Filter verfügen. Die mittlere Führungsebene, die die Gruppe der Fokuspersonen darstellt und im täglichen „Betrieb" die größte Verantwortungslast trägt, verfügt möglicherweise über einen eigenen Wahrnehmungsfilter, der bei der Leistungseinschätzung aktiviert wird. Sollte die Organisation doch über verbindlich angewendete Leistungsstandards verfügen und gelangen diese in offiziellen Beurteilungsprozessen zur

Anwendung, so hat dies keine positive Wirkung auf die alltäglichen Prozesse der Eindrucksbildung, die informell und vor allem vertikal in der Hierarchie stattfinden. Als möglicher Grund hierfür kommt eine relativ schwach ausgeprägte Feedbackkultur infrage. Innerhalb einer solchen Kultur tauschen sich die Mitglieder nur wenig über leistungsbezogene Aspekte und Probleme aus. Wenn sie dies tun, dann verbleiben die Eindrücke tendenziell auf der eigenen Hierarchieebene.

Schließlich ist für die drei untersuchten Wirtschaftsstichproben das Ergebnis eines durchgehenden Unterschiedseffekts der Übereinstimmungskorrelate von Ergebnis- und Kooperationskompetenzen zwischen den beteiligten Fokuspersonen und ihren Mitarbeitern zu diskutieren. Wie oben dargestellt, stimmen diese stärker hinsichtlich des ergebnisbezogenen als hinsichtlich des beziehungsbezogenen Verhaltens der Fokusperson überein. Wie, d. h. mit welchem Verhalten, also seitens der Führungskräfte auf der Sachebene Arbeitsprozesse gesteuert und Ergebnisse erreicht wurden, darüber verfügen die Beteiligten offenbar wenigstens in Teilen über gemeinsame Wahrnehmungseindrücke. Das Verhalten, das in der entsprechenden Metakompetenz zusammengefasst wird, betrifft im Wesentlichen die motivatorischen Antriebe und die kognitiven Fähigkeiten der Führungskräfte. In krassem Gegensatz hierzu steht der niedrige Grad an Gemeinsamkeit hinsichtlich der beziehungs- und emotionsbezogenen Eindrücke über den dabei gepflegten Umgang miteinander. Die soziale Metakompetenz beinhaltet in besonderem Maße Elemente, die sich auf die Freundlichkeit im Umgang, die Wertschätzung und Unterstützung der Mitarbeiterinnen und Mitarbeiter im Arbeitsalltag beziehen. Wie demnach auf der „menschlichen Seite" Ergebnisse und Ziele erreicht werden, darüber gehen offenbar die Meinungen deutlich auseinander. Anders formuliert: Hier nehmen sich die Beteiligten und ihre Umgebung gänzlich unterschiedlich wahr.

Dieses Ergebnis bestätigt indirekt die bei Wohlers und London (1989) aufgestellte sowie bei Harris und Schaubroeck (1988) oder Conway und Huffcutt (1997) empirisch geprüfte These, wonach komplexe Tätigkeiten schwieriger zu beurteilen sind als einfache. Die Beurteilung des Kooperationsverhaltens in Organisationen mit flacheren Hierarchien als ehedem in den 80er und 90er Jahren stellt demnach einen zunehmend schwierigeren und komplexeren Vorgang dar. Sie dürfte stärker von idiosynkratischen Tendenzen und umgekehrt in geringerem Maße von verbindlichen Standards des „Miteinander Umgehens" geprägt sein. Ein solcher Trend ist verstärkt in international tätigen Unternehmen zu beobachten, in denen die Teammitglieder zunehmend weniger face-to-face interagieren.

Diesem Befund steht jedoch das Ergebnis der eigenen Metaanalysen entgegen, die für das administrative und das soziale Verhalten ähnlich niedrige Übereinstimmungswerte aufzeigen. Als mögliche Erklärung kommt, wie oben bereits ausgeführt, vor allem der unterschiedliche Zeitpunkt der Untersuchungen zwischen den in den eigenen Metaanalysen berücksichtigten Stichproben und den hier vorgestellten empirischen Feedbackstudien infrage. Die Unterschiede zwischen den eigenen Metaanalysen und den vorgestellten Studien lassen sich (wie zuvor) mit der Art der verwendeten Messmethode erklären (globale vs. differenzierte Erfassung der Kompetenzen).[14]

---

14 Hierbei werden der Faktor „administratives Verhalten" in den Metaanalysen und der Faktor
    „Ergebniskompetenz" in den Feedbackstudien inhaltlich als weitgehend analog betrachtet.

Die Ergebnisse von multiperspektivischen Feedbacks lassen sich nicht ohne Weiteres in individuelle Maßnahmenbündel umsetzen (welche Kompetenz und wie sollte jemand weiterentwickeln?), solange nicht auch die Relationen zwischen den Feedbacknehmern und ihren Mitarbeiterinnen und Mitarbeitern einbezogen werden. Oder, wie es Neuberger (2000, S. 54) mit seiner apodiktischen Kritik einer bisweilen unbeschwerten Feedbackpraxis in Unternehmen ausdrückt: „Zuweilen unterstellen Verfechter des 360°-Feedbacks naiv (oder suggestiv?), dass in einer Beurteilung eine andere Person – ihre Leistungen, Fähigkeiten, Handlungen – bewertet wird. Genau genommen ist dem nicht so. Beurteilt werden Beziehungen." Um die emotionalen Tönungen der Beziehungsrelationen fundiert thematisieren zu können, ist wie hier vorgeschlagen eine dimensionale Trennung von Ergebnis- und Kooperationskompetenzen zweckdienlich. Dies kann zu konstruktiven Deutungen vor allem dann veranlassen, wenn eine Fokusperson ihre Ergebniskompetenzen anders ratet (nämlich höher) als ihre Feedbackgeber. Dabei ist es aufschlussreich zu prüfen, ob für die soziale Seite die gleiche Konstellation besteht. Trifft dies zu, kann die Fokusperson zusammen mit einem Coach oder einer Moderatorin/einem Moderator klären, ob Friktionen in der Beziehung mit den Feedbackgebern bestehen und dieser Umstand als Halo-Filter gewirkt hat. So wären schließlich auch die Abweichungen in der Einschätzung der Ergebnisseite erklärbar.

6 Die Höhe der Selbst- und Fremdeinschätzungen: Zur Frage der Selbstüberschätzung von Führungskräften

Für den Erfolg von Organisationen und den in ihr tätigen Personen ist eine realitätsgerechte Einschätzung der eigenen Stärken und Schwächen bedeutsam. Personen können dann Leistungen im Sinne von Anforderungen erbringen, wenn sie entsprechend ihrer Fähigkeiten eingesetzt sind. Selbst wenn allgemein angenommen werden darf, dass weder die Selbsteinschätzung noch die darauf bezogenen Fremdeinschätzungen maximal valide sind, so ist es für die meisten beruflichen Kontexte funktional, die Wahrnehmung der eigenen Kompetenzen mit der Sicht der wichtigen Personen in der Umgebung abzugleichen.

Hierfür gibt es mehrere Gründe. Aus der Perspektive der Kontrolltheorie (Carver & Scheier, 1981) wird angenommen, dass Personen ihr eigenes Verhalten mit den gesetzten Zielen und erwarteten Standards abgleichen. Im Kontext von Organisationen können als Standards nicht nur allgemein verbindliche Soll-Kompetenzprofile fungieren, sondern auch die Wahrnehmungen von Vorgesetzten über die von ihnen geführten Personen (vgl. Atwater et al., 2005). Realisiert eine Person Abweichungen des eigenen Verhaltens von den erwarteten Kompetenzstandards oder von den auf sie bezogenen Vorgesetztenwahrnehmungen, so wird sie im Allgemeinen bemüht sein, das realisierte „Delta" zu reduzieren (Reduktionsdruck). Dies kann sie zum einen durch Verhaltensänderungen erreichen, zum anderen (dies dürfte jedoch der weit schwierigere und womöglich dysfunktionale Weg sein), indem sie die Eindrücke der oder des Vorgesetzten zu korrigieren versucht.

Für den Erfolg solch kontrollbezogener Handlungen ist eine möglichst akkurate Selbstwahrnehmung erforderlich. Eine akkurate Selbstwahrnehmung nimmt positiven Einfluss auf die Fähigkeit zur Selbststeuerung (Ashford, 1989). Eine Person kann demzufolge die eigenen berufsbezogenen Anstrengungen umso zielgerichteter lenken, je besser sie Kenntnis darüber hat, wo sie (auch aus der Sicht der Umgebung) über besondere Fähigkeiten verfügt. Sie wird sinnvollerweise solche Aufgabenfelder suchen, wo ihr aufgrund von Selbst- und Fremdwahrnehmungen gute Kompetenzeinschätzungen zugewiesen werden. Und sie wird nach Möglichkeit besondere Bemühungen dort vermeiden, wo sie vor Aufgaben oder Problemen steht, die Kompetenzen erwarten, über die sie in nicht ausreichendem Maße verfügt. Eine übertrieben hohe Selbsteinschätzung verursacht häufig Probleme, die zu einem Scheitern bei der Lösung von Aufgaben führen können (Taylor & Brown, 1988).

Daneben kommen dem Grad der Übereinstimmung zwischen den Selbst- und Fremdwahrnehmungen ganz konkret entscheidungs-, kooperations- und führungsbezogene Bedeutungen zu (vgl. Atwater & Yammarino, 1997, S. 123). Hinsichtlich der Beziehung zu ihren Vorgesetzten kann es für eine Führungskraft mitunter notwendig sein, Änderungen im eigenen Verhalten herbeizuführen, wenn dies aus Sicht ihres Vorgesetzten aufgabenbezogen und funktional ist. Wenn sie die diesbezügliche Wahrnehmung des Vorgesetzten und seiner Gründe versteht, dürfte sie zudem wichtige Hinweise über die erwarteten

Leistungsstandards für die Vergütung, für den Aufstieg in der Hierarchie etc. erhalten. Das heißt, dass wichtige *Entscheidungen* von einem Abgleich der Wahrnehmungen abhängen. Hinsichtlich der Beziehungen zu ihren Kollegen ist ein Abgleich der Wahrnehmungen ebenfalls bedeutsam, z.B. um das Vorgehen und die Aufgabenverteilung bei gemeinsamen Projekten erfolgreich abstimmen zu können. Besondere Bedeutung schließlich hat ein Abgleich in den Beziehungen zu den Mitarbeiterinnen und Mitarbeitern. Ihre Wahrnehmung des führungsbezogenen Verhaltens des Vorgesetzten hat Einfluss auf die Art und Weise, wie sie z.B. Aufträge bearbeiten, Abstimmungen vornehmen oder auch Konflikte austragen.

Der Grad der Übereinstimmung von Selbst- und Fremdeinschätzungen wird zudem in der Literatur als interessanter Prädiktor für verschiedene Kriterien betrachtet. Dabei ist häufig weniger der stichprobenbezogene Grad der Ähnlichkeit oder Übereinstimmung zwischen den verschiedenen Perspektiven (bestimmt über korrelative Techniken) interessant. Als Prädiktoren werden vielmehr bevorzugt Selbst-Fremd-Abweichungsmaße konstruiert, die sich auf eine einzelne Fokusperson beziehen (Atwater et al., 1998; Atwater et al., 2005; Scherm, 2007; Scherm & Kaufel, 2005; Scherm & Sarges, 2002). Als Kriterien werden verschiedene Konstrukte beruflicher Leistung, der Grad und die Dauer des Aufstiegs in der Hierarchie, das erzielte Einkommen usw. herangezogen. Eine gute Selbst-Fremd-Übereinstimmung wird im Sinne von Übereinstimmungs- und prognostischen Validitäten als förderlich für eine hohe Ausprägung auf den genannten Kriterien angenommen (McCall & Lombardo, 1983; McCauley & Lombardo, 1990; Atwater et al., 1998).

Wenn auch die empirische Befundlage zur Vorhersage von karriere- oder leistungsbezogenen Kriterien durch Maße der Selbst-Fremd-Übereinstimmung noch eher mäßig ist, so gelangt eine Sichtung der vorliegenden Arbeiten zu folgenden Ergebnissen (vgl. Scherm & Sarges, 2002, S. 32 ff.):

1) Führungskräfte, deren Selbst- und Fremdeinschätzungen weitgehend übereinstimmen und auf vergleichsweise *hohem* Niveau angesiedelt sind, gelten auch hinsichtlich der von ihnen erzielten Ergebnisse als Leistungsträger. Sie verfolgen oft ehrgeizige Ziele, zugleich werden sie sowohl von Mitarbeitern als auch von Vorgesetzten wertgeschätzt und gut unterstützt (Bandura, 1982).

2) Führungskräfte, deren Selbst- und Fremdeinschätzungen weitgehend übereinstimmen, jedoch auf vergleichsweise *niedrigem* Niveau angesiedelt sind, zeigen ein eher niedriges Leistungsniveau (Atwater & Yammarino, 1997).

3) Führungskräfte, die ihre Kompetenzen deutlich *überschätzen*, werden in den Organisationen häufig als „Schwachleister" eingestuft (Yammarino & Atwater, 1993). Bass und Yammarino (1991) haben darauf hingewiesen, dass sie in ihren Karriereverläufen häufiger Probleme aufweisen als Führungskräfte, die sich in Übereinstimmung mit ihrer Umgebung einschätzen. Als Grund für die Karriereprobleme der „Überschätzer" wird u.a. deren wenig wertschätzender Umgang mit Mitarbeitern angeführt, der darin resultiert, dass sie nicht voll unterstützt werden. Zusätzlich sind sie offenbar nicht gut darin, auch die (oft nicht ausgesprochenen) Erwartungen ihrer Kunden oder Kollegen an sie zu erkennen und ihr eigenes Verhalten darin ausrichten zu können.

4) Bei Führungskräften dagegen, die ihre Kompetenzen *unterschätzen*, ist die volle Leistungsbandbreite zu beobachten, d.h. es zeigen sich leistungsstarke, durchschnittliche

und durchaus auch leistungsschwache Personen. Sich unterschätzende Führungskräfte scheinen in der Mehrheit eher mäßig ehrgeizig zu sein und suchen sich dementsprechend überwiegend einfache Aufgaben (Bandura, 1982).

Ungeachtet dessen, dass eine gute Selbst-Fremd-Übereinstimmung für positiv erachtet wird, scheint gleichwohl eine Tendenz zur Selbstüberschätzung eher die Regel als die Ausnahme zu sein. Selbstüberschätzung bzw. das Leugnen auf die eigene Person bezogener negativer Attribute und Ereignisse wird geradezu als Voraussetzung für eine positive psychische Verfassung aufgefasst. Aus der Perspektive der Social-cognition-Forschung fassten Taylor und Brown in einer seinerzeit vielbeachteten Studie die empirische Befundlage wie folgt zusammen: „In sum, far from being balanced between the positive and the negative, the perception of self that most individuals hold is heavily weighted toward the positive end of the scale" (1988, S. 195). Colvin, Block und Funder (1995) kritisieren dieses weitgehende Fazit, indem sie auf die teilweise problematische Operationalisierung der verwendeten Kriterien verweisen. Gleichwohl kann das Bagatellisieren oder gar Leugnen von Schwierigkeiten oder Misserfolgen geradezu funktional für den Erfolg in bestimmten beruflichen Funktionen sein. So werden vermutlich Außendienstmitarbeiter oder Vertriebskräfte, die in Verkaufssituationen nicht unerheblich vom Erzeugen „positiver Stimmung" abhängig sind, als selbstbewusster und überzeugender wahrgenommen, wenn es ihnen gelingt, dass unangenehme berufliche Ereignisse nicht ihre Affektlage trüben.

Im Folgenden soll die Frage der individuellen Übereinstimmung bzw. Abweichung zwischen den Selbsteinschätzungen einer Fokusperson und ihren Fremdeinschätzungen erörtert werden. Ausgangspunkt der Untersuchungen sind die über mittlere Einschätzungen ermittelten Kompetenzlagen für die verschiedenen Feedbackperspektiven. Es werden sowohl Analysen auf der Basis von Kompetenz*skalen* als auch auf der Basis der Kompetenz*faktoren* („Metakompetenzen") einbezogen.

Welche Ergebnisse zeigen sich nun im Selbst-Fremdbild-Vergleich? Überschätzen sich Führungskräfte oder Personen in verschiedenen beruflichen Funktionen? Die vorliegenden Arbeiten, die sich vornehmlich auf die Situation in US-amerikanischen Unternehmen beziehen, berichten ein relativ einheitliches Bild. Demnach attestieren sich Personen im beruflichen Kontext im Rahmen von Feedbackprozessen tendenziell höhere Kompetenzwerte als ihre Umgebung dies tut, d. h. sie werden von ihren Feedbackgebern kritischer gesehen. Mabe und West fanden in ihrer Metaanalyse bei sechs von acht Studien, in denen die Selbst- den Vorgesetzteneinschätzungen gegenübergestellt und Ergebnisse zur Frage einer möglichen Über- oder Unterschätzung berichtet wurden, eine Tendenz zur Überschätzung der eigenen beruflichen Fähigkeiten (1982, S. 282 ff.). Atwater et al. berichten für $n = 1.460$ Manager als Teilnehmer eines Development-Programms eine Tendenz zur Überschätzung ihrer Führungsleistung, wobei die Selbsteinschätzung durchgängig höher ausfiel als die Einschätzung der Vorgesetzten, der Kollegen und der Mitarbeiter (1998, S. 588). Zum gleichen Ergebnis einer durchgängig höheren Selbsteinschätzung für drei verschiedene Kompetenzdimensionen („facilitation of others", „respect for diversity", „delivery of results") gelangen auch Beehr et al. in einer Studie mit $n = 2.213$ Angestellten eines US-amerikanischen Versicherungsunternehmens (2001, S. 781). Schließlich liegen erste Ergebnisse auch für den deutschsprachigen Raum vor. Atwater et al. (2005) stellen für Führungskräfte in deutschen Unternehmen lediglich eine leichte Tendenz zur Überschätzung der eigenen Führungsfähigkeiten fest. Der größte Unterschied zeigt sich zwischen der Selbsteinschätzung und dem Feedback durch die Kollegen, dieser fällt allerdings effektschwach ($d = .32$) aus.

6.1 Empirische Prüfung auf Mittelwerts- und Profilunterschiede zwischen den Selbst- und Fremdperspektiven

Im Folgenden soll der Frage nachgegangen werden, inwieweit sich die verschiedenen Feedbackperspektiven in ihren Kompetenzeinschätzungen voneinander unterscheiden. In diesem Zusammenhang wird auch die Ähnlichkeit (bzw. Unähnlichkeit) der vorliegenden Selbst- und Fremd-Profile untersucht. Zusätzlich wird geprüft, ob das verwendete Feedbackverfahren einen Einfluss auf die Kompetenzeinschätzung ausübt. Die Untersuchungen erweitern somit die Analysen zum Problem der Übereinstimmung der Feedbackperspektiven (siehe Kap. 5.6), die über einen korrelativen Ansatz vorgenommen wurden.

Die Untersuchungen beziehen sich auf die mit !Response und Benchmarks erhobenen Stichproben der „Führungskräfte Wirtschaft", weil für diesen Personenkreis in der Regel die Möglichkeit bestand, ein vollständiges 360°-Feedback einzuholen. Um einen möglichen Einfluss der Moderatorvariable „Verbindlichkeit des Feedbackprozesses" (vgl. Antonioni, 1994; London, Smither & Adsit, 1997) zu kontrollieren, werden nur solche Fokuspersonen in die Analyse einbezogen, für die komplette 360°-Datensätze mit Selbst-, Vorgesetzten-, Kollegen- und Mitarbeiterurteilen vorliegen. Diese Vorgehensweise ist deshalb angezeigt, weil für Fokuspersonen, die trotz einer gegebenen Möglichkeit absichtlich eine oder gar zwei Feedbackgeber-Gruppen aussparen (d. h. die ihren Feedbackprozess wenig verbindlich betreiben), eine reduzierte Kompetenzlage vermutet werden kann.

6.1.1 Ergebnisse der Prüfung auf Mittelwertsunterschiede der Kompetenzlagen zwischen den Selbst- und Fremdurteilen

Im Zusammenhang mit möglichen Höhenunterschieden zwischen den Selbst- und den Fremdurteilen werden in einer ersten deskriptiv-statistischen Herangehensweise zunächst kompetenzbezogene Vergleiche vorgenommen. Die Tabellen mit den vollständigen Kennwerten können Anhang 2 (S. 217 f.) entnommen werden. Für alle vier Profilvergleiche zeigen sich mittlere Feedbackwerte, die in der oberen Hälfte der Skala (von 1 – „nicht ausgeprägt" bis 5 – „sehr ausgeprägt") mit $3 < M \leq 5$ angesiedelt sind. Den eingeschätzten Führungskräften werden somit tendenziell mittlere bis gute Kompetenzniveaus zugeschrieben. Gleichzeitig bedeutet dies auch, dass nur wenige Fokuspersonen in ihrer Selbsteinschätzung und auch nur wenige Feedbackgeber in der Fremdeinschätzung die volle Breite der Skala nutzen.

Beschränkt man sich auf die für den beruflichen Tätigkeitserfolg einer Führungskraft bedeutsamsten Perspektivvergleiche „Selbst vs. Vorgesetzte" und „Selbst vs. Mitarbeiter", so zeigen sich eine Reihe von Übereinstimmungen sowie auch einige markante Differenzen. Nahezu übereinstimmend werden bei !Response durch die Fokuspersonen und ihre

Vorgesetzten die motivatorischen Kompetenzen des „Leistungsehrgeizes" und der „Entschlusskraft" beurteilt (Leistungsehrgeiz: $M_S = 3.96$ vs. $M_V = 3.93$; Entschlusskraft: $M_S = 3.98$ vs. $M_V = 3.99$). Die Mitarbeiterinnen und Mitarbeiter kommen hier jedoch zu deutlich niedrigeren Einschätzungen (Leistungsehrgeiz: $M_M = 3.76$; Entschlusskraft: $M_M = 3.82$). Während diese in ihren Urteilen mit den Fokuspersonen hinsichtlich des „Konzeptionellen Denkens" und der „Effektiven Steuerung" von Geschäftsprozessen weitgehend übereinstimmen, so zeigt sich bezüglich der wichtigen Fähigkeit des „Motivierens" mit $d = 0.59$ ein mittlerer Unterschiedseffekt ($M_S = 4.03$, $SD = .47$ vs. $M_M = 3.76$, $SD = .44$).

Die mit Benchmarks untersuchten Führungskräfte bewerten ebenfalls eine Reihe von Kompetenzen übereinstimmend mit ihren Vorgesetzten (z. B. „das Erforderliche tun", „Aufbau und Nutzen von Beziehungen", „Schaffen eines Entwicklungsklimas"). Lediglich bei wenigen Kompetenzen fallen Unterschiede auf, so z. B. hinsichtlich der „Teamorientierung", die die Fokuspersonen als etwas stärker ausgeprägt einstufen als ihre Vorgesetzten ($M_S = 3.95$, $SD = 0.52$ vs. $M_V = 3.83$, $SD = 0.52$). Der Unterschiedseffekt ist hier mit $d = .23$ wie bei anderen Kompetenzen jedoch als klein einzustufen. Auch der Vergleich mit den Eindrucksurteilen der Mitarbeiterinnen und Mitarbeiter zeigt eine Reihe von weitgehenden Übereinstimmungen (z. B. „Verfügung über Ressourcen", „das Erforderliche tun"). Lediglich hinsichtlich von emotionalen Kompetenzen wie „Überzeugungskraft und Empathie" ($M_S = 3.86$, $SD = 0.46$ vs. $M_M = 3.65$, $SD = 0.44$; $d = .47$) und zur Frage der reflexiven „Selbsterkenntnis" bestehen auffällige Eindrucksdifferenzen ($M_S = 3.85$, $SD = 0.42$ vs. $M_M = 3.60$, $SD = 0.44$; $d = .58$).

Zur signifikanzstatistischen Absicherung möglicher perspektivbezogener Unterschiede wird ein varianzanalytisches Vorgehen gewählt. Hierbei wird ein möglicher Einfluss des Faktors „Feedbackperspektive" geprüft, ein Einfluss des Faktors „Instrument" (!Response vs. Benchmarks) sowie die Wechselwirkung zwischen beiden Faktoren.

Untersuchungsdesign und Hypothesen

Es wurden zweifaktorielle univariate Varianzanalysen mit Messwiederholungen auf einem Faktor durchgeführt:
- Abhängige Variable: Kompetenzurteil,
- Faktor A: Feedbackperspektive (Urteilsquelle) als Innersubjektfaktor,
- Faktor B: Instrument als Zwischensubjektfaktor.

Da die Urteile der verschiedenen Perspektiven im Sinne eines Quasi-Matchings der Zuordnung ausgewählter und daher *bestimmter* Vorgesetzten, Kollegen und Mitarbeiter als abhängig aufgefasst werden, wird Faktor A als Innersubjektfaktor aufgefasst. Über die Prüfung des Einflusses der beiden Faktoren hinaus werden Einzelvergleiche für die Selbst- und Fremdurteile zur Prüfung einer möglichen Überschätzungstendenz bei den Führungskräften ausgeführt.

Hypothesen (vgl. für die Notationen Bortz, 2005, S. 297):
- *Faktor A:* Unter Rückgriff auf die oben diskutierte Literaturlage wird die Nullhypothese eines nicht signifikanten Effekts der Feedbackperspektive auf das Kompetenzurteil bestimmt:

$$H_0: \mu_1 = \mu_2 = \ldots = \mu_p.$$

- *Faktor B:* Für den möglichen Effekt des eingesetzten Instruments auf das Kompetenz-urteil wird folgende Nullhypothese geprüft:

$$H_0: \mu_1 = \mu_2 = \ldots = \mu_q.$$

- *Interaktion:* Für die Wechselwirkung zwischen der Feedbackperspektive und dem eingesetzten Instrument lautet die Nullhypothese:

$$H_0: \mu_{ij} = \mu_i + \mu_j - \mu.$$

Für die Effektprüfung und die anschließende Interpretation erscheint eine Prüfung auf der Ebene der einzelnen Kompetenzen wenig elegant weil unübersichtlich. Zur Lösung des Problems wird die in Kapitel 5.2 vorgenommene Reduktion der Kompetenzen zu Metakompetenzen aufgegriffen. Als abhängige Variablen in der Varianzanalyse fungieren somit die „Ergebniskompetenz" und die „Kooperationskompetenz".

Da die z-standardisierten Werte auf den Metakompetenzen für einen Mittelwertsvergleich aus naheliegenden Gründen ungeeignet sind, wurden auf der Basis der Faktorenanalysen aus den Einzelkompetenzen Likert-Skalen für jede der vier Perspektiven gebildet. Die internen Konsistenzen nach Cronbachs α für die insgesamt resultierenden $2 \cdot 2 \cdot 4 = 16$ Skalen sind in Tabelle 28 aufgeführt. Alle gebildeten Skalen zeigen befriedigende bis gute interne Konsistenzen.

Tabelle 28: Interne Konsistenzen (Cronbachs α) für Metakompetenz-Skalen „Ergebniskompetenz" und „Kooperationskompetenz" für !Response und Benchmarks (Anzahl der Skalen in Klammern)

	Ergebniskompetenz (in Klammern: Anzahl Skalen)	Kooperationskompetenz (in Klammern: Anzahl Skalen)
!Response		
Selbsturteil	.90 (7)	.79 (4)
Vorgesetztenurteil	.93 (9)	.68 (2)
Kollegenurteil	.94 (7)	.88 (4)
Mitarbeiterurteil	.92 (5)	.94 (6)
Benchmarks		
Selbsturteil	.84 (8)	.83 (7)
Vorgesetztenurteil	.90 (7)	.87 (9)
Kollegenurteil	.90 (7)	.89 (9)
Mitarbeiterurteil	.91 (8)	.87 (8)

Die Ergebnisse der zweifaktoriellen Varianzanalyse inkl. der Stichprobenmittelwerte sind in den Tabellen 29 bis 31 aufgeführt. Die Mittelwerte der einzelnen Faktorkombinationen sind in Abbildung 10 und Abbildung 11 dargestellt.

Tabelle 29: Deskriptive Statistiken für skalenbezogene Metakompetenzen „Ergebniskompetenz" und „Kooperationskompetenz" für alle Perspektiven und beide Instrumente

	Instrument	Mittelwert	Standard-abweichung	N
Ergebniskompetenz (Selbst)	!Response	3.97	.40	67
	Benchmarks	3.84	.28	118
	Gesamt	3.88	.33	185
Ergebniskompetenz (Vorgesetzte)	!Response	3.95	.37	67
	Benchmarks	3.81	.39	118
	Gesamt	3.88	.39	185
Ergebniskompetenz (Kollegen)	!Response	3.84	.34	67
	Benchmarks	3.72	.29	118
	Gesamt	3.76	.31	185
Ergebniskompetenz (Mitarbeiter)	!Response	3.88	.35	67
	Benchmarks	3.75	.31	118
	Gesamt	3.80	.33	185
Kooperationskompetenz (Selbst)	!Response	4.14	.34	67
	Benchmarks	3.87	.29	118
	Gesamt	3.97	.34	185
Kooperationskompetenz (Vorgesetzte)	!Response	4.10	.40	67
	Benchmarks	3.82	.35	118
	Gesamt	3.92	.39	185
Kooperationskompetenz (Kollegen)	!Response	3.91	.33	67
	Benchmarks	3.69	.29	118
	Gesamt	3.77	.32	185
Kooperationskompetenz (Mitarbeiter)	!Response	3.92	.38	67
	Benchmarks	3.73	.31	118
	Gesamt	3.80	.35	185

Tabelle 29 und Abbildung 10 sowie Abbildung 11 sind zu entnehmen, dass sich ähnliche Verteilungen für die verschiedenen perspektivischen Urteile unter den beiden Instrumenten zeigen, dass aber bei einem Vergleich der Instrumente die Urteile unter !Response

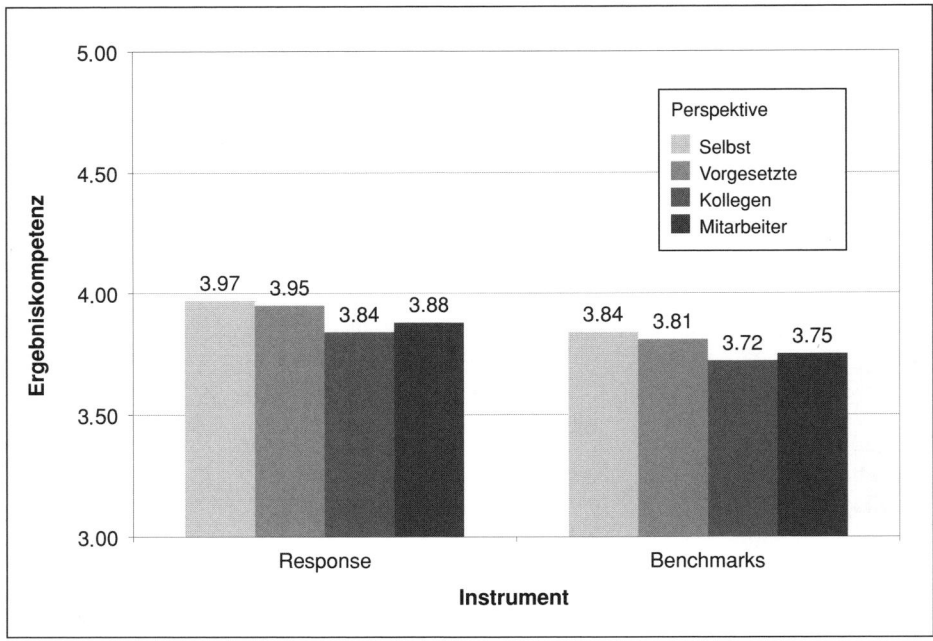

Abbildung 10: Darstellung der Urteile für skalenbasierte Metakompetenz „Ergebniskompetenz"
nach Innersubjektfaktor „Perspektive" und Zwischensubjektfaktor „Instrument"[15]

angehobene Lagemaße zeigen. Das heißt, es werden unter !Response sowohl für die Er-
gebnis- als auch für die Kooperationskompetenz höhere Kompetenzurteile vergeben als
für Benchmarks. Mit Blick auf die Frage einer möglichen Überschätzung der Fokuspersonen ist ferner festzustellen, dass die *mittleren Selbsturteile* unter beiden Instrumentbe-
dingungen und bezüglich beider Metakompetenzen *höher* ausfallen als alle *mittleren
Fremdurteile*.

Die Ergebnisse zeigen zudem, dass die *Kollegen* sowohl unter !Response als auch unter
Benchmarks ebenfalls für beide Metakompetenzen die niedrigsten Urteile abgeben.

Hinsichtlich der Voraussetzungen zur Durchführung der Varianzanalysen ist festzustellen, dass
• bezüglich der Forderung nach Homogenität der Fehlervarianzen lediglich die Selbsturteile für die Ergebniskompetenz und die Mitarbeiterurteile für die Kooperationskompetenz signifikante Abweichungen zeigen,
• für sämtliche Urteilsperspektiven sowohl für die Ergebnis- als auch für die Kooperationskompetenz die Normalverteiltheitsannahme aufrecht erhalten werden kann,

---

15 Anmerkungen zu den Abbildungen: Um die Unterschiede zwischen den Bedingungen grafisch
hervorzuheben, wurde bei der Ordinaten-Beschriftung nur die obere Skalenhälfte (Wertebereich 3 bis 5) berücksichtigt. Eine die gesamte Skala berücksichtigende Veranschaulichung
würde zwar die in der Regel geringen Mittelwertsunterschiede korrekter wiedergeben, wäre
aber mit deutlichen Einbußen hinsichtlich der Darstellungsfreundlichkeit verbunden.

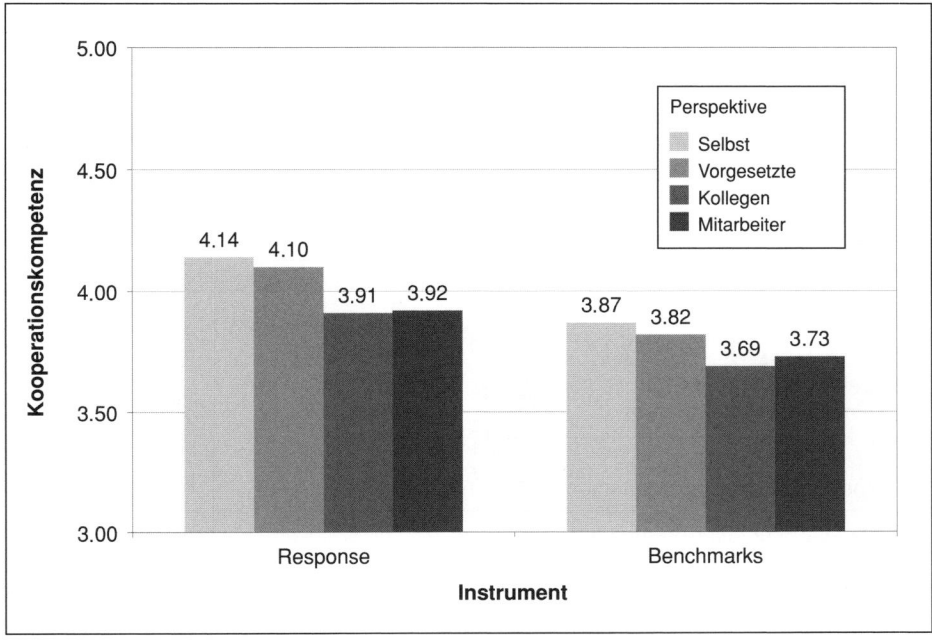

Abbildung 11: Darstellung der Urteile für skalenbasierte Metakompetenz „Kooperationskompetenz" nach Innersubjektfaktor „Perspektive" und Zwischensubjektfaktor „Instrument"

- für beide Varianzanalysen gilt $\varepsilon > 0.75$, sodass die Freiheitsgrade nicht korrigiert werden müssen.

Hieraus ergibt sich, dass, um progressive Entscheidungen zugunsten der Alternativhypothese zu vermeiden, im konkreten Fall eine Adjustierung der p-Werte um den Faktor 2
vorzunehmen ist.

Tabelle 30 ist zu entnehmen, dass ein signifikanter Einfluss des Innersubjektfaktors „Perspektive" sowohl für die Ergebnis- als auch für die Kooperationskompetenz zu beobachten ist (Ergebniskompetenz: $F = 6.38$, $df = 3$, $p < .001$; Kooperationskompetenz: $F = 19.46$,
$df = 3$, $p < .001$). Entsprechend ist die Nullhypothese zugunsten der Alternativhypothese
zu verwerfen. Der Mittelwertunterschied zwischen den Urteilsperspektiven entspricht
für die Ergebniskompetenz einer kleinen Effektstärke von $E = 0.19$ und für die Kooperationskompetenz einer mittleren Effektstärke $E = 0.33$ (vgl. für die Berechnung der Effektstärken Bortz, 2005, S. 246 f. und Bortz und Döring, 2006, S. 614 ff.). Bezüglich des Einflusses des *Instruments* (siehe Tab. 31) ergibt sich gleichfalls für beide Metakompetenzen
ein signifikanter Effekt (Ergebniskompetenz: $F = 13,51$, $df = 1$, $p < .001$; Kooperationskompetenz: $F = 56.10$, $df = 1$, $p < .001$). Auch hier muss demnach die Nullhypothese verworfen und die Alternativhypothese angenommen werden. Der instrumentenbezogene Mittelwertunterschied für die Ergebniskompetenz entspricht mit $E = 0.27$ einer mittleren, für
die Kooperationskompetenz mit $E = 0.55$ einer starken Effektstärke. Für beide Interakti-
onsprüfungen sind dagegen die Nullhypothesen aufrechtzuhalten.

Tabelle 30: Ergebnisse der varianzanalytischen Unterschiedsprüfung für skalenbezogene Meta-kompetenzen „Ergebniskompetenz" und „Kooperationskompetenz"; hier Prüfungen des Innersubjekt-Faktors „Perspektive" und der Interaktion

Quelle		Quadrat-summe vom Typ III	df	Mittel der Quadrate	F	Sign.	Partielles Eta-Quadrat
abhängig: Ergebniskompetenz							
Perspektive	Sphärizität angenommen	1.637	3	.546	6.381	.000	.034
Perspektive × Instrument	Sphärizität angenommen	.012	3	.004	.046	.987	.000
Fehler (Perspektive)	Sphärizität angenommen	46.941	549	.086			
abhängig: Kooperationskompetenz							
Perspektive	Sphärizität angenommen	5.201	3	1.734	19.461	.000	.096
Perspektive × Instrument	Sphärizität angenommen	.261	3	.087	.976	.404	.005
Fehler (Perspektive)	Sphärizität angenommen	48.902	549	.089			

Tabelle 31: Ergebnisse der varianzanalytischen Unterschiedsprüfung für skalenbezogene Meta-kompetenzen „Ergebniskompetenz" und „Kooperationskompetenz"; hier Prüfung des Zwischensubjekt-Faktors „Instrument"

Quelle	Quadrat-summe vom Typ III	df	Mittel der Quadrate	F	Sign.	Partielles Eta-Quadrat
abhängig: Ergebniskompetenz						
Konstanter Term	10098.289	1	10098.289	49667.243	.000	.996
Instrument	2.746	1	2.746	13.508	.000	.069
Fehler	37.207	183	.203			
abhängig: Kooperationskompetenz						
Konstanter Term	10387.462	1	10387.462	60597.718	.000	.997
Instrument	9.616	1	9.616	56.095	.000	.235
Fehler	31.369	183	.171			

Im paarweisen Vergleich der Feedbackgruppen sind ohne eine Differenzierung nach Instrumenten auf beiden Metakompetenzen signifikante Unterschiede der Selbsturteile zu den Urteilen der Kollegen (Ergebniskompetenz: $p < .001$; Kooperationskompetenz: $p < .001$) und zu den Urteilen der Mitarbeiter (Ergebniskompetenz: $p < .01$; Kooperationskompetenz: $p < .001$) zu beobachten. Die *Fokuspersonen* schätzen demzufolge ihre Ergebnis- und Kooperationskompetenz signifikant *besser* ein als diese von ihren *Kollegen* und *Mitarbeitern* eingeschätzt werden.

Unter den Gruppenvergleichen, für die sich keine signifikanten Mittelwertunterschiede ergeben, sind besonders der Selbst-Vorgesetzten-Vergleich und der Kollegen-Mitarbeitervergleich hervorzuheben. Die Fokuspersonen und ihre Vorgesetzten stimmen demnach in der Höhe ihrer Urteile ebenso überein wie Kollegen und Mitarbeiter.

6.1.2 Der Vergleich der Selbst- und Fremdprofile

Da die Frage der Selbst-Fremd-Übereinstimmung fokussiert werden soll, ist ein Vergleich der Profilähnlichkeiten bzw. -distanzen interessant, d. h. ob sich die Selbst-Mitarbeiter-Profile stärker gleichen oder die Selbst-Vorgesetzten-Profile. Der Profilvergleich wird auf der Basis des euklidischen Distanzmaßes D vorgenommen (Cronbach & Gleser, 1953; Lienert & Raatz, 1998; Osgood & Suci, 1952). Obwohl v. a. die Annahmen der Anwendungsvoraussetzungen von D nicht ohne Kritik geblieben sind (vgl. Budescu, 1980), ist es im vorliegenden Fall einschlägig, da es sowohl die Gestalt als auch die Höhe der zu vergleichenden Profile berücksichtigt. Damit ermöglicht D eine präzisere Analyse als eine rein intuitiv-beschreibende Herangehensweise.

Anmerkungen zur Berechnung von D: Zur Ermittlung von D (bzw. D^2) wurden die Selbst- und Fremdeinschätzungen auf der Basis gemeinsamer Stichproben getrennt für alle Kompetenzskalen z-standardisiert. Als Grundlage des Profilvergleichs werden die jeweiligen perspektivbezogenen z-Kompetenzmittelwerte herangezogen. Um ferner die Interpretation der Ergebnisse zu erleichtern, wurde mit dem Korrelationsmaß r_p zusätzlich ein stärker vertrautes Maß der Ähnlichkeit bestimmt. Lienert und Raatz (1998, S. 380) verweisen für die Bestimmung von r_p auf Cattell:

$$r_p = \frac{2 \cdot \chi^2_{0,50} \cdot s^2_x - \sum_t D^2_t}{2 \cdot \chi^2_{0,50} \cdot s^2_x + \sum_t D^2_t} \quad \text{mit } df = k.$$

k: Anzahl Dimensionen (!Response: $k = 11$; Benchmarks: $k = 16$)

Im Unterschied zum Distanzmaß weist das Korrelationsmaß Ähnlichkeiten der untersuchten Profile aus, d. h., je höher r_p, desto ähnlicher sind die Profile hinsichtlich ihrer Höhenlage und ihrer Gestalt. Da z-Werte berechnet wurden, ist im vorliegenden Fall $s^2_x = 1$. Für den Chi-Quadrat-Ausdruck ergibt sich für !Response einen Wert von 10.3 und für Benchmarks ein Wert von 15.3. Der Ausdruck wird mit der Anzahl der zu vergleichenden Profile (hier: 2) multipliziert.

Die ermittelten Kompetenzprofile inkl. des Vergleichs mit den Vorgesetzten- und Mitarbeiterurteilen sind in Abbildung 12 bis Abbildung 15[16] dargestellt. Für alle vier Profilvergleiche ergeben sich bei etwa der Hälfte der Kompetenzskalen höhere Selbst- als Vorgesetzten- bzw. Mitarbeiterurteile. Tabelle 32 führt die Distanzwerte für alle Selbst-Fremd-Vergleiche und die Ähnlichkeitskoeffizienten r_p auf.

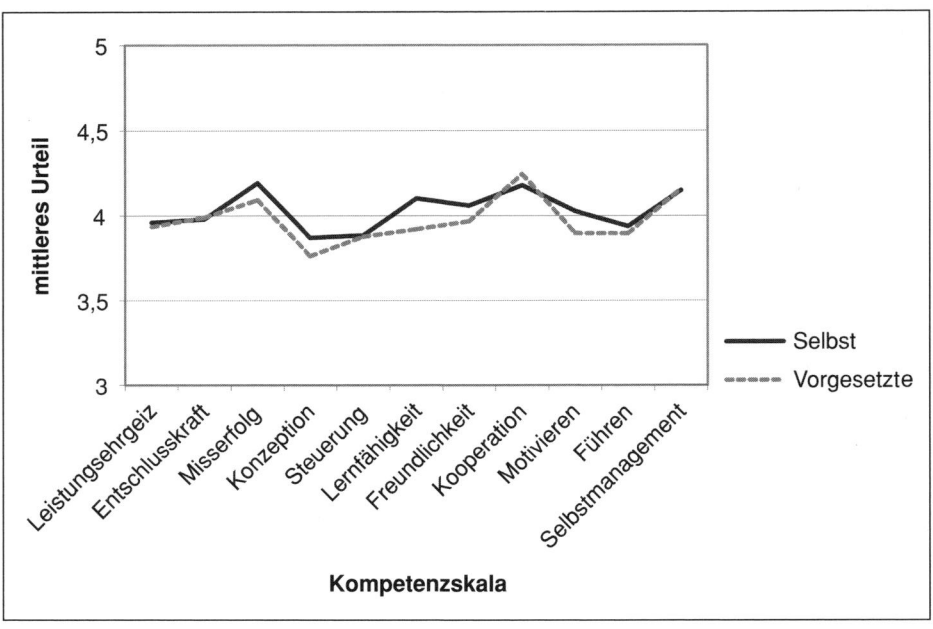

Abbildung 12: Profile für Selbst- und Vorgesetztenurteile mit *!Response* ($n = 67$ Fokuspersonen)

Tabelle 32: Distanzmaß *D* und Ähnlichkeitskoeffizient r_p für Selbst-Fremdvergleiche mit *!Response* und *Benchmarks*

Profilvergleich	Selbst – Vorgesetzte		Selbst – Kollegen		Selbst – Mitarbeiter	
Stichprobe/Instrument	**D**	**r_p**	**D**	**r_p**	**D**	**r_p**
Führungskräfte Wirtschaft *!Response* ($n=67$)	.672	.96	1.368	.83	1.184	.87
Führungskräfte Wirtschaft *Benchmarks* ($n=118$)	.743	.96	2.220	.91	1.243	.92

16 Anmerkungen zu den Abbildungen: Um die auftretenden Unterschiede zwischen den Feedbackprofilen grafisch hervorzuheben, wurde bei der Ordinaten-Beschriftung nur die obere Skalenhälfte (Wertebereich 3 bis 5) berücksichtigt. Eine die gesamte Skala berücksichtigende Veranschaulichung würde zwar die in der Regel geringen Mittelwertunterschiede korrekter wiedergeben, wäre aber mit deutlichen Einbußen hinsichtlich der Darstellungsfreundlichkeit verbunden.

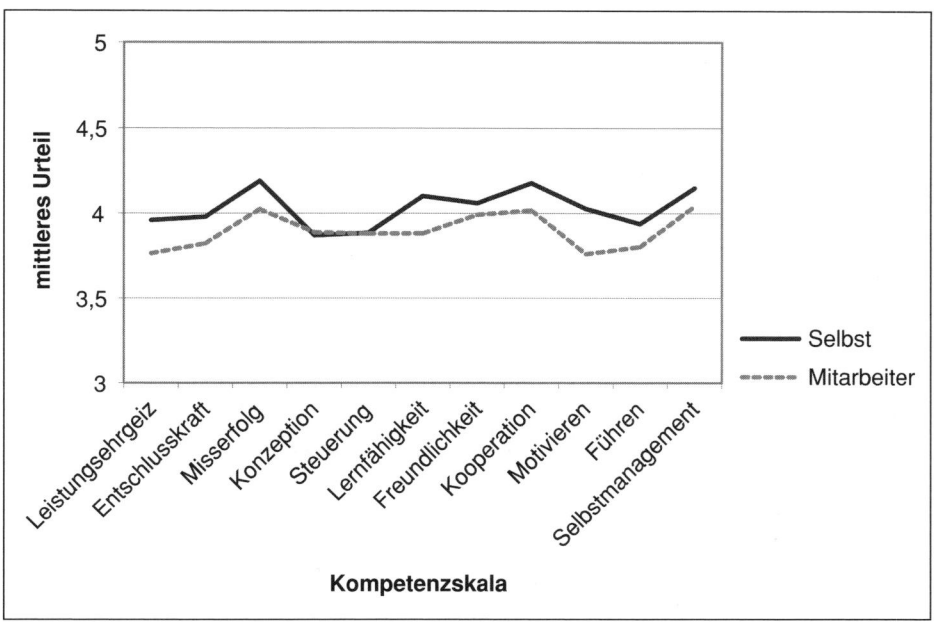

Abbildung 13: Profile für Selbst- und Mitarbeiterurteile mit *!Response* (*n* = 67 Fokuspersonen)

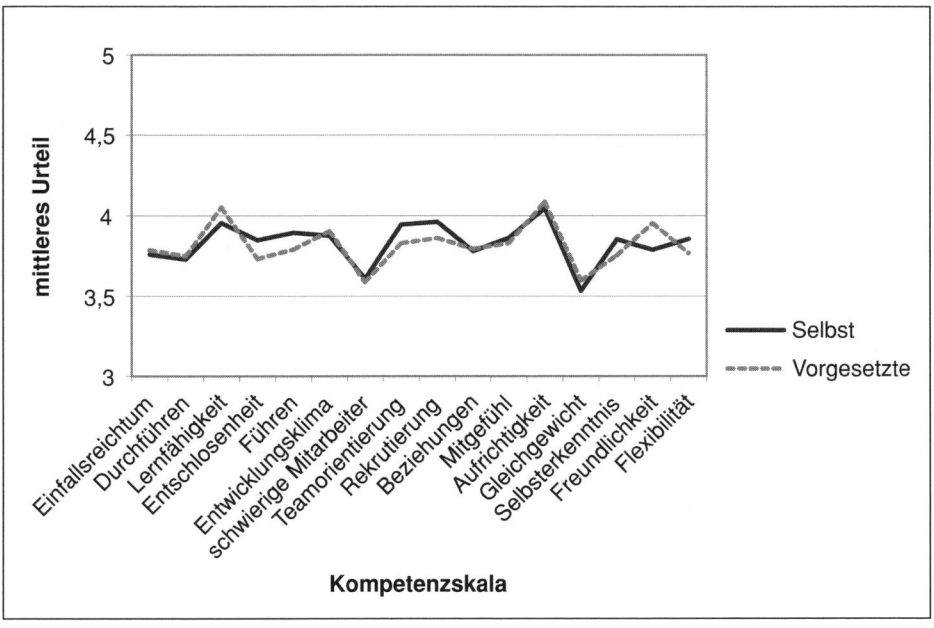

Abbildung 14: Profile für Selbst- und Vorgesetztenurteile mit *Benchmarks* (*n* = 118 Fokuspersonen)

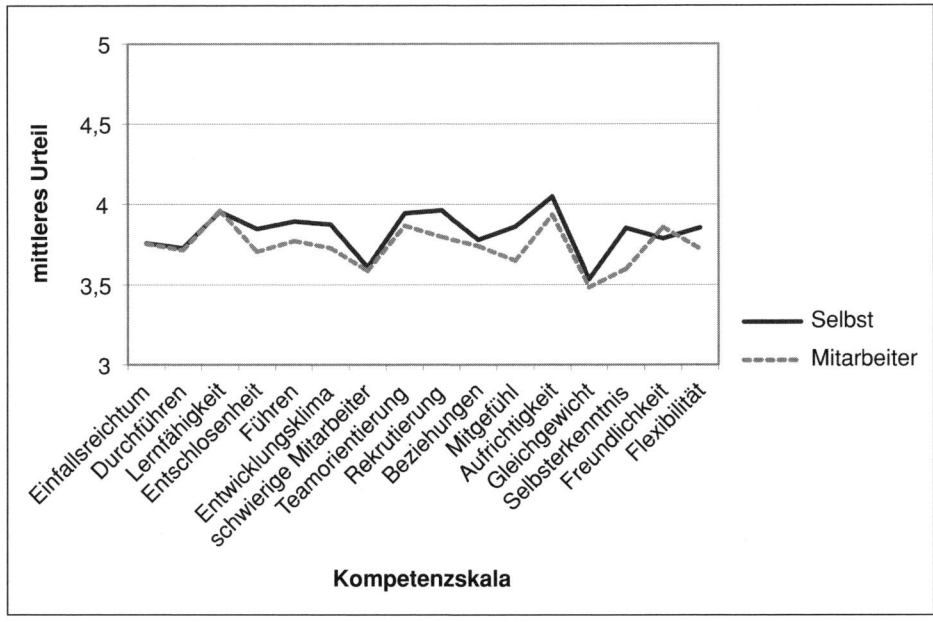

Abbildung 15: Profile für Selbst- und Mitarbeiterurteile mit *Benchmarks* ($n = 118$ Fokuspersonen)

Für beide Verfahren ergeben sich für sämtliche Profilvergleiche sehr hohe Ähnlichkeitskoeffizienten. Die größte Ähnlichkeit weisen beide Selbst-Vorgesetzten-Profile auf (jeweils $r_p = .96$). Etwas niedriger, gleichwohl mit hohen Ähnlichkeitskoeffizienten versehen, fallen die Vergleiche der Selbst-Kollegen- und der Selbst-Mitarbeiter-Profile aus. Insgesamt schätzen die Fokuspersonen und ihre Feedbackgeber die Kompetenzen ähnlich ein, der Unterschied besteht im Wesentlichen hinsichtlich der Kompetenzhöhe.

6.2 Interpretation und Diskussion

Die Fokuspersonen in den untersuchten Stichproben zeigen unter beiden Instrumentenbedingungen (*!Response* und *Benchmarks*) vergleichsweise angehobene Kompetenzurteile. Die aufgetretenen Unterschiede zu den Kollegen und Mitarbeitern sind statistisch bedeutsam, der Unterschied zu den Vorgesetzten dagegen nicht. Dieser Befund korrespondiert gut mit Ergebnissen, wie sie auch in neueren Studien für eine Reihe von westlichen Industriestaaten übergreifend berichtet werden. Mit Atwater et al. (2005) lässt sich dieser Effekt als Resultat einer wettbewerbsorientierten, auf die individuelle Fähigkeit zur Durchsetzung bauenden Umgebung interpretieren. Auch wenn es keine ubiquitär gültigen Anforderungsprofile geben dürfte, so wird nicht nur von Führungskräften hierzulande gemeinhin ein hohes Maß an Selbstbewusstsein und Durchsetzungsvermögen erwartet. Beide Eigenschaften müssen in ausreichend hohem Maße ausgeprägt sein, da nicht selten schwierige, komplexe Probleme zu lösen sind und dies häufig gegen den Widerstand von innen und außen.

Dementsprechend finden sich die Merkmale in verschiedenen eigenschaftsbezogenen Konzepten von Führung und Führungserfolg (von Rosenstiel, 1999, S. 7 ff.; Sarges, 2000b, S. 9; Spencer & Spencer, 1993, S. 199 ff.). Im Wettbewerb stehende Unternehmen und Organisationen sind also bestrebt, Kandidatinnen und Kandidaten mit dem entsprechenden Potenzial anzusprechen. So lässt sich die angehobene Kompetenzlage in einem eigenschaftsbezogenen Ansatz durch einen Selektionseffekt erklären: Da aus den Bewerberpopulationen überwiegend sich selbst vertrauende Personen ausgewählt werden (und so auch in die vorliegenden Stichproben eingegangen sind), ist ein positives Selbst-Fremdeinschätzungsgefälle zu registrieren. Wenn die entsprechenden Führungskräfte in einem „Überschwang" an Selbstwertschätzung sich denn tatsächlich kontinuierlich Feedback aus ihrer Umgebung einholen, so justieren sie ihr Selbstkonzept offenkundig nur bedingt daran. Sie sehen sich folglich besser als ihre Umgebung sie sieht. Im extremen Fall, dort wo (wie auch in den vorliegenden Stichproben) Führungskräfte mit ihrer Selbsteinschätzung eineinhalb bis zwei Standardabweichungen über den Fremdeinschätzungen liegen, erfährt das übersteigerte Selbstzutrauen Züge von Imponiergehabe.

Die Ergebnisse zeigen auch, dass die Selbst-Vorgesetzten-Unterschiede im Mittel relativ gering ausfallen. Hier finden demnach Rückkopplungsprozesse statt, die für das Selbstkonzept der Fokuspersonen wirksam sind und zu einer weitgehenden Kongruenz der Kompetenzeinschätzungen führen. Finden entsprechende Prozesse zwischen den Fokuspersonen und ihren Mitarbeiterinnen und Mitarbeitern statt, so zeitigen diese offenkundig nicht die gleichen Effekte. Einen besonderen Platz innerhalb solcher Rückkopplungsprozesse nehmen Gesprächs-, Beurteilungs- und Förderroutinen ein, bei denen indirekt oder direkt über die Rückmeldung von Zielerreichungen seitens des Vorgesetzten auch auf Kompetenzausprägungen der Fokusperson rekurriert wird. Das Vorgesetztenfeedback dürfte so die Kompetenz-Selbstwahrnehmung einer Fokusperson nachhaltig beeinflussen. Derart im Sinne von Wirkrichtungen argumentiert, liegt demnach die „Definitionsmacht" für das Selbstkonzept neben den Fokuspersonen selbst offenkundig deutlicher bei den Vorgesetzten als bei den Mitarbeitern.

Die obigen Erklärungen folgen einem *eigenschaftsbezogenen* Argumentationsansatz. Betrachtet man Feedbacksysteme und ihre Effekte dagegen stärker unter *situativen* Gesichtspunkten, so stellt sich die Frage, inwieweit sie auch der Durchsetzung und Aufrechterhaltung von organisationalen Machtverhältnissen dienen. Feedbacksysteme, die im Rahmen von Change- oder Development-Programmen eingesetzt werden, lösen nicht selten bei den Beteiligten Ängste oder Befürchtungen aus, da diese – trotz allseits gut gemeinter Beschwichtigungen – sich nicht sicher fühlen (können), welche Konsequenzen vor allem negative Kompetenzurteile haben. Nicht wenige Autoren gehen soweit zu unterstellen, dass das Sichtbarmachen von ansonsten „stillen" Urteilen im Interesse der oberen Führungskräfte liegt, da sie damit ihren Machtanspruch untermauern können (Neuberger, 2000, S. 42 ff.; Sprenger, 2005, S. 365 ff.). Wenn Führungskräfte z. B. auf der Ebene der Geschäftsleitung von ihnen hierarchisch untergeordneten Managern fordern, sie mögen die wechselseitigen Kompetenzbilder abgleichen, dann bedeutet eine praktische Umsetzung dieser Forderung einen Zuwachs an Kontrolle über die Geführten. Diese werden womöglich noch besser führbar, d. h. steuerbar (überzeichnet: „manipulierbar"), wenn ihre Vorgesetzten einen validen Einblick in Stärken- und Schwächenprofile erhalten. Diese

Interpretationslinie wird durch Befunde unterstützt, derzufolge an Feedbackprozessen Personen der mittleren Managementebene prozentual viel häufiger teilnehmen als die die Maßnahmen beschließenden Vertreter der Geschäftsleitung selbst. Es wäre folglich logisch konsequent, die zu beobachtenden erhöhten Selbsteinschätzungen als Reflex auf den mit Feedbacksystemen erhöhten Kontrolldruck aufzufassen. Im Sinne eines selbstwertdienlichen Verzerrungseffekts dient die Übertreibung der Kompetenzen dem Schutz des eigenen Selbst: Unsicher oder besorgt über die Ergebnisse und Folgen des Feedbackprozesses schützt sich die Fokusperson (quasi proaktiv), indem sie sich überwiegend positiv einschätzt, das Ego stabilisiert und sich gegen negative Feedbackbotschaften wappnet.

Unter dem Aspekt der Konkurrenz lässt sich indes das Ergebnis einordnen, demzufolge die Kollegen durchgängig die niedrigsten Feedbackurteile abgeben. Sie stehen grundsätzlich mit den von ihnen eingeschätzten Fokuspersonen im Wettbewerb um das in den Unternehmen und Organisationen knappe Gut der Aufstiegschancen in der Hierarchie. Ihr Interesse dürfte – bei aller Wertschätzung und dem Bemühen um ein ehrliches Feedback – vermutlich eher darin liegen, potenzielle Kollegen-Mitbewerber nicht zu gut abschneiden zu lassen. Für das Zustandekommen etwas strengerer Ratings müsste man dann noch nicht einmal ausgemachten Neid oder bewusste Verzerrungsabsichten unterstellen.

Die vorliegenden Befunde, bei denen die Vorgesetzten die im Vergleich mildesten Urteile abgeben, widersprechen teilweise den Ergebnissen bei Ng, Koh, Ang, Kennedy und Chan (2011). Dort waren die Mitarbeiterurteile am stärksten, die Vorgesetztenurteile am geringsten mildeverzerrt (S. 1038 ff.). Als Erklärung lässt sich der kulturelle Kontext anführen, in dem die Feedbackstudie von Ng et al. eingebettet war. Die Daten wurden in den Streitkräften Singapores erhoben (S. 1038 ff.), d. h. einer Kultur, in der das Äußern von Kritik dem direkten Vorgesetzten gegenüber durch die Mitarbeiter als respektlos aufgefasst wird und ggf. zu einem Ehrverlust für diesen führt.

Indes ist über die Auswertung der Profilvergleiche deutlich geworden, dass zwar die Höhenlagen der Kompetenzen perspektivbedingte Unterschiede zeigen, die Profile jedoch insgesamt eine starke Ähnlichkeit aufweisen. Wie nach den Ergebnissen der varianzanalytischen Mittelwertsprüfungen zu vermuten, ist die Ähnlichkeit zwischen den Selbst- und Vorgesetztenprofilen am größten und auch zwischen den Selbst- und Kollegenprofilen immer noch bemerkenswert hoch. Die verschiedenen Feedbackgeber-Gruppen nehmen offensichtlich die relative Lage der einzelnen Kompetenzen zueinander in weitgehend übereinstimmender Weise wahr. Zur Erklärung dieses Ergebnisses liegt es nahe anzunehmen, dass sich sowohl die Fokuspersonen als auch ihre Feedbackgeber im Zuge der Eindrucksbildung auf stark vereinfachende Kategorisierungsprozesse stützen. Im Zuge der Eindrucksbildung werden auf der Basis von Verhaltensstichproben überschaubar wenige Kompetenzcluster gebildet, denen inhaltlich korrelierende Kompetenzen zugeordnet werden. Diese dürften hinsichtlich ihres Auflösungsgrades noch oberhalb der hier eingeführten Metakompetenzen angesiedelt sein. Analog zu den wissenschaftlich gestützten Ordnungsansätzen kann z. B. intern ein Kompetenzcluster „soziale Kompetenzen" gebildet werden, in das die Eindrücke bezüglich der Fähigkeiten zur Kooperation in Teams, zur Konfliktlösung, zur Perspektivenübernahme usw. eingehen. Als an-

deres Beispiel lässt sich ein „führungsbezogenes Kompetenzcluster" anführen, in das
verwandte Kompetenzen wie etwa „Einflussnehmen" und „Steuerung von Geschäftsprozessen" Eingang finden. Schließlich ist es plausibel anzunehmen, dass Eindrucksurteile
vornehmlich auf der Ebene solcher Kompetenzcluster gebildet (und abgerufen) werden
und weniger auf der Ebene der Einzelkompetenzen. Die individuelle Ausprägung des
Kompetenzclusters wird auf einem Kontinuum von „schwach" nach „stark" relativ zu
anderen Kompetenzclustern abgespeichert. Bezüglich des Lagevergleichs der Kompetenzcluster gelangen die verschiedenen Perspektiven im Mittel zu übereinstimmenden
Urteilen. Ob ein derartiger Vereinfachungsvorgang tatsächlich auch die Grundlage von
Kompetenzurteilsprozessen bildet, wäre Klärungsziel von weiterführenden empirischen
Untersuchungen.

Abschließend ist der Instrumenteneffekt zu diskutieren. Es zeigten sich niedrigere Kompetenzwerte unter der Benchmarks-Bedingung sowohl für die Ergebnis- als auch für die
Kooperationskompetenz. Als Erklärung lässt sich stichprobenbezogen argumentieren.
Die !Response-Stichprobe stützt sich überwiegend auf Führungskräfte der Branchen Finanzdienstleistung, Banken und Versicherungen (und zu einem geringeren Anteil auf den
Bereich Technik und Logistik), die Benchmarks-Stichprobe auf Führungskräfte der Tech-
nologiebranche. Für die Branchenschwerpunkte werden sowohl personenbezogene als
auch organisationsbezogene Unterschiede angenommen, sodass die Kompetenzwerte
weniger auf einen direkten Instrumenteneinfluss zurückzuführen sind. Die !Response-
Stichprobe mit ihrem starken Vertriebs- und Beratungsschwerpunkt stützt sich auf Personen, für die in ihrem Alltag kommunikative und kontaktbezogene Fähigkeiten, wech-
selseitige Unterstützung und eine hohe Kohäsion in der Organisation („Teamspirit")
ausschlaggebend für den Erfolg sind. Im Sinne des Führungskonzepts von Blake und
Mouton (1985) dürfte die Organisationskultur stärker den „concern for people" betonen,
sodass insgesamt eine funktionale Tendenz zur Milde vermutet werden kann. Die Benchmarks-Stichprobe und die einbezogenen Unternehmen stützen sich demgegenüber stärker auf Personen, die über einen ingenieurs- oder naturwissenschaftlichen Hintergrund
verfügen und in entsprechenden Funktionen tätig sind. Zwar können auch hier kommunikative und interaktive Kompetenzen erfolgskritisch sein, dies jedoch in geringerem
Ausmaß. Zugleich unterstellen wir einer solchen Unternehmenskultur im Vergleich eine
deutlich stärkere Aufgaben- als Beziehungsorientierung und damit einhergehend ein stärker distanzgeprägtes und womöglich „strengeres" Organisationsklima. Dies schlägt sich
vermutlich in kritischeren Kompetenzfeedbacks, d. h. im Vergleich zu einer vertriebs-
und beratungsorientierten Umgebung eher abgesenkten Erwartungswerten nieder. Ob die
Unternehmenskultur, die Branche oder die organisationale Orientierung (Sach- versus
Beziehungsorientierung) als jeweils verschiedene unabhängige Variablen tatsächlich va-
rianzaufklärende Beiträge liefern, sollte ebenfalls durch weiterführende Studien geprüft
werden.

7 Empirische Untersuchungen zur Kategorisierung der Selbst-Fremd-Differenzen und ihren Zusammenhängen mit Persönlichkeitsmaßen

Die Bedeutung der Übereinstimmung bzw. der Abweichung von Selbst- und Fremdeinschätzungen ist besonders von der Arbeitsgruppe um Atwater immer wieder betont worden (Atwater & Yammarino, 1992, 1997; Atwater et. al., 1998; Atwater et al., 2005). Hierbei wurden nicht nur Korrelate von Selbst-Fremd-Differenzen mit Maßen beruflichen Erfolgs und Leistung diskutiert. In ihrer programmatischen Übersichtsarbeit greifen Atwater und Yammarino (1997, S. 131 ff.) Überlegungen anderer Autoren auf, die sich auf den Zusammenhang von Einschätzungsdifferenzen mit Persönlichkeits- und Motivationsvariablen beziehen. Dabei erörtern sie u. a. Zusammenhänge der Intelligenz und der Kontrollüberzeugung, vor allem aber auch verschiedener *Persönlichkeitseigenschaften* mit der Akkuratheit der eigenen Selbsteinschätzung. In diesem Zusammenhang formulieren sie Forschungshypothesen, nach denen

- introvertierte Personen akkuratere Ratings abgeben als extravertierte und
- im Sinne der MBTI-Kategorisierung stärker gefühlsdisponierte Personen gleichfalls akkuratere Ratings abgeben als stärker denkensdisponierte Personen.

Diesen Forschungsansatz aufgreifend, soll in den folgenden Abschnitten untersucht werden, inwieweit die Akkuratheit des eigenen Kompetenzratings Zusammenhänge mit zentralen Persönlichkeitseigenschaften, d. h. im Wesentlichen den „Big-Five", aufweist. Mit einem Zusammenhang zwischen Akkuratheit der Selbsteinschätzung und beruflicher Leistung kann der Nachweis der kriterienbezogenen Validität von entsprechenden Einschätzungskategorisierungen geführt werden, die Frage des Zusammenhangs von Akkuratheit und Persönlichkeitseigenschaften adressiert dagegen die Konstruktvalidität. Im Sinne eines differentiell-psychologischen Ansatzes sollte demnach von einer Unterteilung der Differenzenskala z. B. in „Unterschätzer", „Überschätzer" etc. angenommen werden, dass sie mit Personenmerkmalen korrespondiert. Ließen sich demgegenüber keine entsprechenden Zusammenhänge finden, so wäre entweder der jeweils vorgenommene Kategorisierungsalgorithmus zu problematisieren oder nach anderen Zusammenhangskonzepten zu suchen. Diese könnten dann nicht auf der individuellen Ebene, sondern z. B. auf der Ebene der Organisation gesucht werden.

7.1 Beschreibung der Konstruktion der Selbst-Fremd-Kategorisierung und der verwendeten Persönlichkeitsmaße

Die vorzunehmende Selbst-Fremd-Kategorisierung sieht eine Einteilung vor, wie sie von Atwater und Yammarino (1997, S. 126) sowie von Atwater et al. (1998) vorgeschlagen wurden. Die Einteilung berücksichtigt zum einen die Richtung der Selbst-Fremd-Differenz in der Weise, dass zwischen einer *Unterschätzung* des eigenen Kompetenzniveaus (Selbsteinschätzung niedriger als Fremdeinschätzung) und einer *Überschätzung* (Selbsteinschätzung höher als Fremdeinschätzung) unterschieden wird. Zusätzlich zu diesen beiden Kategorien werden zwei weitere eingeführt, die auf der *Übereinstimmung* der jeweiligen Selbst-Fremd-Einschätzungen basieren: Fokuspersonen mit übereinstimmend hohen Kompetenzeinschätzungen *(„Konsensschätzer hoch")* und Fokuspersonen mit übereinstimmend niedrigen Kompetenzeinschätzungen *(„Konsensschätzer niedrig")*.

Wurde in der anfänglichen Diskussion über eine Bedeutung der Selbst-Fremd-Differenzen die Feedbackperspektive weitgehend vernachlässigt, d.h. Selbst-Fremd-Differenzen eher global (und damit wohl wenig präzise) über alle Feedbackperspektiven hinweg bestimmt, so haben Atwater et al. (2005) Zusammenhänge zwischen der Managementleistung und perspektivisch *verschiedenen* Selbst-Fremd-Differenzen geprüft. Einen solchen Ansatz aufgreifend, sollen hier Differenzen für die Selbst-Vorgesetzten- und die Selbst-Mitarbeiter-Perspektive kategorisiert und deren mögliche Unterschiede hinsichtlich zentraler Persönlichkeitseigenschaften untersucht werden. Damit werden diejenigen perspektivischen Vergleiche einbezogen, die für Leistungsprozesse in Organisationen und Unternehmen entscheidend sind. Der Selbst-Vorgesetzten-Vergleich ist relevant, weil in der Interaktion zwischen Vorgesetztem und Mitarbeiter der Aufgabenkontext definiert und der Grad der Zielerreichung festgehalten werden. Entsprechend sollten sich im Sinne konvergenter Validität Unterschiede zwischen verschiedenen Selbst-Fremd-Konstellationen hinsichtlich relevanter Persönlichkeitseigenschaften zeigen, wie z.B. der Gewissenhaftigkeit und der Selbstwirksamkeit. Der Selbst-Mitarbeiter-Vergleich ist relevant, weil die Fokusperson und ihre Mitarbeiterinnen und Mitarbeiter zusammen auf dem Weg der Zielerreichung über Interaktionsprozesse Aufgaben und Probleme bearbeiten. Entsprechend sollten sich Unterschiede zwischen Selbst-Fremd-Konstellationen z.B. hinsichtlich von Extraversion oder Verträglichkeit finden. Der Selbst-Kollegen-Vergleich wird hierbei ausgeklammert, da er im Vergleich zu den anderen beiden Perspektiven-Vergleichen als weniger leistungsbestimmend angesehen wird.

Bildung der Selbst-Fremd-Kategorien

Die Teiluntersuchung stützt sich auf Kompetenzurteile, die mit dem Multirater-Feedbackinstrument *!Response* (Scherm, 2003, 2004a) erhoben wurden. Im Rahmen der Kategorienbildung wird zusätzlich zu der perspektivischen Differenzierung eine Unterscheidung nach den oben eingeführten Kompetenzbereichen „Ergebniskompetenz" und „Kooperationskompetenz" vorgenommen. Diese Differenzierung wird als bedeutsam angenommen, weil sie die üblicherweise vorgenommene grob-globale Kategorisierung über alle Feedback-Kompetenzen hinweg überwindet und eher in der Lage sein dürfte, Nachweise über mögliche Zusammenhänge mit verschiedenen Persönlichkeitseigenschaften zu führen. Die vorgenommene Kategorisierung richtet sich nach den Vorschlägen von Atwater und Yammarino (1997) sowie von Atwater et al. (1998). Es werden vier verschiedene Kategorien gebildet, welche im Folgenden als *„Kongruenz-Typen"* bezeichnet werden. Die Einteilung der einbezogenen Fokuspersonen nach den vier Kongruenztypen wird getrennt für den Selbst-Vorgesetzten-Vergleich und den Selbst-Mitarbeiter-Vergleich sowie separat für die beiden Kompetenzbereiche vorgenommen. Insgesamt werden somit für jede Fokusperson acht Kategorisierungen vorgenommen. Die Kongruenztypen werden wie folgt ermittelt:

- *Typ 1:* „Unterschätzer"; die individuelle Selbst-Fremd-Differenz ist kleiner als die Differenz aus „*mittlere* Selbst-Fremd-Differenz – 0.5 · Standardabweichung der mittleren Selbst-Fremd-Differenz";

- *Typ 2:* „Kongruenz – niedriges Kompetenzniveau"; die individuelle Selbst-Fremd-Differenz liegt im Intervall „*mittlere* Selbst-Fremd-Differenz ± 0.5 · Standardabweichung der mittleren Selbst-Fremd-Differenz" und die Fremdeinschätzung *unter* dem Median der mittleren Fremdeinschätzung;

- *Typ 3:* „Kongruenz – hohes Kompetenzniveau"; die individuelle Selbst-Fremd-Differenz liegt im Intervall „*mittlere* Selbst-Fremd-Differenz ± 0.5 · Standardabweichung der mittleren Selbst-Fremd-Differenz" und die Fremdeinschätzung *über* dem Median der mittleren Fremdeinschätzung;

- *Typ 4:* „Überschätzer"; die individuelle Selbst-Fremd-Differenz ist größer als die Summe „*mittlere* Selbst-Fremd-Differenz + 0.5 · Standardabweichung der mittleren Selbst-Fremd-Differenz".

Messung der Persönlichkeitseigenschaften

Die Überprüfung möglicher Persönlichkeitsunterschiede zwischen den Kongruenztypen stützt sich auf das Modell der „Big-Five". Zur Messung wurde der NEO-FFI in der deutschen Fassung (Borkenau & Ostendorf, 1993) zur Erfassung der Dimensionen *Neurotizismus*, *Extraversion*, *Offenheit für Erfahrung*, *Verträglichkeit* und *Gewissenhaftigkeit* eingesetzt. Zusätzlich wurden Fragebogen appliziert, die die Variablen *Selbstwirksamkeit* (sensu Bandura, 1997) und *Risikobereitschaft* (Kurzfassung sensu Andresen, 2004) erfassen. Für eine eingehende Beschreibung der eingesetzten Skalen wird auf Kapitel 5.4.1 verwiesen.

Stichprobe

Die Unterschiedsprüfung der Kongruenztypen wird für zwei Unternehmensstichproben vorgenommen, für die hinreichend viele Messwertträger der verschiedenen Typen und zugleich Daten zu den Persönlichkeitsskalen vorliegen. Die beiden untersuchten Stichproben „Führungskräfte Wirtschaft" und „Vertriebskräfte" sind als Teilstichproben in Kapitel 4.7.1 aufgeführt.

Statistisches Vorgehen

Zur Prüfung von Persönlichkeitsunterschieden zwischen den vier Kongruenztypen wird ein varianzanalytisches Vorgehen gewählt. Zur weiteren Überprüfung, ob zusätzlich zu einem univariaten auch ein multivariates Vorgehen angezeigt ist, wird zunächst untersucht, ob zwischen den Persönlichkeitseigenschaften Zusammenhänge bestehen. Für diesen Fall ist ein multivariates varianzanalytisches Vorgehen angezeigt (siehe Bortz, 2005, S. 585 f.). Die Untersuchung auf Zusammenhänge wird exemplarisch für eine der beiden hier herangezogenen Stichproben, nämlich für die Stichprobe „Führungskräfte Wirtschaft" vorgenommen.

Tabelle 33 ist zu entnehmen, dass neben anderen signifikante mittlere Zusammenhangseffekte zwischen der Skala Neurotizismus und den Skalen Verträglichkeit, Gewissenhaftigkeit und Selbstwirksamkeit bestehen, ferner zwischen der Skala Extraversion und den

Tabelle 33: Zusammenhangsmaße (Produkt-Moment-Korrelationen) zwischen den Persönlichkeitseigenschaften für die Stichprobe „Führungskräfte Wirtschaft" ($53 < n < 65$)

	Extra-version	Offen-heit	Verträg-lichkeit	Gewis-senhaf-tigkeit	Selbst-wirksam-keit	Risiko-bereit-schaft
Neurotizismus	−.216	.136	−.351(**)	−.353(**)	−.377(**)	.011
Extraversion		.071	.277(*)	.399(**)	.410(**)	.203
Offenheit			.035	−.250	.127	.246
Verträglichkeit				.361(**)	.111	−.229
Gewissenhaftigkeit					.269(*)	.116
Selbstwirksamkeit						.416(**)

Anmerkungen: ** Die Korrelation ist auf dem Niveau von 0.01 (2-seitig) signifikant. * Die Korrelation ist auf dem Niveau von 0.05 (2-seitig) signifikant.

Skalen Gewissenhaftigkeit und Selbstwirksamkeit. Daher wird ein multivariates einfaktorielles varianzanalytisches Untersuchungsdesign gewählt, das Unterschiede zwischen den Kongruenztypen hinsichtlich der *Persönlichkeit insgesamt* überprüft. Da kleine Stichproben vorliegen, wird als Signifikanztest Pillai-Spur herangezogen. Zudem werden univariate Tests auf Zwischensubjekteffekte für jede Persönlichkeitsskala vorgenommen, um genaueren Aufschluss darüber zu erhalten, welche Eigenschaftsunterschiede eventuell auftretende signifikante Effekte im multivariaten Test erklären können. Da die Literatur zur Selbst-Fremd-Differenz vor allem die verschiedenen Effekte von Überschätzungs- und Unterschätzungsdifferenzen thematisiert (vgl. Atwater et al., 1998; Atwater et al., 2005; Fleenor et al., 1996), werden für diese beiden Typen schließlich noch Kontrastvergleiche vorgenommen. Dies geschieht in der Absicht, die Diskussion über mögliche Leistungsunterschiede zusätzlich mithilfe der Prüfung von Persönlichkeitsunterschieden zu fundieren. Mit Blick auf den explorativen Charakter der Studie und den niedrigen Stichprobenumfang werden die Effektstärken nicht durchgängig berichtet.

Bezüglich der Voraussetzungen zur Durchführung der multivariaten Varianzanalysen konnte für beide Stichproben und alle eingesetzten Persönlichkeitsskalen die Normalverteiltheitsannahme aufrecht erhalten werden. Im Falle von Verstößen bezüglich der Forderung nach der Homogenität der Fehlervarianzen wurden die α-Fehlerwahrscheinlichkeiten um den Faktor 2 adjustiert.

Ableitung der Hypothesen

Für einen möglichen Zusammenhang zwischen der Selbst-Fremd-Kongruenz und Persönlichkeitseigenschaften bzw. für Unterschiede zwischen den verschiedenen Kongruenztypen sind empirische Befunde relevant, die sich allgemein auf den Zusammenhang von Persönlichkeitseigenschaften und Kriterien der beruflichen Leistung bzw. des Erfolgs beziehen. Die Relevanzannahme ergibt sich aus der einfachen Vermutung, dass Kompetenzeinschätzungen ihrerseits Korrelate mit Kriterien beruflicher Leistung aufweisen dürften. Daraus folgend werden beispielsweise Persönlichkeitsunterschiede zwischen Typ 2 („Kongruenz – niedriges Kompetenzniveau") und Typ 3 („Kongruenz – hohes Kompetenzniveau") oder zwischen Typ 3 und Typ 4 („Überschätzer") erwartet, zumal diesen (in überwiegend theoretischen Arbeiten) unterschiedliche Leistungsniveaus zugeschrieben werden.

Obwohl für dieses Untersuchungsfeld bis dato zwar Vorschläge zu Hypothesen, jedoch noch keine eingehenden Untersuchungen speziell zu Persönlichkeitsunterschieden auch von Unterschätzern und Überschätzern vorliegen, sind die statistischen Analysen nicht nur explorativ, sondern auch hypothesenprüfend angelegt. Ein hypothesenprüfendes Vorgehen ist auch unter Rückgriff auf die bereits in Kapitel 5.4.3 dargestellten Ergebnisse zu Zusammenhängen zwischen Kompetenzfeedbacks und Persönlichkeitsskalen begründbar. Um die Darstellung nicht zu überfrachten, werden Hypothesen nur für die perspektivtypischen Kompetenzbereiche expliziert, d.h. für den Selbst-Vorgesetzten-Vergleich für die *Ergebniskompetenz* und für den Selbst-Mitarbeiter-Vergleich für die *Kooperationskompetenz* (siehe Tab. 34 und Tab. 35). Zusätzlich zu globalen Persönlichkeitsunterschieden (multivariate Prüfung) werden für beide Stichproben auf der Ebene der *Ergebniskompetenz* Unterschiede bezüglich der Gewissenhaftigkeit, der Verträglichkeit und der Selbstwirksamkeit erwartet (univariate Prüfungen). Für beide Stichproben werden auf der Ebene der *Kooperationskompetenz* Unterschiede bezüglich der Extraversion und der Verträglichkeit vermutet. Im Sinne des explorativen Charakters werden sämtliche Hypothesen zweiseitig angelegt.

Tabelle 34: Hypothesen zur multi- und univariaten Überprüfung von Unterschieden zwischen den Kongruenztypen; hier: Stichprobe „Führungskräfte Wirtschaft"

Meta-kompetenz	Hypothesen für Kongruenztypen *per Selbst – Vorgesetztenvergleich*		Hypothesen für Kongruenztypen *per Selbst – Mitarbeitervergleich*
Ergebnis-kompetenz	H1a	es bestehen Unterschiede hinsichtlich der **Persönlichkeit** *(multivariate Prüfung)*	
	H1b	es bestehen Unterschiede hinsichtlich der **Gewissenhaftigkeit** *(univariate Prüfung)*	
	H1c	es bestehen Unterschiede hinsichtlich der **Verträglichkeit** *(univariate Prüfung)*	
	H1d	es bestehen Unterschiede hinsichtlich der **Selbstwirksamkeit** *(univariate Prüfung)*	

Tabelle 34: Fortsetzung

Meta-kompetenz	Hypothesen für Kongruenztypen *per Selbst – Vorgesetztenvergleich*		Hypothesen für Kongruenztypen *per Selbst – Mitarbeitervergleich*	
Kooperations-kompetenz			H2a	es bestehen Unterschiede hinsichtlich der **Persön-lichkeit** *(multivariate Prüfung)*
			H2b	es bestehen Unterschiede hinsichtlich der **Extra-version** *(univariate Prüfung)*
			H2c	es bestehen Unterschiede hinsichtlich der **Verträg-lichkeit** *(univariate Prüfung)*

Tabelle 35: Hypothesen zur multi- und univariaten Überprüfung von Unterschieden zwischen den Kongruenztypen; hier: Stichprobe „Vertriebskräfte"

Meta-kompetenz	Hypothesen für Kongruenztypen *per Selbst – Vorgesetztenvergleich*		Hypothesen für Kongruenztypen *per Selbst – Mitarbeitervergleich*	
Ergebnis-kompetenz	H3a	es bestehen Unterschiede hinsichtlich der **Persön-lichkeit** *(multivariate Prüfung)*		
	H3b	es bestehen Unterschiede hinsichtlich der **Gewissen-haftigkeit** *(univariate Prüfung)*		
	H3c	es bestehen Unterschiede hinsichtlich der **Verträg-lichkeit** *(univariate Prüfung)*		
	H3d	es bestehen Unterschiede hinsichtlich der **Selbst-wirksamkeit** *(univariate Prüfung)*		

Tabelle 35: Fortsetzung

Meta-kompetenz	Hypothesen für Kongruenztypen _per Selbst – Vorgesetztenvergleich_		Hypothesen für Kongruenztypen _per Selbst – Mitarbeitervergleich_	
Kooperations-kompetenz			H4a	es bestehen Unterschiede hinsichtlich der **Persön-lichkeit** _(multivariate Prüfung)_
			H4b	es bestehen Unterschiede hinsichtlich der **Extra-version** _(univariate Prüfung)_
			H4c	es bestehen Unterschiede hinsichtlich der **Verträg-lichkeit** _(univariate Prüfung)_

7.2 Ergebnisse

I – Stichprobe „Führungskräfte Wirtschaft" (siehe Tab. 36)

a) Selbst-Vorgesetztenvergleich: Es kann kein Effekt für die multivariate Signifikanz-prüfung bezüglich der _Ergebniskompetenz_ festgestellt werden (siehe auch Anhang 3, S. 219 ff.). Die univariaten Prüfungen ergeben signifikante Unterschiede zwischen den Kongruenztypen für die Skalen „Selbstwirksamkeit" und „Risikobereitschaft" (wegen eines Verstoßes gegen die Varianzhomogenitäts-Bedingung wurde die Alpha-Fehlerwahr-scheinlichkeit für die Skala „Gewissenhaftigkeit" adjustiert, sodass sich hier keine Sig-nifikanz zeigte). Die entsprechenden Nullhypothesen zu den Hypothesen H1a, H1b und H1c müssen somit beibehalten werden. Dagegen wird Alternativhypothese H1d ange-nommen. Auf der globalen Persönlichkeitsebene zeigen sich demnach keine signifikan-ten Unterschiede, wohl aber auf den genannten Einzelskalen. Im Kontrastvergleich be-schreiben sich Führungskräfte des Kongruenztyps „Überschätzer" als selbstwirksamer und risikobereiter als Führungskräfte des Typs „Unterschätzer" (Selbstwirksamkeit: $M_{\text{über}} = 2.99$, $SD_{\text{über}} = 0.40$; $M_{\text{unter}} = 2.73$, $SD_{\text{unter}} = 0.15$; Risikobereitschaft: $M_{\text{über}} = 2.54$, $SD_{\text{über}} = 0.62$; $M_{\text{unter}} = 1.99$, $SD_{\text{unter}} = 0.38$).

Hinsichtlich möglicher Unterschiede auf der _Kooperationsdimension_ (siehe Anhang 4, S. 222 ff.) ergibt sich ein signifikanter multivariater Effekt, der sich durch die univari-aten Prüfungen u. a. auf Unterschiede bei der Gewissenhaftigkeit und der Risikobereit-schaft zurückführen lässt. Im Kontrastvergleich zeigen sich interessante Unterschiede: Führungskräfte, die ihre Kooperationsfähigkeit überschätzen, attestieren sich ein niedri-geres Neurotizismus-Niveau ($M_{\text{über}} = 0.82$, $SD_{\text{über}} = 0.57$; $M_{\text{unter}} = 1.27$, $SD_{\text{unter}} = 0.61$), zu-gleich beschreiben sie sich als signifikant gewissenhafter ($M_{\text{über}} = 3.30$, $SD_{\text{über}} = 0.46$;

Tabelle 36: Ergebnisse der multi- und univariaten Varianzanalysen zur Prüfung von Persönlichkeitsunterschieden zwischen den vier Kongruenz-Typen; hier: „Führungskräfte Wirtschaft"

Vergleich	Kongruenztypen per Selbst-Vorgesetzten-vergleich (n=39)				Kongruenztypen per Selbst-Mitarbeitervergleich (n=32)			
	Ergebnis-kompetenz	dazu: Kontrast Unter-schätzer vs. Überschätzer	Koope-rations-kompetenz	dazu: Kontrast Unter-schätzer vs. Überschätzer	Ergebnis-kompetenz	dazu: Kontrast Unter-schätzer vs. Überschätzer	Koope-rations-kompetenz	dazu: Kontrast Unter-schätzer vs. Überschätzer
multivariater Test „Kongruenz-Typus" (Pillai-Spur)	n.s.		<.05		n.s.		<.10	
univariate Tests – abhängig:								
NEO_Neurotizismus	n.s.	n.s.	n.s.	<.10	n.s.	n.s.	<.10	n.s.
NEO_Extraversion	n.s.	n.s.	n.s.	n.s.	<.05	<.01	n.s.	n.s.
NEO_Offenheit	n.s.	n.s.	n.s.	n.s.	n.s.	n.s.	n.s.	n.s.
NEO_Verträglichkeit	n.s.	n.s.	n.s.	n.s.	n.s.	n.s.	n.s.	n.s.
NEO_Gewissenhaftigkeit	n.s.	n.s.	<.10	<.05	<.10	<.10	n.s.	n.s.
Selbstwirksamkeit	<.01	<.10	n.s.	<.05	<.01	<.01	<.001	n.s.
Risikobereitschaft	<.10	<.05	<.05	<.05	n.s.	<.10	n.s.	n.s.

Legende:

Signifikanz für multivariaten oder univariaten Test

Signifikanz für Kontrastvergleich Unterschätzer vs. Überschätzer; hier: $M_{\text{Überschätzer}} > M_{\text{Unterschätzer}}$

Signifikanz für Kontrastvergleich Unterschätzer vs. Überschätzer; hier: $M_{\text{Unterschätzer}} > M_{\text{Überschätzer}}$

$M_{\text{unter}} = 2.84$, $SD_{\text{unter}} = 0.39$), selbstwirksamer ($M_{\text{über}} = 3.17$, $SD_{\text{über}} = 0.35$; $M_{\text{unter}} = 2.88$, $SD_{\text{unter}} = 0.32$) und risikobereiter ($M_{\text{über}} = 2.66$, $SD_{\text{über}} = 0.36$; $M_{\text{unter}} = 2.15$, $SD_{\text{unter}} = 0.51$). Die Unterschiede zwischen den beiden Kongruenztypen lassen sich folglich so beschreiben, dass sich in der Kooperation selbst überschätzende Personen als vergleichsweise nahezu angst- und sorgenfrei sowie als in hohem Maße leistungsorientiert und zuverlässig charakterisieren.

Hinsichtlich der Bewertung der eigenen Person sind sie überzeugt davon, gesteckte Ziele auch unter schwierigen Randbedingungen erreichen zu können, zudem begegnen sie möglichen Risiken mutiger.

b) Selbst-Mitarbeitervergleich: Bei der durch das Mitarbeiterfeedback begründeten Kongruenz-Einteilung ist ebenfalls kein Effekt für die multivariate Signifikanzprüfung zur *Ergebniskompetenz* zu verzeichnen (siehe auch Anhang 5, S. 225 ff.). Die univariaten Prüfungen ergaben signifikante Unterschiede zwischen den Kongruenztypen für die Skalen „Extraversion", „Gewissenhaftigkeit", und „Selbstwirksamkeit". Der Kontrastvergleich weist „Überschätzer" als extravertierter, gewissenhafter, selbstwirksamer und risikobereiter als „Unterschätzer" aus. In diesem Zusammenhang ist besonders der Unterschied auf der Extraversionsskala ($M_{\text{über}} = 2.83$, $SD_{\text{über}} = 0.23$; $M_{\text{unter}} = 2.36$, $SD_{\text{unter}} = 0.42$) auffällig, der mit $d = 1.38$ als starker Effekt einzustufen ist.

Die multivariate Prüfung auf Unterschiede für die *kooperationsbezogenen* Kongruenztypen ergibt eine schwache Signifikanz (siehe auch Anhang 6, S. 228 ff.). Die univariate Überprüfung zeigt gleichfalls eine schwache Signifikanz auf der Neurotizismus-, vor allem jedoch auf der Selbstwirksamkeitsskala. Alternativhypothese 2a wird somit (tendenziell) angenommen, dagegen werden die Nullhypothesen zu 2b und 2c beibehalten. Im Kontrastvergleich unterscheiden sich jedoch Über- und Unterschätzer auf beiden Skalen nicht signifikant voneinander. Der hoch signifikante Selbstwirksamkeitseffekt basiert viel mehr auf dem Unterschied zwischen den beiden Typen, die als *kongruent* auf unterschiedlichem Kompetenzniveau zu beschreiben sind. Demnach charakterisieren sich Führungskräfte des Typs „Kongruenz – hohes Kompetenzniveau" als wesentlich selbstwirksamer als Führungskräfte des Typs „Kongruenz – niedriges Kompetenzniveau" ($M_{\text{hoch}} = 3.48$, $SD_{\text{hoch}} = 0.25$ vs. $M_{\text{nied}} = 2.89$, $SD_{\text{nied}} = 0.19$). Der Unterschied entspricht mit $d = 2.68$ einem sehr starken Effekt.

Nimmt man zusammenfassend die Kongruenz-Einteilung auf der Basis der Mitarbeiterinnen- und Mitarbeiter-Feedbacks, so ist festzustellen, dass die verschiedenen Typen Unterschiede besonders auf der Ebene des Selbstkonzepts und der Extraversion aufweisen. Überraschend ist vor allem die Dominanz der Selbstwirksamkeit zur Erklärung sowohl der Ergebnis- als auch der Kooperations-Einteilung, jedoch auch das Ausbleiben signifikanter Unterschiede zwischen den Kooperationstypen bezüglich der interaktionsrelevanten Skalen Extraversion und Verträglichkeit.

Zur Frage der Übereinstimmung zwischen Vorgesetzten und Mitarbeitern: Unabhängig von der Frage der Persönlichkeitsunterschiede ist es zudem aufschlussreich, die Übereinstimmung zwischen Vorgesetzten und Mitarbeitern hinsichtlich der Unter- und Überschätzer-Einteilung zu überprüfen. Werden die Fokuspersonen mithin durch die Vorgesetzten- und Mitarbeitereinschätzungen den gleichen Klassen zugewiesen? Da die meisten Chi-Quadrat-Techniken anfällig sind für Verletzungen der Regeln bezüglich der zu erwartenden Zellenhäufigkeiten (solche Verletzungen würden im vorliegenden Fall bei Einbezug aller Typen und den daraus resultierenden kleinen Zellenbelegungen auftreten), beschränkt sich die Analyse auf die Gruppe der Überschätzer und Unterschätzer und den Bereich der Ergebniskompetenz.

Ausgehend von den Einteilungen, die auf Basis der Vorgesetzteneinschätzungen gewonnen werden, sind 19 Fokuspersonen als Überschätzer klassifiziert (siehe Tab. 37). Von diesen werden durch die Mitarbeitereinschätzungen 13 (68%) bestätigt und 6 (32%) nicht bestätigt. Erweitert man das Problem im Sinne einer künstlichen Dichotomisierung (die wegen der sonst virulenten Zellenbelegungsproblematik notwendig ist) auf das Urteil „Überschätzer" und alternativ „Nicht-Überschätzer" (die ursprünglichen Typen 1, 2, 3 zusammengefasst), dann lässt sich für die Vierfelder-Tafel das Konkordanzmaß k bestimmen. Im vorliegenden Fall ist $k = .48$ ($p < .001$), was als mittlere Übereinstimmung zwischen Vorgesetzten und Mitarbeitern aufzufassen ist. Für die Konkordanz der Unterschätzer-Einteilung ergibt sich auf Basis von Tabelle 38 $k = .49$ ($p < .001$). Für beide Einteilungsrichtungen ergeben sich somit ähnlich hohe Konkordanzen.

Tabelle 37: Übereinstimmung der Kongruenzeinteilung auf der Basis von Vorgesetzten- und Mitarbeiterurteilen für Ergebniskompetenz; hier: Kongruenzfokus „Überschätzer"

| | | Kongruenzeinteilung Mitarbeiterurteil | | Gesamt |
		Nicht-Überschätzer	Überschätzer	
Kongruenzeinteilung Vorgesetztenurteil	Nicht-Überschätzer	48	10	58
	Überschätzer	6	13	19
Gesamt		54	23	77

Tabelle 38: Übereinstimmung der Kongruenzeinteilung auf der Basis von Vorgesetzten- und Mitarbeiterurteilen für Ergebniskompetenz; hier: Kongruenzfokus „Unterschätzer"

| | | Kongruenzeinteilung Mitarbeiterurteil | | Gesamt |
		Nicht-Unterschätzer	Unterschätzer	
Kongruenzeinteilung Vorgesetztenurteil	Nicht-Unterschätzer	44	9	53
	Unterschätzer	8	16	24
Gesamt		52	25	77

II – Stichprobe „Vertriebskräfte" (siehe Tab. 39)

a) *Selbst-Vorgesetztenvergleich:* Hinsichtlich der auf Basis der *Ergebniskompetenz* vorgenommenen Kongruenzeinteilung ergibt die multivariate Varianzanalyse einen sehr signifikanten Persönlichkeitseffekt (siehe auch Anhang 7, S. 231 ff.). Die univariaten Prüfungen zeigen signifikante Unterschiede auf den fünf Skalen „Neurotizismus", „Verträglichkeit", „Gewissenhaftigkeit", „Selbstwirksamkeit" und „Risikobereitschaft". Die Nullhypothesen zu H3a, H3b, H3c und H3d müssen zugunsten der Alternativhypothesen verworfen werden. Die einzelnen Kontrastvergleiche weisen die Unterschätzer als mit signifikant höheren Neurotizismuswerten ausgestattet aus ($M_{unter} = 1.32$, $SD_{unter} = 0.35$) als die Überschätzer ($M_{über} = 1.00$, $SD_{über} = 0.54$).

Aufschlussreich ist zugleich der Vergleich der Kongruenztypen 3 („kongruente Hochleister") und 2 („kongruente Niedrigleister"): Die im Gesamtvergleich niedrigsten Neurotizismuswerte zeigen die Vertriebskräfte des Typs 3, die höchsten die Vertriebskräfte des Typs 2.

Bei schwacher Signifikanz beschreiben sich die Überschätzer mit höheren Gewissenhaftigkeitswerten als die Unterschätzer. Auch die signifikanten Unterschiede auf den Skalen „Selbstwirksamkeit" und „Risikobereitschaft" sind weniger auf Mittelwertsdifferenzen zwischen den Über- und Unterschätzern zurückzuführen als auf Differenzen zwischen den Typen 3 und 2. Demnach beschreiben sich die kongruenten Vertriebskräfte mit hohem Kompetenzniveau als weitaus selbstwirksamer ($M_{hoch} = 3.30$, $SD_{hoch} = 0.42$ vs. $M_{nied} = 2.58$, $SD_{nied} = 0.23$ entsprechend $d = 2.32$) und risikobereiter ($M_{hoch} = 3.02$, $SD_{hoch} = 0.42$ vs. $M_{nied} = 2.37$, $SD_{nied} = 0.31$; $d = 1.71$).

Hinsichtlich der auf die *Kooperationskompetenz* (siehe auch Anhang 8, S. 234 ff.) bezogenen Kongruenzeinteilung ergeben sich weder für die multivariate, noch für die univariaten Prüfungen signifikante Unterschiede. Im Kontrastvergleich zeigen die Unterschätzer eine höhere Verträglichkeit. Für diesen Bereich ist gleichwohl festzuhalten, dass die Frage kongruenter bzw. inkongruenter Kompetenzeinschätzungen nicht an die Persönlichkeit gebunden zu sein scheint. Die vorgesetztenbezogene Kongruenzeinteilung weist insgesamt besonders Persönlichkeitsdifferenzen auf der Ergebnisseite auf, die überwiegend auf Unterschiede zwischen kongruenten Hoch- und Niedrigleistern zurückgehen. Es sind besonders die Unterschiede hinsichtlich der Selbstwirksamkeitserwartung und der Risikobereitschaft, die die Persönlichkeitsunterschiede ausmachen.

b) *Selbst-Mitarbeitervergleich:* Die mitarbeiterbasierte Kongruenzbestimmung ergibt im Gegensatz zu der vorgesetztenbasierten keinen signifikanten multivariaten Unterschiedseffekt (siehe auch Anhang 9, S. 237 ff.). Überwiegend schwache Kontrasteffekte resultieren für die Skalen Verträglichkeit, Gewissenhaftigkeit und Selbstwirksamkeit, ein sehr signifikanter Kontrast zeigt sich für die Risikobereitschaft. Mit Ausnahme der Verträglichkeit beschreiben sich die Überschätzer als gewissenhafter, selbstwirksamer und risikobereiter.

Gänzlich ohne signifikante Unterschiede fällt die Prüfung der kooperationsbezogenen Typisierung für die Vertriebskräfte aus (siehe auch Anhang 10, S. 240 ff.). Entsprechend wird zu dem unter Nummer 4 aufgestellten Hypothesenkomplex jede Nullhypothese beibehalten. Mit Ausnahme der Skala „Offenheit für Erfahrungen" sind keine signifikanten Kontrasteffekte zu beobachten.

Tabelle 39: Ergebnisse der multi- und univariaten Varianzanalysen zur Prüfung von Persönlichkeitsunterschieden zwischen den vier Kongruenz-Typen; hier: „Vertriebskräfte"

Vergleich	Kongruenztypen per Selbst-Vorgesetzten-vergleich (n=50)				Kongruenztypen per Selbst-Mitarbeitervergleich (n=32)			
	Ergebnis-kompetenz	dazu: Kontrast Unterschätzer vs. Überschätzer	Kooperationskompetenz	dazu: Kontrast Unterschätzer vs. Überschätzer	Ergebnis-kompetenz	dazu: Kontrast Unterschätzer vs. Überschätzer	Kooperationskompetenz	dazu: Kontrast Unterschätzer vs. Überschätzer
multivariater Test „Kongruenz-Typus" (Pillai-Spur)	<.01		n.s.				n.s.	
univariate Tests – abhängig:								
NEO_Neurotizismus	<.01	<.05	n.s.	n.s.	n.s.	n.s.	n.s.	n.s.
NEO_Extraversion	n.s.	n.s.	n.s.	n.s.	n.s.	n.s.	n.s.	n.s.
NEO_Offenheit	n.s.	n.s.	n.s.	n.s.	n.s.	n.s.	n.s.	<.10
NEO_Verträglichkeit	<.05	n.s.	n.s.	<.05	n.s.	<.10	n.s.	n.s.
NEO_Gewissenhaftigkeit	<.10	<.10	n.s.	n.s.	n.s.	<.10	n.s.	n.s.
Selbstwirksamkeit	<.01	n.s.	n.s.	n.s.	n.s.	<.10	n.s.	n.s.
Risikobereitschaft	<.05	n.s.	n.s.	n.s.	<.05	<.01	n.s.	n.s.

Legende:

Signifikanz für multivariaten oder univariaten Test

Signifikanz für Kontrastvergleich Unterschätzer vs. Überschätzer; hier: $M_{Überschätzer} > M_{Unterschätzer}$

Signifikanz für Kontrastvergleich Unterschätzer vs. Überschätzer; hier: $M_{Unterschätzer} > M_{Überschätzer}$

Zusammenfassend kann auch für den mitarbeiterbezogenen Typenvergleich festgehalten werden, dass Persönlichkeitsunterschiede v. a. für die Einteilung nach der Ergebniskompetenz auszumachen sind. Neben anderen sind es auch hier die Merkmale der Selbstwirksamkeit und der Risikobereitschaft, die zu einer Charakterisierung der Typen beitragen.

Für die Stichprobe der Vertriebskräfte ergibt sich hinsichtlich der Ergebniskompetenz keine Vorgesetzten-Mitarbeiter-Konkordanz ($\kappa = .02$, $p > .05$) bezüglich der Einteilung nach Überschätzern und eine niedrige Konkordanz ($\kappa = .17$, $p > .05$) für die Einteilung nach Unterschätzern.

7.3 Interpretation und Diskussion

Für die Stichprobe der *Führungskräfte* resultiert kein multivariater Persönlichkeitseffekt. Die univariaten Unterschiedsprüfungen ergeben jedoch signifikante Differenzen zwischen den Übereinstimmungstypen. Bezogen auf den Perspektivenvergleich „Selbst vs. Vorgesetzte" beschreiben sich die Überschätzer als selbstwirksamer und risikobereiter (für Ergebniskompetenz) und darüber hinaus als sorgenfreier, weniger ängstlich und weniger reizbar sowie als gewissenhafter (für Kooperationskompetenz) als die Unterschätzer. Ein ähnliches Muster zeigt sich beim Perspektivenvergleich „Selbst vs. Mitarbeiter", hier allerdings nur ergebnisseitig. Darüber hinaus stimmen die vorgesetzten- und mitarbeiterbezogenen Klassifikationen in mittlerem Maße überein, sodass diese als mäßig stabil angenommen werden können.

Die Ergebnisse bieten die Möglichkeit, das Kompetenzgefälle zwischen den sich überschätzenden Fokuspersonen und ihren Feedbackgebern in zweierlei Hinsicht persönlichkeitsbezogen mittels eines Syllogismus zu beschreiben. Dieser ist so ausgerichtet, dass für eine Führungskraft mit hohen Selbstwirksamkeits- und Risikowerten ein nicht unerhebliches Risiko besteht, im Vergleich zur Selbsteinschätzung von der unmittelbaren beruflichen Umgebung weit weniger kompetent eingestuft zu werden. Die Persönlichkeitseigenschaften nehmen hierbei den Status von Antezedensbedingungen ein. Die Überzeugung, gesteckte Ziele kraft eigenen Könnens und mit großer Energie gegen Widerstände erreichen zu können, Risiken eher als Herausforderungen aufzufassen usw., kann demnach den Boden für eine deutliche Selbstüberschätzung bereiten. Die betreffenden Führungskräfte sind zum einen womöglich nur bedingt dazu bereit oder in der Lage, Feedback von anderen einzuholen. Zum anderen dürfte ihr starkes „Ego" hinderlich dabei sein, Feedback von anderen zur Korrektur eigener Kompetenzdefizite zu nutzen. Hier sind unterschiedliche Mechanismen denkbar, sei es, dass sie relevante Rückmeldungen als solche gar nicht wahrnehmen, sei es, dass sie vor allem Botschaften mit negativer affektiver Tönung ignorieren oder abwerten. Wie dem auch sei, eine entsprechende Lernfähigkeit muss unter diesen Umständen als limitiert angenommen werden. Zugleich stellen die Führungskräfte damit ein ernstes Problem für ihre Organisation dar, da sie dann wenig entwicklungsfähig sind.

In einem zweiten Interpretationszugang lässt sich ein solcher Syllogismus auch umgekehrt etablieren. Führungskräfte, die unter Umständen wiederholt Hinweise von Vorgesetzten und Mitarbeitern erhalten haben, die ihrem eigenen Kompetenzeindruck kritisch entgegenstehen, reagieren mit einem Anstieg von Selbstwertschätzung, Risikofreude, Gewissenhaftigkeit etc. Eine solche Reaktion kann als Copingversuch auf die Bedrohung des Selbstkonzepts aufgefasst werden („Jetzt-erst-recht-Überzeugung"). Interessant wäre es hierbei zum einen zu klären, inwieweit sich ein solcher Anstieg lediglich temporär zeigt. Zum anderen ist zu prüfen, ob nicht derartige Copingversuche mittel- oder langfristig doch zu erfolgreichen Korrekturen des eigenen Kompetenzverhaltens und damit zu einer Reduktion von Überschätzungsmomenten beitragen. Insofern wäre das Verhalten funktional. Für die Traits Risikofreude und Gewissenhaftigkeit dürfte ein Anstieg mit den hier eingesetzten Skalen allerdings schwierig nachzuweisen sein, da diese über die Zeit als weitgehend stabil abgebildet werden.

Für die Stichprobe der *Vertriebskräfte* zeigte sich auf der Basis der Vorgesetzteneinteilung ein multivariater Persönlichkeitseffekt auf der Ergebnisseite. Es sind jedoch weniger die Unterschätzer und Überschätzer, die im univariaten Vergleich Unterschiede aufweisen, sondern die beiden Kongruenztypen „hohes Kompetenzniveau" vs. „niedriges Kompetenzniveau". Die hoch eingeschätzten Fokuspersonen beschreiben sich nicht nur als angst- und sorgenfreier. In Ausdeutung der beiden Konstrukte „Risikobereitschaft" und „Selbstwirksamkeit" sehen sie sich vor allem als mutiger, wettbewerbsorientierter und vom eigenen Können überzeugter an. Insofern erfahren die Ergebnisse der oben behandelten Studien von Brown et al. (1998) sowie Frayne und Geringer (2000) starke Unterstützung, die besonders die Selbstwirksamkeit als Korrelat von Leistung herausgestellt haben. In stark umkämpften Märkten, wie sie der Vertrieb und Handel mit Finanz- und Versicherungsprodukten darstellen, kommt es persönlichkeitsseitig offenbar vor allem darauf an, neben dem fachlichen Können an den eigenen Erfolg zu glauben und kalkulierbare Risiken im Sinne von Chancen einzugehen. Gerade eine hohe Ausprägung an Selbstwertschätzung dürfte dann förderlich zu sein, wenn Misserfolge eintreten oder Widerstände zu überwinden sind. Wie oben stellt sich allerdings auch hier das Problem von Ursache und Wirkung: Einerseits sind die Merkmale der Selbstwirksamkeit und Risikobereitschaft als Antezedenzien von vertriebsbezogenen Kompetenzen plausibel. Andererseits lässt sich ebenso gut annehmen, dass positive Kompetenzrückmeldungen (z. B. von Vorgesetzten, Kunden) und entsprechende Erfolge einen Anstieg auf den Persönlichkeitseigenschaften bewirken. Die stärkste Plausibilität dürfte allerdings ein interaktives Modell besitzen: Ein relativ hohes Ausgangsniveau auf den Persönlichkeitseigenschaften führt zu guten Leistungen, diese wiederum führen bei entsprechender Rückmeldung zu einer Stärkung der Eigenschaftsseite.

Deutlicher als auf Basis der Vorgesetzteneinschätzungen unterscheiden sich Unter- und Überschätzer, wenn der Selbst-Mitarbeitervergleich herangezogen wird. Dort beschreiben sich die nach den Ergebniskompetenzen überschätzenden Vertriebskräfte als weniger verträglich, als gewissenhafter, selbstwirksamer und wesentlich risikobereiter. Hinsichtlich der Verträglichkeit weisen die Überschätzer die niedrigsten, hinsichtlich der Risikobereitschaft die höchsten Werte von allen vier verglichenen Gruppen auf. Hier können mögliche Gründe für die unterschiedlichen Wahrnehmungen liegen: Weil sich die betreffenden Vertriebskräfte womöglich relativ streit- und konfliktbereit verhalten, erhalten sie von ihren Mitarbeitern weniger informelle Rückmeldungen und weniger Unterstützung als andere. Geben die Mitarbeiter gleichwohl Feedback, so besteht die Gefahr, dass dieses ignoriert oder gar abgewertet wird. Damit werden Lern- und Entwicklungs-fortschritte seitens der sich überschätzenden Fokuspersonen erschwert und insgesamt unwahrscheinlicher.

Die Stichprobe zeigt im Vergleich eine deutlich geringere Stabilität hinsichtlich der Un-terschätzer-Überschätzer-Klassifikation. Von den Ergebnissen der Korrelationsanalysen ausgehend (siehe Kap. 5.6.2), ist dieses Ergebnis bereits zu erwarten gewesen. Dort ergab sich ein Vorgesetzten-Mitarbeiterkoeffizient für Ergebniskompetenz von $r = .26$, während der gleiche Perspektivenvergleich für die Führungskräfte in der Wirtschaft einen Koeffi-zienten von $r = .46$ ergab. Der relativ niedrige Übereinstimmungsgrad zwischen den bei-den Perspektiven betrifft demnach auch die Klassifikation von Einschätzungsdifferen-zen. Nehmen Vorgesetzte und Mitarbeiter das Kompetenzverhalten der Vertriebskräfte mit unterschiedlichen Distanzen zu deren eigenen Einschätzungen wahr, dann dürfte dies genau dann Probleme aufwerfen, wenn Veränderungs- oder Entwicklungsbedarfe seitens der Vorgesetzten an die Fokuspersonen herangetragen werden. Wird beispielsweise eine Vertriebskraft wegen schwacher Leistungen im Neukundengeschäft kritisiert und wird ihr in diesem Zusammenhang mangelnder Ehrgeiz vorgehalten, so wird sie unter Um-ständen Feedback auch bei ihren Mitarbeiterinnen und Mitarbeitern einholen. Hier wie auf anderen Kompetenzfeldern werden diese zu abweichenden Einschätzungen gelangt sein. Eine solch inkonsistente Wahrnehmung der beiden wichtigsten Feedbackgruppen dürfte nicht nur für die Veränderungsmotivation der Fokusperson wenig förderlich sein (dies gilt im Übrigen auch, wenn Feedbackgeber derselben Perspektivgruppe zu unter-schiedlichen Einschätzungen gelangt sind und dies im Rückmeldeprozess entsprechend thematisiert wird). Jenseits der Ergebnisgetriebenheit von Vertriebskulturen und der schie-ren „Beweiskraft" von guten oder schlechten Zahlen wird die Fokusperson bei inkonsis-tenten Rückmeldungen womöglich negativ auf die Vorgesetzten (etwa „haben kein Ver-ständnis für meine persönliche Situation") oder auf die Situation attribuieren („in meinem Bezirk sind wir mit unseren Beitragssätzen nicht konkurrenzfähig"). Entsprechend wenig wahrscheinlich werden konstruktive Änderungen der Anstrengungsbereitschaft sein.

8 Zusammenfassende Diskussion und Ausblick

Das Ziel des vorliegenden Bandes bestand darin, die Funktion und Güte multiperspektivischer Kompetenzfeedbacks zu untersuchen. Diese dienen in Organisationen und Unternehmen überwiegend der Personalentwicklung (seltener der Leistungsbeurteilung). Wie theoretisch auf kybernetischer Grundlage aufgezeigt (siehe Kap. 3.1), soll mit dem Abgleich zwischen Selbst- und Fremdurteil ein ggf. notwendiger Veränderungsprozess initiiert werden, der zu einer verbesserten Kompetenzlage der Fokusperson und damit ihrer tätigkeitsbezogenen Kontrollmöglichkeiten führen soll. Auf der Seite der Organisation ist mit dem Einsatz von Kompetenzfeedbacks u. a. die Erwartung verbunden, über eine Verbesserung der Kompetenzen zu einer Steigerung der Wettbewerbsfähigkeit zu gelangen.

Die Diskussion konzentriert sich auf fünf zentrale, für die Erhebung und Nutzung von Kompetenzurteilen übergreifende Aspekte, nämlich 1) die Frage der Übereinstimmung der Feedbackgeber, 2) die Reduktion der Kompetenzen zu Metakonstrukten, 3) die Selbst-Fremd-Übereinstimmung, 4) die Höhenlage der Kompetenzfeedbacks und die Ähnlichkeit der Profile und schließlich 5) den Zusammenhang der Selbst- und Fremdurteile mit der Persönlichkeit.

1) Übereinstimmung der Feedbackgeber

Bei der Messung von Kompetenzfeedbacks soll primär das Kompetenzverhalten als Funktion der Fokusperson adressiert werden, gleichwohl sind sie in erheblichem Maße das Ergebnis von Prozessen sozialer Eindrucksbildung. Neben der Wahrnehmung des Kompetenzverhaltens nehmen hierbei kontextbezogene Variablen (wie z. B. die organisationale Zielorientierung) und v. a. verschiedene Variablen auf der Seite der Feedbackgeber (z. B. idiosynkratische Tendenzen) Einfluss. Um abschätzen zu können, inwieweit die Urteile der Feedbackgeber überhaupt als einheitliche, änderungsdienliche Stimuli aggregiert zurückgemeldet werden dürfen, wurden an verschiedenen Stichproben Übereinstimmungsanalysen zwischen Feedbackgebern der gleichen Perspektivgruppe per Intraklassen-Korrelation vorgenommen (siehe Kapitel 4.7). Für den Bereich der *Führungskräfte* wurden mittlere gruppenbezogene ICC im Bereich von .40–.60 gefunden. Für die drei Feedbackgeber-Gruppen zeigten sich zudem in der Höhe vergleichbare Übereinstimmungskoeffizienten. Dieses Ergebnis stützt die Annahme, dass die einbezogenen Kompetenzen grundsätzlich für alle Gruppen beobachtungsfähig sind bzw. dass die Feedbackgeber ausreichend Beobachtungsmöglichkeiten hatten. Auf der Ebene der Einzelkompetenzen (z. B. „Entschlossenheit") wurde demgegenüber aufgezeigt, dass der Grad der Beobachtungsschwierigkeit für die verschiedenen Feedbackgeber-Gruppen durchaus unterschiedlich ausfallen kann. Die Ergebnisse für die untersuchten *Nachwuchsstichproben* stützen die in verschiedenen Arbeiten vertretene Annahme, wonach sich eine bessere Beobachtungsmöglichkeit der Fokuspersonen auf das Urteil der Rater tendenziell übereinstimmungserhöhend auswirkt. Bei seltener Beobachtungsmöglichkeit unterschreiten die ermittelten Übereinstimmungskoeffizienten den geforderten unteren Grenzwert deutlich. Bei der Betrachtung der Einzelkompetenzen unter der Bedingung „häufiger Beobachtungsgelegenheit" war ein Anstieg der Übereinstimmung zu verzeichnen, wenn drei anstatt lediglich zwei Rater einbezogen wurden. Für den Einsatz von Kompetenzfeedbacks bedeuten die Ergebnisse, dass

- grundsätzlich nur solche Konstrukte fokussiert werden sollten, die einen großen, über die Beobachtung zugänglichen Verhaltensanteil beinhalten;
- eine kontinuierliche Beobachtungsmöglichkeit über verschiedene Situationen hinweg gegeben sein sollte;
- für ein Feedback nach Möglichkeit mindestens drei Beurteiler einbezogen werden sollten (diese Forderung wird sich auf der Ebene der Vorgesetzten nicht realisieren lassen).

2) Reduktion der Kompetenzen

Ausgangspunkt der Analysen war die Frage, inwieweit die Kompetenzen von Feedback-Inventaren als thematisch verwandt aufgefasst werden (siehe Kapitel 5.2). Die auf der Basis der Kompetenzskalenwerte durchgeführten Faktorenanalysen ergaben zwei „Metakompetenzen", wobei die eine Metakompetenz aufgabenbezogene Inhalte, die andere beziehungsorientierte Inhalte abdeckt. In Erweiterung der Ohio- und anderen Studien wird für den ersten Faktor die Bezeichnung „Ergebniskompetenz", für den zweiten Faktor die Bezeichnung „Kooperationskompetenz" vorgeschlagen. Hiermit soll stärker als bisher der funktions- und zielbezogene Charakter von Kompetenzfeedbacks für Führungstätigkeiten herausgestellt werden. Ein Vergleich der gefundenen Metakompetenzen bzw. der zugrunde liegenden Faktorenlösungen zwischen den vier Perspektiven (inkl. der Selbsteinschätzung) per Kongruenzkoeffizient j_{pq} ergab große Übereinstimmungen. Dies bedeutet, dass die Feedbackgeber-Gruppen die Kompetenzen semantisch übereinstimmend enkodieren und mental repräsentieren. Einschränkend wird angemerkt, dass Feedback-Inventare mit anderem Kompetenzschwerpunkt (z. B. „transformationaler Führungsstil") durchaus zu anderen Lösungen führen können. Außerdem ist eine deutlich größere Anzahl von Faktoren zu erwarten, wenn sich Analysen auf Itemwerte und nicht wie hier auf Kompetenzwerte stützen.

3) Selbst-Fremd-Übereinstimmung

Zur Frage der korrelativen Übereinstimmung von Selbst- und Fremdurteilen wurden bereits vorliegende Metaanalysen herangezogen, zudem wurde eine eigene Metaanalyse vorgenommen (siehe Kap. 5.5). Beide Vorgehensweisen führten zu ähnlich niedrigen Ergebnissen mittlerer Selbst-Fremd-Korrelationen um $\bar{r} = .20$, wobei der Selbst-Vorgesetzten-Vergleich eine geringfügig höhere Übereinstimmung zeigt als die beiden anderen Vergleiche. Die eigenen empirischen Untersuchungen z. B. für die Gruppe der Führungskräfte zeigten demgegenüber deutlich höhere Korrelate vor allem für den Bereich „Ergebniskompetenz", aber auch ähnlich niedrige Übereinstimmungen etwa für den Selbst-Mitarbeiter-Vergleich im Bereich der „Kooperationskompetenz". Wenn auch ein Vergleich zwischen Ergebnissen von Metaanalysen und Einzeluntersuchungen problematisch ist, wurden die unterschiedlichen Ergebnisse zum einen mit Unterschieden in der Messmethode begründet. Es wurde kritisch darauf hingewiesen, dass die Erfassung der Führungskompetenzen in den den Metaanalysen zugrunde liegenden Studien vergleichsweise durch wenige und dazu inhaltlich global angelegte Items vorgenommen wurde (Problem der Messgüte). Darüber hinaus wurde, da die Datenbasis der Metaanalysen vorwiegend aus dem angloamerikanischen Bereich stammt, mit möglichen Kulturunterschieden im Führungsstil argumentiert. Allerdings ist ein solcher Erklärungsversuch auch unter Hinzuziehung international angelegter kulturvergleichender Arbeiten („GLOBE-Studie") nicht durchgängig plausibel. Hier sind weitere kulturvergleichende Studien etwa analog der von Atwater et al. (2005) erforderlich. Diese sollten einen Methodeneffekt ausschließen, indem sie sich u. a. auf das gleiche Feedback-Inventar stützen. Zugleich wäre perspektivisch interessant, wie sich der Grad der Selbst-Fremdübereinstimmung im Zuge von Feedbackinterventionen verändert und welche Variablen dafür ausschlaggebend sind. Es ist zu vermuten, dass bei Messwiederholungen engere Selbst-Fremd-Zusammenhänge zu beobachten sind, da vor allem die Fokuspersonen ihr Selbstkonzept in Richtung der Fremdurteile verändern.

4) Höhenlage der Kompetenzfeedbacks und Profilähnlichkeit

Die varianzanalytische Prüfung der Kompetenzfeedbacks auf Mittelwertunterschiede ergab für beide untersuchten Inventare einen signifikanten Effekt für den Faktor „Perspektive" (siehe Kap. 6.1). Die Fokuspersonen attestierten sich selbst jeweils höhere Kompetenzen als sie von den drei Feedbackgeber-Gruppen zugewiesen bekamen. Im paarweisen Vergleich zeigten sich signifikant höhere Mittelwerte für die Selbsturteile als für die Kollegen- und Mitarbeiterurteile. Demgegenüber ergab ein Vergleich der *Kompetenzprofile* große Ähnlichkeiten zwischen den Selbst- und Fremdurteilen. Die Übereinstimmung ist deutlich größer als nach den korrelativen Selbst-Fremd-Analysen (siehe Punkt 3) zu erwarten gewesen war. Die Fokuspersonen und ihre Fremdurteiler schätzen die Kompetenzkonstellationen durchaus ähnlich ein, sie siedeln die Urteile jedoch auf unterschiedlichem Niveau an. Der Befund wurde mit interindividuell ähnlich repräsentierten, den Urteilsaufwand reduzierenden Kategorisierungsprozessen erklärt.

Um die unterschiedlichen Höhenlagen zu erklären, kann nun auf Populationsebene vermutet werden, dass die Fokuspersonen mehrheitlich implizit ein Anforderungsprofil („Soll") replizieren und weniger den Versuch einer akkuraten Selbsteinschätzung unternehmen. Die Feedbackgeber schätzen demgegenüber überwiegend das wahrgenommene Kompetenzniveau („Ist") ein und gelangen daher mit höherer Wahrscheinlichkeit zu kritischeren Urteilen. Zur Prüfung entsprechender Hypothesen sind weitere Untersuchungen vorzunehmen. Für die Feedbackpraxis in den Organisationen können die Befunde ebenfalls interessante Hinweise liefern. In der Regel fokussieren Feedbackgespräche, in denen die individuellen Ergebnisse und ggf. Entwicklungsbedarfe erörtert werden, vor allem Übereinstimmungen und Unterschiede des absoluten *Niveaus* einzelner Kompetenzen. Aus dem Vergleich der Selbst- und Fremd*profile* können weitere Interpretationsansätze gewonnen werden, da diese eine stärker ganzheitliche Sicht auf die Kompetenzsituation ermöglichen.

5) Zusammenhang der Selbst- und Fremdurteile mit Persönlichkeit

Im Sinne der Überprüfung der Konstruktvalidität von MKF wurden Zusammenhänge mit Persönlichkeitseigenschaften untersucht (siehe Kapitel 5.4.3). Es ergaben sich höhere Validitätskoeffizienten für die Selbst- als für die Fremdurteile. Exemplarisch die Ergebnisse für die wichtige Gruppe der Führungskräfte herausgreifend, zeigten sich auf der Ergebnisseite u. a. positive Zusammenhänge der Selbsturteile mit Selbstwirksamkeit, Gewissenhaftigkeit und Extraversion. Hinsichtlich der Fremdurteile resultierten deutlich niedrigere Korrelate. Die Vorgesetztenurteile wiesen einen positiven Zusammenhang mit Gewissenhaftigkeit auf, die Kollegenurteile einen negativen Zusammenhang mit Verträglichkeit sowie einen positiven mit Risiko- und Kampfbereitschaft, die Mitarbeiterurteile einen schwach-positiven Zusammenhang mit Gewissenhaftigkeit und Selbstwirksamkeit. Auf der Seite der Kooperationskompetenz zeigte sich eine negative Korrelation mit Risiko- und Kampfbereitschaft. Darüber hinaus erwies sich die situative Bedingung des „Vertrauensklimas" auf der Basis eines regressionsanalytischen Vorgehens an einer (allerdings kleinen) Teilstichprobe gleichfalls von Führungskräften als Variable mit dem stärksten Gewicht zur Erklärung der ergebnisbezogenen Vorgesetztenurteile. Die Ergebnisse stützen zugleich die im theoretischen Teil angestellten definitorischen und modellbezogenen Überlegungen, denen zufolge das Kompetenz-Selbstkonzept (entsprechend Selbsturteile) und die Kompetenz-Fremdurteile eigenschaftsbezogene Anteile aufweisen.

Zur Erklärung der Befunde wurde in zwei Richtungen argumentiert: Zum einen *anforderungsbezogen*, indem die genannten Persönlichkeitseigenschaften als notwendige personale Bedingungen für den Erfolg beruflicher Tätigkeit aufgefasst werden. Da die Selbst- und stärker noch die Fremdurteile verschiedene Anteile des Kriterienraumes mehr oder weniger valide erfassen, stehen sie in unterschiedlich engem Zusammenhang zu den Eigenschaften. Zusätzlich können je nach Funktion, Branche etc. unterschiedliche Anforderungen an die Persönlichkeit angenommen werden (z. B. bei Führungstätigkeiten etwa im Vertrieb ein geringerer Gewissenhaftigkeitsanteil zugunsten einer höheren Extraversion). Zum anderen *eindrucksbezogen*, indem sie als Teil des idiosynkratischen Wahrnehmungsfilters der Perspektivgruppen und relativ unabhängig von der beruflichen Leistung verstanden werden. So kann beispielsweise auf die Gruppe der Führungskräfte bezogen seitens der Vorgesetzten ein dominanter Filter „Gewissenhaftigkeit" angenommen werden: Je gewissenhafter sich die Fokusperson in den Augen der Vorgesetzten zeigt, desto besser wird sie beurteilt. Kollegen geben ihr Feedbackurteil demzufolge auch auf der Basis eines Filters „Risiko- und Kampfbereitschaft" ab: Je stärker die Kollegen Facetten aggressiven Wettbewerbsverhaltens („Biss") bei den Fokuspersonen wahrnehmen, desto positiver fällt das Feedback aus. Um diesen Argumentationsstrang empirisch untermauern zu können, sind in weiteren Untersuchungen Eindrucksurteile der Fremdurteiler hinsichtlich der bei den Fokuspersonen vermutlich ausgeprägten Persönlichkeitseigenschaften zu erheben. Die Diskussion zeigt auch, dass gerade im Bereich der idiosynkratischen Urteilsanteile intensivere Forschungsanstrengungen notwendig sind.

Schließlich wurden empirische Untersuchungen zur Kategorisierung der Selbst-Fremd-Urteilsdifferenzen und möglichen Zusammenhängen der resultierenden Kategorien mit

Persönlichkeitsmaßen unternommen (siehe Kapitel 7.1). Es wurden vier Kongruenztypen gebildet: „Unterschätzer", „Kongruenz – niedriges Kompetenzniveau", „Kongruenz – hohes Kompetenzniveau" und „Überschätzer". Für die Gruppe der Führungskräfte zeigte sich kein multivariater Persönlichkeitseffekt. Im Vergleich zwischen den sich über- und den sich unterschätzenden Personen beschreiben sich die erstgenannten u. a. als selbstwirksamer und risiko- und kampfbereiter. Für die Gruppe der untersuchten Vertriebskräfte resultierte ein multivariater Persönlichkeitseffekt. Im univariaten Persönlichkeitsvergleich unterschieden sich die Über- und Unterschätzer jedoch nur wenig. Dagegen wiesen die Vertreter des Typs „Kongruenz – hohes Kompetenzniveau" und die Vertreter des Typs „Kongruenz – niedriges Kompetenzniveau" Unterschiede auf. Personen mit hohem Kompetenzniveau beschrieben sich u. a. als angstfreier, wettbewerbsorientierter und stärker erfolgsüberzeugt. Die ermittelten Persönlichkeitsunterschiede stützen mithin die Konstruktvalidität der Kongruenzeinteilung.

Dessen ungeachtet sollte vor allem der von der Arbeitsgruppe um Atwater et al. (1998, 2005) behauptete prädiktive Wert typologischer Einteilungen empirisch überprüft werden. So dürfte es diagnostisch lohnend sein zu untersuchen, ob z. B. sich überschätzende Personen im weiteren Karriereverlauf tatsächlich leistungsmäßig schwächer abschneiden oder deutliche Misserfolge verzeichnen. Denn eine leichte Überschätzung der eigenen Fähigkeiten ließe sich zunächst auch als leistungsdienlich annehmen, indem sie nämlich hilft, Herausforderungen mit mehr Selbstzutrauen zu begegnen und Misserfolge zu überwinden. Darüber hinaus wäre es ebenso interessant zu prüfen, inwieweit das Phänomen der Über- oder auch der Unterschätzung selbst über die Zeit stabil ist.

Resümierend ist festzustellen, dass Kompetenzfeedbacks, die zu Entwicklungszwecken unternommen werden, unter den oben erörterten Randbedingungen eine weitgehend ausreichende Güte aufweisen. Unter methodischem Blickwinkel ist es lohnend, Messverfahren zu entwickeln, welche die zu beobachtenden Verzerrungstendenzen und hier besonders die Mildetendenz vermeiden helfen. Ein Antwortverhalten der Fokuspersonen und ihrer Feedbackgeber, das die gesamte Breite der applizierten Kompetenzskalen nutzt, wird sich positiv auf die Datengüte auswirken. In diesem Zusammenhang ist auch die Beschreibung eines organisationalen Kontextes erstrebenswert, in dem idiosynkratische Tendenzen bei der Eindrucksbildung einen vernachlässigenswert geringen Anteil ausmachen und das Verhalten der Fokusperson maximal valide erfasst wird.

Zunehmend wichtiger wird es schließlich sein, die Frage zu klären, unter welchen Bedingungen Kompetenzfeedbacks die anvisierte entwicklungsförderliche Wirkung tatsächlich entfalten (und unter welchen nicht). Auch hierbei wird der Einfluss situativer und kontextueller Bedingungen bedeutsam sein, etwa, in welcher Form die Organisation oder Personen in der unmittelbaren Umgebung (z. B. die Vorgesetzten) Unterstützung leisten können, welchen Beitrag Entwicklungsprogramme oder Fördermaßnahmen (Coachings, Trainings) konkret beisteuern und inwiefern eine Kompetenzentwicklung nachhaltig ist. Auf der Seite der feedbacknehmenden Fokuspersonen ist eine Analyse der personalen Voraussetzungen von Entwicklung bedeutsam, z. B. der Wollensfaktoren oder der Lerndisposition und -fähigkeit. Um diese Fragen zu klären, dürften verstärkt interdisziplinäre Bemühungen gleichermaßen notwendig wie erfolgversprechend sein.

Literatur

Alimo-Metcalfe, B. (1998). 360 degree feedback and leadership development. *International Journal of Selection & Assessment, 6,* 35–44.

Allport, G. W. (1954). *The nature of prejudice.* Reading, MA: Addison-Wesley.

Andresen, B. (1995). Risikobereitschaft (R) – der sechste Basisfaktor der Persönlichkeit: Konvergenz multivariater Studien und Konstruktexplikation. *Zeitschrift für Differentielle und Diagnostische Psychologie, 16,* 210–236.

Andresen, B. (2004). HPI – Hamburger Persönlichkeits-Inventar. In W. Sarges & H. Wottawa (Hrsg.), *Handbuch wirtschaftspsychologischer Testverfahren* (2. Aufl., S. 397–401). Lengerich: Pabst.

Antonioni, D. (1994). The effects of feedback accountability on upward-appraisal ratings. *Personnel Psychology, 47,* 349–356.

Antonioni, D. & Park, H. (2001). The relationship between rater affect and three sources of 360-degree feedback ratings. *Journal of Management, 27,* 479–495.

Antons, K. (1996). *Praxis der Gruppendynamik. Übungen und Techniken* (6. Aufl.). Göttingen: Hogrefe.

Argyris, C. & Schön, D. A. (1978). *Organizational learning: A theory of action perspective.* Reading, MA: Addison-Wesley.

Asendorpf, J. & Wallbott, H. G. (1979). Maße der Beobachterübereinstimmung: Ein systematischer Vergleich. *Zeitschrift für Sozialpsychologie, 10,* 243–252.

Ashford, S. J. (1989). Self-assessments in organizations: A literature review and integrative model. *Research in Organizational Behavior, 11,* 133–174.

Atkins, P. & Wood, R. E. (2002). Self versus others' ratings as predictors of assessment center ratings: Validation evidence for 360-feedback programs. *Personnel Psychology, 55,* 871–904.

Atwater, L. E., Brett, J. F. & Charles, A. C. (2007) Multisource feedback: Lessons learned and implications for practice. *Human Resource Management, 46,* 285–307.

Atwater, L. E., Ostroff, C., Yammarino, F. J. & Fleenor, J. W. (1998). Self-other agreement: does it really matter? *Personnel Psychology, 51,* 577–598.

Atwater, L. E., Waldman, D. A., Atwater, D. & Cartier, P. (2000). An upward feedback field experiment: Supervisors' cynicism, reactions, and commitment to subordinates. *Personnel Psychology, 53,* 275–97.

Atwater, L. E., Waldman, D., Ostroff, C., Robie, C. & Johnson, K. M. (2005). Self-other agreement: Comparing its relationship with performance in the U. S. and Europe. *International Journal of Selection and Assessment, 13,* 25–40.

Atwater, L. E., Wang, M., Smither, J. W. & Fleenor, J. W. (2009). Are cultural characteristics associated with a relationship between self and others' ratings of leadership? *Journal of Applied Psychology, 94,* 876–886.

Atwater, L. E. & Yammarino, F. J. (1992). Does self-other agreement on leadership perceptions moderate the validity of leadership and performance predictions? *Personnel Psychology, 45,* 141–164.

Atwater, L. E. & Yammarino, F. J. (1997). Self-other rating agreement: A review and model. In G. R. Ferris (Ed.), *Research in personnel and human resources management* (Vol. 15, pp. 121–174). Stanford, CT: JAI Press.

Balzer, W. K. (1986). Biases in the recording of performance-related information: The effects of initial impression and centrality of the appraisal task. *Organizational Behavior and Human Decision Processes, 37,* 329–347.

Bandura, A. (1982). Self-efficacy mechanism in human agency. *The American Psychologist, 37,* 122–147.

Bandura, A. (1997). *Self-efficacy: The exercise of control.* New York: Freeman.

Barnes-Farrell, J. L. (2001). Performance appraisal: Person perception processes and challenges. In M. London (Ed.), *How people evaluate others in organizations* (pp. 135–153). Mahwah, NJ: Erlbaum.

Barrett, G. V. & Depinet, R. L. (1991). A reconsideration of testing for competence rather than for intelligence. *American Psychologist, 46,* 1012–1024.

Barrick, M. R. & Mount, M. K. (1991). The big five personality dimensions and job performance: A meta-analysis. *Personnel Psychology, 44,* 1–26.

Bartram, D. (2004). Assessment in Organisations. *Applied Psychology: An International Review, 53,* 237–259.

Bartram, D., Robertson, I. T. & Callinan, M. (2002). Introduction: A framework for examining organisational effectiveness. In I. T. Robertson, M. Callinan & D. Bartram (Eds.), *Organisational effectiveness: The role of psychology* (pp. 1–12). Chichester, UK: Wiley.

Bass, B. M. (1985). *Leadership and performance beyond expectation.* New York: Free Press.

Bass, B. M. (1999). Two decades of research and development in transformational leadership. *European Journal of Work and Organizational Psychology, 8,* 9–32.

Bass, B. M. & Avolio, B. J. (1995). *MLQ Multifactor Leadership Questionnaire.* Redwood City, CA: Mind Garden.

Bass, B. M. & Yammarino, F. (1991). Congruence of self and others' leadership ratings of naval officers for understanding successful performance. *Applied Psychology: An International Review, 40,* 437–454.

Beehr, T. A., Ivanitskaya, L., Hansen, C. P., Erofeev, D. & Gudanowski, D. M. (2001). Evaluation of 360 degree feedback ratings: Relationships with each other and with performance and selection predictors. *Journal of Organizational Behavior, 22,* 775–788.

Bernardin, H. J., Cooke, D. K. & Villanova, P. (2000). Conscientiousness and agreeableness as predictors of rating leniency. *Journal of Applied Psychology, 85,* 232–236.

Bernadin, H. J. & Walter, C. S. (1977). Effects of rater training and diary keeping on psychometric error in ratings. *Journal of Applied Psychology, 62,* 64–69.

Blake, R. R. & Mouton, J. S. (1985). *The managerial grid III* (3rd ed.)*: The key to leadership excellence.* Houston, TX: Gulf Publishing.

Boerger, M. (1983). Mitarbeiterbeurteilungssysteme als Instrumente der Organisationsführung. In U. Spie (Hrsg.), *Personalwesen als Managementaufgabe* (S. 149–159). Stuttgart: Schäffer.

Bono, J. E. & Colbert, A. E. (2005). Understanding responses to multi-source feedback: The role of core self-evaluations. *Personnel Psychology, 58,* 171–203.

Borkenau, P. (2004). NEO-FFI – NEO-Fünf-Faktoren-Inventar. In W. Sarges & H. Wottawa (Hrsg.), *Handbuch wirtschaftspsychologischer Testverfahren* (2. Aufl., S. 569–573). Lengerich: Pabst.

Borkenau, P. & Ostendorf, F. (1993). *NEO-Fünf-Faktoren-Inventar (NEO-FFI) nach Costa und McCrae.* Göttingen: Hogrefe.

Borman, W. C. (1974). The rating of individuals in organizations: An alternative approach. *Organizational Behavior and Human Decision Processes, 12,* 105–124.

Borman, W. C. (1991). Job behavior, performance, and effectiveness. In M. D. Dunnette & L. M. Hough (Eds.), *Handbook of industrial and organizational psychology* (pp. 271–326). Palo Alto, CA: Consulting Psychologists Press.

Borman, W. C. (1997). 360° ratings: An analysis of assumptions and a research agenda for evaluating their validity. *Human Resource Management Review, 7,* 299–315.

Borman, W. C. & Motowidlo, S. J. (1993). Expanding the criterion domain to include elements of contextual performance. In N. Schmitt & W. Borman (Eds.), *Personnel selection in organizations* (pp. 71–98). New York: Jossey Bass.

Borman, W. C., Penner, L. A., Allen, T. D. & Motowidlo, S. J. (2001). Personality predictors of citizenship performance. *International Journal of Selection and Assessment, 9*, 52–69.

Bortz, J. (2005). *Statistik für Human- und Sozialwissenschaftler* (6., vollst. überarb. u. aktual. Aufl.). Heidelberg: Springer.

Bortz, J. & Döring, N. (2006). *Forschungsmethoden und Evaluation für Human- und Sozialwissenschaftler* (4., überarb. Aufl.). Heidelberg: Springer.

Boyatzis, R. E. (1982). *The competent manager*. New York: Wiley.

Boyatzis, R. E. (1994). Rendering unto competence the things that are competent. *American Psychologist, 49*, 65–66.

Bracken, D. W., Dalton, M. A., Jako, R. A., McCauley, C. D. & Pollman, V. A. (Eds.). (1997). *Should 360-degree feedback be used only for developmental purposes?* Greensboro, NC: Center for Creative Leadership.

Brandstätter, H. (1969). *Soziale Urteilsbildung in Organisationen*. Unveröff. Habilitationsschrift, Universität München.

Brandstätter, H. (1983). *Sozialpsychologie*. Stuttgart: Kohlhammer.

Brewer, G. (1994). Mind reading: What drives top salespeople to greatness. *Sales and Marketing Management* (May), 82–92.

Brinkmann, R. D. (1998). *Vorgesetzten-Feedback. Rückmeldung zum Führungsverhalten*. Heidelberg: Sauer.

Brown, S. P., Cron, W. L. & Slocum, J. W. (1998). Effects of trait competitiveness and perceived intraorganizational competition on salesperson goal setting and performance. *Journal of Marketing, 62* (4), 88–98.

Brutus, S., Fleenor, J. W. & London, M. (1998). Does 360-degree feedback work in different industries? A between-industry comparison of the reliability and validity of multi-source performance ratings. *Journal of Management Development, 17*, 177–190.

Budescu, D. V. (1980). Some new measures of profile dissimilarity. *Applied Psychological Measurement, 4*, 261–272.

Burke, C. S., Stagl, K. C., Klein, C., Goodwin, G. F., Salas, E. & Halpin, S. M. (2006). What type of leadership behaviors are functional in teams? A meta-analysis. *Leadership Quarterly, 17*, 288–307.

Campbell, D. P. (1991). *Manual for the Campbell Leadership Index*. Minneapolis, MN: National Computer Systems.

Campbell, D. (2001). Foreword. In D. W. Bracken, C. W. Timmreck & A. H. Church (Eds.), *The handbook of multisource feedback* (pp. XIII–XX). San Francisco, CA: Jossey-Bass.

Carless, S. A., Mann, L. & Wearing, A. J. (1998). Leadership, managerial performance and 360-degree feedback. *Applied Psychology: An International Review, 47*, 481–496.

Carver, C. S. (2004). Self-regulation of action and affect. In R. F. Baumeister & K. D. Vohs (Eds.), *Handbook of self-regulation: Research, theory, and applications* (pp. 13–39). New York: Guilford Press.

Carver, C. S. & Scheier, M. F. (1981). *Attention and self-regulation: A control theory approach to human behavior*. New York: Springer.

Carver, C. S. & Scheier, M. F. (1982). Control theory: A useful conceptual framework for personality-social, clinical, and health psychology. *Psychological Bulletin, 92*, 111–135.

Cattell, R. B. & Vogelmann, S. (1977). A comprehensive trial of the scree and KG criteria for determining the number of factors. *Multivariate Behavioral Research, 12*, 289–325.

Chowdhury, J. (1993). The motivational impact of sales quotas on effort. *Journal of Marketing Research, 30* (2), 28–41.

Cleveland, J. N., Murphy, K. R. & Williams, R. E. (1989). Multiple uses of performance appraisal: Prevalence and correlates. *Journal of Applied Psychology, 74*, 130–135.

Colvin, C.R., Block, J. & Funder, D.C. (1995). Overly positive self-evaluation and personality: Negative implications for mental health. *Journal of Personality and Social Psychology, 68,* 1152–1162.

Combs, A.W., Richards, A.C. & Richards, F. (1976). *Perceptual psychology: A humanistic approach to the study of persons.* New York: Harper & Row.

Conrad, P. & Sneikus, A. (2000). *Organizational citizenship behavior (OCB): Analyse und Diskussion eines mehrdimensionalen Konstrukts der verhaltenswissenschaftlichen Organisationstheorie.* Hamburg: Universität der Bundeswehr.

Conway, J.M. & Huffcutt, A.I. (1997). Psychometric properties of multisource performance ratings: A meta-analysis of subordinate, supervisor, peer, and self-ratings. *Human Performance, 10,* 331–360.

Cooke, R.A. (1997). *Leadership/Impact.* Plymouth, MI: Human Synergistics International.

Cooke, R.A. & Lafferty, J.C. (1987). *Life Styles Inventory.* Plymouth, MI: Human Synergistics International.

Cortina, J.M. (1993). What is coefficient alpha? An examination of theory and applications. *Journal of Applied Psychology, 78,* 98–104.

Craig-Cooper, M. & de Backer, P. (1993). *The management audit.* London: Pitman.

Cronbach, L.J. (1947). Test reliability: Its meaning and determination. *Psychometrika, 12,* 1–16.

Cronbach, L.J. (1951). Coefficient alpha and the internal structure of tests. *Psychometrika, 16,* 297–334.

Cronbach, L.J. & Gleser, G.C. (1953). Assessing similarity between profiles. *Psychological Bulletin, 50,* 456–473.

Cronbach, L.J., Gleser, G.C., Nanda, H. & Rajaratnam, N. (1972). *The dependability of behavioral measurements: Theory of generalizability for scores and profiles.* New York: Wiley.

Cureton, E.E. (1959). Note on j/j_{max}. *Psychometrika, 24,* 89–91.

Dalton, M., Lombardo, M., McCauley, C., Moxley, R. & Wachholz, J. (1997). *Benchmarks (Handanweisung).* Frankfurt: Swets.

DeNisi, A.S. & Peters, L.H. (1996). Organization of information in memory and the performance appraisal process: Evidence from the field. *Journal of Applied Psychology, 81,* 717–737.

DeVries, D.L., Morrison, A.M., Shullman, S.L. & Gerlach, M.L. (1986). *Performance appraisal on the line.* Greensboro, NC: Center for Creative Leadership.

Domsch, M.E. (1999). Vorgesetztenbeurteilung. In L. v. Rosenstiel, E. Regnet & M.E. Domsch (Hrsg.), *Führung von Mitarbeitern: Handbuch für erfolgreiches Personalmanagement* (S. 491–502). Stuttgart: Schäffer-Poeschel.

Domsch, M.E. & Gerpott, T.J. (1992). Personalbeurteilung. In E. Gaugler & W. Weber (Hrsg.), *Handwörterbuch des Personalwesens* (2. Aufl., S. 1631–1641). Stuttgart: Schäffer-Poeschel.

Domsch, M.E. & Ladwig, D. (1995). Die Durchführung einer Vorgesetztenbeurteilung in der Praxis. Zielbildungs- und Konzeptionsphase. In K. Hofmann, F. Köhler & V. Steinhoff (Hrsg.), *Vorgesetztenbeurteilung in der Praxis. Konzepte, Analysen, Erfahrungen* (S. 23–35). Weinheim: Beltz, Psychologie Verlags Union.

Druskat, V.U. & Wolff, S.B. (1999). Effects and timing of developmental peer appraisals in self-managing work groups. *Journal of Applied Psychology, 84,* 58–74.

Edwards, M.R. & Ewen, A.J. (2000). *360 Grad-Beurteilung.* München: Beck.

Engle, E.M. & Lord, R.G. (1997). Implicit theories, self-schemas, and leader-member-exchange. *Academy of Management Journal, 4,* 988–1010.

Erpenbeck, J. & Heyse, V. (1999). *Die Kompetenzbiographie. Strategien der Kompetenzentwicklung durch selbstorganisiertes Lernen und multimediale Kommunikation.* Münster: Waxmann.

Erpenbeck, J. & Rosenstiel, L.v. (2003). Einführung. In J. Erpenbeck & L. v. Rosenstiel (Hrsg.), *Handbuch Kompetenzmessung* (S. IX–XL). Stuttgart: Schäffer-Poeschel.

Facteau, C.L., Facteau, J.D., Schoel, L.C., Russell, J.E.A. & Poteet, M.L. (1998). Reactions of leaders to 360-degree feedback from subordinates and peers. *Leadership Quarterly, 9,* 427–448.

Farh, J.L. & Werbel, J.D. (1986). Effects of the purpose of the appraisal and expectation of validation on self-appraisal leniency. *Journal of Applied Psychology, 71,* 527–529.

Farr, J.L. & Newman, D.A. (2001). Rater selection: Sources of feedback. In D.W. Bracken, C.W. Timmreck & A.H. Church (Eds.), *The handbook of multisource feedback* (pp. 96–113). San Francisco, CA: Jossey-Bass.

Fecher, G. (1995). Vorgesetztenbeurteilung in Deutschland – Eine Bestandsaufnahme. In K. Hofmann, F. Koehler & V. Steinhoff (Hrsg.), *Vorgesetztenbeurteilung in der Praxis: Konzepte, Analysen, Erfahrungen* (S. 15–19). Weinheim: Psychologie Verlags Union.

Feger, H. (1983). Planung und Bewertung von wissenschaftlichen Beobachtungen. In H. Feger & J. Bredenkamp (Hrsg.), *Datenerhebung* (Enzyklopädie der Psychologie, Forschungsmethoden, Bd. BI/2, S. 1–75). Göttingen: Hogrefe.

Feldman, J.M. (1981). Beyond attribution theory: Cognitive processes in performance appraisal. *Journal of Applied Psychology, 66,* 127–148.

Felfe, J. (2005). *Charisma, transformationale Führung und Commitment.* Köln: Kölner Studien Verlag.

Felfe, J. (2006). Validierung einer deutschen Version des „Multifactor Leadership Questionnaire" (MLQ 5 X Short) von Bass und Avolio (1995). *Zeitschrift für Arbeits- und Organisationspsychologie, 50,* 61–78.

Felfe, J. & Goihl, K. (2002). Deutsche überarbeitete und ergänzte Version des Multifactor Leadership Questionnaire (MLQ). In A. Glöckner-Rist (Hrsg.), *ZUMA-Informationssystem. Elektronisches Handbuch sozialwissenschaftlicher Erhebungsinstrumente.* Mannheim: Zentrum für Umfragen, Methoden und Analysen.

Felson, R. (1985). Reflected appraisal and the development of self. *Social Psychology Quarterly, 48,* 71–78.

Fennekels, G.P. (2002). *Multidirektionales Feedback – 360° (MDF-360°).* Göttingen: Hogrefe.

Ferris, G., Yates, V., Gilmore, D. & Rowland, K. (1985). The influence of subordinate age on performance ratings and causal attributions. *Personnel Psychology, 38,* 545–557.

Fischer, G.H. (1974). *Einführung in die Theorie psychologischer Tests.* Bern: Huber.

Fiske, S.T. (1993). Social cognition and social perception. *Annual Review of Psychology, 44,* 155–194.

Fleenor, J.W., McCauley, C. & Brutus, S. (1996). Self-other rating agreement and leader effectiveness. *Leadership Quarterly, 7,* 487–506.

Fleenor, J.W., Smither, J.W., Atwater, L.E., Braddy, P.W. & Sturm, R.E. (2010). Self-other rating agreement in leadership: A review. *Leadership Quarterly, 21,* 1005–1034.

Fletcher, C. (1997). Self-awareness – a neglected attribute in selection and assessment? *International Journal of Selection & Assessment, 5,* 183–187.

Fletcher, C. & Bailey, C. (2003). Assessing self-awareness: some issues and methods. *Journal of Managerial Psychology, 18,* 395–404.

Frayne, C.A. & Geringer, J.M. (2000). Self-management training for improving job performance: A field experiment involving salespeople. *Journal of Applied Psychology, 85,* 361–372.

Funder, D.C. & Colvin, C.R. (1997). Congruence of others' and self-judgments of personality. In R. Hogan, J. Johnson & S. Briggs (Eds.), *Handbook of personality psychology* (pp. 617–647). San Diego, CA: Academic Press.

Furnham, A. & Stringfield, P. (1994). Congruence of self and subordinate ratings of managerial practices as a correlate of supervisor evaluation. *Journal of Occupational and Organizational Psychology, 67,* 57–67.

Furnham, A. & Stringfield, P. (1998). Congruence in job-performance ratings: A study of 360° feedback examining self, manager, peers, and consultant ratings. *Human Relations, 51,* 517–530.

Gentry, W.A., Hannum, K.M., Ekelund, B.Z. & de Jong, A. (2007). A study of the discrepancy between self- and observer-ratings on managerial derailment characteristics of European managers. *European Journal of Work and Organizational Psychology, 16,* 295–325.

Geyer, A. & Steyrer, J. (1998). Messung und Erfolgswirksamkeit transformationaler Führung. *Zeitschrift für Personalforschung, 12,* 377–401.

Glass, G.V., Peckham, P.D. & Sanders, J.R. (1972). Consequences of failure to meet assumptions underlying the fixed effects analysis of variance and covariance. *Review of Educational Research, 42,* 237–288.

Gleser, G.C., Cronbach, L.J. & Rajaratnam, N. (1965). Generalizability of scores influenced by multiple sources of variance. *Psychometrika, 30,* 395–418.

Gollwitzer, P.M. & Bargh, J.A. (1996). Sources and contents of action goals. In P.M. Gollwitzer & J.A. Bargh (Eds.), *The psychology of action: Linking motivation and cognition to behaviour* (pp. 1–6). New York: Guilford Publications.

Gough, H.G. (1987). *California Psychological Inventory Administrator's Guide.* Palo Alto, CA: Consulting Psychologists Press.

Greguras, G.J. & Robie, C. (1998). A new look at within-source interrater reliability of 360-degree feedback ratings. *Journal of Applied Psychology, 83,* 960–968.

Greguras, G.J., Robie, C., Schleicher, D.J. & Goff III, M. (2003). A field study of the effects of rating purpose on the quality of multisource ratings. *Personnel Psychology, 56,* 1–21.

Greve, W. & Wentura, D. (1997). *Wissenschaftliche Beobachtungen. Eine Einführung.* Weinheim: Psychologie Verlags Union.

Grice, J.W. (2001). A comparison of factor scores under conditions of factor obliquity. *Psychological Methods, 6,* 67–83.

Guest, C.W. & Blucher, S. (1998). *WorkStyles 6.0 Technical Report on Methods and Validity.* San Rafael, CA: Acumen International.

Guest, C.W. & Blucher, S. (1999). *Leadership Skills 6.0. Technical Report on Methods and Validity.* San Rafael, CA: Acumen International.

Hacker, W. (1986). *Arbeitspsychologie. Psychische Regulation von Arbeitstätigkeiten.* Bern: Huber.

Halpin, A.W. (1957). *Manual for the leader behavior description questionnaire.* Columbus: The Ohio State University, Bureau of Business Research.

Halpin, A.W. & Winer, J. (1957). A factorial study of the leader behavior description questionnaire. In R.M. Stogdill & A.E. Coons (Eds.), *Leader behavior: Its description and measurement* (pp. 39–51). Columbus, OH: Ohio State University.

Harman, H.H. (1976). *Modern factor analysis* (3rd ed. rev.). Chicago, IL: Chicago University Press.

Harris, M.M. & Schaubroeck, J. (1988). A meta-analysis of self-supervisor, self-peer, and peer-supervisor ratings. *Personnel Psychology, 41,* 43–62.

Harss, C. & Maier, K. (1999). *360°-Feedback: Die Expertenbefragung.* München: Twist Unternehmensberatung.

Hattie, J. (1985). Methodology review: Assessing unidimensionality of tests and items. *Applied Psychological Measurement, 9,* 139–164.

Hedge, J.W., Borman, W.C. & Birkeland, S.A. (2001). History and development of multisource feedback as a methodology. In D.W. Bracken, C.W. Timmreck & A.H. Church (Eds.), *The handbook of multisource feedback* (pp. 15–32). San Francisco, CA: Jossey-Bass.

Heidemeier, H. & Moser, K. (2009). Self-other agreement in job performance ratings: A metaanalytic test of a process model. *Journal of Applied Psychology, 94,* 353–370.

Hezlett, S.A., Ronnkvist, A.M., Holt, K.E. & Hazucha, J.F. (1996). *The PROFILOR technical summary.* Minneapolis, MN: Personnel Decisions International.

House, R.J., Hanges, P.W., Javidan, M., Dorfman, P. & Gupta, V. (Eds.). (2004). *Culture, leadership, and organizations: The GLOBE study of 62 societies*. Thousand Oaks, CA: SAGE.

Hu, L., Bentler, P.M. & Kano, Y. (1992). Can test statistics in covariance structure analysis be trusted? *Psychological Bulletin, 112,* 351–362.

Hunter, J.E. & Schmidt, F.L. (1990). *Methods of meta-analysis: Correcting error and bias in research findings*. Beverly Hills, CA: Sage.

Hunter, J.E., Schmidt, F.L. & Jackson, G.B. (1982). *Meta-analysis: Cumulating research findings across studies*. Beverly Hills, CA: Sage.

Hurtz, G.M. & Donovan, J.J. (2000). Personality and job performance: The Big Five revisited. *Journal of Applied Psychology, 85,* 869–879.

Ilgen, D.R. (1993). Performance appraisal accuracy: An illusive or sometimes misguided goal? In H. Schuler, J.L. Farr & M. Smith (Eds.), *Personnel selection and assessment* (pp. 235–252). New York: Erlbaum.

Ilgen, D.R., Barnes-Farrell, J.L. & McKellin, D.B. (1993). Performance appraisal process research in the 1980s: What has it contributed to appraisals in use? *Organizational Behavior and Human Decision Processes, 54,* 321–368.

Ilgen, D.R. & Feldman, J.M. (1983). Performance appraisal: A process approach. In B.M. Staw & L.L. Cummings (Eds.), *Research in organizational behavior* (Vol. 5, pp. 141–197). Greenwich, CT: JAI Press.

Imada, A.S. (1982). Social interaction, observation, and stereotypes as determinants of differentiation in peer ratings. *Organizational Behavior and Human performance, 29,* 397–415.

Isen, A.M., Shalker, T.E., Clark, M. & Karp, L. (1978). Affect, accessebility of material in memory, and behavior: A cognitive loop? *Journal of Personality and Social Psychology, 36,* 1–12.

James, L.R., Demaree, R.G. & Wolf, G. (1984). Estimating within-group interrater reliability with and without response bias. *Journal of Applied Psychology, 69,* 85–98.

Jansen, P. & Vloeberghs, D. (1999). Multi-rater feedback methods: personal and organizational implications. *Journal of Managerial Psychology, 14,* 455–476.

Jawahar, I.M. & Williams, C.R. (1997). Where all the children are above average: The performance appraisal purpose effect. *Personnel Psychology, 50,* 905–926.

Johnson, J.W. & Ferstl, K.L. (1999). The effects of interrater and self-other agreement on performance improvement following upward feedback. *Personnel Psychology, 52,* 271–303.

Judge, T.A. & Bono, J.E. (2000). Five-Factor model of personality and transformational leadership. *Journal of Applied Psychology, 85,* 751–765.

Judge, T.A. & Bono, J.E. (2001). Relationship of core self-evaluation traits – self-esteem, generalized self-efficacy, locus of control, and emotional stability – with job satisfaction and job performance: A meta-analysis. *Journal of Applied Psychology, 86,* 80–92.

Judge, T.A. & Ferris, G.R. (1993). Social context of performance evaluation decisions. *Academy of Management Journal, 36,* 80–105.

Jussim, L. (1991). Social perception and social reality: A reflection-construction model. *Psychological Review, 98,* 54–73.

Jussim, L., Soffin, S., Brown, R., Levy, J. & Kohlhepp, K. (1992). Understanding reactions to feedback by integrating ideas from symbolic interactionism and cognitive evaluation theory. *Journal of Personality and Social Psychology, 62,* 402–421.

Kanning, U.P., Hofer, S. & Schulze Willbrenning, B. (2004). *Professionelle Personenbeurteilung – Ein Trainingsmanual*. Göttingen: Hogrefe.

Kerr, S., Schriesheim, C.A., Murphy, C.J. & Stogdill, R.M. (1974). Toward a contingency theory of leadership based upon the consideration and initiating structure literature. *Organizational Behavior and Human Performance, 12,* 62–82.

Klimoski, R. J. & Donahue, L. M. (2001). Person perception in organizations: An overview of the field. In M. London (Ed.), *How people evaluate others in organizations* (pp. 5–43). Mahwah, NJ: Lawrence Erlbaum.

Klimoski, R. J. & Inks, L. (1990). Accountability forces in performance appraisal. *Organizational Behavior and Human Decision Processes, 45,* 194–208.

Klimoski, R. J. & London, M. (1974). Role of the rater in performance appraisal. *Journal of Applied Psychology, 59,* 445–451.

Kluger, A. N. & DeNisi, A. (1996). The effects of feedback interventions on performance: A historical review, a metaanalysis, and a preliminary feedback intervention theory. *Psychological Bulletin, 119,* 254–284.

Kluger, A. N., Lewinsohn, S. & Aiello, J. R. (1994). The influence of feedback on mood: Linear effects on pleasantness and curvilinear effects on arousal. *Organizational Behavior and Human Decision Processes, 60,* 276–299.

Kohn, A. (1992). *No contest: The case against competition.* Boston: Houghton Mifflin.

Korman, A. K. (1966). Consideration, initiating structure, and organizational criteria – a review. *Personnel Psychology, 19,* 349–361.

Kotter, J. P. (1988). *The leadership factor.* New York: Free Press.

Kotter, J. P. (1996). *Leading change.* Boston, MA: Harvard Business School Press.

Kozlowski, S., Chao, R. & Morrison, R. (1998). Games raters play: politics, strategies and impression management in performance appraisal, In J. W. Smither (Ed.), *Performance appraisal: State-of-the-art in practice* (pp. 163–205). San Francisco, CA: Jossey-Bass.

Krug, J. S. & Kuhl, U. (2005). Multi-Source-Feedback für Führungskräfte – ein Praxisbericht. In M. Scherm (Hrsg.), *360-Grad-Beurteilungen. Diagnose und Entwicklung von Führungskompetenzen* (S. 41–69). Göttingen: Hogrefe.

Kurz, R. & Bartram, D. (2001). *Competency and individual performance: Modelling the world of work. Internal SHL Memorandum.* Thames Ditton: SHL.

Lafferty, J. E., Webber, T. & Associates (1984). *Management Effectiveness Profile System – Leader's Guide.* Plymouth, MI: Human Synergistics.

Landy, F. J. & Farr, J. (1980). Performance rating. *Psychological Bulletin, 87,* 72–107.

Landy, F. J. & Farr, J. L. (Eds.). (1983). *The measurement of work performance.* Orlando, FL: Academic Press.

Lawler, E. E. (1967). The multitrait-multirater approach to measuring managerial job performance. *Journal of Applied Psychology, 51,* 369–381.

Lefkowitz, J. (2000). The role of interpersonal affective regard in supervisory performance ratings: A literature review and proposed causal model. *Journal of Occupational & Organizational Psychology, 73,* 67–85.

Lepsinger, R. & Lucia, A. D. (1997). *The art and science of 360° Feedback.* San Francisco, CA: Pfeiffer.

Leslie, J. B. & Fleenor, J. W. (1998). *Feedback to managers: A review and comparison of multirater instruments for management development* (3rd ed.). Greensboro, NC: Center for Creative Leadership.

Levy, P. E. & Williams, J. R. (2004). The social context of performance appraisal: A review and framework for the future. *Journal of Management, 30,* 881–905.

Lienert, G. A. & Raatz, U. (1998). *Testaufbau und Testanalyse* (6. Aufl.). Weinheim: Psychologie Verlags Union.

Likert, R. (1961). *New patterns of management.* New York: McGraw-Hill.

Locke, E. A. & Latham, G. P. (1990a). *A theory of goal setting and task performance.* Englewood Cliffs, NJ: Prentice-Hall.

Locke, E.A. & Latham, G.P. (1990b). Work motivation and satisfaction: Light at the end of the tunnel. *Psychological Science, 1,* 240–246.

Locke, E.A. & Latham, G.P. (2002). Building a particular useful theory of goal setting and task motivation: A 35-year odyssey. *American Psychologist, 57,* 705–717.

Locke, E.A. & Latham, G.P. (2004). What should we do about motivation theory? Six recommendations for the twenty-first century. *The Academy of Management Review, 29,* 388–403.

Lombardo, M.M. & Eichinger, R.W. (2001). High potentials as high learners. *Human Resource Management, 39,* 321–329.

Lombardo, M. & McCauley, C. (1995). *Benchmarks.* Greensboro, NC: Center for Creative Leadership.

Lombardo, M. & McCauley, C. (1996). *Benchmarks* (deutsche Version). Frankfurt: Swets.

London, M. (2001). The great debate: Should multisource feedback be used for administration or development only? In D.W. Bracken, C.W. Timmreck & A.H. Church (Eds.), *The handbook of multisource feedback* (pp. 368–385). San Francisco, CA: Jossey-Bass.

London, M. & Smither, J.W. (1995). Can multi-source feedback change perceptions of goal accomplishment, self-evaluations, and performance-related outcomes? Theory-based applications and directions for research. *Personnel Psychology, 48,* 803–839.

London, M., Smither, J.W. & Adsit, D.J. (1997). Accountability: the achilles' heel of multi-source feedback. *Group and Organization Management, 22,* 162–184.

London, M. & Wohlers, A.J. (1991). Agreement between subordinate and self-ratings in upward feedback. *Personnel Psychology, 44,* 375–390.

London, M., Wohlers, A.J. & Gallagher, P. (1990). 360 degree feedback surveys: A source of feedback to guide management development. *Journal of Management Development, 9,* 17–31.

Longenecker, C.O. & Gioia, D.A. (1992). The executive appraisal paradox. *The Executive, 6* (2), 18–28.

Longenecker, C.O. & Ludwig, D. (1990). Ethical Dilemmas in performance appraisal. *Journal of Business Ethics, 9,* 961–969.

Longenecker, C.O., Sims, H.P. & Gioia, D.A. (1987). Behind the mask: The politics of employee appraisal. *Academy of Management Executive, 1,* 183–193.

Lord, F.M. & Novick, M.R. (1968). *Statistical theories of mental test scores.* Reading, UK: Addison-Wesley.

Lüdi, M. & Wenger, F. (2005). Einführung eines 360°-Feedback-Systems beim Schweizerischen Bankverein. In M. Scherm (Hrsg.), *360-Grad-Beurteilungen. Diagnose und Entwicklung von Führungskompetenzen* (S. 285–298). Göttingen: Hogrefe.

Mabe, P.A. III & West, S.W. (1982). Validity of self-evaluation of ability: Review and meta-analysis. *Journal of Applied Psychology, 67,* 280–296.

Management Research Group (1998). *Leadership Effectiveness Analysis.* Portland, Maine: Management Research Group.

Manna, D.R. & Smith, A.D. (2004). *Marketing Intelligence & Planning, 22,* 66–83.

Manus (1995). *COMPASS.* Stamford, CT.

Marcus, B. & Schuler, H. (2001). Leistungsbeurteilung. In H. Schuler (Hrsg.), *Lehrbuch der Personalpsychologie* (S. 397–431). Göttingen: Hogrefe.

McCall, M.W. (1997). *High flyers. Developing the next generation of leaders.* Boston, MA: Harvard Business School Press.

McCall, M.W. & Lombardo, M.M. (1983). *Off the track: Why and how successful executives get derailed.* Greensboro, NC: Center for Creative Leadership.

McCauley, C. & Lombardo, M. (1990). BENCHMARKS®: An instrument for diagnosing managerial strengths and weaknesses. In K.E. Clark & M.B. Clark (Eds.), *Measures of leadership* (pp. 535–545). West Orange, NJ: Leadership Library of America.

McClelland, D. C. (1973). Testing for competence rather than for intelligence. *American Psychologist, 28,* 1–14.

McClelland, D. C. (1994). The knowledge-testing-educational complex strikes back. *American Psychologist, 49,* 66–69.

McClelland, G. H. & Judd, C. M. (1993). Statistical difficulties of detecting interactions and moderator effects. *Psychological Bulletin, 114,* 376–390.

McGraw, K. O. & Wong, S. P. (1996). Forming inferences about some intraclass correlation coefficients. *Psychological Methods, 1,* 30–46.

McGregor, D. (1960). *The Human Side of Enterprise.* New York: McGraw-Hill.

Mead, G. H. (1968). *Geist, Identität und Gesellschaft aus der Sicht des Sozialbehaviorismus.* Frankfurt a. M.: Suhrkamp.

Mero, N. P., Motowidlo, S. J. & Anna, A. L. (2003). Effects of accountability on rating behavior and rater accuracy. *Journal of Applied Social Psychology, 33,* 2493–2514.

Miller, G. A., Galanter, E. & Pribram, K. H. (1960). *Pläne und die Struktur des Verhaltens.* New York: Holt, Rinehart u. Winston.

Mintzberg, H. (1973). *The nature of managerial work.* New York: Harper & Row.

Mischel, W. (1977). The interaction of person and situation. In D. Magnusson & N. S. Endler (Eds.), *Personality at the crossroads: Current issues in interactional psychology* (pp. 333–352). Hillsdale, NJ: Erlbaum.

Moser, K. (1999). Selbstbeurteilung beruflicher Leistung. Überblick und offene Fragen. *Psychologische Rundschau, 50,* 14–25.

Moser, K. (2004). Selbstbeurteilung. In H. Schuler (Hrsg.), *Beurteilung und Förderung beruflicher Leistung* (S. 83–99). Göttingen: Hogrefe.

Moser, K., Donat, M., Schuler, H., Funke, U. & Roloff, K. (1994). Validität der Selbstbeurteilung beruflicher Leistung: Eine Untersuchung im Bereich industrieller Forschung und Entwicklung. *Zeitschrift für Experimentelle und Angewandte Psychologie, 41,* 473–499.

Moshavi, D., Brown, F. W. & Dodd, N. G. (2003). Leader self-awareness and its relationship to subordinate attitudes and performance. *Leadership and Organizational Development Journal, 24,* 407–418.

Motowidlo, S. J. & Van Scotter, J. R. (1994). Evidence that task performance should be distinguished from contextual performance. *Journal of Applied Psychology, 79,* 475–480.

Mount, M. K., Judge, T. A., Scullen, S. E., Sytsma, M. R. & Hezlett, S. A. (1998). Trait, rater and level effects in 360-degree performance ratings. *Personnel Psychology, 51,* 557–576.

Mount, M. K. & Scullen, S. E. (2001). Multisource feedback ratings: What do they really measure? In M. London (Ed.), *How people evaluate others in organizations* (pp. 155–176). Mahwah, NJ: Erlbaum.

Müller, G. F. (1999a). Organisationskultur, Organisationsklima und Befriedigungsquellen der Arbeit. *Zeitschrift für Arbeits- und Organisationspsychologie, 43,* 193–201.

Müller, G. F. (1999b). *Erweiterte Version des Landauer Inventars zur Diagnose des Organisationsklimas (LIDO). Forschungsdokumentation.* Koblenz-Landau: Universität.

Murphy, K. R. & Cleveland, J. N. (1995). *Understanding performance appraisal. Social, organizational and goal-based perspectives.* Thousand Oaks, CA: Sage.

Murphy, K. R. & DeShon, R. P. (2000). Interrater correlations do not estimate the reliability of job performance ratings. *Personnel Psychology, 53,* 873–900.

Myers, I. B., McCaulley, M. H., Quenk, N. L. & Hammer, A. L. (2003). *MBTI manual: a guide to the development and use of the Myers-Briggs Type Indicator.* Palo Alto, CA: Consulting Psychologists Press.

Nelson, T. D. (1993). The hierarchical organization of behavior: A useful feedback model of self-regulation. *Current Directions in Psychological Science, 2,* 121–126.

Nerdinger, F. W., Blickle, G. & Schaper, N. (2008). *Arbeits- und Organisationspsychologie.* Heidelberg: Springer.

Neuberger, O. (2000). *Das 360°-Feedback: Alle fragen? Alles sehen? Alles sagen?* München: Hampp.

Ng, K.-Y., Koh, C., Ang, S., Kennedy, J. C. & Chan, K.-Y. (2011). Rating leniency and halo in multisource feedback ratings: Testing cultural assumptions of power distance and individualism-collectivism. *Journal of Applied Psychology, 96,* 1033–1044.

Nunnally, J. C. (1978). *Psychometric theory* (2nd ed.). New York: McGraw-Hill.

Osgood, C. E. & Suci, G. J. (1952). A measure of relation determined by both mean difference and profile information. *Psychological Bulletin, 49,* 251–262.

Ostroff, C., Atwater, L. E. & Feinberg, B. J. (2004). Understanding self-other agreement: A look at rater and ratee characteristics, context, and outcomes. *Personnel Psychology, 57,* 333–375.

Parry, S. B. (1996). The quest for competencies. *Training, 33* (7), 48–56.

Powers, W. T. (1973). *Behavior: The control of perception.* Chicago, IL: Aldine.

Preacher, K. J. & MacCallum, R. C. (2003). Repairing Tom Swift's electric factor analysis machine. *Understanding Statistics, 2,* 13–43.

Pym, D. L. A. & Auld, H. D. (1965). The self-rating as a measure of employee satisfactoriness. *Occupational Psychology, 39,* 103–113.

Rieder, M.-C. (2004). *360-Grad-Feedback: Akzeptanzprobleme und Ergebnisverarbeitung in deutschen Unternehmen – eine empirische Analyse.* Unveröff. Diplomarbeit, Universität Konstanz.

Rogelberg, S. G. & Waclawski, J. (2001). Instrumentation design. In D. W. Bracken, C. W. Timmreck & A. H. Church (Eds.), *The handbook of multisource feedback* (pp. 79–95). San Francisco, CA: Jossey-Bass.

Rothstein, H. R. (1990). Interrater reliability of job performance ratings: Growth to asymptote level with increasing opportunity to observe. *Journal of Applied Psychology, 75,* 322–327.

Rubin, I. & Campbell, T. (1998). *The ABCs of effective feedback: A guide for caring professionals.* San Francisco, CA: Jossey-Bass.

Sala, F. (2003). Executive blind spots: Discrepancies between self- and others' ratings. *Consulting Psychology Journal: Practice and Research, 55,* 222–229.

Sala, F. & Dwight, S. A. (2002). Predicting executive performance with multi-rater surveys: Whom you ask makes a difference. *Consulting Psychology Journal: Practice and Research, 54,* 166–172.

Salgado, J. F. (1997). The Five Factor model of personality and job performance in the European community. *Journal of Applied Psychology, 82,* 30–43.

Sarges, W. (2000a). Diagnose von Managementpotential für eine sich immer schneller und unvorhersehbarer ändernde Wirtschaftswelt. In L. v. Rosenstiel & T. Lang-von Wins (Hrsg.), *Perspektiven der Potentialbeurteilung* (S. 107–128). Göttingen: Hogrefe.

Sarges, W. (2000b). Eignungsdiagnostische Überlegungen für den Managementbereich. In W. Sarges (Hrsg.), *Management-Diagnostik* (3. Aufl., S. 1–21). Göttingen: Hogrefe.

Sarges, W. (Hrsg.). (2000c). *Management-Diagnostik* (3. Aufl.). Göttingen: Hogrefe.

Sarges, W. (2001a). Die Assessment Center-Methode – Herkunft, Kritik und Weiterentwicklungen. In W. Sarges (Hrsg.), *Weiterentwicklungen der Assessment Center-Methode* (2., überarb. u. erw. Aufl., S. VII–XXXII). Göttingen: Hogrefe.

Sarges, W. (2001b). Competencies statt Anforderungen – nur alter Wein in neuen Schläuchen? In H.-C. Riekhof (Hrsg.), *Strategien der Personalentwicklung* (5., überarb. u. erw. Aufl., S. 285–300). Wiesbaden: Gabler.

Sarges, W. (2013). Lernpotenzial als Meta-Kompetenz. In W. Sarges (Hrsg.), *Management-Diagnostik* (4., vollst. überarb. u. erw. Aufl., S. 481–491). Göttingen: Hogrefe.

Sarges, W. & Wottawa, H. (2004). *Handbuch wirtschaftspsychologischer Testverfahren* (2., überarb. u. erw. Aufl.). Lengerich: Pabst.

Sbandi, P. (1970). „Feedback" im Sensitivity-Training. *Gruppenpsychotherapie und Gruppendynamik, 4* (1), 17–32.

Scheffer, D. (2004). OMT – Operanter Motiv-Test. In W. Sarges & H. Wottawa (Hrsg.), *Handbuch wirtschaftspsychologischer Testverfahren* (2. Aufl., S. 591–596). Lengerich: Pabst.

Scheffer, D. & Kuhl, J. (2006). *Erfolgreich motivieren. Mitarbeiterpersönlichkeit und Motivationstechniken.* Göttingen: Hogrefe.

Scheffer, D. & Scherm, M. (2009). *Construct validity of multisource feedbacks: The effect of goal setting.* Unpublished Manuscript, Helmut-Schmidt-Universität/Universität der Bundeswehr Hamburg.

Schenk, R. (2005). *Die Analyse von Beurteilerdaten: Der Beitrag der Generalizability Theory zur Erweiterung der klassischen Testtheorie.* Unveröff. Diplomarbeit, Helmut-Schmidt-Universität/Universität der Bundeswehr Hamburg.

Scherm, M. (1999). 360-Grad-Feedback: Das Multiratersystem „Benchmarks" von Lombardo und McCauley (1996). *Zeitschrift für Arbeits- und Organisationspsychologie, 43* (N. F. 17), 102–106.

Scherm, M. (2003). !Response 360°-Feedback. In L. v. Rosenstiel & J. Erpenbeck (Hrsg.), *Handbuch Kompetenzmessung* (S. 309–322). Stuttgart: Schäffer-Poeschel.

Scherm, M. (2004a). !Response 360°-Feedback. In W. Sarges & H. Wottawa (Hrsg.), *Handbuch wirtschaftspsychologischer Testverfahren* (2. Aufl., S. 683–689). Lengerich: Pabst.

Scherm, M. (2004b). 360°-Beurteilung. In H. Schuler (Hrsg.), *Beurteilung und Förderung beruflicher Leistung* (2., vollst. überarb. u. erw. Aufl., S. 61–81). Göttingen: Hogrefe.

Scherm, M. (2005). 360-Grad-Beurteilungen: Leistung einschätzen und Kompetenzen entwickeln. In M. Scherm (Hrsg.), *360-Grad-Beurteilungen. Diagnose und Entwicklung von Führungskompetenzen* (S. 3–19). Göttingen: Hogrefe.

Scherm, M. (2013). Fremdurteile. In W. Sarges (Hrsg.), *Management-Diagnostik* (4., vollst. überarb. u. erw. Aufl., S. 734–741). Göttingen: Hogrefe.

Scherm, M. & Sarges, W. (2002). *360°-Feedback.* Göttingen: Hogrefe.

Schmidt, F. L. & Hunter, J. E. (1996). Measurement error in psychological research: Lessons from 26 research scenarios. *Psychological Methods, 1,* 199–223.

Schmidt, F. L. & Hunter, J. E. (1999). Theory testing and measurement error. *Intelligence, 27,* 183–198.

Schmidt, F. L., Viswesvaran, C. & Ones, D. S. (2000). Reliability is not validity and validity is not reliability. *Personnel Psychology, 53,* 901–912.

Schmitt, N., Gooding, R. Z., Noe, R. A. & Kirsch, M. (1984). Metaanalyses of validity studies published between 1964 and 1982 and the investigation of study characteristics. *Personnel Psychology, 37,* 407–422.

Schneider, B., Hanges, P. J., Smith, D. B. & Salvaggio, A. N. (2003). Which comes first: Employee attitudes or organizational financial and market performance? *Journal of Applied Psychology, 88,* 836–851.

Schrader, B. W. & Steiner, D. D. (1996). Common comparison standards: An approach to improving agreement between self and supervisory performance. *Journal of Applied Psychology, 81,* 813–820.

Schriesheim, C. A. & Stogdill, R. M. (1975). Differences in factor structure across three versions of the Ohio state leadership scales. *Personnel Psychology, 28,* 189–206.

Schuler, H. (1989). Leistungsbeurteilung. In E. Roth (Hrsg.), *Organisationspsychologie* (S. 399–430). Göttingen: Hogrefe.

Schuler, H. (1996). *Psychologische Personalauswahl. Einführung in die berufliche Eignungsdiagnostik.* Göttingen: Hogrefe/Verlag für Angewandte Psychologie.

Schuler, H. (2000). Das Rätsel der Merkmals-Methoden-Effekte: Was ist „Potential" und wie lässt es sich messen? In L. v. Rosenstiel & T. Lang-von Wins (Hrsg.), *Perspektiven der Potentialbeurteilung* (S. 53–71). Göttingen: Hogrefe.

Schuler, H. (Hrsg.). (2001). *Lehrbuch der Personalpsychologie*. Göttingen: Hogrefe.

Schuler, H. (2004). Der Prozess der Leistungsbeurteilung und die Qualität von Beurteilungen. In H. Schuler (Hrsg.), *Beurteilung und Förderung beruflicher Leistung* (2., vollst. überarb. u. erw. Aufl., S. 33–60). Göttingen: Hogrefe.

Schuler, H., Muck, P. M., Hell, B., Höft, S., Becker, K. & Diemand, A. (2004). Entwicklung eines multimodalen Systems zur Beurteilung von Individualleistungen. In H. Schuler (Hrsg.), *Beurteilung und Förderung beruflicher Leistung* (2. Aufl., S. 133–158). Göttingen: Hogrefe.

Scullen, S. E., Mount, M. K. & Goff, M. (2000). Understanding the latent structure of job performance ratings. *Journal of Applied Psychology, 85,* 956–970.

Scullen, S. E., Mount, M. K. & Judge, T. A. (2003). Evidence of the construct validity of developmental ratings of managerial performance. *Journal of Applied Psychology, 88,* 50–66.

Sevy, B. A., Olson, R. D., McGuire, D. P., Frazier, M. E. & Paajanen, G. (1985). *Management skills profile technical manual*. Minneapolis, MN: Personnel Decisions.

Shippmann, J. S., Ash, R. A., Battista, M., Carr, L., Eyde, L. D., Hesketh, B., Kehoe, J., Pearlman, K., Prien, E. P. & Sanchez, J. I. (2000). The practice of competency modeling. *Personnel Psychology, 53,* 703–740.

Shore, T. H. & Tashchian, A. (2002). Accountability forces in performance appraisal: Effects of self-appraisal information, normative information, and task performance. *Journal of Business and Psychology, 17,* 261–270.

Shrauger, J. S. & Schoenemann, T. J. (1979). Symbolic interactionist view of self-concept: Through the looking glass darkly. *Psychological Bulletin, 86,* 549–573.

Shrout, P. E. & Fleiss, J. L. (1979). Intraclass correlations: Uses in assessing rater reliability. *Psychological Bulletin, 86,* 420–428.

Simon, P. & Kreuzpointner, L. (2008). Die Verwässerung des Reliabilitätskonzepts der klassischen Testtheorie im Falle von Ratingskalen. In W. Sarges & D. Scheffer (Hrsg.), *Innovative Ansätze für die Eignungsdiagnostik* (S. 321–331). Göttingen: Hogrefe.

Sinclair, R. C. (1988). Mood, categorization, breadth, and performance appraisal: The effects of order of information acquisition and affective state on halo, accuracy, information retrieval, and evaluations. *Organizational Behavior and Human Decision Processes, 42,* 22–46.

Smither, J. W., London, M., Flautt, R., Vargas, Y. & Kucine, I. (2003). Can working with an executive coach improve multisource feedback ratings over time? A quasi-experimental field study. *Personnel Psychology, 56,* 23–44.

Spencer, L. M. & Spencer, S. M. (1993). *Competence at work*. New York: Wiley.

Spreitzer, G. M., McCall, M. W. & Mahoney, J. D. (1997). Early identification of international executive potential. *Journal of Applied Psychology, 82,* 6–29.

Sprenger, R. K. (2005). Umzingelt! In M. Scherm (Hrsg.), *360-Grad-Beurteilungen. Diagnose und Entwicklung von Führungskompetenzen* (S. 361–367). Göttingen: Hogrefe.

Staehle, W. (1999). *Management* (8. Aufl., überarb. v. P. Conrad und J. Sydow). München: Vahlen.

Staufenbiel, T. (2000). *Organizational citizenship behavior.* Unveröff. Habilitationsschrift, Universität Marburg.

Steel, R. P. & Ovalle, N. K. (1984). Self-appraisal based upon supervisory feedback. *Personnel Psychology, 37,* 667–685.

Struthers, C. W., Weiner, B. & Allred, K. (1998). Effects of causal attributions on personnel decisions: a social motivation perspective. *Basic and Applied Social Psychology, 20,* 155–166.

Swann, W. B. (1984). Quest for accuracy in person perception: A matter of pragmatics. *Psychological Review, 91,* 457–477.

Tabachnick, B. G. & Fidell, L. S. (2007). *Using multivariate statistics* (5th ed.). Boston, MA: Pearson.

Taylor, S. E. & Brown, J. D. (1988). Illusion and well-being – a social psychological perspective on mental-health. *Psychological Bulletin, 103,* 193–210.

Taylor, S. N. & Bright, D. S. (2011). Open-mindedness and defensiveness in multisource feedback processes: A conceptual framework. *Journal of Applied Behavioral Science, 47,* 432–460.

Tesser, A. & Campbell, J. (1982). Self-evaluation maintenance and the perception of friends and strangers. *Journal of Personality, 59,* 262–279.

Tetlock, P. E. (1992). The impact of accountability on judgment and choice: Toward a social contingency model. *Advances in Experimental Social Psychology, 25,* 331–376.

Tett, R. P., Jackson, D. N. & Rothstein, M. (1991). Personality measures as predictors of job performance: A meta-analytic review. *Personnel Psychology, 44,* 703–742.

Thornton, G. C., III (1980). Psychometric properties of self-appraisals of job performance. *Personnel Psychology, 33,* 263–271.

Thornton, G. C., III, Hollenbeck, G. P. & Johnson, S. K. (2010). Selecting leaders: Executives and high potentials. In J. L. Farr & N. T. Tippins (Eds.), *Handbook of employee selection* (2nd ed., pp. 823–840). New York: Routledge.

Toegel, G. & Conger, J. A. (2003). 360-degree assessment: Time for reinvention. *Academy of Management Learning and Education, 2,* 297–311.

Tscheulin, D. (1973). Leader behavior measurement in German industry. *Journal of Applied Psychology, 57,* 28–31.

Van Hooft, E. A., van der Flier, H. & Minne, M. R. (2006). Construct validity of multi-source performance ratings: An examination of the relationship of self-, supervisor-, and peer-ratings with cognitive and personality measures. *International Journal of Selection and Assessment, 14,* 67–81.

Van Scotter, J. R. & Motowidlo, S. J. (1996). Interpersonal facilitation and job dedication as separate facets of contextual performance. *Journal of Applied Psychology, 81,* 525–531.

Van Velsor, E. (1998). Designing 360-degree feedback to enhance involvement, self-determination, and commitment. In W. Tornow & M. London (Eds.), *Maximizing the value of 360-degree feedback* (pp. 149–195). Greensboro, NC: Center for Creative Leadership.

Vecchio, R. P. & Anderson, R. J. (2009). Agreement in self-other ratings of leader effectiveness: The role of demographics and personality. *International Journal of Selection and Assessment, 17,* 165–179.

Villanova, P., Bernardin, H. J., Dahmus, S. & Sims, R. (1993). Rater leniency and performance appraisal discomfort. *Educational and Psychological Measurement, 53,* 789–799.

Viswesvaran, C., Ones, D. S. & Schmidt, F. L. (1996). Comparative analysis of the reliability of job performance ratings. *Journal of Applied Psychology, 81,* 557–560.

Viswesvaran, C., Schmidt, F. L. & Ones, D. S. (2002). The moderating influence of job performance dimensions on convergence of supervisory and peer ratings of job performance: Unconfounding construct-level convergence and rating difficulty. *Journal of Applied Psychology, 87,* 345–354.

von Rosenstiel, L. (1999). Grundlagen der Führung. In L. v. Rosenstiel, E. Regnet & M. Domsch (Hrsg.), *Führung von Mitarbeitern, Handbuch für erfolgreiches Personalmanagement* (S. 3–24). Stuttgart: Schäffer-Poeschel.

Walker, A. G., Smither, J. W., Atwater, L. E., Dominick, P. G., Brett, J. F. & Reilly, R. R. (2010). Personality and multisource feedback improvement: A longitudinal investigation. *Journal of Behavioral and Applied Management, 11,* 175–204.

Walsh, I. (Hrsg.). (1996). *Management Audit: Anforderungen und Profile im Zeitalter der schlanken Führung.* Göttingen: Verlag für Angewandte Psychologie.

Warr, P. (1987). *The meaning of working.* London: Harcourt, Brace Jovanovich.

Warr, P., Bartram, D. & Martin, T. (2005). Personality and sales performance: Situational variation and interactions between traits. *International Journal of Selection and Assessment, 13,* 87–91.

Watzlawick, P., Beavin, J. H. & Jackson, D. D. (2003). *Menschliche Kommunikation: Formen, Störungen, Paradoxien* (10., unveränd. Aufl.). Bern: Huber.

Wegge, J. & v. Rosenstiel, L. (2004). Führung. In H. Schuler (Hrsg.), *Organisationspsychologie* (3., vollst. überarb. u. erg. Aufl., S. 475–512). Bern: Huber.

Weidenbach, N. & Fennekels, G. P. (2005). 360-Grad-Feedback bei der Agfa-Gevaert AG. In M. Scherm (Hrsg.), *360-Grad-Beurteilungen. Diagnose und Entwicklung von Führungskompetenzen* (S. 247–262). Göttingen: Hogrefe.

Weinert, A. B. (2004). *Organisations- und Personalpsychologie* (5., vollst. überarb. Aufl.). Weinheim: Psychologie Verlags Union.

Weinert, F. E. (2001). Concept of competence: A conceptual clarification. In D. Rychen & L. Salganik (Eds.), *Defining and selecting key competencies* (pp. 45–65). Göttingen: Hogrefe.

Wherry, R. J. & Bartlett, C. J. (1982). The control of bias in ratings: A theory of rating. *Personnel Psychology, 35,* 521–555.

Wiener, N. (1948). *Cybernetics, or control and communication in the animal and the machine.* Cambridge, MA: The Technology Press.

Williams, J. R. & Levy, P. E. (1992). The effects of perceived system knowledge on the agreement between self-ratings and supervisor ratings. *Personnel Psychology, 45,* 835–847.

Wilson, C. L., Wilson, J. L. & Wilson, K. B. (1996). *Meaningful Measures: Manual for the Clark Wilson Group feedback instruments.* Silver Spring, MD: Clark Wilson Group, Inc.

Wirtz, M. & Caspar, F. (2002). *Beurteilerübereinstimmung und Beurteilerreliabilität.* Göttingen: Hogrefe.

Witt, L. A., Burke, L. A., Barrick, M. A. & Mount, M. K. (2002). The interactive effects of conscientiousness and agreeableness on job performance. *Journal of Applied Psychology, 87,* 164–169.

Wohlers, W. & London, M. (1989). Ratings of managerial characteristics: evaluation difficulty, co-worker agreement and self awareness. *Personnel Psychology, 42,* 235–261.

Yammarino, F. J. & Atwater, L. E. (1993). Understanding self-perception accuracy: implications for human resource management. *Human Resource Management, 32,* 231–247.

Yammarino, F. J. & Atwater, L. E. (2001). Understanding agreement in multisource feedback. In D. W. Bracken, C. W. Timmreck & A. H. Church (Eds.), *The handbook of multisource feedback* (pp. 204–220). San Francisco, CA: Jossey-Bass.

Zajonc, R. B. (1980). Feeling and thinking: Preferences need no inferences. *American Psychologist, 35,* 151–175.

Zwick, W. R. & Velicer, W. F. (1986). Comparison of five rules for determining the number of components to retain. *Psychological Bulletin, 99,* 432–442.

Abkürzungsverzeichnis

FFM: Fünf-Faktoren-Modell

FG: Feedbackgeber

ICC: Intraklassen-Korrelation

IRR: Interrater-Reliabilität

LVB: Leistungs- und Verhaltensbeurteilung

MKF: multiperspektivisches Kompetenzfeedback

MSF: Multisource Feedback

Anhang

Anhang 1: Kurzbeschreibung der !Response-Skalen

Anhang 2: Deskriptive Statistiken für !Response- und Benchmarks-Stichproben „Führungskräfte Wirtschaft" (nur Fokuspersonen mit vollständigem Kompetenzfeedback, d. h. Selbst-, Vorgesetzten-, Kollegen- und Mitarbeiterurteil)

Anhang 3: Ergebnisse zu Persönlichkeitsunterschieden der Selbst-Fremd-Klassifikation: Stichprobe „Führungskräfte Wirtschaft" – Kategorisierung auf der Basis der Selbst-Vorgesetzten Differenzen zur Ergebniskompetenz

Anhang 4: Ergebnisse zu Persönlichkeitsunterschieden der Selbst-Fremd-Klassifikation: Stichprobe „Führungskräfte Wirtschaft" – Kategorisierung auf der Basis der Selbst-Vorgesetzten-Differenzen zur Kooperationskompetenz

Anhang 5: Ergebnisse zu Persönlichkeitsunterschieden der Selbst-Fremd-Klassifikation: Stichprobe „Führungskräfte Wirtschaft" – Kategorisierung auf der Basis der Selbst-Mitarbeiter-Differenzen zur Ergebniskompetenz

Anhang 6: Ergebnisse zu Persönlichkeitsunterschieden der Selbst-Fremd-Klassifikation: Stichprobe „Führungskräfte Wirtschaft" – Kategorisierung auf der Basis der Selbst-Mitarbeiter-Differenzen zur Kooperationskompetenz

Anhang 7: Ergebnisse zu Persönlichkeitsunterschieden der Selbst-Fremd-Klassifikation: Stichprobe „Vertriebskräfte" – Kategorisierung auf der Basis der Selbst-Vorgesetzten-Differenzen zur Ergebniskompetenz

Anhang 8: Ergebnisse zu Persönlichkeitsunterschieden der Selbst-Fremd-Klassifikation: Stichprobe „Vertriebskräfte" – Kategorisierung auf der Basis der Selbst-Vorgesetzten-Differenzen zur Kooperationskompetenz

Anhang 9: Ergebnisse zu Persönlichkeitsunterschieden der Selbst-Fremd-Klassifikation: Stichprobe „Vertriebskräfte" – Kategorisierung auf der Basis der Selbst-Mitarbeiter-Differenzen zur Ergebniskompetenz

Anhang 10: Ergebnisse zu Persönlichkeitsunterschieden der Selbst-Fremd-Klassifikation: Stichprobe „Vertriebskräfte" – Kategorisierung auf der Basis der Selbst-Mitarbeiter-Differenzen zur Kooperationskompetenz

Anhang 1: Kurzbeschreibung der !Response-Skalen

Motivational-emotionale Kompetenzen

Leistungsehrgeiz

Ehrgeizige Personen streben danach, Spitzenleistungen zu erzielen und sich ständig zu verbessern. Sie haben Spaß am Wettbewerb, setzen sich anspruchsvolle Ziele und erleben es als besondere Anerkennung, wenn ihre Arbeit für andere einen echten Nutzen darstellt.

Entschlusskraft

Entschlusskräftige Personen sind tendenziell bestrebt, rasch zu handeln, anstatt über mögliche Aktionen lediglich ausgiebig zu reflektieren. Über verschiedene Managementsituationen hinweg streben sie zügige und annähernd richtige Lösungen an (und weniger solche, die sehr zeitintensiv und hoch akkurat sind).

Umgang mit Misserfolg

Personen mit dieser Kompetenz gehen konstruktiv mit Rückschlägen um und begreifen Fehler als Lernchancen. Sie sind beharrlich im Verfolgen ihrer Ziele und geben nur selten auf. Überdies können sie sich in kritischen Zeiten immer wieder selbst motivieren.

Freundlichkeit und Empathie

Personen, die als ausgesprochen freundlich und empathisch beschrieben werden, zeigen sich im Kontakt mit anderen offen und umgänglich. Sie respektieren die Wünsche und Bedürfnisse anderer und können sich gut in deren Lage versetzen. Nicht selten ist bei ihnen der Wunsch nach möglichst positiven Beziehungen stärker ausgeprägt als das Streben nach Einfluss.

Selbstmanagement

Menschen mit effektivem Selbstmanagement teilen sich ihre Zeit und Kräfte gut ein. Sie handeln zumeist im Wissen um die eigenen Stärken und Schwächen und fühlen sich selbstverantwortlich für das Erreichen ihrer Karriereziele.

Kognitive Kompetenzen

Lernfähigkeit

Lernfähige Menschen zeichnen sich dadurch aus, dass sie sich schnell neues Wissen aneignen können, bei komplexen Sachverhalten die zugrunde liegenden Strukturen und Probleme erkennen sowie aus Fehlern lernen.

Konzeptionelles Denken

Menschen mit dieser Fähigkeit sind gut darin, zukunftsbezogene und innovative Überlegungen anzustellen. Sie gelten häufig als Visionäre, befassen sich gern mit strategischen Planungen und können Zusammenhänge angemessen vereinfachen. Zudem erkennen sie früher als andere die Bedeutung von Entwicklungen für das Geschäft.

Führungs- und Sozialkompetenzen

Führen

Personen mit diesen Fähigkeiten können andere positiv für sich einnehmen und effektiv beeinflussen. An die eigenen Fähigkeiten und Ziele glaubend, verfolgen sie die für sie wichtigen Vorhaben mit großer Energie und Ausdauer. Wenn in der Organisation wichtige Entscheidungen getroffen werden, verschaffen sie sich Gehör für ihre Vorstellungen.

Effektive Steuerung

Personen mit Steuerungskompetenz können schnell die Faktoren erkennen, die für den Erfolg eines Arbeitsbereiches oder Projektes wichtig sind, und handeln entsprechend. Sie nutzen geschickt die ihnen zur Verfügung stehenden Ressourcen und sind in der Lage, bestehende Strukturen erfolgreich an veränderte Umgebungsbedingungen anzupassen.

Kooperation

Kooperative Personen sind sowohl im eigenen Unternehmen als auch Kunden gegenüber um Beziehungen bemüht, von denen alle Seiten profitieren. Sie sind anerkannte und effektive „Teamplayer", arbeiten ergebnisorientiert und pflegen einen offenen Wissens- oder Erfahrungsaustausch.

Konfliktmanagement

Personen mit entsprechenden Kompetenzen treten in Auseinandersetzungen für den Ausgleich von Positionen und Interessen ein. Sie gehen auf andere zu und beziehen auch unter Druck einen eigenen Standpunkt. Geschickt und ausdauernd in der Verhandlungsführung, zeigen sie ein Gespür für tragfähige Kompromisse.

Motivieren und Empowern

Personen mit der genannten Fähigkeit spornen andere zu hervorragenden Leistungen an und stärken ihnen den Rücken. Sie loben besonderes Engagement und delegieren Aufgaben und Verantwortung in angemessener Weise. An der Entwicklung ihrer Mitarbeiter in besonderer Weise interessiert, versorgen sie diese mit entsprechenden Herausforderungen und Anstößen.

Rekrutieren

Personen mit Rekrutierungskompetenzen suchen sich gezielt leistungsstarke Mitarbeiter/-innen und übertragen ihnen anspruchsvolle Aufgaben. Sie sind bereit, Verantwortung zu delegieren und gute Leistungen mit der entsprechenden Anerkennung zu versehen. Oft zeigen sie eine gute Hand dabei, leistungsstarke Teams zu formen, und kümmern sich rechtzeitig darum, im eigenen Bereich Nachwuchskräfte aufzubauen.

Anhang 2: Deskriptive Statistiken für !Response- und Benchmarks-Stichproben „Führungskräfte Wirtschaft" (nur Fokuspersonen mit vollständigem Kompetenzfeedback, d. h. Selbst-, Vorgesetzten-, Kollegen- und Mitarbeiterurteil)

Tabelle 2a: Stichprobe mit !Response

Perspektive		Freund-lichkeit	Ent-schluss-kraft	Koope-ration	Umgang mit Miss-erfolg	Konzep-tionelles Denken	Effektive Steue-rung	Selbst-manage-ment	Führen	Lern-fähigkeit	Moti-vieren	Lei-stungs-ehrgeiz
Selbst	Mittelwert	4,0594	3,9799	4,1787	4,1917	3,8702	3,8851	4,1490	3,9374	4,1024	4,0268	3,9597
	Standardabw.	,51218	,53928	,44240	,41270	,51097	,49948	,37579	,42187	,45755	,46872	,57545
Vorgesetzte	Mittelwert	3,9673	3,9901	4,2444	4,0916	3,7622	3,8764	4,1584	3,8952	3,9206	3,8971	3,9344
	Standardabw.	,52675	,53998	,31946	,42866	,58007	,53036	,40012	,49377	,50600	,41155	,52099
Kollegen	Mittelwert	3,8868	3,8473	4,0331	3,9786	3,8108	3,8071	4,0161	3,7792	3,8947	3,7001	3,7355
	Standardabw.	,42749	,45995	,33450	,36739	,37728	,38610	,34150	,44261	,36778	,43404	,37634
Mitarbeiter	Mittelwert	3,9918	3,8228	4,0172	4,0242	3,8877	3,8807	4,0410	3,8030	3,8818	3,7605	3,7640
	Standardabw.	,47760	,49952	,40477	,34008	,42296	,45359	,36135	,46552	,33936	,44256	,41154
Insgesamt	Mittelwert	3,9763	3,9100	4,1184	4,0715	3,8327	3,8623	4,0911	3,8537	3,9499	3,8461	3,8484
	Standardabw.	,48869	,51348	,38866	,39488	,47917	,46897	,37363	,45879	,43003	,45518	,48556

Anmerkungen: Selbsturteile $n=67$; je Fokusperson $n \geq 1$ Vorgesetztenurteile; $n \geq 3$ Kollegenurteile; $n \geq 3$ Mitarbeiterurteile.

Tabelle 2b: Stichprobe mit *Benchmarks*

Perspektive		Verfügung über Ressourcen	das Erforderliche tun	Lernfähigkeit	Entschlossenheit	Führung u. Kommunik.	Schaffen eines Entwicklungsklimas	Konfrontation mit Problemen	Teamorientierung
Selbst	Mittelwert	3,7584	3,7289	3,9555	3,8475	3,8946	3,8758	3,6102	3,9456
	Standardabw.	,29737	,32176	,44413	,50323	,34176	,41760	,43973	,51812
Vorgesetzte	Mittelwert	3,7854	3,7476	4,0523	3,7316	3,7897	3,9041	3,5883	3,8292
	Standardabw.	,40710	,39711	,50848	,56305	,40742	,44348	,53734	,51888
Kollegen	Mittelwert	3,7121	3,7245	3,9350	3,6840	3,6909	3,7358	3,5132	3,7158
	Standardabw.	,26066	,32121	,36777	,39913	,32704	,39603	,41020	,39364
Mitarbeiter	Mittelwert	3,7549	3,7151	3,9617	3,7058	3,7729	3,7285	3,5866	3,8683
	Standardabw.	,27008	,33404	,37920	,41317	,34858	,42998	,43102	,38000
Insgesamt	Mittelwert	3,7527	3,7290	3,9761	3,7422	3,7870	3,8111	3,5746	3,8397
	Standardabw.	,31436	,34406	,42963	,47710	,36369	,42826	,45703	,46348

Perspektive		Entscheidung für begabte Mitarbeiter	Aufbau und Nutzen von Beziehungen	Überzeugungskraft und Sensibilität	Geradlinigkeit und Offenheit	Gleichgewicht von Privatleben und Arbeit	Selbsterkenntnis	angenehmes Arbeitsklima	Flexibilität im Handeln
Selbst	Mittelwert	3,9633	3,7792	3,8616	4,0480	3,5339	3,8538	3,7881	3,8551
	Standardabw.	,42205	,30755	,46202	,41120	,53200	,42154	,51952	,35724
Vorgesetzte	Mittelwert	3,8611	3,7933	3,8294	4,0870	3,5985	3,7542	3,9534	3,7667
	Standardabw.	,50204	,43330	,46671	,51145	,52300	,49817	,56777	,47356
Kollegen	Mittelwert	3,7362	3,6529	3,6609	3,8682	3,4582	3,5790	3,8525	3,6755
	Standardabw.	,38929	,35066	,39766	,31271	,45610	,39734	,51595	,38125
Mitarbeiter	Mittelwert	3,7986	3,7406	3,6493	3,9355	3,4850	3,5984	3,8578	3,7234
	Standardabw.	,38661	,32772	,43573	,40767	,50839	,44202	,46433	,40496
Insgesamt	Mittelwert	3,8398	3,7415	3,7501	3,9847	3,5189	3,6964	3,8630	3,7552
	Standardabw.	,43422	,36104	,45029	,42448	,50694	,45436	,51990	,41065

Anmerkungen: Selbsturteile: $n = 118$; Vorgesetztenurteile: $n = 152$; Kollegenurteile: $n = 398$; Mitarbeiterurteile: $n = 439$.

Anhang 3: Ergebnisse zu Persönlichkeitsunterschieden der Selbst-Fremd-Klassifikation: Stichprobe „Führungskräfte Wirtschaft" – Kategorisierung auf der Basis der *Selbst-Vorgesetzten*-Differenzen zur *Ergebniskompetenz* (AG_ER_SV)

Deskriptive Statistiken				
	AG_ER_SV	**Mittelwert**	**Standard-abweichung**	**N**
NEO_Neurotizismus	1,00	1,1389	,35600	9
	2,00	1,0530	,68239	11
	3,00	,8917	,56934	10
	4,00	1,0926	,63389	9
	Gesamt	1,0406	,56515	39
NEO_Extraversion	1,00	2,5463	,30650	9
	2,00	2,5282	,36053	11
	3,00	2,7917	,34971	10
	4,00	2,6574	,37833	9
	Gesamt	2,6298	,35326	39
NEO_Offenheit	1,00	2,3981	,32483	9
	2,00	2,7059	,33995	11
	3,00	2,4000	,70798	10
	4,00	2,3426	,73886	9
	Gesamt	2,4726	,55563	39
NEO_Verträglichkeit	1,00	2,7870	,20031	9
	2,00	2,4752	,54292	11
	3,00	2,6917	,45142	10
	4,00	2,6389	,45644	9
	Gesamt	2,6404	,43798	39
NEO_Gewissenhaftigkeit	1,00	2,8241	,35464	9
	2,00	2,8085	,43353	11
	3,00	3,2417	,19023	10
	4,00	3,0093	,58991	9
	Gesamt	2,9695	,43606	39
Selbstwirksamkeit	1,00	2,7333	,15000	9
	2,00	2,9545	,22074	11
	3,00	3,2500	,29533	10
	4,00	2,9889	,40449	9
	Gesamt	2,9872	,32621	39
Risikobereitschaft	1,00	1,9907	,38062	9
	2,00	2,3247	,27833	11
	3,00	2,4417	,55840	10
	4,00	2,5372	,61775	9
	Gesamt	2,3267	,49576	39

Multivariate Tests (d)						
Effekt		**Wert**	**F**	**Hypo-these df**	**Fehler df**	**Sign.**	**Partiel-les Eta-Quadrat**
Konstanter Term	Pillai-Spur	,997	1618,267(b)	7,000	29,000	,000	,997
	Wilks-Lambda	,003	1618,267(b)	7,000	29,000	,000	,997
	Hotelling-Spur	390,616	1618,267(b)	7,000	29,000	,000	,997
	Größte charakte-ristische Wurzel nach Roy	390,616	1618,267(b)	7,000	29,000	,000	,997
AG_ER_SV	Pillai-Spur	,728	1,418	21,000	93,000	,130	,243
	Wilks-Lambda	,406	1,473	21,000	83,822	,110	,260
	Hotelling-Spur	1,154	1,521	21,000	83,000	,093	,278
	Größte charakte-ristische Wurzel nach Roy	,833	3,690(c)	7,000	31,000	,005	,455

Anmerkungen: a) Unter Verwendung von $\alpha = ,05$ berechnet; b) Exakte Statistik; c) Die Statistik ist eine Obergrenze auf F, die eine Untergrenze auf dem Signifikanzniveau ergibt. d) Design: Konstanter Term+AG_ER_SV.

Tests der Zwischensubjekteffekte							
Quelle	**Abhängige Variable**	**Quadrat-summe vom Typ III**	**df**	**Mittel der Qua-drate**	**F**	**Sign.**	**Partiel-les Eta-Quadrat**
Korrigiertes Modell	NEO_Neurotizismus	,335(b)	3	,112	,331	,803	,028
	NEO_Extraversion	,445(c)	3	,148	1,208	,321	,094
	NEO_Offenheit	,854(d)	3	,285	,915	,443	,073
	NEO_Verträglichkeit	,520(e)	3	,173	,896	,453	,071
	NEO_Gewissenhaftigkeit	1,230(f)	3	,410	2,394	,085	,170
	Selbstwirksamkeit	1,282(g)	3	,427	5,419	,004	,317
	Risikobereitschaft	1,547(h)	3	,516	2,316	,093	,166
Konstanter Term	NEO_Neurotizismus	42,215	1	42,215	125,190	,000	,782
	NEO_Extraversion	268,066	1	268,066	2183,389	,000	,984
	NEO_Offenheit	234,688	1	234,688	755,097	,000	,956
	NEO_Verträglichkeit	271,602	1	271,602	1404,282	,000	,976
	NEO_Gewissenhaftigkeit	341,825	1	341,825	1995,539	,000	,983
	Selbstwirksamkeit	344,316	1	344,316	4364,491	,000	,992
	Risikobereitschaft	209,094	1	209,094	939,105	,000	,964

Tests der Zwischensubjekteffekte							
Quelle	Abhängige Variable	Quadrat-summe vom Typ III	df	Mittel der Qua-drate	F	Sign.	Partiel-les Eta-Quadrat
AG_ER_SV	NEO_Neurotizismus	,335	3	,112	,331	,803	,028
	NEO_Extraversion	,445	3	,148	1,208	,321	,094
	NEO_Offenheit	,854	3	,285	,915	,443	,073
	NEO_Verträglichkeit	,520	3	,173	,896	,453	,071
	NEO_Gewissenhaftigkeit	1,230	3	,410	2,394	,085	,170
	Selbstwirksamkeit	1,282	3	,427	5,419	,004	,317
	Risikobereitschaft	1,547	3	,516	2,316	,093	,166
Fehler	NEO_Neurotizismus	11,802	35	,337			
	NEO_Extraversion	4,297	35	,123			
	NEO_Offenheit	10,878	35	,311			
	NEO_Verträglichkeit	6,769	35	,193			
	NEO_Gewissenhaftigkeit	5,995	35	,171			
	Selbstwirksamkeit	2,761	35	,079			
	Risikobereitschaft	7,793	35	,223			
Gesamt	NEO_Neurotizismus	54,368	39				
	NEO_Extraversion	274,452	39				
	NEO_Offenheit	250,170	39				
	NEO_Verträglichkeit	279,195	39				
	NEO_Gewissenhaftigkeit	351,126	39				
	Selbstwirksamkeit	352,050	39				
	Risikobereitschaft	220,459	39				
Korrigierte Gesamt-variation	NEO_Neurotizismus	12,137	38				
	NEO_Extraversion	4,742	38				
	NEO_Offenheit	11,732	38				
	NEO_Verträglichkeit	7,289	38				
	NEO_Gewissenhaftigkeit	7,226	38				
	Selbstwirksamkeit	4,044	38				
	Risikobereitschaft	9,340	38				

Anmerkungen: a) Unter Verwendung von $\alpha = ,05$ berechnet; b) R-Quadrat = ,028 (korrigiertes R-Qua-drat = −,056); c) R-Quadrat = ,094 (korrigiertes R-Quadrat = ,016); d) R-Quadrat = ,073 (korrigiertes R-Quadrat = −,007); e) R-Quadrat = ,071 (korrigiertes R-Quadrat = −,008); f) R-Quadrat = ,170 (korri-giertes R-Quadrat = ,099); g) R-Quadrat = ,317 (korrigiertes R-Quadrat = ,259); h) R-Quadrat = ,166 (korrigiertes R-Quadrat = ,094).

Anhang 4: Ergebnisse zu Persönlichkeitsunterschieden der Selbst-Fremd-Klassifikation: Stichprobe „Führungskräfte Wirtschaft" – Kategorisierung auf der Basis der *Selbst-Vorgesetzten*-Differenzen zur *Kooperationskompetenz* (AG_KO_SV)

Deskriptive Statistiken				
	AG_KO_SV	Mittelwert	Standard-abweichung	N
NEO_Neurotizismus	1,00	1,2656	,61102	16
	2,00	,9352	,48908	9
	3,00	,9000	,38370	5
	4,00	,8241	,57046	9
	Gesamt	1,0406	,56515	39
NEO_Extraversion	1,00	2,5677	,31064	16
	2,00	2,8426	,45917	9
	3,00	2,3788	,30861	5
	4,00	2,6667	,23199	9
	Gesamt	2,6298	,35326	39
NEO_Offenheit	1,00	2,5990	,58943	16
	2,00	2,4444	,58482	9
	3,00	2,2197	,67829	5
	4,00	2,4167	,40825	9
	Gesamt	2,4726	,55563	39
NEO_Verträglichkeit	1,00	2,6198	,53139	16
	2,00	2,4630	,37526	9
	3,00	2,5955	,33819	5
	4,00	2,8796	,28599	9
	Gesamt	2,6404	,43798	39
NEO_Gewissenhaftigkeit	1,00	2,8385	,38666	16
	2,00	2,9722	,38640	9
	3,00	2,7955	,41580	5
	4,00	3,2963	,46231	9
	Gesamt	2,9695	,43606	39
Selbstwirksamkeit	1,00	2,8750	,32146	16
	2,00	2,9556	,18105	9
	3,00	3,0800	,42661	5
	4,00	3,1667	,34641	9
	Gesamt	2,9872	,32621	39
Risikobereitschaft	1,00	2,1510	,50846	16
	2,00	2,4562	,53716	9
	3,00	2,0567	,15838	5
	4,00	2,6593	,36201	9
	Gesamt	2,3267	,49576	39

Multivariate Tests (d)						
Effekt	**Wert**	**F**	**Hypo-these df**	**Fehler df**	**Sign.**	**Partiel-les Eta-Quadrat**
Konstanter Term · Pillai-Spur	,996	1162,669(b)	7,000	29,000	,000	,996
Wilks-Lambda	,004	1162,669(b)	7,000	29,000	,000	,996
Hotelling-Spur	280,644	1162,669(b)	7,000	29,000	,000	,996
Größte charakte-ristische Wurzel nach Roy	280,644	1162,669(b)	7,000	29,000	,000	,996
AG_KO_SV · Pillai-Spur	,893	1,876	21,000	93,000	,022	,298
Wilks-Lambda	,335	1,852	21,000	83,822	,026	,306
Hotelling-Spur	1,368	1,803	21,000	83,000	,031	,313
Größte charakte-ristische Wurzel nach Roy	,674	2,986(c)	7,000	31,000	,016	,403

Anmerkungen: a) Unter Verwendung von $\alpha = ,05$ berechnet; b) Exakte Statistik; c) Die Statistik ist eine Obergrenze auf F, die eine Untergrenze auf dem Signifikanzniveau ergibt. d) Design: Konstanter Term+AG_KO_SV.

Tests der Zwischensubjekteffekte							
Quelle	**Abhängige Variable**	**Quadrat-summe vom Typ III**	**df**	**Mittel der Qua-drate**	**F**	**Sign.**	**Partiel-les Eta-Quadrat**
Korrigiertes Modell	NEO_Neurotizismus	1,431(b)	3	,477	1,559	,217	,118
	NEO_Extraversion	,796(c)	3	,265	2,355	,089	,168
	NEO_Offenheit	,611(d)	3	,204	,641	,594	,052
	NEO_Verträglichkeit	,815(e)	3	,272	1,469	,240	,112
	NEO_Gewissenhaftigkeit	1,387(f)	3	,462	2,772	,056	,192
	Selbstwirksamkeit	,543(g)	3	,181	1,811	,163	,134
	Risikobereitschaft	2,005(h)	3	,668	3,188	,036	,215
Konstanter Term	NEO_Neurotizismus	31,781	1	31,781	103,895	,000	,748
	NEO_Extraversion	225,537	1	225,537	2000,590	,000	,983
	NEO_Offenheit	193,302	1	193,302	608,352	,000	,946
	NEO_Verträglichkeit	229,963	1	229,963	1243,228	,000	,973
	NEO_Gewissenhaftigkeit	292,270	1	292,270	1752,064	,000	,980
	Selbstwirksamkeit	300,913	1	300,913	3008,941	,000	,989
	Risikobereitschaft	179,323	1	179,323	855,661	,000	,961

Tests der Zwischensubjekteffekte							
Quelle	Abhängige Variable	Quadrat-summe vom Typ III	df	Mittel der Qua-drate	F	Sign.	Partiel-les Eta-Quadrat
AG_KO_SV	NEO_Neurotizismus	1,431	3	,477	1,559	,217	,118
	NEO_Extraversion	,796	3	,265	2,355	,089	,168
	NEO_Offenheit	,611	3	,204	,641	,594	,052
	NEO_Verträglichkeit	,815	3	,272	1,469	,240	,112
	NEO_Gewissenhaftigkeit	1,387	3	,462	2,772	,056	,192
	Selbstwirksamkeit	,543	3	,181	1,811	,163	,134
	Risikobereitschaft	2,005	3	,668	3,188	,036	,215
Fehler	NEO_Neurotizismus	10,706	35	,306			
	NEO_Extraversion	3,946	35	,113			
	NEO_Offenheit	11,121	35	,318			
	NEO_Verträglichkeit	6,474	35	,185			
	NEO_Gewissenhaftigkeit	5,839	35	,167			
	Selbstwirksamkeit	3,500	35	,100			
	Risikobereitschaft	7,335	35	,210			
Gesamt	NEO_Neurotizismus	54,368	39				
	NEO_Extraversion	274,452	39				
	NEO_Offenheit	250,170	39				
	NEO_Verträglichkeit	279,195	39				
	NEO_Gewissenhaftigkeit	351,126	39				
	Selbstwirksamkeit	352,050	39				
	Risikobereitschaft	220,459	39				
Korrigierte Gesamt-variation	NEO_Neurotizismus	12,137	38				
	NEO_Extraversion	4,742	38				
	NEO_Offenheit	11,732	38				
	NEO_Verträglichkeit	7,289	38				
	NEO_Gewissenhaftigkeit	7,226	38				
	Selbstwirksamkeit	4,044	38				
	Risikobereitschaft	9,340	38				

Anmerkungen: a) Unter Verwendung von $\alpha = ,05$ berechnet, b) R-Quadrat $= ,118$ (korrigiertes R-Quadrat $= ,042$), c) R-Quadrat $= ,168$ (korrigiertes R-Quadrat $= ,097$), d) R-Quadrat $= ,052$ (korrigiertes R-Quadrat $= -,029$), e) R-Quadrat $= ,112$ (korrigiertes R-Quadrat $= ,036$), f) R-Quadrat $= ,192$ (korrigiertes R-Quadrat $= ,123$), g) R-Quadrat $= ,134$ (korrigiertes R-Quadrat $= ,060$), h) R-Quadrat $= ,215$ (korrigiertes R-Quadrat $= ,147$).

Anhang 5: Ergebnisse zu Persönlichkeitsunterschieden der Selbst-Fremd-Klassifikation: Stichprobe „Führungskräfte Wirtschaft" – Kategorisierung auf der Basis der *Selbst-Mitarbeiter*-Differenzen zur *Ergebniskompetenz* (AG_ER_SM)

Deskriptive Statistiken				
	AG_ER_SM	Mittelwert	Standard-abweichung	N
NEO_Neurotizismus	1,00	1,4630	,53377	9
	2,00	1,2381	,75374	7
	3,00	,8981	,61347	9
	4,00	,9524	,59484	7
	Gesamt	1,1432	,63755	32
NEO_Extraversion	1,00	2,3611	,42081	9
	2,00	2,4372	,29160	7
	3,00	2,5185	,24923	9
	4,00	2,8333	,22567	7
	Gesamt	2,5253	,34505	32
NEO_Offenheit	1,00	2,5093	,42583	9
	2,00	2,6212	,39932	7
	3,00	2,4630	,75704	9
	4,00	2,5714	,60367	7
	Gesamt	2,5343	,54751	32
NEO_Verträglichkeit	1,00	2,5926	,35464	9
	2,00	2,5087	,71311	7
	3,00	2,6852	,48908	9
	4,00	2,5119	,32783	7
	Gesamt	2,5826	,46782	32
NEO_Gewissenhaftigkeit	1,00	2,7037	,46976	9
	2,00	2,8539	,40852	7
	3,00	3,2130	,46231	9
	4,00	3,1310	,39340	7
	Gesamt	2,9732	,47008	32
Selbstwirksamkeit	1,00	2,7444	,15899	9
	2,00	2,8286	,19760	7
	3,00	3,2667	,30414	9
	4,00	3,1286	,38173	7
	Gesamt	2,9938	,34072	32
Risikobereitschaft	1,00	2,1465	,46266	9
	2,00	2,2429	,38235	7
	3,00	2,5944	,45384	9
	4,00	2,5952	,51914	7
	Gesamt	2,3917	,48229	32

Multivariate Tests (d)						
Effekt		**Wert**	**F**	**Hypo-these df**	**Fehler df**	**Sign.**	**Partiel-les Eta-Quadrat**

Effekt		**Wert**	**F**	**Hypo-these df**	**Fehler df**	**Sign.**	**Partiel-les Eta-Quadrat**
Konstanter Term	Pillai-Spur	,997	956,191(b)	7,000	22,000	,000	,997
	Wilks-Lambda	,003	956,191(b)	7,000	22,000	,000	,997
	Hotelling-Spur	304,243	956,191(b)	7,000	22,000	,000	,997
	Größte charakte-ristische Wurzel nach Roy	304,243	956,191(b)	7,000	22,000	,000	,997
AG_ER_SM	Pillai-Spur	,858	1,374	21,000	72,000	,161	,286
	Wilks-Lambda	,324	1,456	21,000	63,722	,127	,313
	Hotelling-Spur	1,537	1,512	21,000	62,000	,106	,339
	Größte charakte-ristische Wurzel nach Roy	1,054	3,615(c)	7,000	24,000	,008	,513

Anmerkungen: a) Unter Verwendung von $\alpha = ,05$ berechnet; b) Exakte Statistik; c) Die Statistik ist eine Obergrenze auf F, die eine Untergrenze auf dem Signifikanzniveau ergibt. d) Design: Konstanter Term+AG_ER_SM.

Tests der Zwischensubjekteffekte							
Quelle	**Abhängige Variable**	**Quadrat-summe vom Typ III**	**df**	**Mittel der Qua-drate**	**F**	**Sign.**	**Partiel-les Eta-Quadrat**
Korrigiertes Modell	NEO_Neurotizismus	1,779(b)	3	,593	1,534	,228	,141
	NEO_Extraversion	,962(c)	3	,321	3,288	,035	,261
	NEO_Offenheit	,114(d)	3	,038	,116	,950	,012
	NEO_Verträglichkeit	,169(e)	3	,056	,238	,869	,025
	NEO_Gewissenhaftigkeit	1,445(f)	3	,482	2,495	,080	,211
	Selbstwirksamkeit	1,548(g)	3	,516	7,045	,001	,430
	Risikobereitschaft	1,356(h)	3	,452	2,162	,115	,188
Konstanter Term	NEO_Neurotizismus	40,786	1	40,786	105,529	,000	,790
	NEO_Extraversion	202,833	1	202,833	2080,860	,000	,987
	NEO_Offenheit	203,420	1	203,420	620,539	,000	,957
	NEO_Verträglichkeit	208,797	1	208,797	883,702	,000	,969
	NEO_Gewissenhaftigkeit	278,866	1	278,866	1444,573	,000	,981
	Selbstwirksamkeit	282,002	1	282,002	3850,244	,000	,993
	Risikobereitschaft	180,647	1	180,647	863,979	,000	,969

Tests der Zwischensubjekteffekte							
Quelle	**Abhängige Variable**	**Quadrat-summe vom Typ III**	**df**	**Mittel der Qua-drate**	**F**	**Sign.**	**Partiel-les Eta-Quadrat**
AG_ER_SM	NEO_Neurotizismus	1,779	3	,593	1,534	,228	,141
	NEO_Extraversion	,962	3	,321	3,288	,035	,261
	NEO_Offenheit	,114	3	,038	,116	,950	,012
	NEO_Verträglichkeit	,169	3	,056	,238	,869	,025
	NEO_Gewissenhaftigkeit	1,445	3	,482	2,495	,080	,211
	Selbstwirksamkeit	1,548	3	,516	7,045	,001	,430
	Risikobereitschaft	1,356	3	,452	2,162	,115	,188
Fehler	NEO_Neurotizismus	10,822	28	,386			
	NEO_Extraversion	2,729	28	,097			
	NEO_Offenheit	9,179	28	,328			
	NEO_Verträglichkeit	6,616	28	,236			
	NEO_Gewissenhaftigkeit	5,405	28	,193			
	Selbstwirksamkeit	2,051	28	,073			
	Risikobereitschaft	5,854	28	,209			
Gesamt	NEO_Neurotizismus	54,424	32				
	NEO_Extraversion	207,764	32				
	NEO_Offenheit	214,823	32				
	NEO_Verträglichkeit	220,223	32				
	NEO_Gewissenhaftigkeit	289,737	32				
	Selbstwirksamkeit	290,400	32				
	Risikobereitschaft	190,260	32				
Korrigierte Gesamt-variation	NEO_Neurotizismus	12,600	31				
	NEO_Extraversion	3,691	31				
	NEO_Offenheit	9,293	31				
	NEO_Verträglichkeit	6,785	31				
	NEO_Gewissenhaftigkeit	6,850	31				
	Selbstwirksamkeit	3,599	31				
	Risikobereitschaft	7,211	31				

Anmerkungen: a) Unter Verwendung von $\alpha = ,05$ berechnet, b) R-Quadrat = ,141 (korrigiertes R-Quadrat = ,049), c) R-Quadrat = ,261 (korrigiertes R-Quadrat = ,181), d) R-Quadrat = ,012 (korrigiertes R-Quadrat = –,094), e) R-Quadrat = ,025 (korrigiertes R-Quadrat = –,080), f) R-Quadrat = ,211 (korrigiertes R-Quadrat = ,126), g) R-Quadrat = ,430 (korrigiertes R-Quadrat = ,369), h) R-Quadrat = ,188 (korrigiertes R-Quadrat = ,101).

Anhang 6: Ergebnisse zu Persönlichkeitsunterschieden der Selbst-Fremd-Klassifikation: Stichprobe „Führungskräfte Wirtschaft" – Kategorisierung auf der Basis der *Selbst-Mitarbeiter*-Differenzen zur *Kooperationskompetenz* (AG_KO_SM)

Deskriptive Statistiken				
	AG_KO_SM	Mittelwert	Standard-abweichung	N
NEO_Neurotizismus	1,00	1,4097	,66426	12
	2,00	1,0833	,65617	8
	3,00	,5972	,52814	6
	4,00	1,2361	,35125	6
	Gesamt	1,1432	,63755	32
NEO_Extraversion	1,00	2,3958	,30593	12
	2,00	2,4867	,47480	8
	3,00	2,6806	,32239	6
	4,00	2,6806	,11076	6
	Gesamt	2,5253	,34505	32
NEO_Offenheit	1,00	2,5833	,53772	12
	2,00	2,7623	,39127	8
	3,00	2,1389	,72585	6
	4,00	2,5278	,45236	6
	Gesamt	2,5343	,54751	32
NEO_Verträglichkeit	1,00	2,4375	,58724	12
	2,00	2,5909	,36449	8
	3,00	2,8333	,44096	6
	4,00	2,6111	,30123	6
	Gesamt	2,5826	,46782	32
NEO_Gewissenhaftigkeit	1,00	2,8681	,52759	12
	2,00	2,9242	,44998	8
	3,00	3,3472	,35125	6
	4,00	2,8750	,37546	6
	Gesamt	2,9732	,47008	32
Selbstwirksamkeit	1,00	2,8667	,31431	12
	2,00	2,8875	,18851	8
	3,00	3,4833	,24833	6
	4,00	2,9000	,18974	6
	Gesamt	2,9938	,34072	32
Risikobereitschaft	1,00	2,3682	,55980	12
	2,00	2,4104	,56582	8
	3,00	2,3889	,42709	6
	4,00	2,4167	,34561	6
	Gesamt	2,3917	,48229	32

Multivariate Tests (d)						
Effekt		**Wert**	**F**	**Hypo-these df**	**Fehler df**	**Sign.**	**Partiel-les Eta-Quadrat**
Konstanter Term	Pillai-Spur	,997	1001,645(b)	7,000	22,000	,000	,997
	Wilks-Lambda	,003	1001,645(b)	7,000	22,000	,000	,997
	Hotelling-Spur	318,705	1001,645(b)	7,000	22,000	,000	,997
	Größte charakte-ristische Wurzel nach Roy	318,705	1001,645(b)	7,000	22,000	,000	,997
AG_KO_SM	Pillai-Spur	,931	1,542	21,000	72,000	,091	,310
	Wilks-Lambda	,247	1,903	21,000	63,722	,026	,373
	Hotelling-Spur	2,371	2,333	21,000	62,000	,005	,441
	Größte charakte-ristische Wurzel nach Roy	2,074	7,113(c)	7,000	24,000	,000	,675

Anmerkungen: a) Unter Verwendung von $\alpha = ,05$ berechnet; b) Exakte Statistik; c) Die Statistik ist eine Obergrenze auf F, die eine Untergrenze auf dem Signifikanzniveau ergibt. d) Design: Konstanter Term+AG_KO_SM.

Tests der Zwischensubjekteffekte							
Quelle	**Abhängige Variable**	**Quadrat-summe vom Typ III**	**df**	**Mittel der Qua-drate**	**F**	**Sign.**	**Partiel-les Eta-Quadrat**
Korrigiertes Modell	NEO_Neurotizismus	2,721(b)	3	,907	2,571	,074	,216
	NEO_Extraversion	,502(c)	3	,167	1,470	,244	,136
	NEO_Offenheit	1,383(d)	3	,461	1,632	,204	,149
	NEO_Verträglichkeit	,635(e)	3	,212	,964	,423	,094
	NEO_Gewissenhaftigkeit	1,049(f)	3	,350	1,688	,192	,153
	Selbstwirksamkeit	1,775(g)	3	,592	9,084	,000	,493
	Risikobereitschaft	,013(h)	3	,004	,017	,997	,002
Konstanter Term	NEO_Neurotizismus	34,556	1	34,556	97,940	,000	,778
	NEO_Extraversion	193,723	1	193,723	1701,157	,000	,984
	NEO_Offenheit	185,070	1	185,070	655,150	,000	,959
	NEO_Verträglichkeit	202,487	1	202,487	921,997	,000	,971
	NEO_Gewissenhaftigkeit	266,490	1	266,490	1286,273	,000	,979
	Selbstwirksamkeit	271,973	1	271,973	4175,602	,000	,993
	Risikobereitschaft	169,580	1	169,580	659,707	,000	,959

		Tests der Zwischensubjekteffekte					
Quelle	Abhängige Variable	Quadrat-summe vom Typ III	df	Mittel der Qua-drate	F	Sign.	Partiel-les Eta-Quadrat
AG_KO_SM	NEO_Neurotizismus	2,721	3	,907	2,571	,074	,216
	NEO_Extraversion	,502	3	,167	1,470	,244	,136
	NEO_Offenheit	1,383	3	,461	1,632	,204	,149
	NEO_Verträglichkeit	,635	3	,212	,964	,423	,094
	NEO_Gewissenhaftigkeit	1,049	3	,350	1,688	,192	,153
	Selbstwirksamkeit	1,775	3	,592	9,084	,000	,493
	Risikobereitschaft	,013	3	,004	,017	,997	,002
Fehler	NEO_Neurotizismus	9,879	28	,353			
	NEO_Extraversion	3,189	28	,114			
	NEO_Offenheit	7,910	28	,282			
	NEO_Verträglichkeit	6,149	28	,220			
	NEO_Gewissenhaftigkeit	5,801	28	,207			
	Selbstwirksamkeit	1,824	28	,065			
	Risikobereitschaft	7,198	28	,257			
Gesamt	NEO_Neurotizismus	54,424	32				
	NEO_Extraversion	207,764	32				
	NEO_Offenheit	214,823	32				
	NEO_Verträglichkeit	220,223	32				
	NEO_Gewissenhaftigkeit	289,737	32				
	Selbstwirksamkeit	290,400	32				
	Risikobereitschaft	190,260	32				
Korrigierte Gesamt-variation	NEO_Neurotizismus	12,600	31				
	NEO_Extraversion	3,691	31				
	NEO_Offenheit	9,293	31				
	NEO_Verträglichkeit	6,785	31				
	NEO_Gewissenhaftigkeit	6,850	31				
	Selbstwirksamkeit	3,599	31				
	Risikobereitschaft	7,211	31				

Anmerkungen: a) Unter Verwendung von $\alpha = ,05$ berechnet, b) R-Quadrat = ,216 (korrigiertes R-Quadrat = ,132), c) R-Quadrat = ,136 (korrigiertes R-Quadrat = ,044), d) R-Quadrat = ,149 (korrigiertes R-Quadrat = ,058), e) R-Quadrat = ,094 (korrigiertes R-Quadrat = −,003), f) R-Quadrat = ,153 (korrigiertes R-Quadrat = ,062), g) R-Quadrat = ,493 (korrigiertes R-Quadrat = ,439), h) R-Quadrat = ,002 (korrigiertes R-Quadrat = −,105).

Anhang 7: Ergebnisse zu Persönlichkeitsunterschieden der Selbst-Fremd-Klassifikation: Stichprobe „Vertriebskräfte" – Kategorisierung auf der Basis der *Selbst-Vorgesetzten-*Differenzen zur *Ergebniskompetenz* (AG_ER_SV)

Deskriptive Statistiken				
	AG_ER_SV	Mittelwert	Standard-abweichung	N
NEO_Neurotizismus	1,00	1,3194	,34802	18
	2,00	1,5833	,31732	9
	3,00	,9762	,51080	7
	4,00	1,0000	,53834	16
	Gesamt	1,2167	,48093	50
NEO_Extraversion	1,00	2,5417	,48696	18
	2,00	2,3704	,42104	9
	3,00	2,9286	,22786	7
	4,00	2,6510	,54791	16
	Gesamt	2,6000	,48650	50
NEO_Offenheit	1,00	2,3796	,35149	18
	2,00	2,2037	,39989	9
	3,00	2,5119	,61318	7
	4,00	2,4115	,46395	16
	Gesamt	2,3767	,43521	50
NEO_Verträglichkeit	1,00	2,5648	,31643	18
	2,00	2,6019	,45027	9
	3,00	2,1429	,23918	7
	4,00	2,3802	,39083	16
	Gesamt	2,4533	,38176	50
NEO_Gewissenhaftigkeit	1,00	2,7315	,46579	18
	2,00	2,6296	,28294	9
	3,00	3,0238	,48044	7
	4,00	3,0000	,44305	16
	Gesamt	2,8400	,44982	50
Selbstwirksamkeit	1,00	2,9333	,29506	18
	2,00	2,5778	,23333	9
	3,00	3,3000	,42032	7
	4,00	3,0000	,44422	16
	Gesamt	2,9420	,40612	50
Risikobereitschaft	1,00	2,3657	,31067	18
	2,00	2,3704	,33879	9
	3,00	3,0238	,41865	7
	4,00	2,5118	,58240	16
	Gesamt	2,5055	,47586	50

Multivariate Tests (d)						
Effekt		Wert	F	Hypo-these df	Fehler df	Sign.	Partiel-les Eta-Quadrat
Konstanter Term	Pillai-Spur	,996	1495,473(b)	7,000	40,000	,000	,996
	Wilks-Lambda	,004	1495,473(b)	7,000	40,000	,000	,996
	Hotelling-Spur	261,708	1495,473(b)	7,000	40,000	,000	,996
	Größte charakte-ristische Wurzel nach Roy	261,708	1495,473(b)	7,000	40,000	,000	,996
AG_ER_SV	Pillai-Spur	,788	2,136	21,000	126,000	,005	,263
	Wilks-Lambda	,385	2,165	21,000	115,409	,005	,272
	Hotelling-Spur	1,181	2,175	21,000	116,000	,005	,282
	Größte charakte-ristische Wurzel nach Roy	,724	4,343(c)	7,000	42,000	,001	,420

Anmerkungen: a) Unter Verwendung von $\alpha = ,05$ berechnet; b) Exakte Statistik; c) Die Statistik ist eine Obergrenze auf F, die eine Untergrenze auf dem Signifikanzniveau ergibt. d) Design: Konstanter Term+AG_ER_SV.

Tests der Zwischensubjekteffekte							
Quelle	Abhängige Variable	Quadrat-summe vom Typ III	df	Mittel der Qua-drate	F	Sign.	Partiel-les Eta-Quadrat
Korrigiertes Modell	NEO_Neurotizismus	2,556(b)	3	,852	4,465	,008	,226
	NEO_Extraversion	1,333(c)	3	,444	1,992	,128	,115
	NEO_Offenheit	,417(d)	3	,139	,721	,545	,045
	NEO_Verträglichkeit	1,183(e)	3	,394	3,043	,038	,166
	NEO_Gewissenhaftigkeit	1,256(f)	3	,419	2,225	,098	,127
	Selbstwirksamkeit	2,146(g)	3	,715	5,544	,002	,266
	Risikobereitschaft	2,397(h)	3	,799	4,225	,010	,216
Konstanter Term	NEO_Neurotizismus	63,986	1	63,986	335,338	,000	,879
	NEO_Extraversion	295,881	1	295,881	1326,044	,000	,966
	NEO_Offenheit	242,934	1	242,934	1260,669	,000	,965
	NEO_Verträglichkeit	252,379	1	252,379	1948,360	,000	,977
	NEO_Gewissenhaftigkeit	348,409	1	348,409	1851,084	,000	,976
	Selbstwirksamkeit	374,982	1	374,982	2906,078	,000	,984
	Risikobereitschaft	283,608	1	283,608	1499,790	,000	,970

Tests der Zwischensubjekteffekte							
Quelle	Abhängige Variable	Quadrat-summe vom Typ III	df	Mittel der Qua-drate	F	Sign.	Partiel-les Eta-Quadrat
AG_KO_SM	NEO_Neurotizismus	2,556	3	,852	4,465	,008	,226
	NEO_Extraversion	1,333	3	,444	1,992	,128	,115
	NEO_Offenheit	,417	3	,139	,721	,545	,045
	NEO_Verträglichkeit	1,183	3	,394	3,043	,038	,166
	NEO_Gewissenhaftigkeit	1,256	3	,419	2,225	,098	,127
	Selbstwirksamkeit	2,146	3	,715	5,544	,002	,266
	Risikobereitschaft	2,397	3	,799	4,225	,010	,216
Fehler	NEO_Neurotizismus	8,777	46	,191			
	NEO_Extraversion	10,264	46	,223			
	NEO_Offenheit	8,864	46	,193			
	NEO_Verträglichkeit	5,959	46	,130			
	NEO_Gewissenhaftigkeit	8,658	46	,188			
	Selbstwirksamkeit	5,936	46	,129			
	Risikobereitschaft	8,699	46	,189			
Gesamt	NEO_Neurotizismus	85,347	50				
	NEO_Extraversion	349,597	50				
	NEO_Offenheit	291,708	50				
	NEO_Verträglichkeit	308,083	50				
	NEO_Gewissenhaftigkeit	413,194	50				
	Selbstwirksamkeit	440,850	50				
	Risikobereitschaft	324,961	50				
Korrigierte Gesamt-variation	NEO_Neurotizismus	11,333	49				
	NEO_Extraversion	11,597	49				
	NEO_Offenheit	9,281	49				
	NEO_Verträglichkeit	7,141	49				
	NEO_Gewissenhaftigkeit	9,914	49				
	Selbstwirksamkeit	8,082	49				
	Risikobereitschaft	11,096	49				

Anmerkungen: a) Unter Verwendung von $\alpha = ,05$ berechnet, b) R-Quadrat = ,226 (korrigiertes R-Quadrat = ,175), c) R-Quadrat = ,115 (korrigiertes R-Quadrat = ,057), d) R-Quadrat = ,045 (korrigiertes R-Quadrat = −,017), e) R-Quadrat = ,166 (korrigiertes R-Quadrat = ,111), f) R-Quadrat = ,127 (korrigiertes R-Quadrat = ,070), g) R-Quadrat = ,266 (korrigiertes R-Quadrat = ,218), h) R-Quadrat = ,216 (korrigiertes R-Quadrat = ,165).

Anhang 8: Ergebnisse zu Persönlichkeitsunterschieden der Selbst-Fremd-Klassifikation: Stichprobe „Vertriebskräfte" – Kategorisierung auf der Basis der *Selbst-Vorgesetzten*-Differenzen zur *Kooperationskompetenz* (AG_KO_SV)

Deskriptive Statistiken				
	AG_KO_SV	Mittelwert	Standard-abweichung	N
NEO_Neurotizismus	1,00	1,3000	,39816	15
	2,00	1,3452	,69627	7
	3,00	1,1429	,45927	14
	4,00	1,1369	,48658	14
	Gesamt	1,2167	,48093	50
NEO_Extraversion	1,00	2,5944	,47961	15
	2,00	2,6071	,27095	7
	3,00	2,5238	,54246	14
	4,00	2,6786	,55070	14
	Gesamt	2,6000	,48650	50
NEO_Offenheit	1,00	2,3333	,44876	15
	2,00	2,3452	,63906	7
	3,00	2,4107	,35875	14
	4,00	2,4048	,41840	14
	Gesamt	2,3767	,43521	50
NEO_Verträglichkeit	1,00	2,6222	,36442	15
	2,00	2,4405	,27095	7
	3,00	2,4107	,38876	14
	4,00	2,3214	,40937	14
	Gesamt	2,4533	,38176	50
NEO_Gewissenhaftigkeit	1,00	2,7278	,45038	15
	2,00	3,0238	,54585	7
	3,00	2,9226	,34663	14
	4,00	2,7857	,49324	14
	Gesamt	2,8400	,44982	50
Selbstwirksamkeit	1,00	2,8800	,30752	15
	2,00	2,8857	,47759	7
	3,00	3,0500	,45531	14
	4,00	2,9286	,43399	14
	Gesamt	2,9420	,40612	50
Risikobereitschaft	1,00	2,3167	,26390	15
	2,00	2,6071	,53945	7
	3,00	2,6369	,51641	14
	4,00	2,5254	,55839	14
	Gesamt	2,5055	,47586	50

Multivariate Tests (d)						
Effekt		Wert	F	Hypo-these df	Fehler df	Sign.	Partiel-les Eta-Quadrat
Konstanter Term	Pillai-Spur	,996	1588,840(b)	7,000	40,000	,000	,996
	Wilks-Lambda	,004	1588,840(b)	7,000	40,000	,000	,996
	Hotelling-Spur	278,047	1588,840(b)	7,000	40,000	,000	,996
	Größte charakte-ristische Wurzel nach Roy	278,047	1588,840(b)	7,000	40,000	,000	,996
AG_KO_SV	Pillai-Spur	,363	,826	21,000	126,000	,684	,121
	Wilks-Lambda	,678	,796	21,000	115,409	,719	,121
	Hotelling-Spur	,417	,767	21,000	116,000	,753	,122
	Größte charakte-ristische Wurzel nach Roy	,174	1,043(c)	7,000	42,000	,417	,148

Anmerkungen: a) Unter Verwendung von α = ,05 berechnet; b) Exakte Statistik; c) Die Statistik ist eine Obergrenze auf F, die eine Untergrenze auf dem Signifikanzniveau ergibt. d) Design: Konstanter Term+AG_KO_SV.

Tests der Zwischensubjekteffekte							
Quelle	Abhängige Variable	Quadrat-summe vom Typ III	df	Mittel der Qua-drate	F	Sign.	Partiel-les Eta-Quadrat
Korrigiertes Modell	NEO_Neurotizismus	,385(b)	3	,128	,540	,658	,034
	NEO_Extraversion	,169(c)	3	,056	,226	,878	,015
	NEO_Offenheit	,062(d)	3	,021	,104	,957	,007
	NEO_Verträglichkeit	,698(e)	3	,233	1,661	,188	,098
	NEO_Gewissenhaftigkeit	,562(f)	3	,187	,922	,438	,057
	Selbstwirksamkeit	,246(g)	3	,082	,481	,697	,030
	Risikobereitschaft	,854(h)	3	,285	1,279	,293	,077
Konstanter Term	NEO_Neurotizismus	68,834	1	68,834	289,213	,000	,863
	NEO_Extraversion	307,175	1	307,175	1236,364	,000	,964
	NEO_Offenheit	255,794	1	255,794	1276,369	,000	,965
	NEO_Verträglichkeit	272,259	1	272,259	1943,776	,000	,977
	NEO_Gewissenhaftigkeit	372,693	1	372,693	1833,134	,000	,976
	Selbstwirksamkeit	391,418	1	391,418	2297,716	,000	,980
	Risikobereitschaft	288,694	1	288,694	1296,726	,000	,966

Tests der Zwischensubjekteffekte							
Quelle	**Abhängige Variable**	**Quadrat-summe vom Typ III**	**df**	**Mittel der Qua-drate**	**F**	**Sign.**	**Partiel-les Eta-Quadrat**
AG_KO_SV	NEO_Neurotizismus	,385	3	,128	,540	,658	,034
	NEO_Extraversion	,169	3	,056	,226	,878	,015
	NEO_Offenheit	,062	3	,021	,104	,957	,007
	NEO_Verträglichkeit	,698	3	,233	1,661	,188	,098
	NEO_Gewissenhaftigkeit	,562	3	,187	,922	,438	,057
	Selbstwirksamkeit	,246	3	,082	,481	,697	,030
	Risikobereitschaft	,854	3	,285	1,279	,293	,077
Fehler	NEO_Neurotizismus	10,948	46	,238			
	NEO_Extraversion	11,429	46	,248			
	NEO_Offenheit	9,219	46	,200			
	NEO_Verträglichkeit	6,443	46	,140			
	NEO_Gewissenhaftigkeit	9,352	46	,203			
	Selbstwirksamkeit	7,836	46	,170			
	Risikobereitschaft	10,241	46	,223			
Gesamt	NEO_Neurotizismus	85,347	50				
	NEO_Extraversion	349,597	50				
	NEO_Offenheit	291,708	50				
	NEO_Verträglichkeit	308,083	50				
	NEO_Gewissenhaftigkeit	413,194	50				
	Selbstwirksamkeit	440,850	50				
	Risikobereitschaft	324,961	50				
Korrigierte Gesamt-variation	NEO_Neurotizismus	11,333	49				
	NEO_Extraversion	11,597	49				
	NEO_Offenheit	9,281	49				
	NEO_Verträglichkeit	7,141	49				
	NEO_Gewissenhaftigkeit	9,914	49				
	Selbstwirksamkeit	8,082	49				
	Risikobereitschaft	11,096	49				

Anmerkungen: a) Unter Verwendung von $\alpha = ,05$ berechnet, b) R-Quadrat = ,034 (korrigiertes R-Quadrat = −,029), c) R-Quadrat = ,015 (korrigiertes R-Quadrat = −,050), d) R-Quadrat = ,007 (korrigiertes R-Quadrat = −,058), e) R-Quadrat = ,098 (korrigiertes R-Quadrat = ,039), f) R-Quadrat = ,057 (korrigiertes R-Quadrat = −,005), g) R-Quadrat = ,030 (korrigiertes R-Quadrat = −,033), h) R-Quadrat = ,077 (korrigiertes R-Quadrat = ,017).

Anhang 9: Ergebnisse zu Persönlichkeitsunterschieden der Selbst-Fremd-Klassifikation: Stichprobe „Vertriebskräfte" – Kategorisierung auf der Basis der *Selbst-Mitarbeiter-*
Differenzen zur *Ergebniskompetenz* (AG_ER_SM)

Deskriptive Statistiken				
	AG_ER_SM	Mittelwert	Standard-abweichung	N
NEO_Neurotizismus	1,00	1,4394	,29835	11
	2,00	1,1833	,33019	5
	3,00	1,1806	,55130	6
	4,00	1,2250	,59842	10
	Gesamt	1,2839	,45735	32
NEO_Extraversion	1,00	2,5455	,34634	11
	2,00	2,4167	,44488	5
	3,00	2,9583	,36036	6
	4,00	2,7250	,41210	10
	Gesamt	2,6589	,40899	32
NEO_Offenheit	1,00	2,3636	,46139	11
	2,00	2,1167	,32059	5
	3,00	2,3333	,38006	6
	4,00	2,5750	,43470	10
	Gesamt	2,3854	,42898	32
NEO_Verträglichkeit	1,00	2,6136	,36945	11
	2,00	2,3000	,20069	5
	3,00	2,5000	,35355	6
	4,00	2,2917	,46022	10
	Gesamt	2,4427	,39055	32
NEO_Gewissenhaftigkeit	1,00	2,6212	,36202	11
	2,00	2,7833	,43141	5
	3,00	2,9861	,50116	6
	4,00	2,9750	,45142	10
	Gesamt	2,8255	,43962	32
Selbstwirksamkeit	1,00	2,7182	,27136	11
	2,00	2,9600	,27019	5
	3,00	3,2333	,17512	6
	4,00	3,0500	,57783	10
	Gesamt	2,9563	,41577	32
Risikobereitschaft	1,00	2,2500	,30957	11
	2,00	2,6000	,44253	5
	3,00	2,6250	,33644	6
	4,00	2,8417	,52477	10
	Gesamt	2,5599	,46385	32

Multivariate Tests (d)						
Effekt		**Wert**	**F**	**Hypo-these df**	**Fehler df**	**Sign.**	**Partiel-les Eta-Quadrat**
Konstanter Term	Pillai-Spur	,997	1067,792(b)	7,000	22,000	,000	,997
	Wilks-Lambda	,003	1067,792(b)	7,000	22,000	,000	,997
	Hotelling-Spur	339,752	1067,792(b)	7,000	22,000	,000	,997
	Größte charakte-ristische Wurzel nach Roy	339,752	1067,792(b)	7,000	22,000	,000	,997
AG_ER_SM	Pillai-Spur	,803	1,253	21,000	72,000	,237	,268
	Wilks-Lambda	,389	1,181	21,000	63,722	,297	,270
	Hotelling-Spur	1,123	1,106	21,000	62,000	,367	,272
	Größte charakte-ristische Wurzel nach Roy	,533	1,827(c)	7,000	24,000	,128	,348

Anmerkungen: a) Unter Verwendung von $\alpha = ,05$ berechnet; b) Exakte Statistik; c) Die Statistik ist eine Obergrenze auf F, die eine Untergrenze auf dem Signifikanzniveau ergibt. d) Design: Konstanter Term+AG_ER_SM.

Tests der Zwischensubjekteffekte							
Quelle	**Abhängige Variable**	**Quadrat-summe vom Typ III**	**df**	**Mittel der Qua-drate**	**F**	**Sign.**	**Partiel-les Eta-Quadrat**
Korrigiertes Modell	NEO_Neurotizismus	,415(b)	3	,138	,639	,596	,064
	NEO_Extraversion	1,017(c)	3	,339	2,276	,102	,196
	NEO_Offenheit	,742(d)	3	,247	1,396	,265	,130
	NEO_Verträglichkeit	,671(e)	3	,224	1,544	,225	,142
	NEO_Gewissenhaftigkeit	,846(f)	3	,282	1,535	,227	,141
	Selbstwirksamkeit	1,172(g)	3	,391	2,613	,071	,219
	Risikobereitschaft	1,884(h)	3	,628	3,674	,024	,282
Konstanter Term	NEO_Neurotizismus	45,346	1	45,346	209,212	,000	,882
	NEO_Extraversion	203,247	1	203,247	1365,076	,000	,980
	NEO_Offenheit	158,089	1	158,089	891,931	,000	,970
	NEO_Verträglichkeit	168,933	1	168,933	1165,841	,000	,977
	NEO_Gewissenhaftigkeit	231,678	1	231,678	1260,867	,000	,978
	Selbstwirksamkeit	256,607	1	256,607	1716,149	,000	,984
	Risikobereitschaft	190,886	1	190,886	1116,735	,000	,976

Tests der Zwischensubjekteffekte							
Quelle	Abhängige Variable	Quadrat-summe vom Typ III	df	Mittel der Qua-drate	F	Sign.	Partiel-les Eta-Quadrat
AG_ER_SM	NEO_Neurotizismus	,415	3	,138	,639	,596	,064
	NEO_Extraversion	1,017	3	,339	2,276	,102	,196
	NEO_Offenheit	,742	3	,247	1,396	,265	,130
	NEO_Verträglichkeit	,671	3	,224	1,544	,225	,142
	NEO_Gewissenhaftigkeit	,846	3	,282	1,535	,227	,141
	Selbstwirksamkeit	1,172	3	,391	2,613	,071	,219
	Risikobereitschaft	1,884	3	,628	3,674	,024	,282
Fehler	NEO_Neurotizismus	6,069	28	,217			
	NEO_Extraversion	4,169	28	,149			
	NEO_Offenheit	4,963	28	,177			
	NEO_Verträglichkeit	4,057	28	,145			
	NEO_Gewissenhaftigkeit	5,145	28	,184			
	Selbstwirksamkeit	4,187	28	,150			
	Risikobereitschaft	4,786	28	,171			
Gesamt	NEO_Neurotizismus	59,229	32				
	NEO_Extraversion	231,410	32				
	NEO_Offenheit	187,792	32				
	NEO_Verträglichkeit	195,667	32				
	NEO_Gewissenhaftigkeit	261,465	32				
	Selbstwirksamkeit	285,020	32				
	Risikobereitschaft	216,368	32				
Korrigierte Gesamt-variation	NEO_Neurotizismus	6,484	31				
	NEO_Extraversion	5,186	31				
	NEO_Offenheit	5,705	31				
	NEO_Verträglichkeit	4,728	31				
	NEO_Gewissenhaftigkeit	5,991	31				
	Selbstwirksamkeit	5,359	31				
	Risikobereitschaft	6,670	31				

Anmerkungen: a) Unter Verwendung von $\alpha = ,05$ berechnet, b) R-Quadrat = ,064 (korrigiertes R-Quadrat = –,036), c) R-Quadrat = ,196 (korrigiertes R-Quadrat = ,110), d) R-Quadrat = ,130 (korrigiertes R-Quadrat = ,037), e) R-Quadrat = ,142 (korrigiertes R-Quadrat = ,050), f) R-Quadrat = ,141 (korrigiertes R-Quadrat = ,049), g) R-Quadrat = ,219 (korrigiertes R-Quadrat = ,135), h) R-Quadrat = ,282 (korrigiertes R-Quadrat = ,206).

Anhang 10: Ergebnisse zu Persönlichkeitsunterschieden der Selbst-Fremd-Klassifikation: Stichprobe „Vertriebskräfte" – Kategorisierung auf der Basis der *Selbst-Mitarbeiter*-Differenzen zur *Kooperationskompetenz* (AG_KO_SM)

Deskriptive Statistiken				
	AG_KO_SM	Mittelwert	Standard-abweichung	N
NEO_Neurotizismus	1,0	1,3796	,31211	9
	2,0	1,2222	,29659	6
	3,0	1,0000	,70119	6
	4,0	1,3939	,45657	11
	Gesamt	1,2839	,45735	32
NEO_Extraversion	1,0	2,6296	,49144	9
	2,0	2,5417	,42410	6
	3,0	2,8056	,31032	6
	4,0	2,6667	,40654	11
	Gesamt	2,6589	,40899	32
NEO_Offenheit	1,0	2,1111	,40397	9
	2,0	2,5694	,34326	6
	3,0	2,4861	,45159	6
	4,0	2,4545	,42388	11
	Gesamt	2,3854	,42898	32
NEO_Verträglichkeit	1,0	2,5833	,35355	9
	2,0	2,1389	,30123	6
	3,0	2,4722	,50461	6
	4,0	2,4773	,35373	11
	Gesamt	2,4427	,39055	32
NEO_Gewissenhaftigkeit	1,0	2,6759	,54078	9
	2,0	2,6806	,34326	6
	3,0	2,9861	,54624	6
	4,0	2,9394	,30752	11
	Gesamt	2,8255	,43962	32
Selbstwirksamkeit	1,0	2,7667	,33912	9
	2,0	2,9833	,31252	6
	3,0	3,2833	,39707	6
	4,0	2,9182	,46652	11
	Gesamt	2,9563	,41577	32
Risikobereitschaft	1,0	2,3611	,28868	9
	2,0	2,7500	,42492	6
	3,0	2,6667	,60782	6
	4,0	2,5606	,51111	11
	Gesamt	2,5599	,46385	32

Multivariate Tests (d)						
Effekt		Wert	F	Hypo-these df	Fehler df	Sign.	Partiel-les Eta-Quadrat
Konstanter Term	Pillai-Spur	,997	1037,251(b)	7,000	22,000	,000	,997
	Wilks-Lambda	,003	1037,251(b)	7,000	22,000	,000	,997
	Hotelling-Spur	330,034	1037,251(b)	7,000	22,000	,000	,997
	Größte charakteristische Wurzel nach Roy	330,034	1037,251(b)	7,000	22,000	,000	,997
AG_KO_SM	Pillai-Spur	,614	,882	21,000	72,000	,614	,205
	Wilks-Lambda	,498	,834	21,000	63,722	,669	,207
	Hotelling-Spur	,800	,787	21,000	62,000	,724	,210
	Größte charakteristische Wurzel nach Roy	,406	1,393(c)	7,000	24,000	,253	,289

Anmerkungen: a) Unter Verwendung von $\alpha = ,05$ berechnet; b) Exakte Statistik; c) Die Statistik ist eine Obergrenze auf F, die eine Untergrenze auf dem Signifikanzniveau ergibt. d) Design: Konstanter Term+AG_KO_SM.

Tests der Zwischensubjekteffekte							
Quelle	Abhängige Variable	Quadrat-summe vom Typ III	df	Mittel der Qua-drate	F	Sign.	Partiel-les Eta-Quadrat
Korrigiertes Modell	NEO_Neurotizismus	,722(b)	3	,241	1,170	,339	,111
	NEO_Extraversion	,220(c)	3	,073	,413	,745	,042
	NEO_Offenheit	,994(d)	3	,331	1,969	,142	,174
	NEO_Verträglichkeit	,750(e)	3	,250	1,760	,178	,159
	NEO_Gewissenhaftigkeit	,625(f)	3	,208	1,087	,371	,104
	Selbstwirksamkeit	,986(g)	3	,329	2,104	,122	,184
	Risikobereitschaft	,641(h)	3	,214	,992	,411	,096
Konstanter Term	NEO_Neurotizismus	46,620	1	46,620	226,541	,000	,890
	NEO_Extraversion	211,607	1	211,607	1193,192	,000	,977
	NEO_Offenheit	172,910	1	172,910	1027,679	,000	,973
	NEO_Verträglichkeit	174,730	1	174,730	1229,836	,000	,978
	NEO_Gewissenhaftigkeit	237,755	1	237,755	1240,564	,000	,978
	Selbstwirksamkeit	266,812	1	266,812	1708,366	,000	,984
	Risikobereitschaft	199,648	1	199,648	927,202	,000	,971

Tests der Zwischensubjekteffekte							
Quelle	Abhängige Variable	Quadrat-summe vom Typ III	df	Mittel der Qua-drate	F	Sign.	Partiel-les Eta-Quadrat
AG_KO_SM	NEO_Neurotizismus	,722	3	,241	1,170	,339	,111
	NEO_Extraversion	,220	3	,073	,413	,745	,042
	NEO_Offenheit	,994	3	,331	1,969	,142	,174
	NEO_Verträglichkeit	,750	3	,250	1,760	,178	,159
	NEO_Gewissenhaftigkeit	,625	3	,208	1,087	,371	,104
	Selbstwirksamkeit	,986	3	,329	2,104	,122	,184
	Risikobereitschaft	,641	3	,214	,992	,411	,096
Fehler	NEO_Neurotizismus	5,762	28	,206			
	NEO_Extraversion	4,966	28	,177			
	NEO_Offenheit	4,711	28	,168			
	NEO_Verträglichkeit	3,978	28	,142			
	NEO_Gewissenhaftigkeit	5,366	28	,192			
	Selbstwirksamkeit	4,373	28	,156			
	Risikobereitschaft	6,029	28	,215			
Gesamt	NEO_Neurotizismus	59,229	32				
	NEO_Extraversion	231,410	32				
	NEO_Offenheit	187,792	32				
	NEO_Verträglichkeit	195,667	32				
	NEO_Gewissenhaftigkeit	261,465	32				
	Selbstwirksamkeit	285,020	32				
	Risikobereitschaft	216,368	32				
Korrigierte Gesamt-variation	NEO_Neurotizismus	6,484	31				
	NEO_Extraversion	5,186	31				
	NEO_Offenheit	5,705	31				
	NEO_Verträglichkeit	4,728	31				
	NEO_Gewissenhaftigkeit	5,991	31				
	Selbstwirksamkeit	5,359	31				
	Risikobereitschaft	6,670	31				

Anmerkungen: a) Unter Verwendung von $\alpha = ,05$ berechnet, b) R-Quadrat = ,111 (korrigiertes R-Quadrat = ,016), c) R-Quadrat = ,042 (korrigiertes R-Quadrat = –,060), d) R-Quadrat = ,174 (korrigiertes R-Quadrat = ,086), e) R-Quadrat = ,159 (korrigiertes R-Quadrat = ,069), f) R-Quadrat = ,104 (korrigiertes R-Quadrat = ,008), g) R-Quadrat = ,184 (korrigiertes R-Quadrat = ,097), h) R-Quadrat = ,096 (korrigiertes R-Quadrat = –,001).

Werner Sarges (Hrsg.)

Management-Diagnostik

4., vollst. überarb. u. erw. Aufl. 2013,
XII/1.146 Seiten, geb.,
€ 129,– / CHF 174,–
■ ISBN 978-3-8017-2385-9
▣ E-Book € 109,99 / CHF 159,99

Die vollständig überarbeitete und erweiterte 4.
Auflage des erfolgreichen Handbuchs liefert mit 128
Beiträgen renommierter Autorinnen und Autoren
aus Wissenschaft und Praxis einen einzigartigen
Überblick über den aktuellen Stand der Management-Diagnostik. Weder in Europa noch in den USA
gab und gibt es eine vergleichbare, umfassende
Zusammenschau der Probleme und Möglichkeiten
psychologischer Diagnostik für das besondere
Anwendungsgebiet des Managements, d.h. der Eignungsdiagnostik zur Potenzialfeststellung, Auswahl
und Platzierung von Führungskräften.

Michaela Maier
Frank M. Schneider
Andrea Retzbach (Hrsg.)

Psychologie der internen Organisations-kommunikation

(Reihe: »Wirtschafts-
psychologie«, Band 31)
2012, XI/257 Seiten, geb.,
€ 39,95 / CHF 53,90
■ ISBN 978-3-8017-2359-0
▣ E-Book € 35,99 / CHF 49,99

Interne Kommunikation ist ein wichtiger Faktor für
den Erfolg von Organisationen und für das Wohlbe-
finden ihrer Mitglieder. Das Buch beleuchtet dieses
interdisziplinäre Forschungs- und Anwendungsfeld
aus einer bisher vernachlässigten, psychologischen
Perspektive. Anhand wichtiger Modelle und Theorien
der Psychologie sowie benachbarter Disziplinen wird
dargestellt, wie interne Organisationskommunikation
das Erleben und Verhalten der Mitarbeiter sowie den
Organisationserfolg beeinflussen kann.

Matthias Rudolf
Johannes Müller

Multivariate Verfahren

*Eine praxisorientierte Einführung
mit Anwendungsbeispielen in SPSS*

2., überarb. u. erw. Aufl. 2012,
411 Seiten, € 36,95 / CHF 49,90
■ ISBN 978-3-8017-2403-0
▣ E-Book € 32,99 / CHF 46,99

Gut nachvollziehbar und anwendungsorientiert
werden in diesem Buch multivariate Verfahren
behandelt, die für die Auswertung empirischer Untersuchungen besonders wichtig sind. In jedem Kapitel
werden zunächst die Grundlagen der Verfahren unter
Verwendung kleiner Beispieldatensätze dargestellt.
Anhand dieser Datensätze wird schrittweise die praktische Umsetzung der Verfahren in SPSS bzw. AMOS
beschrieben. Neu aufgenommen wurden in der 2.
Auflage die Diskriminanzanalyse, die Analyse von Mo-
derator- bzw. Mediatoreffekten sowie eine Einführung
in die Arbeit mit der SPSS-Syntax.

Uwe Peter Kanning
Thomas Staufenbiel

Organisations-psychologie

(Reihe: »Bachelorstudium
Psychologie«)
2012, 339 Seiten,
€ 32,95 / CHF 44,90
■ ISBN 978-3-8017-2145-9
▣ E-Book € 28,99 / CHF 40,99

Das Lehrbuch liefert eine Einführung in die Organisationspsychologie. Es vermittelt grundlegende Theorien, Erkenntnisse und Methoden zu den folgenden
Themenfeldern: Personalauswahl, Personalentwicklung, Motivation, Leistung und Zufriedenheit, Persönlichkeit und Emotionen, Führung, Teams in Organisationen, Konflikte sowie Organisationsentwicklung.
Zahlreiche Kästen mit Beispielen, Tabellen und Abbildungen strukturieren den Text, Verständnisfragen
erleichtern die Prüfungsvorbereitung.

HOGREFE

Hogrefe Verlag GmbH & Co. KG
Merkelstraße 3 · 37085 Göttingen · Tel.: (0551) 99950-0 · Fax: -111
E-Mail: verlag@hogrefe.de · Internet: www.hogrefe.de

Hans-Werner Bierhoff
Dieter Frey

Sozialpsychologie – Individuum und soziale Welt

(Reihe: »Bachelorstudium Psychologie«)
2011, 320 Seiten,
€ 29,95 / CHF 39,90
■ ISBN 978-3-8017-2154-1
◎ E-Book € 26,99 / CHF 37,99

Der Band liefert eine Einführung in die Grundlagen der Sozialpsychologie. Mit dem Fokus auf das Individuum in der sozialen Welt werden die wichtigsten sozialpsychologischen Theorien und Methoden dargestellt.

Jörg Felfe

Mitarbeiterführung

(Reihe: »Praxis der Personalpsychologie«, Band 20)
2009, VIII/104 Seiten,
€ 24,95 / CHF 35,50
(Im Reihenabonnement
€ 19,95 / CHF 28,50)
■ ISBN 978-3-8017-2082-7
◎ E-Book € 21,99 / CHF 29,99

Personalmanager und Führungskräfte erhalten in diesem Band einen kompakten Überblick über aktuelle Konzepte, empirische Befunde sowie wichtige Techniken und Instrumente der Mitarbeiterführung.

Martin Scherm
Werner Sarges

360°-Feedback

(Reihe: »Praxis der Personalpsychologie«, Band 1)
2002, VI/88 Seiten,
€ 24,95 / CHF 35,50
(Im Reihenabonnement
€ 19,95 / CHF 28,50)
■ ISBN 978-3-8017-1483-3
◎ E-Book € 21,99 / CHF 29,99

Der Band beschreibt fundiert und praxisorientiert Konzepte für die erfolgreiche Durchführung von Feedback-Prozessen.

Martin Scherm (Hrsg.)

360-Grad-Beurteilungen

Diagnose und Entwicklung von Führungskompetenzen

(Reihe: »Psychologie für das Personalmanagement«, Band 24)
2005, XI/388 Seiten,
€ 39,95 / CHF 53,90
■ ISBN 978-3-8017-1406-2

Der Band bietet einen wissenschaftlich fundierten Überblick zu 360-Grad-Feedbackverfahren und präsentiert Erfahrungsberichte aus der Praxis renommierter Unternehmen und Beratungsfirmen.

Heinz Schuler (Hrsg.)

Beurteilung und Förderung beruflicher Leistung

(Reihe: »Wirtschaftspsychologie«)
2., vollständig überarbeitete und erweiterte Auflage 2004,
XIII/381 Seiten, geb.,
€ 39,95 / CHF 53,90
■ ISBN 3-8017-1604-2
◎ E-Book € 35,99 / CHF 49,99

Der Band bietet Informationen zu Beurteilungssystemen, zur Förderung von Erfolgsorientierung und Leistungszufriedenheit sowie zur Entwicklung der Leistungs- und Führungskultur im Unternehmen.

Klaus Wübbelmann (Hrsg.)

Handbuch Management Audit

Praxis und Perspektiven

(Reihe: »Innovatives Management«)
2005, 297 Seiten, geb.,
€ 39,95 / CHF 53,90
■ ISBN 978-3-8017-1883-1
◎ E-Book € 35,99 / CHF 49,99

Dieses Buch gibt einen umfassenden Überblick über Konzepte, Praxis und Trends im Management Audit und eröffnet damit neue Perspektiven zum Management Audit.

Hogrefe Verlag GmbH & Co. KG
Merkelstraße 3 · 37085 Göttingen · Tel.: (0551) 99950-0 · Fax: -111
E-Mail: verlag@hogrefe.de · Internet: www.hogrefe.de